Las humanidades digitales en la enseñanza de las literaturas hispánicas. Aplicaciones prácticas

Clara Isabel Martínez Cantón / Rocío Ortuño Casanova /
Antonio Huertas Morales (eds.)

Las humanidades digitales en la enseñanza de las literaturas hispánicas. Aplicaciones prácticas

PETER LANG

Berlin - Lausanne - Bruxelles -Chennai -New York - Oxford

Catalogación en publicación de la Biblioteca del Congreso
Para este libro ha sido solicitado un registro en el catálogo CIP de la Biblioteca del Congreso.

Información bibliográfica publicada por la Deutsche Nationalbibliothek
La Deutsche Nationalbibliothek recoge esta publicación en la Deutsche Nationalbibliografie; los datos bibliográficos detallados están disponibles en Internet en http://dnb.d-nb.de.

Este libro y su acceso abierto han sido financiados por la Unión Europea a través del proyecto Erasmus+ de Redes estratégicas de conocimiento DIGIPHILIT (2020-1-BE02-KA203-074821), coordinado por la Universiteit Antwerpen (Bélgica) con la participación de la Université Clermont-Auvergne (Francia), la Université Paris-Nanterre (Francia), la Universidad Rey Juan Carlos (España), la UNED (España) y la Universidad Ateneo de Manila (Filipinas). El proyecto se desarrolló entre septiembre de 2020 y agosto de 2023.

Cofinanciado por el programa Erasmus+ de la Unión Europea

ISBN 978-3-631-90800-6 (Print)
E-ISBN 978-3-631-90806-8 (E-PDF)
E-ISBN 978-3-631-90807-5 (E-PUB)
10.3726/b21145

Publicado por Peter Lang GmbH, Berlín, Alemania

info@peterlang.com - www.peterlang.com

Esta publicación ha sido revisada por pares.

Índice de contenidos

Ideas prácticas para la aplicación de HD en la enseñanza de la literatura

¿Qué son las humanidades digitales y qué pintan en el aula de literatura en español?

Clara I. MARTÍNEZ CANTÓN

UNED
cimartinez@flog.uned.es
https://orcid.org/0000-0003-0781-2418

Rocío ORTUÑO CASANOVA

UNED
rocio.ortuno@flog.uned.es
https://orcid.org/0000-0003-2636-8279

Supone ya un lugar común señalar que las tecnologías digitales son cada vez más centrales en todas las esferas de nuestra vida: laboral, financiera, académica y, por supuesto, personal, pero su aplicación al estudio de la literatura en español no es tan conocida debido a las características de la disciplina, que no se suele asociar con la vanguardia digital. Sin embargo, también en este campo las metodologías digitales y cuantitativas están cobrando gran importancia debido al auge de las llamadas humanidades digitales. En 2010, un artículo de Matthew G. Kirschenbaum (2010) que luego resultaría fundacional se preguntaba qué eran las humanidades digitales y qué demonios hacían en los departamentos de inglés. Desde entonces se ha avanzado mucho en métodos, aplicaciones y resultados, pero creemos que conviene reformular la pregunta para adaptarla a nuestro contexto. ¿Qué son hoy en día las humanidades digitales y cómo pueden contribuir al aprendizaje de las literaturas en lengua española?

1. ¿QUÉ SON Y PARA QUÉ SON LAS HUMANIDADES DIGITALES?

Comenzaremos por la primera parte de la pregunta, la más manida pero todavía relevante, ¿qué son las humanidades digitales? Definir un campo disciplinar nunca es sencillo, pero resulta fundamental llegar a una propuesta de mínimos para poder entender de qué hablamos y, sobre todo, de qué no hablamos. Se pueden revisar centenares de definiciones[1], de las cuales, casi todas coinciden en unos puntos básicos que, de manera simplificada son los siguientes:

- Trabajar en humanidades digitales implica la utilización de métodos digitales/computacionales para realizar investigación en el campo humanístico.
- Es un campo interdisciplinar, que conjuga actividades y métodos de diferentes disciplinas dentro de las humanidades (historia, geografía, literatura, filosofía, etc.) con métodos y actividades informáticos.
- Producen nuevas formas de investigar y enseñar que se traducen en resultados antes no alcanzables (innovación).

Es decir, las humanidades digitales tratan de responder a cuestiones típicamente humanísticas con métodos digitales que hasta ahora no habían sido utilizados en estas disciplinas y llegan a resultados no alcanzables con el uso de métodos tradicionales o alcanzables con muchísimo más coste de tiempo y esfuerzo.

Así, las humanidades digitales tal y como aquí las concebimos, dejan fuera otros cruces entre cultura y tecnología que muchas veces llegan a confundirse con ellas y que sí han estado más presente en el aula de literatura. Nos referimos, por una parte, al uso de las TIC en la docencia. El uso de herramientas tecnológicas para facilitar el proceso educativo mediante el uso de instrumentos efectivos como el aula virtual, blogs, herramientas de colaboración, etc., es muy valioso, pero no significa hacer humanidades digitales. Tampoco es objeto de las humanidades digitales, a nuestro entender, la reflexión sobre la modernidad líquida o el impacto de lo digital en la manera de pensar o de comportarse del ser humano actual. Por otra parte, la enseñanza de artefactos culturales digitales, como literatura digital o la narratividad en los videojuegos también resulta de gran interés, pero en principio no entra dentro de la disciplina que se articula quizás más bien como metodología. Sí cabrían estas formas de arte digital, sin embargo, como objeto de estudio, es decir, la investigación de este tipo de objetos literarios a través de métodos digitales. Debe quedar claro que llevar las humanidades digitales al aula se realiza para ofrecer al alumnado otro modo de extraer información de los textos, no para hacer más atractivos los contenidos (aunque esto puede suceder y es deseable que pase, como efecto colateral).

---

1 Una práctica común a este respecto es referir al sitio https://whatisdigitalhumanities.com/, una página que contiene más de 800 definiciones recogidas de los participantes en el *Day of DH* entre 2009–2014. Cada vez que se carga la página selecciona aleatoriamente una cita distinta.

Las humanidades digitales están transformando la manera de investigar la literatura, resolviendo cuestiones que antes no podían ser abordadas y aportando una nueva mirada desde lugares antes no accesibles. Algunos de los casos más notorios son, por ejemplo, la atribución en pleno 2023, entre los más de tres mil manuscritos digitalizados de teatro del Siglo de Oro en la Biblioteca Digital Hispánica, de una comedia al gran Lope de Vega, *La francesa Laura* (Cuéllar y Vega García-Luengos, 2023). Ha sido posible gracias a que desde el proyecto ETSO se ha trabajado en recolectar el mayor número posible de textos dramáticos de Siglo de Oro en formato digital para aplicar análisis estilométricos de autoría. El estudio automático de los usos léxicos de *cantidad* de textos ha sido lo que ha hecho posible este descubrimiento. Esto nos demuestra que la posibilidad de procesar y analizar un gran número de textos de manera automática hace factible otro tipo de investigación. Otro ejemplo es la digitalización y estudio de grandes corpus de literaturas antes poco conocidas y accesibles, como la literatura filipina en español (Ortuño Casanova y Sarmiento, 2021). Pero, además, otras metodologías más tradicionales, como la edición crítica, ganan en claridad y posibilidades con elementos como la puesta a disposición de variantes textuales gracias a las características del medio digital (Bermúdez Sabel, 2017; Rojas Castro, 2017), que puede mejorar la tradicional edición en papel.

2. LAS HUMANIDADES DIGITALES EN EL AULA DE LITERATURA EN ESPAÑOL

Todo este caudal de nuevas metodologías y herramientas aplicadas a la literatura en español está aportando grandes avances a la investigación, pero a menudo no llegan a incluirse dentro de la enseñanza de la literatura, muy ligada a prácticas como el comentario de texto y la lectura cercana. Desde este libro no se aboga por desechar esa manera de acercarse a la literatura, pero sí se defiende que el equipo docente pueda trasladar a sus estudiantes otras formas de conocer el fenómeno literario. Hoy en día existe una gran cantidad de herramientas de uso sencillo que se pueden incorporar, de manera amena pero seria, dentro del aula de literatura. Las herramientas no sustituirán en ningún caso a otro tipo de actividades centradas en despertar en el alumnado el interés por la lectura, y preparar y cultivar su sensibilidad, como puede ser el comentario de texto. Sí conseguirán, sin embargo, un acercamiento distinto a la historia literaria, y una reflexión sobre los métodos de investigación de la misma.

Si hasta ahora se abordaba el estudio de la literatura desde una perspectiva crítica y hermenéutica basada en la selección de textos representativos y excepcionales en su contexto (pensemos, por ejemplo, en *El Quijote*, *Polifemo y Galatea*, *El divino Narciso*, *Rayuela*, etc.), las humanidades digitales ponen a los estudiantes en contacto con otra forma de acercarse a la literatura entendida no ya desde el canon, sino desde una visión panorámica, desde la *lectura distante* (Moretti, 2013). En muchos casos el estudio de la literatura desde lo cuantitativo nos permitirá descubrir patrones y tendencias generales. De este modo, se puede trabajar sobre otro tipo de textos antes no prioritarios para el conocimiento literario, como revistas literarias u obras de géneros híbridos. Así, a la hora de caracterizar la literatura de una época o lugar podremos evitar la parcialidad del canon y enfatizar la posibilidad de visibilizar obras de la periferia, escritas por colectivos discriminados o poco visibles hasta el momento (Ortuño Casanova, 2020).

En realidad, el objeto de estudio sigue siendo el mismo que en los tradicionales estudios literarios, es decir, obras literarias de distintas épocas, pero el número de textos que podremos analizar y las preguntas que podemos plantearnos son muy distintas.

3. LOS TEXTOS DIGITALES, LOS MÉTODOS CUANTITATIVOS Y LA REVISIÓN DE LAS HISTORIAS LITERARIAS

Para ello, lo primero que resulta necesario es contar con los textos literarios en formato digital, procesables por medios computacionales. Esto exige, para textos que no han nacido en formato digital, una labor de digitalización, limpieza y enriquecimiento por medio del etiquetado de los mismos.

En literatura española cada vez contamos con más recursos en este sentido. Por una parte, está la Biblioteca Virtual Miguel de Cervantes[2], que ha dado acceso a una gran cantidad de obras antes no disponibles en formato digital (Martínez Poveda et al., 2005). La labor de las bibliotecas y otros organismos públicos ha sido también clave en esta tarea. La BNE ha trabajado desde 2008 en la Biblioteca Digital Hispánica que ofrece acceso libre y gratuito a miles de documentos digitalizados, entre los que se cuentan libros impresos entre los siglos XV y XX, manuscritos, dibujos, grabados, folletos, carteles, fotografías, mapas, atlas, partituras, prensa histórica y grabaciones sonoras[3]. Asimismo, la Biblioteca digital de la AECID[4], la Biblioteca digital "Memoria de Madrid"[5] y

---

2 Accesible desde: https://www.cervantesvirtual.com/.

3 Accesible desde: https://www.bne.es/es/catalogos/biblioteca-digital-hispanica.

4 https://bibliotecadigital.aecid.es/bibliodig/es/inicio/inicio.do.

5 http://www.memoriademadrid.es/buscador.php?accion=VerBuscadorAvanzado.

otras bibliotecas regionales y repositorios de proyectos ofrecen multitud de textos digitalizados. También existen otros centros, como el Cervantes Virtual[6] tienen grandes volúmenes de textos digitales, aunque no comparten sus fondos. Hay, por otra parte, otros fondos a nivel global que ofrecen gran cantidad de textos, libres y gratuitos como el Project Gutenberg[7], archive.org[8] o Google Books[9], dependiente de su empresa, que no comparte sus digitalizaciones. Otro recurso que ofrece una gran cobertura -aunque ya fuera del mundo académico, e incluso al margen de cualquier tipo de institucionalización–es el portal ePub-Libre[10]. Este interesante proyecto está formado por una comunidad de usuarios que formatea y ofrece gratuitamente miles de textos en formato eBook. La propia RAE (Real Academia Española) ha puesto a disposición del público distintos corpus y diccionarios. En el capítulo 1 de la primera sección de este libro, se desgranan precisamente diferentes webs y repositorios donde encontrar textos digitalizados, así como se reseña la nada desdeñable la labor que algunos proyectos de investigación van realizando para rescatar fondos poco accesibles, analizarlos y publicarlos en distintos formatos y con distinta calidad filológica. Es el caso de Clásicos Hispánicos[11], que ofrece los textos en epub y mobi, el Repositorio Valle-Inclán ("Archivo Digital Valle-Inclán")[12], la biblioteca virtual del proyecto Prolope[13]; o la Biblioteca Electrónica Textual de Teatro en Español (BETTE8)[14], y tantos otros que recopilan, digitalizan y editan de manera digital distintos corpus.

Esta eclosión digital plantea la posibilidad de generar datos cuantitativos por medio de las metodologías digitales, lo que permite transformar las historias literarias para hacerlas más objetivas, menos impresionistas, y más abiertas gracias al aumento de muestras textuales a partir de las cuales describir un periodo (Moretti, 2013). Un campo de pruebas en este sentido ha sido el proyecto DigiPhiLit, en cuyo marco se desarrolla este libro. DigiPhiLit es un proyecto Erasmus+ de alianzas estratégicas entre universidades de Bélgica, España, Francia y Filipinas que busca entre otros objetivos, reconstruir una historia de

---

6 Accesible desde: https://cvc.cervantes.es/.
7 Accesible desde: https://www.gutenberg.org/.
8 Accesible desde: https://archive.org/.
9 Accesible desde: https://books.google.es/.
10 Accesible desde: https://epublibre.gratis/.
11 Accesible desde: https://clasicoshispanicos.com/.
12 Accesible desde: https://www.archivodigitalvalleinclan.es/.
13 Accesible desde: https://prolope.uab.cat/obras/biblioteca_virtual_de_prolope.html.
14 Accesible desde: https://github.com/HDAUNIR/BETTE.

la literatura filipina en español alejada de las agendas nacionalistas que han guiado tradicionalmente el estudio de esta disciplina (Ortuño Casanova, 2023). Para este objetivo, el uso de humanidades digitales suponía una metodología excelente, de manera que podíamos ver objetivamente, por ejemplo, qué temas y qué formas se utilizaban en un determinado periodo o género basándonos en un corpus digitalizado lo más amplio posible que evitara en la medida de lo posible sesgos de género e ideología. El cruce de humanidades digitales e historia literaria filipina está produciendo sus frutos no solo en capítulos de libro, presentaciones y artículos que describen esta literatura, sino también en visibilidad de la misma: en los últimos 10 años se han lanzado al menos seis repositorios digitales[15], dos exposiciones virtuales[16], una base de datos[17] y se está trabajando en una compilación de corpus anotada en XML-TEI que permite que más profesionales tengan acceso y puedan trabajar con estos textos.

4. LAS HUMANIDADES DIGITALES EN EL AULA DE LITERATURA

Es indiscutible que cada vez hay más investigadores que comienzan a interesarse por las metodologías digitales a la hora de abordar el análisis de textos, lo que queda patente, por el nacimiento y el crecimiento de congresos y revistas (Martínez Cantón, 2021) especializados en el tema[18], que ven incrementado el

---

15 En el primer capítulo de este volumen Rocío Ortuño hace un inventario de algunos disponibles. Específicos sobre Filipinas encontramos el Portal de literatura filipina en español de la Biblioteca Virtual Miguel de Cervantes https://www.cervantesvirtual.com/portales/literatura_filipina_en_espanol, la biblioteca virtual de la Universidad de Santo Tomás de Manila https://digilib.ust.edu.ph/, la biblioteca virtual de la Filipinas Heritage Library https://www.filipinaslibrary.org.ph/online-library/, el repositorio de periódicos filipinos (muchos de ellos en español) de la University of the Philippines Diliman repository.mainlib.upd.edu.ph/periodical.php, y el repositorio de la University of Michigan https://quod.lib.umich.edu/p/philamer/. Para un panorama más completo, véase el artículo escrito por Rocío Ortuño y Anna Sarmiento (Ortuño Casanova y Sarmiento, 2021).

16 Nos referimos a la comisariada por Marlon Sales disponible aquí https://apps.lib.umich.edu/online-exhibits/exhibits/show/translation-memory y la comisariada por Rocío Ortuño disponible aquí https://philperiodicals-expo.uantwerpen.be/.

17 Accesible desde: https://filiteratura.uantwerpen.be.

18 En el caso de los congresos el caso más patente en España es el del Congreso de la Asociación de Humanidades Digitales Hispánicas (HDH), que se celebra cada 2 años; o partes de congresos más generalistas como el Deutscher Hispanistentag, que en su edición de 2023 ha recogido hasta tres secciones relacionadas con las Humanidades

número de participantes y adquieren mayor relevancia. Al hilo de estas experiencias, desde el propio proyecto nos planteamos el por qué estos conocimientos digitales y estas nuevas maneras de estudiar la historia literaria no podían traspasarse a las aulas. La integración de las metodologías digitales en el estudio de la literatura varía de universidad a universidad en Europa: en la Universidad de Amberes hay para los cursos en lenguas y literaturas —de todas las lenguas, no solo de español— dos asignaturas obligatorias de alfabetización digital y otra de humanidades digitales. La alfabetización digital es fundamental en una generación en la que sus miembros, a pesar de ser considerados "nativos digitales", no saben por lo general aplicar estas habilidades o conectar estos conocimientos con lo que estudian en la Universidad. Sin embargo, en Francia y en España, las habilidades digitales no están por lo general integradas en el currículum de grado y quedan como especialización para cursos de posgrado.

Podríamos aventurar que parte de la razón de la falta de integración de las humanidades digitales en los grados de Estudios Literarios Hispánicos, que es el ámbito en el que se circunscribe este volumen, es que el campo reciente de los estudios de pedagogía en humanidades digitales se ha desarrollado sobre todo en inglés.

Por hacer un pequeño recorrido sobre los avances en la literatura anglófona, se puede mencionar el pionero *Digital Humanities Pedagogy: Practices, Principles and Politics* editado por Brett D. Hirsch (2012), que recoge aproximaciones a la enseñanza de humanidades digitales, si bien no orientadas exclusivamente al análisis literario o de la historia de la literatura. Grandes nombres de las humanidades digitales como Matthew Gold o los creadores de *Voyant Tools*[19] Geoffrey Rockwell y Stéfan Sinclair participan en este volumen con artículos que apuntan más bien a debates en la cuestión de la pedagogía de las herramientas digitales. Esta óptica es más obvia en las secciones II —sobre principios de las humanidades digitales— y III —sobre políticas—. La importancia de los debates en el campo de las humanidades digitales dio lugar a una serie de libros publicados cada tres o cuatro años en los que se planteaban en formato de libro abierto las políticas, los límites y los discursos implícitos en el área, entonces incipiente (Gold y Klein, 2016, 2019, 2023; Gold, 2012). A raíz de estos debates se fueron desarrollando varias ramas como la cuestión de las humanidades digitales poscoloniales y decoloniales, que ha dado lugar a más literatura. En

Digitales. Como revista encontramos, desde 2017, la *Revista de Humanidades Digitales*.

19 Accesible desde: https://voyant-tools.org/.

2019 apareció una convocatoria de esta serie de debates que pedía contribuciones centradas en la pedagogía de las humanidades digitales. El resultado es el libro *What we Teach when we Teach DH* (2023), editado por Brian Croxall y Diane K. Jakacki, en el que analizan cómo se enseñan las humanidades digitales y cómo estas se pueden impartir en diferentes asignaturas, niveles y sistemas educativos. Las secciones II y IV del libro *Quick Hits for Teaching with Digital Humanities* también engarzan con este planteamiento más general de reflexión sobre los currículums y las formas de integrar las humanidades digitales y la investigación en los cursos de grado y posgrado (Young et al., 2020). La parte IV conecta, además, con los valores de las humanidades digitales en cuestión de creación y visibilización de archivos de libre acceso, políticas y conciencia social desatadas a través del estudio con metodologías digitales, pero desde una perspectiva más práctica que también nos planteamos aquí a la hora de enseñar de qué puede servir el uso de plataformas como Omeka en el aula y fuera del aula, por ejemplo. De hecho, la parte I del mismo libro consiste en una serie de tutoriales más prácticos para aproximarse a problemas concretos: desde el análisis de redes sociales y la codificación de un archivo digital a captar a la audiencia en las clases de humanidades digitales.

Como vemos, estos libros no se limitan al análisis literario, sino que incluyen metodologías digitales aplicadas a la geografía, la historia, la filosofía. Sin embargo, están centrados en currículums estadounidenses y toman en consideración solo textos en inglés. En este grupo y dentro de los estudios literarios encontramos el volumen *Teaching with Digital Humanities: Tools and Methods for Nineteenth-Century American Literature* (Travis y DeSpain, 2019). Recientemente se han incorporado al campo compilaciones no centradas exclusivamente en textos en lengua inglesa como son *Digital Humanities and New Ways of Teaching* (Tso, 2019) que incluye ensayos sobre la enseñanza de la disciplina en el mundo germanófono, sinófono o en Filipinas, descentralizando los estudios previos y adaptándolos a necesidades pedagógicas mayormente fuera de Europa y la Norteamérica anglófona. Asimismo, Melinda A. Cro escribe un volumen monográfico sobre la inclusión de las humanidades digitales en la clase de segundas lenguas con indicaciones concretas de usos de herramientas, estudios de caso y diseño de programas, pero tampoco estos volúmenes incluyen ninguna perspectiva en español (Cro, 2020). El problema de esto no es ya la posibilidad lingüística de acceder a estos estudios por parte del profesorado hispanófono y francófono, sino el hecho de que, cuando se aproximan al análisis textual se centran en corpus en lengua inglesa, con herramientas que no tienen en cuenta las tildes, las exclamaciones de apertura, o sin listas de *stopwords* en lengua española ni opciones de lematización, por poner algunos ejemplos. Estas razones han llevado precisamente a que grandes iniciativas como Programming Historian hayan creado tutoriales en español, portugués y en francés[20]. Por supuesto también hay cientos de libros dedicados a la enseñanza de diferentes metodologías o herramientas de las humanidades digitales: programación con R o con Python para profesorado especializado en literatura, estilometría, etcétera, pero más dirigidos a investigadores que a estudiantes que quizás no tengan todavía una conciencia de para qué les pueden servir las herramientas que se les presentan.

5. PARA QUÉ SIRVE ESTE LIBRO: HUMANIDADES DIGITALES EN LA ENSEÑANZA DE LA LITERATURA EN ESPAÑOL

En este volumen no nos planteamos por tanto un retorno a los debates sostenidos sobre la política y las utilidades de las humanidades digitales, para los cuales referimos a los trabajos ya mencionados en lengua inglesa que han abordado con detalle la problemática. Nos proponemos, en cambio, un recorrido sistemático y detallado, con ejemplos y ejercicios, para poder enseñar diferentes metodologías digitales que nos llevan desde la búsqueda de textos en lengua española en repositorios, su almacenaje, su preparación para el análisis y su análisis con diferentes técnicas. De este modo, esperamos facilitar la integración de las metodologías digitales en las aulas y su posterior aplicación en el estudio de la literatura escrita en lengua española. El fin último es la revisión de cánones e historias de la literatura estancadas y que nuevas generaciones de investigadores e investigadoras se asomen a otra forma de concebir las disciplinas, propongan nuevas aperturas del canon, pongan a disposición del público general obras olvidadas y las integren en sus estudios cuantitativos aprovechando los trabajos de digitalización previos y emprendiendo otros nuevos para ampliar los límites de la investigación literaria.

Hemos querido que este libro suponga una ayuda real para todo tipo de investigadores/as y docentes de literatura, y que no sea un reducto para especialistas en humanidades digitales, por lo que se ha hecho un esfuerzo por mantener un lenguaje accesible para las personas que, sin tener conocimientos previos en

---

20 La web en español es http://programminghistorian.org/es/lecciones/, en portugués http://programminghistorian.org/pt/licoes/ y en francés http://programminghistorian.org/fr/lecons/.

el campo, quieren introducir metodologías de investigación con herramientas digitales en sus cursos o talleres.

El libro ha sido diseñado específicamente pensando en las necesidades de estudio que nos puede plantear una obra literaria o un conjunto de obras con métodos digitales. Así, cada capítulo se plantea en torno a una pregunta de investigación sobre la literatura, como, por ejemplo: ¿dónde encontrar textos para trabajar con herramientas digitales?, ¿cómo analizar el verso?, ¿cómo descubrir la autoría de un texto por su estilo? Después de la pregunta que intentamos resolver vendrá la posible solución. Se presentará una herramienta o método que hemos considerado que es el más sencillo y eficaz para resolver la cuestión. A esto le sigue una explicación o tutorial del funcionamiento de la herramienta, que se realiza con textos de ejemplo que nos una dan idea sobre cómo se podría aplicar esto en el aula. En cada capítulo se incluyen recursos que permiten continuar practicando y sacando partido de aquello aprendido.

El libro incluye, además, como complemento valioso, un repositorio con todos los materiales ligados a cada uno de los capítulos: https://github.com/HD-aula-Literatura. En él se recogen corpus de texto para practicar, las soluciones a los ejercicios y materiales extra.

El contenido se organiza de la siguiente forma. Partimos de un primer bloque que presenta la creación de un corpus de obras literarias para su estudio. El corpus puede buscarse ya digitalizado o estar en papel y tener que realizar el proceso de digitalización. ¿Cómo hacemos cualquiera de estas tareas? Una vez que lo tenemos ya digitalizado, ¿qué es lo que queremos buscar en él?, ¿cómo lo preparamos para su análisis?, ¿cómo lo organizamos y compartimos? El segundo bloque corresponde a una segunda etapa en la investigación en la que queremos analizar nuestro corpus para responder a preguntas de literatura, ¿cómo puedo visualizar mi corpus y para qué sirve hacerlo?, ¿es interesante visualizar geográficamente los datos?, ¿y las redes de sociabilización?, ¿y cómo puede hacerse?, ¿puedo acercarme a los temas, las estructuras o incluso al estilo de un autor a través de métodos digitales? ¿qué información puedo extraer de un corpus en verso de manera digital y cómo?, entre otras que podemos ver en el índice del libro. Uno de los valores fundamentales que presenta este bloque es ofrecer al docente una visión panorámica del tipo de preguntas que pueden ser respondidas por medio de las humanidades digitales. No se busca únicamente ofrecer un tutorial sobre determinadas herramientas, sino ofrecer ejemplos prácticos de su utilidad, lo que queda patente en los títulos de cada capítulo.

Por último, y como bloque diferenciado, incluimos una sección que presenta distintas propuestas llevadas al aula de literatura, con una reflexión sobre las distintas maneras de incluir las humanidades digitales en los cursos universitarios de literatura.

6. ESTE LIBRO, SUS VALORES Y SU VALOR

Antes de cerrar esta introducción al volumen, creemos que es necesario destacar la forma en la que se publica, en español y en acceso abierto.

Los modelos de comunicación científica se han ido renovando, poniendo más énfasis en lo que la propia digitalidad permite: colaboración, difusión, reutilización, transparencia, apertura, etc. Es lógico, por lo tanto, que una disciplina relativamente nueva como las humanidades digitales haya podido nacer y crecer de la mano de estos postulados ligados a la ciencia abierta que además parecen inherentes a la propia disciplina.

De hecho, la gran mayoría de proyectos de humanidades digitales trabajan en la producción de bases de datos, colecciones de textos, imágenes u otros objetos, herramientas, ediciones digitales, repositorios, etc. Este tipo de resultados se ofrecen, muchas veces, de manera gratuita, ya que su uso es beneficioso para los interesados pero también para los autores y participantes del proyecto (Del Rio Riande, 2018, p. 137).

Los valores y buenas prácticas que guían, o deben guiar a la disciplina han sido uno de los aspectos tal vez más debatidos en las humanidades digitales desde sus comienzos (Honn, 2015; Spiro, 2012). Dentro de ellos aparecen destacados, en los distintos manifiestos y estudios (*Manifesto for the* Digital Humanities, 2011; UCLA Mellon Seminar in Digital Humanities, 2009), la apertura y la reutilización.

Este libro se publica en acceso abierto bajo la firme creencia de que el trabajo académico, especialmente en humanidades digitales, debe estar publicado en abierto, ya que ello garantiza un acceso más equitativo a la información. Además, esto otorga, en lo digital, una transparencia mucho mayor, sobre todo en términos de programación, lo que supone una parte importante en la disponibilidad del conocimiento. Es por ello que, como ya se señaló anteriormente, este libro está vinculado a un repositorio abierto en el que se incluye, para cada capítulo, todo el material digital que los autores han considerado que puede enriquecer sus textos (https://github.com/HD-aula-Literatura).

Por otra parte, además de la apertura, cabe preguntarse otras cuestiones relacionadas con la disciplina como, ¿qué y quién guían la digitalización de los textos?, ¿y su estudio?, ¿desde dónde se financia?, ¿qué estándares funcionan y qué organizaciones los controlan? En definitiva, ¿quién ejerce mayor influencia y control sobre los estudios de humanidades digitales, desde dónde se hace y en qué lengua? Existen ya muchas miradas críticas (Fiormonte et al., 2015; Kim y Stommel, 2018; Kim y Koh, 2021) que abogan por lo que se ha llegado a llamar una *descolonización* de la disciplina, que permita una mayor diversidad en el tipo de trabajos realizados, y una descentralización territorial y lingüística (Fiormonte y Sordi, 2019; Isasi Velasco y Del Rio Riande, 2022).

Escribir este volumen en lengua española y dirigido a la enseñanza de humanidades digitales en el aula de literatura, poniendo el acento, precisamente, sobre la literatura filipina en español supone una apuesta por esa diversidad, por una visibilización de problemas concretos ligados a la lengua y también a la tradición académica desde la que se abordan.

Esperamos, por tanto, que este libro pueda aportar a los docentes de literatura en español herramientas útiles para proponer en el aula, para experimentar nuevos acercamientos a la literatura desde otros postulados y, de paso, para replantearse las preguntas básicas de nuestros estudios literarios. Confiamos en que esto conseguirá, además, fomentar el disfrute, la lectura y la experimentación con los textos.

REFERENCIAS BIBLIOGRÁFICAS

Bermúdez Sabel, H. (2017). Colación asistida por ordenador: Estado de la cuestión y retos. *Revista de Humanidades Digitales*, (1), 20–34. https://doi.org/10.5944/rhd.vol.1.2017.16678

Cro, M. A. (2020). *Integrating the Digital Humanities into the Second Language Classroom: A Practical Guide*. Georgetown University Press.

Croxall, B., y Jakacki, D. K. (2023). *What We Teach When We Teach DH: Digital Humanities in the Classroom*. U. of Minnesota Press.

Cuéllar, Á., y Vega García-Luengos, G. (2023). «La francesa Laura». El hallazgo de una nueva comedia del Lope de Vega último. *Anuario Lope de Vega Texto literatura cultura*, (29), 131–198. https://doi.org/10.5565/rev/anuariolopedevega.492

Del Rio Riande, G. (2018). Humanidades digitales bajo la lupa: Investigacion abierta y evaluacion científica. *Exlibris*, (7), 136–149.

Fiormonte, D., Numerico, T., y Tomasi, F. (2015). *The Digital Humanist: A Critical Inquiry* (Versión 1, p. 262). Punctum books. https://doi.org/10.21983/P3.0120.1.00

Fiormonte, D., y Sordi, P. (2019). Humanidades Digitales del Sur y GAFAM. Para una geopolítica del conocimiento digital | Humanidades digitais do sul e GAFAM. Para uma geopolítica do conhecimento digital | Digital Humanities of the South and GAFAM. For a Geopolitics of Digital Knowledge. *Liinc em Revista*, *15*(1). https://doi.org/10.18617/liinc.v15i1.4730

Honn, J. (2015). A Guide to Digital Humanities: Values Methods. En *A Guide to Digital Humanities:* Northwestern University Library. https://web.archive.org/web/20150919224700/http://sites.northwestern.edu/guidetodh/values-methods/

Isasi Velasco, J., y Del Rio Riande, G. (2022). ¿En qué lengua citamos cuando escribimos sobre Humanidades Digitales? *Revista de Humanidades Digitales*, (7), 127–143. https://doi.org/10.5944/rhd.vol.7.2022.36280

Kim, D., y Stommel, J. (Eds.). (2018). *Disrupting the Digital Humanities* (p. 514). Punctum books. https://doi.org/10.21983/P3.0230.1.00

Kim, D., y Koh, A. (Eds.). (2021). *Alternative Historiographies of the Digital Humanities*. Punctum books. https://doi.org/10.53288/0274.1.00

Kirschenbaum, M. G. (2010). What Is Digital Humanities and What's It Doing in English Departments? *ADE Bulletin*, (150), 7.

Manifesto for the Digital Humanities. (2011). THATCamp Paris 2010. https://tcp.hypotheses.org/411

Martínez Cantón, C. I. (2021). Un análisis cuantitativo del acceso abierto en las revistas de Humanidades Digitales. *Revista General de Información y Documentación*, *31*(1), 331–348. https://doi.org/10.5209/rgid.76948

Martínez Poveda, P., Pérez Barroso, R., y Villar Rodríguez, J. C. (2005). La edición facsímil digital en la biblioteca virtual Miguel de Cervantes. *Revista General de Información y Documentación*, *15*(1), Article 1.

Moretti, F. (2013). *Distant Reading*. Verso Books.

Ortuño Casanova, R. (2020). Digital Humanities and Literary Studies: Critical Approaches. *452ºF: Revista de teoría de la literatura y literatura comparada*, 23. https://452f.com/en/editorial-23/.

Ortuño Casanova, R. (2024). Philippine Literature in Spanish at the Periphery of the Canon. Nationalism, Transnationalism, Postnationalism, and Genres. En A. Gasquet y R. Ortuño Casanova (Eds.), *Transnational Philippines* (pp. 1–25). University of Michigan Press. https://doi.org/10.3998/mpub.11959397

Ortuño Casanova, R., y Sarmiento, A. (2021). Humanidades Digitales en Filipinas: Proyectos, dificultades y oportunidades de la colaboración Norte-Sur. *Digital Scholarship in the Humanities*, *36*(Supplement_1), i55-i67. https://doi.org/10.1093/llc/fqz086

Rojas Castro, A. (2017). La edición crítica digital y la codificación TEI. Preliminares para una nueva edición de las *Soledades* de Luis de Góngora. *Revista de Humanidades Digitales*, (1), 4–19. https://doi.org/10.5944/rhd.vol.1.2017.16379

Spiro, L. (2012). "This Is Why We Fight": Defining the Values of the Digital Humanities. En M. K. Gold, *Debates in the Digital Humanities* (pp. 16–35). University of Minnesota Press.

Travis, J., y DeSpain, J. (Eds.). (2019). *Teaching with Digital Humanities: Tools and Methods for Nineteenth-century American Literature*. University of Illinois Press.

Tso, A. W. (Ed.). (2019). *Digital Humanities and New Ways of Teaching* (1st ed. 2019). Springer Singapore. https://doi.org/10.1007/ 978-981-13-1277-9

UCLA Mellon Seminar in Digital Humanities. (2009). *The Digital Humanities Manifesto 2*. 15.

Young, C. J., Morrone, M. C., Wilson, T. C., y Wilson, E. A. (2020). *Quick Hits for Teaching with Digital Humanities: Successful Strategies from Award-Winning Teachers*. Indiana University Press.

De cómo buscar o crear un corpus

¿Dónde puedo encontrar textos para trabajar con herramientas digitales? Búsqueda y utilización de corpus existentes y bases de datos en las literaturas en español

Rocío ORTUÑO CASANOVA

UNED
rocio.ortuno@flog.uned.es
https://orcid.org/0000-0003-2636-8279

Resumen: Este capítulo propone explorar los corpus que otros investigadores/as han creado, lo que permite familiarizarse con la búsqueda bibliográfica y la recopilación de textos y evitar repetir trabajo que otras personas han hecho antes. El capítulo también aborda los problemas comunes en la búsqueda de textos digitalizados, como la falta de adaptación a los estándares y formatos necesarios para el análisis digital, la baja calidad de los escaneos o la dificultad en la descarga de los textos. Se organiza en torno a cuatro puntos, que incluyen la definición del corpus, los lugares donde buscar textos digitalizados, los formatos y herramientas para trabajar con TXT y sobre la codificación UTF-8 y el cómo pasar de EPUB y MOBI a TXT.

Palabras clave: Corpus. Digitalización. Textos. OCR (Optical Character Recognition). Archives.

A pesar de todo el trabajo que se ha hecho en las últimas décadas en el campo de la digitalización y las humanidades digitales, el adanismo es un mal recurrente que nos hace repetir tareas que otros ya realizaron con anterioridad. La falta de difusión de los repositorios y su contenido, su dispersión, el hecho de que los textos digitalizados a menudo no estén adaptados a los estándares y formatos necesarios para trabajar con ellos con herramientas digitales y, por qué no, la creencia que tenemos los y las investigadoras de que estamos haciendo algo único —y con investigadoras incluyo a cualquier persona que haga un trabajo de investigación en humanidades, incluso si está cursando todavía estudios universitarios—, nos lleva a veces a ponernos a digitalizar fuentes que ya están digitalizadas, malgastando tiempo y esfuerzo. Por eso en este libro, antes de hablar de cómo crear un corpus, hemos querido dar pistas sobre cómo explorar los corpus que otros investigadores e investigadoras han compilado. De este modo, los y las estudiantes se podrán familiarizar con la búsqueda bibliográfica, el aprovechamiento de recursos online, los diferentes formatos que existen y la recopilación de corpus que les servirán para sus trabajos académicos.

A lo largo del capítulo se irán sugiriendo varios ejercicios. Todos juntos conforman un proyecto propio de creación de corpus literario al que luego se le podrán aplicar las diferentes técnicas que se desarrollarán en las siguientes secciones. Para poder practicar también lo que se explica en el capítulo 2, os sugeriría como proyecto que los estudiantes formen un corpus casi completo con textos ya digitalizados al que se pueda añadir algún texto que no esté digitalizado todavía.

Es cierto que no todos los repositorios que mencionamos aquí están en los formatos ideales para trabajar los textos con herramientas digitales. Sin ir más lejos, en 2014 me encargué de dirigir el portal de literatura filipina en español de la Biblioteca Virtual Miguel de Cervantes[1]. En él encontramos dos problemas frecuentes en la búsqueda de textos digitalizados:

Por un lado, a este repositorio se subieron textos en PDF. La calidad de los escaneos distaba de ser excelente por las circunstancias en las que hice muchas de ellos —con prisa, sin formación y con un equipo algo precario—, con lo que la calidad del OCR creado automáticamente con Adobe también dista de ser excelente. Esas siglas, OCR, aparecerán bastante en esta primera sección. Significan "Optical Character Recognition", que es un proceso que consiste en la extracción de texto a partir de una imagen. Habrás notado que a veces los documentos en PDF te dejan seleccionar el texto y otras no, que son como una foto. Esto es porque en el primer caso les han pasado un programa de OCR. Hay uno incorporado en la versión de pago de Adobe. El capítulo I.2 explica cómo trabajar con Transkribus[2] , una aplicación de OCR gratuita hasta cierto número de páginas y para proyectos educativos, para obtener un buen documento de texto plano a partir de imágenes.

Por otro lado, aunque ahora la Biblioteca Virtual Miguel de Cervantes permite descargar los textos en PDF, en sus inicios en 2001 comenzaron colgando los textos en HTML —es decir, como página web, sin ser un documento descargable— y divididos en secciones[3], lo que dificultaba su descarga. Esto

1 https://www.cervantesvirtual.com/portales/literatura_filipina_en_espanol/.

2 Transkribus es un programa creado con fondos europeos que proporciona diferentes posibilidades de hacer OCR gratis.Fue creado para hacer HTR que es reconocimiento de texto escrito a mano (Handwritten Text Recognition). Después, se desarrollaron modelos para "leer" también texto impreso.

3 Por ejemplo, la mayoría de los textos de Cervantes que aparecen en esta biblioteca están en html partido https://www.cervantesvirtual.com/portales/miguel_de_ce rvantes/obra-visor/los-banos-de-argel--0/html/.

también sucede en diferentes repositorios incluido, por ejemplo, uno tan popular como Wikisource[4]. A primera vista queda solo la opción de ir pacientemente copiando y pegando cada fragmento en un documento de texto. El capítulo I.3, que indica cómo hacer "webscraping" y extraer textos de webs para formar tu propio corpus, ayudará a superar este problema.

Además, podéis encontrar en algunos repositorios el problema de que los OCR se realizaron tiempo atrás con tecnología menos avanzada de la actual, o que se hicieron sobre imágenes de no muy buena calidad. El capítulo I.3 también ayudará a solventar esto mostrando cómo limpiar el texto.

En este capítulo, pues, hablaremos de dónde encontrar textos digitalizados que nos puedan interesar, y cómo seleccionarlos de acuerdo a los formatos disponibles, para que nos faciliten su análisis con herramientas digitales. A veces encontraremos textos digitalizados en formatos que no son tan adecuados, así que también aprenderemos a transformarlos al que mejor nos convenga. El capítulo queda por tanto organizado en torno a los siguientes puntos:

1. Definir el corpus
2. Lugares donde buscar textos digitalizados
3. Sobre formatos y herramientas para trabajar con TXT y sobre la codificación UTF-8
4. Cómo pasar de EPUB y MOBI a TXT

1. DEFINIR EL CORPUS

José Calvo Tello, en su artículo "Diseño de corpus literarios para análisis cuantitativos", sugiere que antes de reunir un corpus tengamos en cuenta según nuestra investigación qué tipo de corpus vamos a necesitar (2019). Es decir, si bien se necesita un corpus completo, o si por el contrario nos basta con un muestreo aleatorio o un corpus parcial representativo. En este último caso, sería necesario explicar los criterios que llevan a la representatividad de este corpus.

Por ejemplo, se podría elegir analizar un corpus de poesía filipina en español de los años 1920 y 1930. Nadie sabe a ciencia cierta cuánta poesía se produjo en esa época, así que es imposible decir que se ha compilado un corpus completo de toda la poesía escrita en esa época. Además, la mayor parte está repartida por periódicos de la época, con lo cual se puede elegir, por ejemplo, trabajar con poemarios completos que se publicaran en Filipinas en esa época y estén

4 https://es.wikisource.org/wiki/Portada.

recogidos en la Biblioteca Virtual Miguel de Cervantes[5]. O bien que estén en la base de datos de Filiteratura[6], que recoge un corpus presente en varios repositorios digitales y bibliotecas (Ortuño Casanova 2021). De este modo, estamos dando una explicación de cómo hemos acotado nuestro corpus: por disponibilidad o por presencia en un repositorio dado, o en varios repositorios.

¿Por qué es importante explicar los límites de nuestro corpus y cómo ha sido seleccionado? Porque tenemos que justificar que las cifras que damos tras el análisis cuantitativo son representativas de algo. Si voy a analizar, pongamos que tres libros, pues habría que explicar por qué son importantes las cifras o las ideas que obtengamos de ellos. No podremos, quizás, mediante el análisis de tres libros de Lope de Vega hacer extensivos los resultados a toda su obra o a toda la literatura del siglo XVII, pero sí, quizás, a la producción de x autor en x periodo. Es decir, hay que explicar cómo esos tres libros van a definir algo, una época, un estilo, o la obra de un autor.

2. DÓNDE BUSCAR TEXTOS DIGITALIZADOS

2.1. La prioridad del formato

De la multitud de bibliotecas, proyectos y archivos digitales que hoy en día nos ofrecen textos digitalizados, debemos pensar en ciertas prioridades. Imaginad que podéis elegir entre varias digitalizaciones de un texto de Rubén Darío que se encuentran en diferentes repositorios. Bien, para empezar, nuestra prioridad será aquella digitalización que esté en un lugar en el que se indiquen correctamente los metadatos del texto, en especial si está apoyado por una o varias organizaciones educativas, culturales o relacionadas con la investigación. De esta manera nos aseguramos del rigor de la exactitud de las fuentes. Por otro lado, en cuanto a formatos, lo más fácil sería elegir aquel texto que hubiera sido digitalizado y puesto directamente en TXT (o etiquetado en XML-TEI, dependiendo del trabajo que se quiera hacer después con él).

En segundo lugar, nos puede convenir elegir los que están en formato EPUB o MOBI, si no hemos encontrado una versión adecuada en TXT, porque como veremos, es bastante sencillo pasar de EPUB a TXT y normalmente aseguraremos una buena calidad de transcripción cuando lo pasemos a TXT.

En tercer lugar, elegiría los PDF. El problema con ellos es que en ocasiones han sido transcritos automáticamente con algún programa de OCR que no ha

5 https://www.cervantesvirtual.com/portales/literatura_filipina_en_espanol/.
6 https://filiteratura.uantwerpen.be/.

sido entrenado con textos en español o con textos de una época determinada, y por tanto dará más fallos de transcripción que los EPUB, los MOBI o los TXT.

Si no hay más remedio, y en último lugar, elegiremos los repositorios que ofrecen textos directamente en imagen, es decir, que no han pasado por un sistema de OCR. Pueden estar en formato imagen (JPG, TIFF) o en formato PDF pero sin OCR (sin texto seleccionable). En este caso tendremos que procesar nosotras mismas la imagen para extraer el texto. Se puede hacer, por supuesto, como se verá en el próximo capítulo, pero cuesta más tiempo y esfuerzo.

Todas estas sugerencias dependen de varios factores. En ocasiones los textos en TXT que se ofrecen en repositorios como archive.org no tienen gran calidad. Si el OCR es muy malo, entonces casi convendría más hacerlo por nuestra cuenta.

2.2. Repositorios, bibliotecas digitales y bases de datos

Hoy en día nos encontramos ante una gran oferta de repositorios y bibliotecas digitales[7] que ofrecen textos digitalizados. Dolores Romero y Jeffrey Zamostny, en la introducción a *Towards the Digital Cultural History of the Other Silver Age Spain* destacan respecto a esta oferta que hay dos tipos de repositorios o bibliotecas digitales de diferente utilidad según el tema que se estudie. En concreto distinguen por un lado entre los repositorios más generalistas como la Biblioteca Digital Hispánica de la Biblioteca Nacional de España, HathiTrust, Internet Archive y el veterano Project Gutenberg, que contienen textos digitalizados de la Edad de Plata pero que pueden ser difíciles de localizar si no se conoce exactamente lo que se busca en ese maremágnum de obras que los componen. Por otro lado hablan de las bibliotecas online especializadas que se articulan en torno a diferentes creadores, géneros y temas, como son los portales especializados de la Biblioteca Virtual Miguel de Cervantes, los archivos digitales que diversas instituciones dedican a autores y autoras como el Archivo Digital Valle Inclán o el Archivo Rubén Darío, y las bibliotecas digitales especializadas en

---

7 Un repositorio es, tal y como lo define la web de la biblioteca del Sotheby's Institute of Art, una colección online gratuita de documentos. Puede ser mantenido por una sola universidad, por museos, pueden estar centrados en un tipo específico de material o los hay generalistas con grandes colecciones agrupando obras de muy diverso cariz (SIA London, 2022). La definición de biblioteca digital es amplia y ocupa páginas y páginas de bibliografía escrita entre finales de la década de 1990 y los primeros ocho años del siglo XXI.

temas y épocas, resultado de proyectos de investigación como es *Mnemosine*, del proyecto que la propia Dolores Romero dirige (Romero Lopez y Zamostny, 2022, pp. 16–17).

Aquí nos centraremos en describir algunas de estas bibliotecas y repositorios según los formatos y las facilidades que puedan ofrecer para acceder a textos con los que después podamos trabajar digitalmente. Debemos tener en cuenta que los textos que encontraremos en acceso libre y gratuito de forma legal serán normalmente aquellos libres de derechos de autor. Esto significará algo diferente en cada país. En Filipinas, por ejemplo, los derechos de autor expiran cincuenta años después del fallecimiento del autor o autora. En España, sin embargo, duran hasta 70 años tras el fallecimiento de la figura autorial. En algunos lugares, los y las escritoras han cedido sus derechos a fondos académicos con permiso para digitalizarlos y ponerlos a disposición del público. En otros casos, se ofrecen búsquedas o la opción de realizar conteos de palabras sin tener acceso al texto completo. Este es el caso, por ejemplo, de algunos libros en Google Books[8] y en Hathi Trust[9], que es una alianza de instituciones académicas y de investigación. Esta última tiene además sus propias funcionalidades online (herramientas similares a las que se explicarán en la siguiente sección de este libro) para realizar estudios cuantitativos sobre su corpus mediante HTRC[10], con lo que quizás no puedas acceder a los textos digitales, pero sí realizar estudios sobre ellos (aunque no puedes controlar muchos parámetros como la calidad de los OCR de cada universidad o fondo participante o la lematización[11] de las palabras en español, por ejemplo).

8 https://books.google.com/ tiene una extensión diferente para los diferentes países. En España es https://books.google.es/, en Filipinas https://books.google.com.ph/ en Perú https://books.google.com.pe/ y en México https://books.google.com.mx/ por poner algunos ejemplos.

9 https://www.hathitrust.org/about.

10 https://www.hathitrust.org/htrc_access_use.

11 Lematización significa hacer que todas las posibles desinencias de una palabra se clasifiquen bajo la misma palabra. Así, si estás contando el número de flores que aparece en un texto, te pondrá todas las instancias en las que aparezca "jazmín" y todas en las que aparezca "jazmines" juntas. O si estás simplemente mirando qué verbos son los más frecuentes, te clasificará todas las formas personales de verbos y todos sus tiempos bajo el infinitivo. Con lo que si aparece 3 veces "bailo" 5 veces "bailaban" y 2 veces "bailaría", el resultado va a ser que "bailar" (en todas sus formas) aparece 10 veces en ese texto, en vez de darte el conteo para cada una de sus formas.

Pasando a los listados de repositorios sugiero unos cuantos clásicos y sólidos de fuentes primarias (es decir, de obras literarias, no de obras críticas), pero cada año van apareciendo más y conviene estar pendiente de los diferentes congresos de humanidades digitales y de literatura, puesto que no hay una centralización de todos estos repositorios.

Proyecto Gutenberg: es una de las bibliotecas online decanas. Comenzó con textos muy clásicos y ha expandido su oferta en los últimos años. Ofrece los textos en diferentes formatos, que incluye "Plain Text UTF-8", el formato TXT que nos va a servir para muchas de las herramientas digitales. También está en EPUB. Los TXT de Project Gutenberg suelen ser de bastante calidad, aunque no está mal comprobarlo abriendo el documento antes de descargarlo. https://www.gutenberg.org/.

Internet Archive: aquí encontramos textos recopilados de diferentes bibliotecas sobre todo estadounidenses, pero también incluye resultados de Project Gutenberg y de Google Books. En este último caso son libros que por diferentes razones han sido digitalizados al completo y están totalmente accesibles online. Internet Archive contiene diferentes tipos de libros: por un lado, libros para tomar prestados (*Books to borrow*). En ellos solo encontraremos una vista previa de los libros con la portada y el índice (*Preview*). Para ver el resto del libro habría que suscribirse. También hay audiolibros, que se distinguen porque en lugar de tener un librito amarillo en la esquina inferior derecha de la miniatura, tienen el icono de un altavoz azul. Una vez abrimos el icono encontramos una vista del libro original con un buscador y más abajo, los metadatos y el archivo en varios formatos descargables. En este caso, las transcripciones no son siempre tan fiables como las de Project Gutenberg y habrá que limpiar un poco el texto si elegimos el formato "Full-Text". En los casos de los libros de Google Books que aparecen en Internet Archive, habrá que quitar en primer lugar la declaración de Google sobre la digitalización. En el caso de que la calidad del TXT sea muy mala, puede probarse a bajar el EPUB y leerlo con un lector de e-books como Calibre, del que hablaremos más adelante. Si aun así la calidad es mala, podemos bajar el PDF y hacer nosotros mismos el OCR. https://archive.org/details/texts.

Europeana: es un compilador de repositorios (como también lo es Internet Archive). En este caso, forma parte de un gran proyecto europeo y recoge fondos de repositorios europeos, incluido el Reino Unido. Además de libros hay periódicos, imágenes, sonidos y otros artefactos. Tras la búsqueda de un libro, por ejemplo, el *Noli me tangere*, puede dar varias opciones desde diferentes bibliotecas. Los libros se pueden abrir desde el visualizador del propio

Europeana o se pueden descargar. Se puede elegir el que tenga el formato que más nos convenga. Por ejemplo, la versión del *Noli me tangere* del Bodelian Library de Oxford, la primera que aparece, se puede descargar en PDF que no tiene transcripción en OCR, para hacerla nosotros mismos. Para empezar, solo hay que darle a la lupa de la esquina superior derecha https://www.europe ana.eu/es.

Biblioteca Virtual Miguel de Cervantes: es una de las bibliotecas que aparece en el buscador de Europeana, con la particularidad de que si no se sabe exactamente el título de los textos que buscamos, contiene portales en los que encontrar corpus ya delimitados de un autor, una generación, un país, un género, un tema o una época. En los portales más antiguos el texto suele estar en HTML y en los más modernos en PDF descargables. En los últimos tiempos han iniciado un proyecto de digitalización en formato EPUB de una serie de libros en la colección "Teatro fundamental"[12]. Tanto esta colección como la de teatro clásico, son más cuidadas, y algunas de ellas tienen introducciones académicas. Además, estos portales contienen a menudo enlaces a digitalizaciones de obras que encajan en el corpus propuesto pero que se encuentran en otras bibliotecas con las que tienen convenio, como es la Biblioteca Digital Hispánica de la Biblioteca Nacional de España, o la Biblioteca digital de la Agencia Española de Cooperación Internacional. Los PDF tienen OCR hecho, pero pueden tener algunos errores. Dentro de la Biblioteca Virtual Miguel de Cervantes encontramos también portales de bibliotecas nacionales de países latinoamericanos como el de la Biblioteca Nacional de la República Argentina[13]. Dentro de ellas hay colecciones, un catálogo por autor o autora y bibliotecas de autores y autoras. https://www. cervantesvirtual.com/.

Biblioteca Digital Hispánica: es el lugar donde se encuentran las digitalizaciones de la Biblioteca Nacional de España. Cada año hay una convocatoria para que los y las investigadoras soliciten textos que quisieran ver digitalizados y publicados en la BDH para priorizar lo que es interesante para la investigación. Hasta mayo de 2021 habían digitalizado 92.234 monografías impresas y 24.863 manuscritos, además de mapas, partituras y otros materiales. También han creado colecciones dentro de la BDH que incluyen textos sobre las

12 https://www.cervantesvirtual.com/ediciones-bvmc/.

13 https://www.cervantesvirtual.com/portales/portal_nacional_argentina/.

emancipaciones americanas[14], por ejemplo, o teatro del Siglo de oro[15]. Los materiales se presentan en un visualizador de imágenes y se pueden descargar en PDF, TXT y JPG. En el caso de descargarlo en TXT es conveniente revisar bien el texto por los errores de transcripción que pueda haber, especialmente en textos más antiguos, y, como da la opción de descargar una selección de páginas en vez de la obra entera, descartar las primeras páginas que no tienen texto o los paratextos y descargar solo las que tienen el texto central que se va a estudiar, para evitar ruido en los análisis. http://bdh.bne.es/bnesearch/Inicio.do.

Biblioteca digital AECID: otra biblioteca interesante para personas que estudien literatura española, islam en España, y literaturas en español de Filipinas, Guinea y los antiguos protectorados españoles en Marruecos y Sahara Occidental, es la biblioteca digital de la Agencia Española de Cooperación Internacional. Además de un catálogo amplio generalista, contiene colecciones dentro de la Biblioteca Hispánica como la colección de Filipinas o la de Guinea, que contiene textos literarios y no literarios, documentos como mapas o archivos de audio y periódicos. Hay la posibilidad de búsqueda de palabras dentro de los textos. Es decir, si buscamos "Filibusterismo", no solo nos saldrán las veces que "filibusterismo" aparece en los metadatos del objeto —título, subtítulo, autoría, editorial, lugar de edición...—, sino también las veces que esa palabra se menciona en el interior de un texto. Esto, que es habitual en las hemerotecas virtuales, no es tan habitual en los catálogos de libros. Además, los elementos de navegación y búsqueda son bastante competentes. Una vez dentro del objeto, hay que buscar al final de los metadatos "Copia digital" y ahí entraremos en la visualización del texto. Aparte de previsualizarlo, podemos ir a la izquierda a "acciones" y dentro, elegir entre el texto en TXT ("Texto de la página") o XML ("Información OCR en XML"). Al abrirlo, se hace clic derecho y se da a "Guardar como". Otra opción es darle a "Descargar o imprimir" y ahí podremos elegir si descargar el documento completo o por páginas, en JPG o en PDF. También se puede seleccionar un rango de páginas. https://bibliotecadigital.aecid.es/bibliodig/biblioteca_hispanica/es/consulta/busqueda.cmd.

Biblioteca Digital del Patrimonio Iberoamericano: creada en 2012 por la Asociación de Bibliotecas Nacionales de Iberoamérica (ABINIA) en

---

14 http://bdh.bne.es/bnesearch/Search.do?destacadas1=Independencia+americanayhome=trueylanguageView=en.

15 http://bdh.bne.es/bnesearch/Search.do?destacadas1=Teatro+del+Siglo+de+Oroyhome=trueylanguageView=en.

colaboración con la Biblioteca Nacional de España, que ha construido el portal y aporta una parte sustanciosa de los fondos, tiene como objetivo, según la propia web, "la creación de un portal que permita el acceso desde un único punto de consulta a los recursos digitales de todas las Bibliotecas participantes", y más allá, el de ser "herramienta fundamental en la construcción y afianzamiento del Espacio Cultural Iberoamericano", como continuación de una antigua aspiración española tras la desvinculación colonial de los países americanos en cuanto al mantenimiento de los vínculos culturales y ya de paso económicos con estos países (*Acerca de* BDPI, 2012). Los materiales que contiene, procedentes de diferentes bibliotecas de América Latina y de España, son de distinta índole, destacando para los intereses que conciernen a este libro la colección "Literature and literary studies", "Manuscripts" o "Tales and Legends". http://www.iberoamericadigital.net/BDPI/Inicio.do.

Americanae: en la misma línea de la BDPI y la BVMC en cuanto a la aspiración de ser una biblioteca digital que, impulsada desde España, aglutine fondos latinoamericanos, surge en 2013 desde la Agencia Española de Cooperación Internacional y como emulación de Europeana. Americanae es un recolector de metadatos, directorio de colecciones digitales y repositorio. De este modo reúne materiales europeos de temática americanista, investigaciones sobre el tema, y "patrimonio cultural americano conservado en instituciones culturales (archivos, bibliotecas y museos)" (Desarrollo AECID, 2016), principalmente de España, seguida por otras europeas y estadounidenses, además de la Biblioteca Digital de la OEI, la BDPI, la UNAM, CLACSO, la Universidad de Chile, y algunas otras redes latinoamericanas de estudios. https://americanae.aecid.es/americanae/es/inicio/inicio.do.

Clásicos hispánicos: es una colección de libros que están libres de derechos de autor, escritos en castellano y publicados cuidadosamente con introducciones académicas en EPUB y accesibles gratuitamente. Además, están creando una serie de colecciones, por ahora existen "literatura escrita por mujeres" y "Crónicas europeas del extremo Oriente". https://clasicoshispanicos.com/.

Más allá de estos grandes repositorios generalistas que suelen recoger a su vez los repositorios de las diferentes universidades e instituciones de investigación, muchos proyectos incluyen actualmente una parte de digitalización y creación de corpus literarios que aglutinan en repositorios de Github[16] o en

16 Github es en principio un repositorio de código en que los programadores comparten el código que han creado y otros pueden reproducirlo, colaborar, o sugerir mejoras. También se ha utilizado para albergar texto, como en el proyecto CLIGS de

páginas dedicadas a este efecto o bien albergadas en bibliotecas virtuales. En los casos en que estos corpus están integrados en bibliotecas virtuales, como es el caso del grupo de investigación TC12 de la Universidad de Valencia[17], que al guardar el corpus que ha compilado y editado en la Biblioteca Virtual Miguel de Cervantes, le asegura más visibilidad que aquellos corpus independientes abriéndose paso por libre en la red o en repositorios generalistas como Zenodo[18]. Los grupos y los investigadores e investigadoras suelen publicitar sus corpus en congresos o en artículos, como el de José Calvo Tello "Corpus de novelas de la Edad de Plata en XML-TEI" (2021), con lo que por lo general hay que estar atento a los congresos y revistas especializadas. En los últimos años, han aparecido, de hecho, artículos compilatorios de este tipo de recursos según temas. Por ejemplo, Simon Kroll recoge varios repositorios sobre teatro de los Siglos de Oro en español (2019), yo hice con Anna Sibayan Sarmiento una compilación en esa línea sobre recursos digitales relacionados con la literatura hispanofilipina (Ortuño Casanova y Sibayan-Sarmiento, 2021), y los mencionados Dolores Romero y Jeffrey Zamostny compilan repositorios sobre repositorios de la Edad de Plata no solo en España, sino, considerando la constelación de relaciones de los años 20, 30 y 40 entre intelectuales de diferentes países por cosmopolitismo y luego por exilio, también de América Latina y Filipinas (2022).

Dolores Romero, es también la directora de Mnemosine que más que un repositorio es una base de datos de literatura de lo que en su grupo de investigación llaman "La Otra Edad de Plata"[19]. En él indexan y recopilan metadatos de textos de la Biblioteca Digital Hispánica, Hathi Trust, la Biblioteca de la Universidad de California y el Instituto Iberoamericano de Berlín (Soriano, 2021). Esto quiere decir que Mnemosine no contiene textos en sí misma, sino que redirige a los lugares donde estos están, de forma similar a lo que hace Filiteratura, una base

---

la Universidad de Würzburg https://github.com/cligs/textbox este es el enlace para crear la cuenta https://github.com/.

17 https://www.cervantesvirtual.com/obra/canon-60-la-coleccion-esencial-del-tc12-teatro-clasico-espanol/.

18 https://zenodo.org/ es un repositorio al que se suben presentaciones, corpus, datos de diverso tipo, código y otras cosas no publicables en revistas al uso. En Zenodo estas cosas reciben un Digital Object Identification con el que citarlas y con el que recibir cierto rédito académico y laboral por esos materiales. Algunos corpus están en Zenodo y en Github como el de GHEDI/BETTE de teatro español que tiene en Zenodo el DOI 10.5281/zenodo.1010140 y también está publicado en https://github.com/GHEDI/BETTE/tree/1.00.

19 http://repositorios.fdi.ucm.es/mnemosine/.

de datos de literatura filipina en español y en español sobre Filipinas (Ortuño Casanova, 2021). De la misma manera, los dos recursos online generados por el proyecto ETSO (Cuéllar y Vega García-Luengos, 2017b), CETSO (Cuéllar y Vega García-Luengos, 2017a) y TEXORO son valiosas herramientas para la lectura distante que almacenan metadatos de obras del Siglo de Oro y consultas de texto y cercanía entre ellas, pero no alberga los corpus completos. Sí que lo hace DRACOR, El DramaCorpora Project dirigido por Frank Fischer (Fischer et al., 2019), que alberga textos teatrales en distintos idiomas y distintas épocas codificados en XML-TEI, un formato de datos estructurados sobre el que aprenderéis más adelante. Finalmente, el repositorio alemán TextGrid está comenzando a integrar textos en español, también codificados en XML-TEI (*The Project Text Grid* - TextGrid, 2006).

Ejercicio 1:

a. Encarga a los alumnos y alumnas que busquen en Google académico (https://scholar.google.com/) algunas palabras clave como "repositorio digital" + autor (repositorio digital Valle Inclán, repositorio digital Rubén Darío…). Pueden probar también con "Biblioteca digital" + autor, o en inglés "digital library" o "digital repository" y el nombre del autor o autora. Pueden realizar esta tarea en casa, o en clase por grupos. No todos los autores y autoras tendrán un repositorio, pero muchos de los más populares sí, o al menos un portal en la Biblioteca Virtual Miguel de Cervantes. Esto nos puede hacer pensar en cuestiones relacionadas con la formación y perpetuación del canon.
b. En la búsqueda, algunos de los resultados serán artículos o capítulos de libro que tratan específicamente de repositorios digitales. Cada estudiante deberá elegir uno de estos artículos.
c. Por último, los y las estudiantes buscarán las mismas palabras del ejercicio *a* en Google normal. Si encuentran algún repositorio sobre el autor o autora de su interés, deben apuntarlo.
d. En pequeños grupos deben comentar:

  - ¿Cuáles son las diferencias entre los resultados obtenidos en Google académico (scholar.google) y en Google normal?
  - En el artículo que han elegido sobre repositorios digitales ¿Se da información —especialmente en la bibliografía o notas al pie— de más repositorios relacionados con temas, generación, géneros u otras cuestiones con las que normalmente se relacione al autor o autora? ¿Se da información sobre los formatos en los que se guardan los documentos?

Ejercicio 2:

Pide a los alumnos y alumnas que elijan un tema o autor/autora y que recopilen y formen un corpus de al menos 20 textos relacionados con el tema o persona que hayan elegido. Para ello deberán buscar tanto en los repositorios generalistas como en los que hayan encontrado haciendo el ejercicio 1. Al menos uno de esos textos debe estar en formato EPUB. En grupos deben luego comentar ¿En qué formatos están? ¿Cómo pueden justificar la composición de su corpus? Un consejo es dejar en la plataforma virtual de la clase (o en un documento compartido de Google documents o similar) una lista con los enlaces a los repositorios generalistas antes mencionados para que ellos y ellas mismas los exploren.

3. SOBRE FORMATOS Y HERRAMIENTAS PARA TRABAJAR CON TXT EN UTF-8

Como decíamos, a menudo utilizaremos textos en formato TXT para trabajar con herramientas digitales. El TXT es un formato de texto plano que permitirá tanto subirlo a aplicaciones sencillas como Voyant-Tools como trabajar con diferentes lenguajes de programación para extraer y contabilizar características del texto. A veces se utiliza un formato más estructurado como el XML. En cualquiera de los dos casos, mejor que utilizar el bloc de notas que viene por defecto con nuestro ordenador, será mejor tener un buen editor de texto que además te permitirá organizar y visualizar correctamente tu XML, si es que estás usando ese formato.

Si tu ordenador es un PC, te aconsejo que utilices un editor del estilo de Notepad++[20], si por el contrario tienes un macOS puedes trabajar con BBEdit[21]. Ambos son gratuitos (aunque en BBEdit puedes acceder a ciertas utilidades extra de pago). Además, con ambos podréis hacer búsquedas de expresiones regulares (RegEx), que también aprenderéis a hacer en el capítulo I.3 de este libro. Estas son útiles para limpiar texto o para organizarlo en forma de datos, por ejemplo.

En el uso de estos editores de texto plano, es importante si trabajamos con texto en español que lo hagamos en UTF-8. En Notepad++ es muy sencillo: en el menú de arriba se entra en "Codificación" y de ahí a "Codificar en UTF-8". En el bloc de notas de Windows, después de abrir el texto, cuando se hace clic en "Guardar como", tenemos la opción abajo en la ventana que se abre de hacer clic en "Codificación" de seleccionar "UTF-8". Así, las vocales con tilde,

20 https://notepad-plus-plus.org/downloads/v7.9.2/.

21 https://www.barebones.com/products/bbedit/.

las exclamaciones e interrogaciones de apertura y las eñes no nos saldrán como símbolos raros como sucedería si codificáramos por ejemplo en ANSI. (No os preocupéis, aunque ponga "codificar" no se trata de escribir código, sino de darle clic a las opciones que acabo de describir).

3.1. Pasar de EPUB o MOBI a TXT

En esta sección vamos a afrontar un problema que ya hemos planteado y es el de transformar textos de formato EPUB o MOBI (el formato de libro electrónico que utiliza Amazon Kindle) a TXT. Tanto EPUB como MOBI son formatos en los que normalmente se ha cuidado bastante la transcripción. EPUB suele ser además frecuente en repositorios como Project Gutenberg, Archive.org, Clásicos Hispánicos y últimamente también en la Biblioteca Virtual Miguel de Cervantes. Serán también los formatos en los que más frecuentemente encontraremos libros contemporáneos. Si nuestro corpus consta de libros contemporáneos, debemos tener en cuenta que el texto no podemos colgarlo en repositorios, pero eso no quiere decir que no podamos trabajar con ellos e incluirlos en corpus de lectura distante. Son fáciles de encontrar en tiendas de libros electrónicos y a veces es muy atractivo trabajar con estos textos y con estudiantes, véase la experiencia del trabajo de enseñanza de humanidades digitales poniendo como texto de trabajo los libros de Harry Potter (Kestemont y Manjavacas, 2018; Koolen, 2018). Además, hay algunas bibliotecas en las que se pueden encontrar de manera legal libros contemporáneos en EPUB como libroteca.net[22].

Una aplicación muy útil para dar este paso de transformar documentos en formato EPUB o MOBI a .TXT es Calibre. Calibre es un lector de libros electrónicos que se puede descargar gratuitamente entrando en la página https://calibre-ebook.com/es/download . Ahí encontraréis diferentes opciones de descarga según vuestro sistema operativo. Se selecciona el de vuestro ordenador, y se hace clic en "Descargar Calibre". Una vez descargado se siguen las instrucciones de instalación del asistente. Cuando lo hayáis hecho, os aparecerá esto en la pantalla

22 http://libroteca.net.

Figura 1. Aplicación Calibre

Hacemos clic en "Añadir libros" y buscamos en nuestro equipo un libro en formato EPUB o MOBI (el que queremos transformar en .TXT). A continuación, hacemos clic en "Convertir libros". En la ventana que se abre, seleccionamos arriba a la izquierda, en el desplegable junto a "Formato de entrada" "EPUB" o "MOBI", según el formato de nuestro libro, y arriba a la derecha, junto a "formato de salida" elegimos "TXT" en el desplegable.

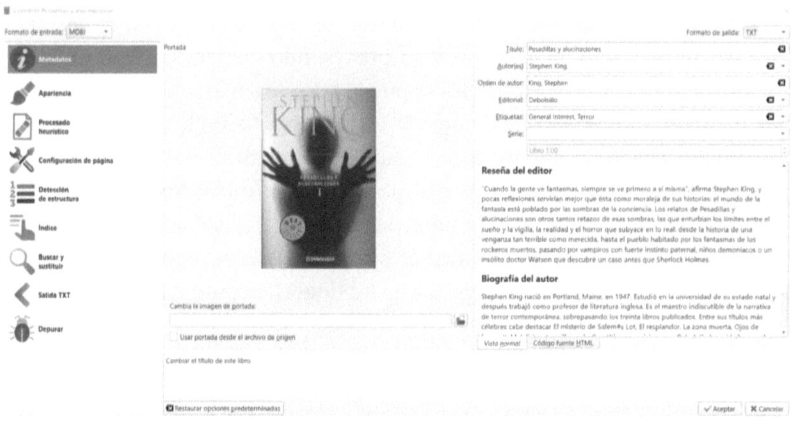

Figura 2. Transformación desde el formato MOBI de entrada (arriba a la izquierda) a formato TXT de salida (arriba a la derecha)

Después, en el menú con iconos de la izquierda, todavía en la ventana de "convertir libros", nos aseguramos de que la "codificación de salida" sea "UTF-8" y le damos a aceptar para que se baje el libro en TXT[23].

Figura 3. Con libros en español es especialmente importante asegurarse de que la codificación de salida seleccionada para el TXT es UTF-8

4. CONCLUSIONES: RECOMENDACIONES PARA ORGANIZAR MI CORPUS Y LOS METADATOS

Ya hemos visto que, según las necesidades, los textos del corpus se suelen poner a disposición de la comunidad investigadora online en plataformas como GitHub. Si es necesario un reconocimiento oficial, académico o el corpus es parte de un proyecto en el que se está procesando código, GitHub puede ser muy útil. Para los y las estudiantes se puede hacer de manera mucho más sencilla: creando una carpeta en Google Drive y subiendo ahí los documentos. De esta manera, se tendrá un enlace para cada documento.

La parte de crear el enlace es útil para vincularlo con los metadatos. Los metadatos los dejaremos preferentemente fuera del TXT con el que se va a trabajar. Para no perderlos, lo ideal es bajarlos desde el repositorio de donde tomemos el texto original a un gestor de bibliografía como puede ser Zotero[24].

---

23 Lo hasta aquí explicado puede encontrase también en un tutorial creado para el curso de invierno de humanidades digitales aplicado a las literaturas en español organizado desde la Universidad de Amberes y la UNED en el contexto del proyecto DigiPhiLit en febrero de 2021, en este enlace: https://youtu.be/52-fsGKMgMU.

24 https://www.zotero.org/download/.

Recomiendo Zotero porque es gratuito a diferencia de otros como Endnote o Mendeley. A pesar de que vuestro centro de estudios tenga una suscripción a otro gestor bibliográfico de pago, sigo recomendando Zotero porque usando uno gratuito el o la estudiante seguirá teniendo acceso a su bibliografía cuando acabe sus estudios. Además, se puede descargar a un disco duro, trabajar con el online y en grupos.

Ejercicio 3:

Cada estudiante debe convertir el libro en EPUB que había seleccionado para su corpus en un texto en TXT con Calibre.

Ejercicio 4:

Cada estudiante creará una carpeta en https://drive.google.com y subirá como elementos independientes los libros de su corpus en TXT. Si no saben cómo abrir una cuenta o una carpeta en Google Drive o cómo seguir documentos pueden buscarlo en Google donde les aparecerán tutoriales de YouTube como este https://www.youtube.com/watch?v=lcGrRRnStcA donde se explica cómo hacerlo.

REFERENCIAS BIBLIOGRÁFICAS

Acerca de BDPI. (2012). [Institucional]. Biblioteca Digital Del Patrimonio Iberoamericano. http://www.iberoamericadigital.net/BDPI/Acerca.do

Boletín de la Agencia Española de Cooperación para el Desarrollo (AECID) (2016). *Americanae. Sistema de Difusión y Recolección de colecciones americanistas* (América Latina). DIGIBÍS. http://americanae.aecid.es/americanae/

Calvo Tello, J. (2019). Diseño de corpus literario para análisis cuantitativos. *Revista De Humanidades Digitales*, (4), 115–135. https://doi.org/10.5944/rhd.vol.4.2019.25187

Calvo Tello, J. (2021). Corpus de novelas de la Edad de Plata, en XML-TEI. *Signa: Revista de la Asociación Española de Semiótica*, (30), 83–107.

Cuéllar, Á., y Vega García-Luengos, G. (2017a, 2023). *CETSO: Corpus de Estilometría aplicada al Teatro del Siglo de Oro* [Corpus]. CETSO. https://etso.es/cetso

Cuéllar, Á., y Vega García-Luengos, G. (2017b, 2023). *ETSO. Estilometría aplicada al Teatro del Siglo de Oro* [Proyect o]. ETSO. https://etso.es/

Fischer, F., Börner, I., Göbel, M., Hechtl, A., Kittel, C., Milling, C., y Trilcke, P. (2019). Programmable Corpora: Introducing DraCor, an Infrastructure for the Research on European Drama. *Proceedings of DH2019: "Complexities", Utrecht, July 9–12, 2019.* Digital Humanities 2019. https://doi.org/10.5281/zenodo.4284002

Kestemont, M., y Manjavacas, E. (2018). *The re-creation of Harry Potter: Tracing style and content across novels, movie scripts and fanfiction* [Workshop]. DH2018, Ciudad de México. https://dh2018.adho.org/en/the-re-creation-of-harry-potter-tracing-style-and-content-across-novels-movie-scripts-and-fanfiction/

Koolen, C. (2018, 23 de julio). Harry Potter, computational fun and sexy gains [Billet]. *Digital Literary Stylistics (SIG-DLS).* https://dls.hypotheses.org/238

Kroll, S. (2019). Espejos sonoros en *Eco y Narciso*: Un análisis cuantitativo y poético de la asonancia en Calderón. *Bulletin of the Comediantes*, *71*(1), 155–169.

Ortuño Casanova, R. (2021). Filiteratura: Base de datos relacional en Heurist de Literatura en español en Filipinas y sobre Filipinas. *Signa: Revista de la Asociación Española de Semiótica*, (30), 109–138. https://doi.org/10.5944/signa.vol30.2021.29300

Ortuño Casanova, R., y Sibayan-Sarmiento, A. (2021). Humanidades Digitales en Filipinas: Proyectos, dificultades y oportunidades de la colaboración Norte-Sur. *Digital Scholarship in the Humanities*, *36*(Supplement_1), i55–i67. https://doi.org/10.1093/llc/fqz086

Romero Lopez, D., y Zamostny, J. (2022). *Towards the Digital Cultural History of the Other Silver Age Spain.* Peter Lang.

SIA London. (2022). *LibGuides: Repositories - research from universities, online: What is a repository?* Sotheby's Institute of Art. https://sia.libguides.com/repositories/home

Soriano, J. M. G. (2021). Mnemosine: Biblioteca Digital de la Otra Edad de Plata (orígenes, contenidos, perspectivas). *Signa: Revista de la Asociación Española de Semiótica*, (30), 31–58. https://doi.org/10.5944/signa.vol30.2021.29297

The Project TextGrid—TextGrid. (2006, 2015). [Proyecto]. TextGrid. Virtuelle Forschungsumgebung Für Die Geisteswissenschaften. https://textgrid.de/en/projekt

¿Cómo crear documentos digitales a partir de libros que no están digitalizados? La digitalización y algunas de sus herramientas: CamScanner, Scan Tailor y Transkribus

Cristina GUILLÉN ARNÁIZ

Universiteit Antwerpen y Universitat Autònoma de Barcelona
cristina.guillena@autonoma.cat
https://orcid.org/0000-0003-2824-8123

Emilio VIVÓ CAPDEVILA

Universiteit Antwerpen
emilio.vivocapdevila@uantwerpen.be
https://orcid.org/0000-0003-4414-5554

Resumen: En este capítulo explicamos cómo crear documentos digitales a partir de libros sin digitalizar. Después de una breve introducción, donde definiremos qué es una digitalización, para qué sirve y qué ventajas y obstáculos tiene, presentaremos una secuencia de trabajo y explicaremos los pasos a seguir, proponiendo algunas herramientas para cada tarea que nos han dado buenos resultados en nuestra propia experiencia investigadora. El primer paso será establecer estándares, corpus y herramientas. El segundo será la obtención de imágenes, para lo cual propondremos y explicaremos la aplicación móvil CamScanner. El tercero será la limpieza de estas imágenes, que propondremos y explicaremos mediante el programa de ordenador Scan Tailor. El cuarto será la obtención del texto a partir de la imagen, que para la cual propondremos y explicaremos la aplicación de navegador Transkribus.

Palabras clave: CamScanner. ScanTailor. Transkribus. Digitalización

1. INTRODUCCIÓN

Para analizar un texto con herramientas digitales es necesario, en primer lugar, poder contar con un archivo digital que contenga dicho texto. Aunque en la actualidad existen varios repositorios con grandes corpus de textos ya digitalizados, el personal investigador puede encontrarse en la situación de querer aplicar herramientas digitales a un texto del que solamente tiene una versión en papel. En el presente capítulo vamos a abordar la siguiente cuestión: ¿qué hacer cuando el texto que queremos analizar con herramientas digitales no se encuentra todavía en formato digital? En definitiva: ¿cómo podemos digitalizar un texto, documento o libro para poder analizarlo con herramientas digitales?

La digitalización puede definirse como "todo proceso de conversión de documentos escritos al contexto digital" (Bazzaco, 2020, p. 536). Este primer paso abre un amplio abanico de posibilidades de análisis, trabajo, almacenamiento, visualización y difusión, por lo que podemos afirmar que la digitalización de un texto no es un fin en sí mismo, sino un paso necesario. Como explica Melisa Terras (2015, p. 68), "In order to record, copy, transmit, or analyse such a complex signal using computational methods, it is necessary to translate this into a form which is more simple, predictable, and processable" [Para registrar, copiar, transmitir o analizar una señal compleja usando métodos computacionales, es necesario traducir esta en una forma más simple, predecible y procesable].

El hecho de que el mismo investigador o investigadora sea responsable de la digitalización de los textos, a pesar del trabajo extra que esto conlleva frente a trabajar con un texto ya digitalizado, tiene en realidad varias ventajas. En primer lugar, supone disponer de una mayor autonomía, así como de un mayor control de todo el proceso y de sus resultados[1]. En segundo lugar, esta digitalización *a la carta* es también un proceso relativamente rápido y barato: son necesarios únicamente un teléfono móvil y un ordenador, en los que se instalan aplicaciones en su mayor parte gratuitas que nos guiarán en el procesamiento del texto en papel.

Por último, es necesario mencionar el asunto de los derechos de autor, algo especialmente relevante a la hora de digitalizar los fondos modernos. Si estos

1 En algunos casos, las digitalizaciones masivas no siempre son totalmente claras o fiables, bien porque emplean sistemas de extracción automática del texto de menor calidad o bien porque carecen de revisiones sistemáticas del contenido o de sus metadatos, lo que hace que los resultados de búsqueda sean de baja calidad (Nunberg, 2009) o, incluso, casi ilegibles (Kichuk, 2019, pp. 145–156). Además, como ha señalado Rocío Ortuño (2020, p. 526), estos errores aumentan en los casos de corpus plurilingües, debido a los pocos recursos disponibles para la digitalización de textos en determinados idiomas —en especial del sur global—. Por otro lado, esta baja calidad también afecta a la digitalización de publicaciones periódicas, a causa de su compleja distribución textual (textos repartidos en columnas, secciones, etc.). La digitalización autónoma puede servir, en el caso por ejemplo de la prensa, para rescatar corpus marginalizados por su género literario o su lugar de enunciación.

tienen derechos de autor, aunque es posible digitalizarlos, el producto de esta digitalización no puede ser publicado en abierto sin más, a pesar de que vaya a ser utilizado únicamente con fines educativos o académicos. Hay que pedir permiso a los y las autoras para dar acceso libre al nuevo repositorio que crearemos[2]. Como señala Javier Fajardo (2014, p. 56), el personal investigador autorizado puede hacer una copia de materiales de archivos o bibliotecas para uso privado y con fines de investigación en cualquier formato siempre y cuando se mueva dentro de los límites del "derecho de cita": citar la fuente, usarla con finalidad de "análisis, comentario o juicio crítico", sin sobrepasar la cantidad "justificada por el fin de esa incorporación" y sin obtener ningún beneficio de explotación. Aun así, la cuestión de los derechos de autor en el ámbito de los análisis computacionales de textos digitalizados es un asunto problemático, un espacio legal todavía sin solucionar. Finalmente, no hay que olvidar tampoco que los titulares de bases de datos también tienen derechos de autoría sobre estos, independientemente de los materiales que contengan (Fajardo Fernández, 2014, pp. 51–52), así que, si creamos un repositorio con materiales digitalizados, nosotros mismos tendremos también derechos de autor sobre este.

Antes de introducirnos plenamente en el proceso de la digitalización, conviene tener en cuenta que diferentes objetivos suponen también la toma de diferentes decisiones a la hora de iniciar este proceso; decisiones que, además afectarán al resultado final, por lo que antes de tomarlas es recomendable establecer una secuencia de trabajo en la que se indicarán, además de los pasos a seguir, las herramientas más adecuadas para cada tarea. Un ejemplo podría ser el siguiente:

1) Establecimiento de estándares, corpus y herramientas
2) Obtención de imágenes
3) Limpieza de estas imágenes
4) Obtención del OCR
5) Uso de los datos textuales para la investigación (análisis, lectura…)

2 En España, según el Artículo 26 del Real Decreto Legislativo 1/1996 del 12 de abril por el que se aprueba el texto refundido de la Ley de Propiedad Intelectual, los derechos de explotación de la obra durarán toda la vida del autor y 60 años después de su muerte o declaración de fallecimiento. Por otro lado, según los artículos 13–15, los derechos morales del autor (derecho al reconocimiento de la autoría, a la integridad de la obra, a decidir divulgarla o no, a modificarla y a retirarla por motivos ideológicos) no tienen carácter patrimonial y son irrenunciables e intransmisibles.

Basándonos en nuestra experiencia en el campo de la digitalización (principalmente de libros y prensa periódica de finales del siglo XIX e inicios del XX), en las secciones que estructuran este capítulo nos encargaremos de explicar cada uno de estos pasos, además de presentar las diferentes herramientas útiles para darlos.

2. HERRAMIENTAS DE DIGITALIZACIÓN

2.1. Primer paso: establecer objetivos, estándares, corpus y herramientas

Una vez determinados los objetivos, debemos establecer un corpus y unos estándares explícitos de uso interno —que manejaremos nosotros mismos durante el proceso— que tengan en cuenta los objetivos de la digitalización, los usos futuros que vamos a darles a estos datos, las técnicas empleadas en el escaneo de las fuentes, y los estándares científicos a los que aspiramos. Debemos tener en cuenta que una baja calidad de imagen o una transcripción automática con una ratio de errores relativamente alta pueden ser suficiente para los objetivos de nuestra investigación, pero no para otras investigaciones que se concentren en otros aspectos (por ejemplo, para ediciones digitales). En cuanto a la codificación y el seguimiento de estándares en el proyecto, como se insiste desde READ-COOP (2021a), debe ser común a todos los usuarios de un mismo proyecto o colección. Estos protocolos y estándares deberían ser públicos. Esto es recomendable por dos razones: por un lado, nuestros propios objetivos pueden variar en el futuro, incluso cuando el acceso a las fuentes ya no sea posible, y por otro, nuestros documentos digitales quizás puedan ser útiles a la sociedad o a otros investigadores, algo a tener en cuenta cuando nuestro trabajo está financiado por recursos públicos. En ese sentido es conveniente también adherirse a algunos estándares mínimos, nacionales o institucionales (como los de bibliotecas o universidades donde podamos depositar el material), y ser siempre transparentes sobre ellos, así como sobre los parámetros que hemos seguido en nuestro trabajo. Como han apuntado Gretchen Gueguen y Ann M. Hanlon (2009, pp. 470–471), establecer todos estos aspectos antes de iniciar el proceso de digitalización nos ayudará a mantener una coherencia interna y externa en nuestro trabajo, especialmente en el caso de que se dieran cambios en las herramientas, fuentes, archivos, o incluso en la composición del equipo investigador.

En las siguientes secciones presentaremos, por un lado, herramientas relacionadas con la digitalización y manipulación de imágenes —Camscanner y Scan Tailor— y por otro, aquellas relacionadas con la digitación mediante tecnologías de reconocimiento óptico de caracteres (ROC) —Transkribus—[3], generalmente conocido como OCR (del inglés *Optical Character Recognition*), cuyo objetivo principal consiste en identificar un carácter a partir de una imagen digitalizada que se representa como un conjunto de píxeles (Miralles Pechuán et al., 2015).

2.2. Segundo paso: obtención de imágenes con CamScanner

CamScanner[4] es una aplicación móvil gratuita, disponible desde 2011 para iOS y Android, que permite aplicar tecnologías de escaneo a imágenes que hacemos desde la misma aplicación —mediante la cámara del dispositivo móvil— para luego exportarlas en formato JPG o PDF. Aunque existe una versión premium que podría ser interesante en determinadas circunstancias, la versión gratuita basta para realizar copias de calidad suficiente como para aplicar sobre ellas tecnologías de OCR con resultados más que satisfactorios.

Al abrir la aplicación CamScanner en nuestro dispositivo móvil nos encontraremos con la interfaz inicial (figura 1), desde donde podemos acceder a los documentos ya guardados, a las funciones premium o a exportar imágenes y documentos desde la galería o carrete de nuestro dispositivo. Clicando sobre el botón inferior derecho accedemos directamente a la cámara (figura 2), desde la cual podemos tomar fotografías del libro o documento que nos interese. Aunque dispone de varias funcionalidades, la función *docs* es suficiente y adecuada para el tipo de escaneo que planteamos. En la parte superior de la pantalla podemos decidir sobre la captura automática, los filtros o la resolución de la imagen. Esta última es, por defecto y sin acceder a la versión de pago, de 3840 x 2160 píxeles, resolución más que suficiente para digitar los textos.

---

3 Estos dos últimos han sido empleados por autores como Stefano Bazzaco (2020) en el marco del *proyecto Mambrino* [25/04/2023] y han demostrado su eficacia en la digitalización de documentos en español.

4 https://www.camscanner.com/.

Figura 1. Interfaz inicial CamScanner

Figura 2. Cámara

CamScanner nos permite hacer una captura automática de un documento y convertirlo a escala de grises directamente con el software de la aplicación. Gracias a ello, ya desde la misma CamScanner pueden adelantarse algunas funciones de limpieza de texto —que se abordarán más detalladamente en el paso tres—. Sin embargo, recomendamos, aunque se apliquen filtros, conservar siempre la fotografía original. Este subproducto de la digitalización nos permite ganar control sobre los cambios y filtros que vayamos a hacer respecto a la foto original. Además, este conjunto de imágenes podría sernos útil en próximos proyectos que respondan a necesidades diferentes o apliquen herramientas nuevas.

Figura 3. Resultado del escaneo

Figura 4. Función *Crop*

Otra función interesante de esta aplicación es el reconocimiento automático de los límites del documento. Como se puede observar en la figura 3, CamScanner obtiene, de una foto tomada a cierta distancia y con elementos no deseados —los dedos abriendo el libro, el fondo de la mesa, etc.— una versión a página completa del documento, corrigiendo ya de entrada las variaciones en la inclinación y combado de la página. Una vez finalizado este reconocimiento automático, podremos aceptar el resultado final y proceder a exportar el documento o, si lo deseamos, aplicar de nuevo el análisis modificando los filtros. A través de la función de *Crop* (Recortar) (figura 4), podemos modificar manualmente el reconocimiento de la sección del texto en la imagen y aplicar de nuevo los filtros deseados sobre esta. En todo caso, la imagen estará disponible en la carpeta del documento —por defecto, se graban como CamScanner MM-DD-AAAA HHHH—, tal y como podemos ver en la figura 5. Desde aquí podemos añadir nuevas fotos al documento mediante el botón *Cámara* y, por ejemplo, arrastrar y cambiar el orden de las imágenes, en caso de que nos hayamos dejado una página o tuviéramos que repetir una foto.

Figura 5. Menú del documento

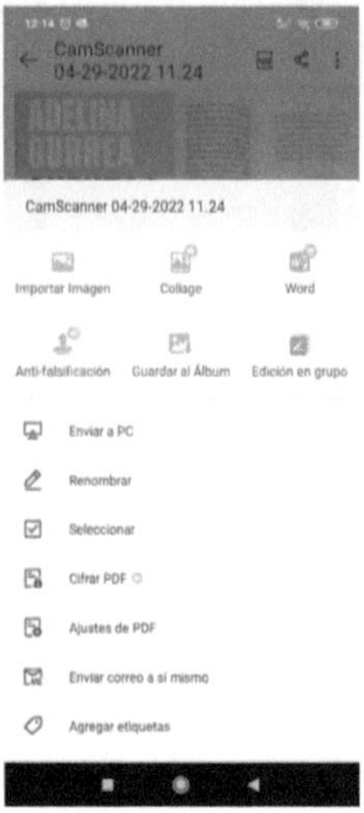

Figura 6a. Opciones. Otros. Enviar a PC

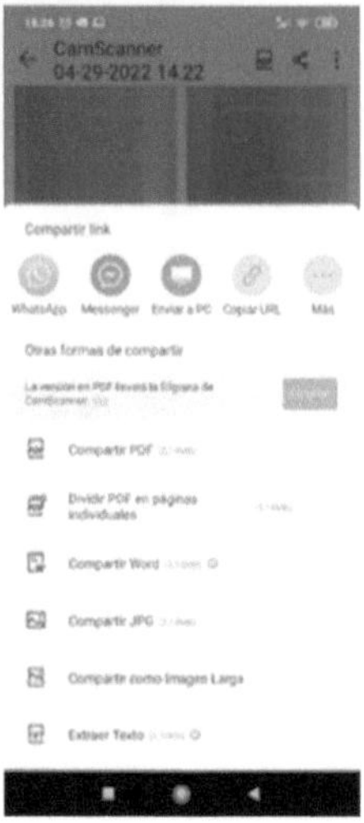

Figura 6b. Opciones. Compartir. Compartir JPG

Una vez llegados a este punto, quedaría exportar el documento en formato PDF, como se ve en la figura 7. Esto puede hacerse clicando sobre las opciones del documento situadas arriba a la derecha, que nos permiten varias alternativas: 1) leer el documento en PDF (con marca de agua); 2) compartir un enlace al documento; 3) mandarlo en PDF, JPG o Word (opción de pago); 4) o enviar el documento entero a la Galería o al ordenador mediante un código QR (en PDF y sin marca de agua). Para ello tan solo hay que escanear un código QR desde el móvil en la página web de CamScanner (s. f. b) (figura 8). Una vez vinculados ambos dispositivos, tendremos una versión en PDF del documento en nuestro ordenador con la que podemos empezar a trabajar. Es importante tener en cuenta que, para la siguiente herramienta que vamos a emplear, es necesario tener las fotografías en formato JPG. Podemos convertir del formato PDF a JPG desde la misma aplicación, yendo al menú del documento (figura 5), clicando sobre *Compartir* y luego sobre *Compartir JPG* (figura 6b). Desde aquí podremos enviar una versión del documento en JPG a nuestra dirección de correo. Con cualquiera de los dos formatos podemos empezar a trabajar.

Figura 7. Enviar a PC

Figura 8. QR descarga del documento

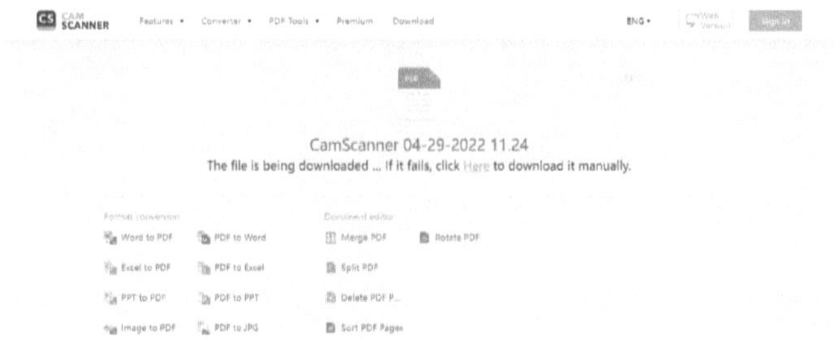

Figura 9. Documento en descarga

2.2.1. *Tutorial en línea*:

ORTUÑO CASANOVA, R (2021). "2. Escanear textos con CamScanner". *YouTube*. Disponible en línea: https://www.youtube.com/watch?v=G_kidN5o1es [25/04/2023].

2.3. Tercer paso: limpieza de las imágenes con Scan Tailor

Cuando ya tengamos las imágenes que contienen el texto sobre el que vamos a trabajar, es importante realizar una limpieza de estas ya que, si no, cuando apliquemos una herramienta automática de transcripción podrían aparecer muchos errores (Bazzaco, 2020, p. 544). Elementos como las manchas en las páginas, las deformaciones procedentes del escaneo manual y las transferencias de la tinta entre páginas pueden obstaculizar la transcripción automática

(Springmann y Lüdeling, 2016), especialmente cuando las imágenes no se han obtenido mediante tecnologías de alta calidad.

Existen muchas herramientas de limpieza de imágenes, pero en esta sección vamos a presentar cómo trabajar con Scan Tailor. Esta herramienta es totalmente gratuita y se adhiere a los principios de software libre, es decir, es de código abierto bajo una licencia GPLv3 y está disponible para Windows y para GNU/Linux. Además, Nate Craun (2 de mayo, 2016a) mantiene una guía (*Wiki*) ilustrada que facilita familiarizarse rápidamente con la herramienta. El proceso de instalación de la aplicación clásica[5] es bastante sencillo: desde la página (no oficial) (Artsimovich y Craun, 2021) o desde la página de Github de la última versión (Craun, 2 de mayo, 2016b), descargamos el último cliente de instalación en formato .exe y lo ejecutamos.

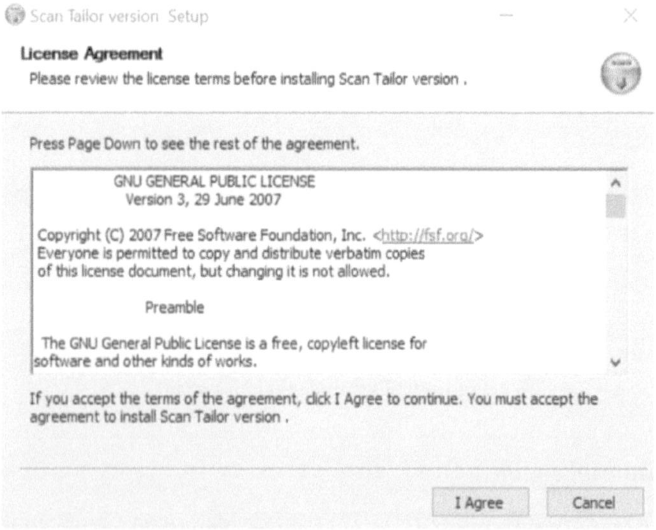

Figura 10. Setup Scan Tailor versión 0.9.11.1-64b

5 La herramienta fue desarrollada en C++ con Qt y entre 2007 y 2010 por Joseph Artsimovich que dejó de mantenerla en 2014, cuando Nate Craun pasó a encargarse de su mantenimiento (Artsimovich y Craun, 2021; Craun, 2 de mayo, 2016b). La última versión, la 0.9.12.1, salió el 2 de mayo de 2016, tras lo cual Craun archivó el repositorio original. Desde entonces, han ido apareciendo otras versiones de software libre como Scan Tailor Advanced (una versión que sigue en mantenimiento y fue lanzada en el 4 de abril del 2020), pero las funcionalidades básicas no han cambiado, y en muchas ocasiones su instalación no es tan sencilla, ya que requiere usar la consola del ordenador.

Tras completar el proceso de instalación (figura 10) podremos acceder al programa desde nuestro ordenador. La interfaz de Scan Tailor es muy sencilla y fácil de manejar. Una vez dentro, deberemos crear un nuevo proyecto (*New project*), que se convertirá en el esqueleto de nuestro análisis (figura 11). A la hora de crear un nuevo proyecto, lo primero que tendremos que decidir es el directorio de entrada —en el cual están los documentos que seleccionaremos para trabajar en el proyecto— y el directorio de salida —donde Scan Tailor mandará las imágenes modificadas tras el análisis—. Nuestra recomendación es crear un directorio de trabajo y, dentro de este, dos carpetas con el mismo nombre que los requerimientos del programa: una de *input*, donde pondremos los documentos que queremos limpiar —en formato JPG—, y otro de *output*, donde irán a parar las imágenes una vez procesadas. Cuando hayamos seleccionado las carpetas, obtendremos automáticamente una lista de todos los archivos en la carpeta de entrada, que aparecerán en la columna de documentos todavía no en el proyecto (*Files not in the Project*). A partir de aquí podemos seleccionarlos todos o ir uno por uno y moverlos mediante las flechas al proyecto (figura 12).

Figura 11. Menú inicial y selección de proyectos

Figura 12. Menú de creación de proyectos

En principio, el proyecto se guardará en nuestro ordenador con el formato exportable .SCANTAILOR. Una vez hayamos hecho clic en *OK* es bastante probable que nos salga una pestaña de diálogo llamada *Fix DPI* (ajustar el DPI)[6]

6 El término DPI se refiere a "dots per inch" (puntos por pulgada) que definen la correspondencia entre las dimensiones físicas —pulgadas, centímetros— y el tamaño de

(figura 13) que tendremos que saltar clicando de nuevo en *OK*[7]. Una vez realizados estos pasos, accederemos a la interfaz en sí.

Figura 13. Menú de fijación del DPI

Como vemos en la figura 14, Scan Tailor tiene 6 funciones, que además tienen un alcance similar —Scan Tailor permite aplicar sus funciones de forma automatizada a todas las partes del documento—[8]. La primera es *Fix orientation* (fijar orientación), que permite orientar las imágenes de forma homogénea, una función muy útil cuando tenemos fotografías apaisadas y verticales y necesaria para el siguiente paso. La segunda función, *Split Plages* (separar páginas), permite dividir automática o manualmente todas las fotos apaisadas que hayamos tomado, como podemos observar en la figura 15. Aunque su calidad pueda ser en principio inferior a la de fotos tomadas más de cerca, esta opción asegura que, sin importar cómo se han tomado las fotografías —el formato apaisado

los píxeles de una imagen (Craun, 2 de mayo, 2016b). Lo más probable es que no haya diferencia visible entre diferentes medidas de DPI, así que podemos quedarnos con DPI 600 y los documentos serán de calidad suficiente como para trabajar con ellos. Sin embargo, es una herramienta agresiva y de gran utilidad para corregir imágenes no proporcionales ajustando las medidas con la función *Custom* (personalizado).

7 Este cuadro de diálogo salta como una respuesta del programa a un escaneo deficiente —Scan Tailor necesita imágenes escaneadas con una calidad mínima de 300 DPI, 3 megapíxeles— o bien a que los metadatos del documento no señalan la resolución real de la imagen. Si hemos usado CamScanner nuestras imágenes deberían tener una resolución de 3840 x 2160 pixeles (4 megapíxeles), de modo que se pueda tratar de un problema de lectura de estos metadatos.

8 Una guía pormenorizada e ilustrada de la aplicación y de cada una de sus funciones puede encontrarse en el repositorio de *Github* de la aplicación (Craun, 2 de mayo, 2016b).

permite de hecho fotografiar más páginas del texto por documento final— el formato final será el mismo que el del libro, ya que esta funcionalidad nos permitirá obtener un documento final con el mismo número de páginas que el original en papel[9].

La tercera herramienta, *Deskew* (enderezar) es algo más compleja. En general, si seleccionamos la primera imagen, luego la opción *Auto* y después pulsamos el botón *Play*, los resultados del enderezamiento automático deberían ser suficientes como para continuar con la limpieza de la imagen. No obstante, como sugieren las figuras 16a y b, dependiendo de la curvatura de las diferentes imágenes puede mantenerse cierta elevación que no es del todo deseable, especialmente de cara las herramientas de la función *Output* (resultado). Por ello recomendamos una revisión manual de todos los enderezamientos. Una buena forma de guiar este enderezamiento es colocar las líneas centrales de la imagen/página en un ángulo de 90° respecto al centro de la cuadrícula azul, intentando que las letras queden enderezadas (por ejemplo, haciendo coincidir el pie de una *U* con el eje de abscisas y su asta con el de ordenadas).

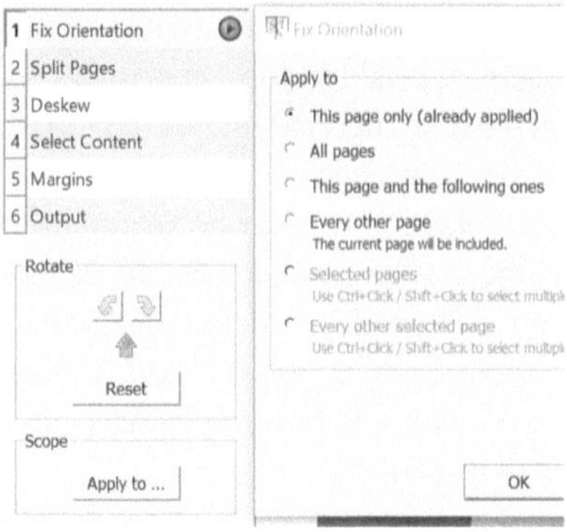

Figura 14. Alcance de la función *Fijar orientación*

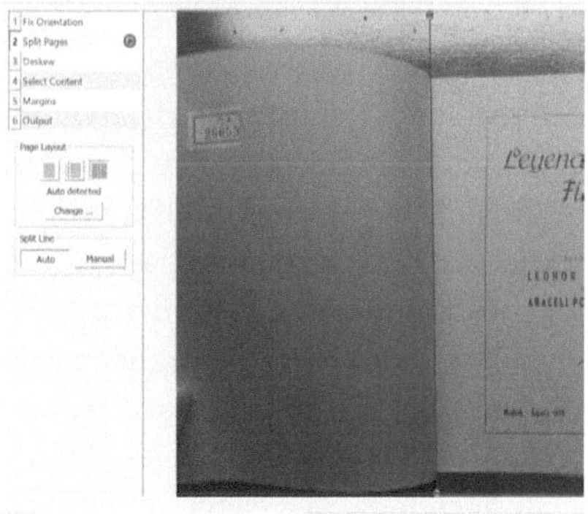

Figura 15. Menú de la función *Separar páginas*

9 Esta función incluye dos subfunciones, *Page Layout* (Distribución de la página) y *Split Line* (Línea divisoria). La primera distingue (de izquierda a derecha) entre páginas con documentos planos (hojas sueltas), lomo doblado (formato de libreta), y doble página (libro abierto). Esto nos permite no solo dividir las hojas, sino limpiar también la imagen final de elementos como el lomo. La función Línea divisoria no solo permite mejorar manualmente la precisión de esta división del formato, sino también dividir la hoja de forma personalizada.

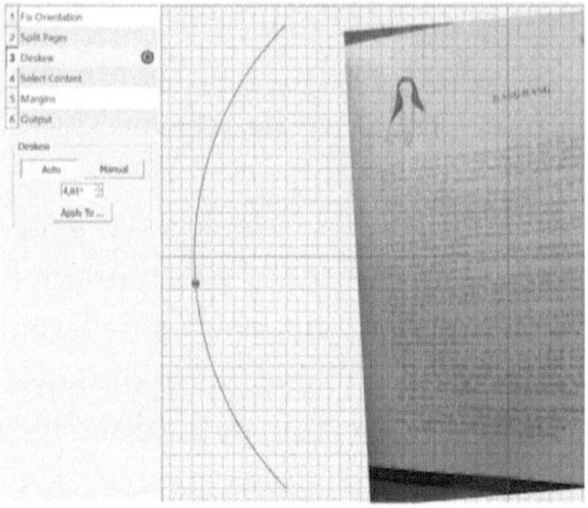

Figura 16A. Foto original

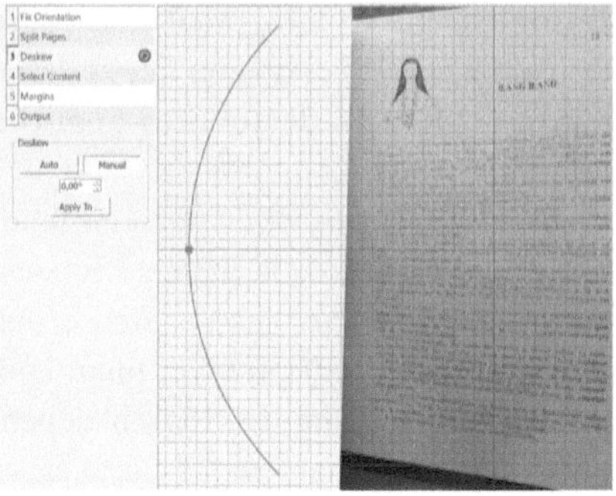

Figura 16B. Foto corregida

Después de este paso, encontramos la cuarta función, *Select Content* (Selección de contenido). Para el uso filológico del programa esta es probablemente la más importante de las funciones dentro del proceso, ya que esta herramienta permite seleccionar el contenido que aparecerá en la versión final -la ya limpiada- y esto depende de lo que queramos mostrar o queramos digitar en particular. De esa manera, los objetivos que hayamos establecido en el primer paso determinarán también qué dejaremos dentro o fuera del *content box* (cuadro de contenido). Si queremos llevar a cabo una digitalización más fiel al contenido original de la página digitalizada deberíamos elegir conservar no solamente el texto, sino otros elementos paratextuales como las imágenes, los pies de página, los encabezamientos, la numeración y las notas. Pero dependiendo de nuestros objetivos, todos estos elementos pueden no solamente no aportar nada a nuestra investigación, sino incluso plantear problemas a la hora de transcribir el texto o analizar computacionalmente el texto digitado[10].

Si queremos, por ejemplo, obtener una versión en OCR del texto original para poder leerlo en formato PDF —para fines individuales o para conservar y divulgar la obra en repositorios institucionales—, bastaría con pulsar la selección de contenido automática y luego revisarla y corregirla manualmente para asegurarnos de que se ha incluido todo el contenido de la obra original. Hay que tener cuidado con los encabezados y pies de página, especialmente cuando estos son breves y aparecen relativamente aislados del cuerpo, ya que Scan Tailor tiende a centrarse en el cuerpo del texto. La selección automática debería

10 Como se verá en capítulos posteriores, el texto en sí puede ser *limpiado* mediante herramientas digitales en otra fase del procesamiento.

proporcionarnos ya un texto limpio, pero cuando imágenes, elementos paratextuales, errores de impresión etc., no puedan sacarse de la caja de contenido, será necesario bien seleccionar la caja de contenido de forma manual (figura 17), que podemos aplicar a todas las demás páginas o a una selección de estas —con páginas obtenidas de fotos apaisadas y con páginas relativamente curvadas esto no dará resultados, pero en otras ocasiones es una forma de ahorrar tiempo—, o bien hacer una limpieza con la función *Output* (resultado).

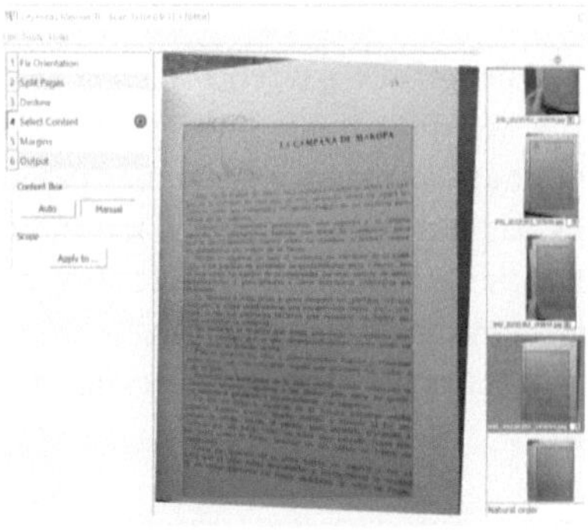

Figura 17. Selección de contenido

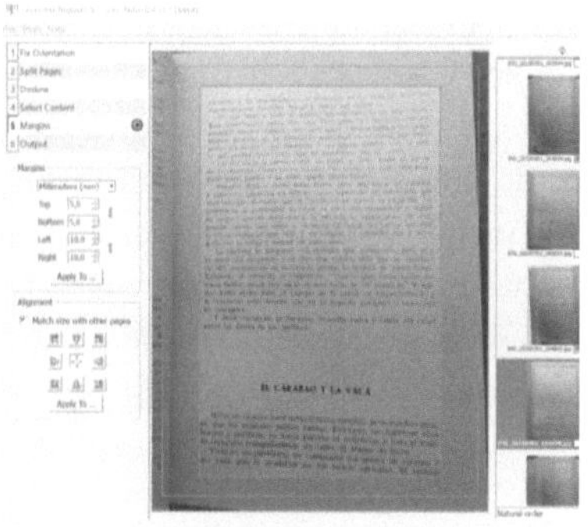

Figura 18. Márgenes

La quinta función de ScanTailor es *Margins* (márgenes), que tiene un objetivo sobre todo estético que no resulta muy interesante a la hora de digitar documentos con el propósito de analizarlos. Podemos automatizar este proceso y aplicar a todas las páginas una medida predeterminada. En todo caso, esto no afectará al OCR ni al resultado final. Sin embargo, si queremos obtener una edición en PDF con OCR, este paso sí que sería de mayor importancia, ya que podemos aprovechar esta fase para determinar la distribución final de este *libro digital* según nuestras preferencias y necesidades. La medida estándar que ofrece el programa es suficiente, especialmente si hemos seleccionado todo el contenido en el paso anterior, ya que ahora solo necesitamos clicar en la orientación central de esta función para que se reproduzca la distribución cuadrada y centrada del original. Evidentemente existen casos en los que esto puede variar, pero esta función permite cierta estandarización mediante la aplicación de dos márgenes: primero, un *hard margin* (margen duro), que consiste en el espacio entre las líneas sólidas (véase la figura 18) y que se establece por el usuario a través de los valores numéricos en mm; y, en segundo lugar, encontramos un *soft margin* (margen suave), que es el espacio entre las líneas sólidas y las líneas de puntos que Scan Tailor añade automáticamente para que el tamaño de una página se ajuste al de las demás. Esto quiere decir que, si aparece una línea de puntos en algún lugar del proyecto, ya existe una página con esa anchura y posiblemente otra con esa altura.

Cuando no hayamos seleccionado el tamaño de los fragmentos en cada página —porque, por ejemplo, no existan elementos paratextuales en márgenes paralelos— se determinará automáticamente el *content box* y el centro de la página. En estos casos es conveniente ajustar el alineamiento de la página al original, de forma que, aun clicando en el recuadro de ajustar el tamaño con las otras páginas, aquellas páginas donde el texto se concentre en un lado —por ejemplo, en inicios o finales de capítulo— esté, primero, orientado en la misma dirección en la que se concentra el texto y, segundo, tenga suficientes milímetros de margen en el lado contrario como para ajustarse a las demás páginas. En principio, podemos seleccionar tantas páginas como orientaciones haya en el texto original, ajustarlas manualmente y luego seleccionar con control y clic izquierdo aquellas páginas con una orientación similar y aplicar el alineamiento sobre aquellas clicando en Alineamiento> Aplicar a > Páginas seleccionadas.

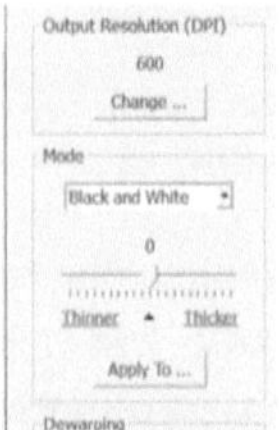

Figura 19. Menú de la función *Resultado*

Figura 20. Corrección esférica manual

Aplicadas todas estas funciones podemos pasar ya a la pestaña de *Output* (resultado), en la cual Scan Tailor pone a nuestra disposición diferentes herramientas (figura 19). De nuevo, en este paso se nos permite modificar el DPI, aunque en el caso del ejemplo que ilustra este capítulo lo dejaremos tal y como está, ya que ya estaba suficientemente alto. En este paso también se nos permite: elegir el color, emplear funciones de *Despeckling* (lavado de manchas) —función especialmente útil si estamos tratando con textos enmohecidos o con manchas de óxido, aunque solo está disponible para las imágenes en blanco y negro— o de la función de *Dewarping* (corrección esférica), una de las funciones más interesantes de Scan Tailor, ya que nos permite corregir automáticamente la inclinación de la página. Esta herramienta de corrección esférica no es infalible y hemos de corregir manualmente cada una de las páginas ya que, en muchas ocasiones, una inclinación equivocada puede leerse mejor y, en general, ser más elegante que una página corregida. Como observamos en la figura 20, estos cambios manuales no son ciertamente sencillos ni intuitivos, pero en aquellos casos en los que el modo automático no acierte a detectar la inclinación correcta, esta puede intentar corregirse manualmente, situando los puntos de la cuadrícula en la parte de la imagen donde la página fotografiada se curva.

Dentro de la misma función *Output* tenemos también otras cinco pestañas, como puede observarse en las imágenes 21A y 21B. Por ejemplo, la herramienta *Picture Zones* (zonas de imagen) permite marcar manualmente las imágenes si hemos elegido el modo mixto y es especialmente útil para mantener la calidad de la imagen y no dejar el cuerpo del texto sin limpiar. Por otro lado, con la función *Fill Zones* (zonas de relleno) podemos delimitar manualmente zonas con manchas que no hayan podido ser previamente limpiadas a través de la selección de texto, por el filtro de color o por la herramienta de lavado de manchas. Por ejemplo, esto puede darse cuando tenemos marcas de dedos demasiado cercanas al cuerpo del texto o cuando tenemos imágenes dentro de este.

En este paso hay que ser especialmente cuidadoso ya que tanto el cambio de color como la herramienta de lavado pueden tener efectos negativos en el OCR posterior. Por ejemplo, un lavado de manchas muy fuerte puede desdibujar algunas letras, siendo mucho más conveniente para limpiar la página utilizar una zona de relleno, creada manualmente y con mayor precisión. Aparte de estos casos excepcionales, la herramienta funciona suficientemente bien, especialmente combinada con una saturación alta del texto en blanco y negro, entre 20 y 50 puntos. Sin embargo, nuevamente hemos de ser precavidos, ya que una saturación alta puede exagerar la visibilidad de algunas manchas hasta el punto de confundirlas con caracteres. También puede ocurrir que el programa no detecte correctamente ciertas sombras y diferencias de luz, ennegreciendo zonas claramente visibles en el modo en color. En estos casos, tendremos que buscar manualmente el punto de saturación adecuado y evaluar si la reducción de saturación necesaria para eliminar las manchas supone o no una pérdida de definición de los caracteres que vuelven la imagen ilegible.

Si nuestro objetivo es una versión legible y limpia del original y no es posible encontrar una combinación de lavado de manchas y saturación adecuadas, siempre podemos reducir al mínimo la saturación y marcar con zonas de relleno los contornos de las letras rodeadas de manchas, trazándolas una a una con el ratón. Aunque este trabajo minucioso puede ser interesante para una edición más purista, lo cierto es que para digitalizaciones masivas o aquellas orientadas únicamente a la digitación esta limpieza manual puede suponer una inversión demasiado alta de tiempo. En estos casos, puede aplicarse simplemente el modo mixto o el modo a color con márgenes blancos y ecualización. Dependiendo del tipo de fuente, la calidad de la imagen y del propio texto original, ciertos programas de OCR reconocerán estos textos mejor que la versión en blanco y negro, limpia y saturada. De nuevo, y aunque en principio podemos experimentar con las diferentes versiones según el programa de OCR y nuestro modelo, es probable que una imagen con luces y sombras, pero naturalmente limpia —es decir, sin manchas excesivas de moho u óxido— sea más fácil de leer y dé mejor resultados en el OCR que un documento sólido, blanco y negro y sin matices.

Figura 21a. Trazado manual de zonas de relleno en zonas con diferencias de luz

Figura 21b. Trazado manual de zonas de relleno en zonas con diferencias imágenes

Especialmente con fotos de baja calidad, como las que se pueden tomar a través de nuestro teléfono —y después filtradas por CamScanner— las opciones *Mixed* (mixto) o *Color/Grayscale* (color y escala de grises) pueden ser soluciones para no perder una resolución que de entrada ya sea baja. De nuevo, dependiendo del estado de conservación del documento físico, de la calidad del material de entrada y de los objetivos de la digitalización —la lectura humana o la computacional—, podemos optar por una opción u otra. No hay que olvidar que, aunque para nosotros un texto sea legible, pequeños elementos como manchas o borrones sí afectarán a la capacidad de detección de caracteres de un programa de OCR, pudiendo hacer que se confundan con otros muy similares.

Finalmente, tras haber comprobado todas las funciones que hemos detallado, podemos clicar el botón *Play* para que se inicie el proceso de aplicación de los parámetros que hayamos decidido. Después, es importante realizar una revisión y limpieza manual página por página. En cuanto a los tiempos de carga entre una imagen y otra, estos se reducen si ya hemos creado un archivo local con el output de cada página. Es decir, que ello dependerá de los criterios establecidos al inicio del proceso. Una vez hayamos terminado la revisión, volvemos a clicar sobre el botón *Play* y solo nos queda esperar a que el programa genere todas las imágenes dentro de la carpeta de input seleccionada al inicio. Tras este último paso, ya tendremos el material preparado para pasar a la última fase: la digitación del objeto digital mediante tecnologías de OCR[11].

Existen guías y tutoriales en línea que pueden ayudar con el proceso (Artsimovich 2010, Ortuño Casanova 2021).

2.4. Cuarto paso: obtención del OCR con Transkribus

En el mercado existen diferentes programas de OCR. Nosotros hemos empleado Transkribus[12], de la cooperativa europea READ-COOP. Transkribus es una plataforma de reconocimiento de textos, análisis de imágenes y reconocimiento de estructuras de documentos históricos que ofrece unos resultados consistentes y cada vez mejores. Aunque se trata de una herramienta de pago, la razón por la que nos decidimos por este programa es que todos los nuevos usuarios reciben 500 créditos gratis iniciales con los que empezar a trabajar. Además, READ-COOP tiene un programa de becas para proyectos de estudiantes y profesores que necesiten

11 Como explica Stefano Bazzaco, hemos de distinguir entre contenido textual (la información) y forma concreta (el objeto material) de cualquier documento. La digitalización del contenido corresponde a la transposición del lenguaje escrito en un formato comprensible para la máquina, normalmente codificado en estándar ASCII o Unicode. La forma concreta de ese contenido en un entorno digital, al contrario, suele coincidir con la foto o reproducción de cada una de las partes que componen el objeto libro, es decir su conversión en una imagen virtual basada en una secuencia ordenada de píxeles (Bazzaco, 2020, p. 537).

12 Transkribus fue creado por dos proyectos financiados por la Unión Europea, *tranScriptorium* (2013–2015) y *READ* (*Recognition and Enrichment of Archival Documents*, 2016–2019). En un principio la plataforma fue desarrollada por la Universidad de Innsbruck, pero desde el 1 de julio de 2019, está dirigida y desarrollada por *READ-COOP*, una cooperativa europea. La plataforma integra herramientas desarrolladas por grupos de investigación de toda Europa, como el grupo *Pattern Recognition and Human Language Technologie* (PRHLT) de la Universidad Politécnica de Valencia y el grupo *Computational Intelligence Technology Lab* (CITlab) de la Universidad de Rostock.

emplear Transkribus para sus proyectos de investigación o iniciativas pedagógicas. Los créditos de Transkribus son la forma en la que READ-COOP traduce los costes de mantenimiento, operación y pago de licencias de los diferentes ingenios de reconocimiento de texto. Actualmente, 500 créditos tienen un valor de 66€ para no miembros, pudiendo con ellos transcribir 500 páginas manuscritas o 3000 páginas de escritura tipográfica[13]. Este volumen suele ser suficiente para proyectos pequeños o que no buscan una digitación masiva.

En los últimos años, Transkribus ha ido evolucionando desde un cliente descargable hacia una aplicación web. Inicialmente, Transkribus solo disponía de una versión de escritorio descargable en su página web —Transkribus Expert Client (TEC)— que contaba con todas las funcionalidades. Posteriormente, se introdujo una versión en línea —Transkribus Lite (TL)— con una interfaz más simplificada e intuitiva para el usuario, pero con funcionalidades limitadas. Recientemente, READ-COOP (s. f.a) ha implementado una última versión del cliente descargable —Transkribus-1.25.0—, pero ya ha anunciado que dejará de actualizarlo. De ese modo, desde hace poco tiempo la versión estándar de la aplicación es la nueva versión para navegador basada en la ya desaparecida versión Lite[14], que a partir de ahora será el único cliente mantenido y actualizado por READ-COOP. De cualquier modo, READ-COOP ofrece tutoriales para todos sus servicios y glosarios para todos los elementos que estos emplean. Estos facilitan el manejo del programa por parte de los usuarios y ayudan a orientarse entre todas estas versiones, y pueden encontrarse en la bibliografía de este capítulo.

Pensando ya en su utilización, Transkribus es una herramienta muy potente y con muchas funcionalidades. No obstante, para los objetivos de este capítulo, nos hemos centrado en presentar las funciones de transcripción automática de textos y en la obtención de estos en formato PDF, MS Word o TXT. Lo primero a tener en cuenta es que Transkribus trabaja con imágenes en JPG o archivos PDF, de forma que debemos convertir nuestras imágenes limpiadas a través de

---

13 Los documentos que contienen textos manuscritos requieren de mayor procesamiento y por ello cuestan más créditos.

14 En el momento de la redacción de este capítulo —abril de 2023— muchas de las últimas actualizaciones aún eran recientes, por lo cual muchas de las guías y otras herramientas de ayuda para el usuario pensadas para las versiones anteriores de Transkribus no están todavía actualizadas. Nuestra recomendación a la hora de consultar las guías es comprobar su fecha de actualización y, si no se dispone de versiones actualizadas para la nueva aplicación de navegador, lo más adecuado sería seguir aquellas guías elaboradas para Transkribus Lite, ya que esta comparte con aquella la mayoría de sus funcionalidades y su interfaz.

Scan Tailor —si es que hemos hecho uso de esta herramienta— a este formato. Para esta conversión de formato existen diferentes herramientas —por ejemplo, el cliente de pago de Adobe— pero nosotros empleamos ilovepdf y iloveimg, un servicio gratuito y fácil de usar —basta con hacer clic en la pestaña roja de selección—, aunque con algunos límites de cantidad para usuarios sin suscripción. Además, unificar todas las imágenes en un solo documento PDF hace más cómodo controlar, revisar y subir a Transkribus los diferentes archivos.

Para empezar a utilizar Transkribus debemos crear una cuenta. Podemos hacerlo desde la página de READ-COOP (s. f. b), clicando en *Sign In* (entrar) y después en *Register* (registrarse). Tras introducir nuestros datos, recibiremos un correo electrónico de bienvenida (figura 21) con algunos recursos útiles: el enlace a la versión lite, un enlace de descarga del cliente experto y, como hemos comentado anteriormente, el regalo de bienvenida de 500 créditos.

Figura 21. Correo de bienvenida (nótese que el e-mail todavía habla de los dos clientes)

Si manejamos un corpus relativamente sencillo —un texto impreso[15], visible, con tipografía común y una distribución clara del contenido— y nuestro objetivo es conseguir una transcripción del texto, el procedimiento a seguir es bastante sencillo. Lo primero que haremos será ir a la página de READ-COOP, clicar en la pestaña de Transkribus y luego en el botón Open in Browser (abrir

15 Especialmente en el caso de fuentes impresas, la transcripción automática se considera un problema solucionado, y la mayoría de herramientas generan resultados cercanos a la perfección con excepción de la tipografía gótica (Springmann y Lüdeling, 2016). Por un lado, como argumentan Phillip Ströbel y Simon Clematide (2019)

en el navegador). A continuación, se abrirá la aplicación de Transkribus en la que tendremos que identificarnos clicando en la opción *Login*[16] (entrar), accediendo tras este paso a la interfaz de la aplicación (figura 22). La interfaz se divide en cuatro secciones:

1) En la columna izquierda, por un lado, aparecen agrupadas las diferentes herramientas que ofrece la aplicación (*Tools*) y, por otro, también vemos las funciones de organización de documentos (*Transkribus organizer*).
2) En la barra superior, tenemos la opción de elegir entre el *Workdesk* (menú de trabajo) y el *Training* (menú de entrenamiento), además de poder consultar rápidamente los créditos disponibles, nuestra información de perfil o el motor de búsqueda.
3) En la columna derecha aparece un balance más detallado de nuestros créditos y el equivalente en número de páginas para las que podemos utilizarlos (*Credit Balance*). Aquí también tenemos acceso directo a una versión simplificada de la aplicación (*Quick Text Recognition*).
4) Finalmente, en la parte inferior aparece un cuadro que indica las tareas más recientes (*Recent jobs*).

Transkribus funciona especialmente bien en periódicos y en tipografía gótica, incluso con imágenes de muy baja calidad. Por otro, Transkribus ha demostrado en varias ocasiones su eficacia a la hora de transcribir automáticamente manuscritos e incunables (Bazzaco, 2020).

16 Es posible que todavía aparezcan las nomenclaturas anteriores a la última actualización (como Transkribus Lite). En el momento de revisión del presente capítulo (abril de 2023), Transkribus todavía no ha actualizado todas las páginas web con la última versión del cliente único.

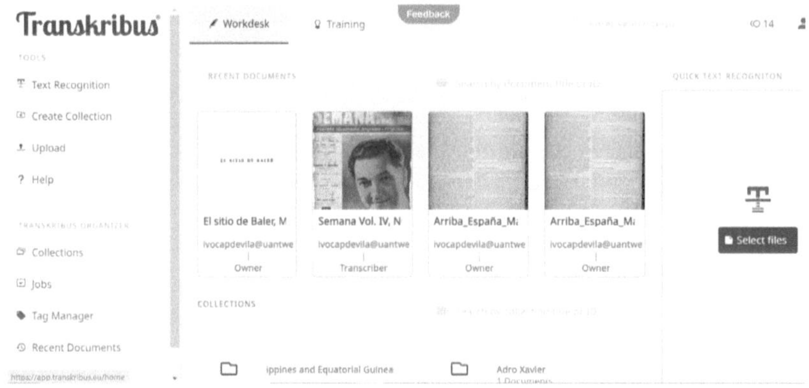

Figura 22. Menú de Transkribus

A continuación, debemos subir el documento al servidor de Transkribus. Para hacerlo, lo hacemos clicando en *Upload* (subir un documento al servidor) y arrastramos o buscamos mediante el navegador el documento que queremos transcribir (figura 23). De esa forma, en el menú quedará reflejado que hemos iniciado la tarea *Create a document* (creación de un documento). Una vez finalizada, el documento aparecerá en nuestra colección (figura 24) junto al resto de textos que hayamos subido. Clicamos entonces en el documento y entraremos en su menú (figura 25).

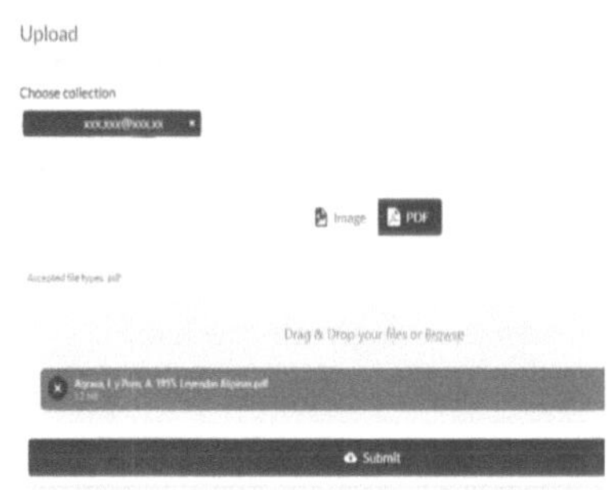

Figura 23. Menú de subida de documentos

Figura 24. Menú de Transkribus una vez subido un documento

Desde este punto podemos seleccionar las páginas que deseemos tratar. Para ello debemos clicar sobre los botones contiguos al recuadro de selección de páginas, que se encuentran bajo el encabezado (*Total Pages*). El primer botón, situado a la izquierda, sirve para seleccionar todas las páginas y, el segundo, a la derecha, se utiliza para limpiar la sección. Esta operación también puede hacerse de forma manual, clicando el recuadro inferior izquierdo de la página.

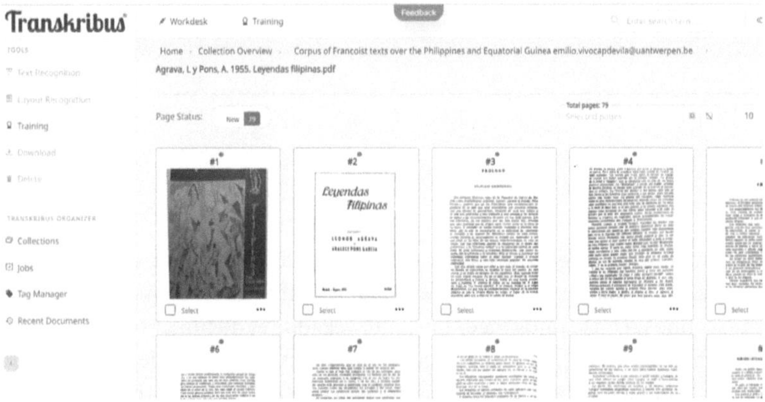

Figura 25. Menú de selección de un documento

A continuación, ya podemos aplicar sobre estas páginas la función *Layout Recognition* (reconocimiento de la distribución del texto) o *Text Recognition* (reconocimiento del texto), ubicadas en la columna izquierda (figura 25). Cualquiera de los modelos nos exige un Layout Analysis[17] y, de no existir, lo aplican automáticamente. Sin embargo, también podemos aplicarlo sin necesidad de realizar —y pagar— por una transcripción. En la nueva versión de Tranksribus, después de clicar en *Layout Recognition* podremos elegir entre diferentes opciones (figura 26): *Printed Block Detection* (detección de bloques de texto impreso), *Preset Model* (modelo por defecto) y *Choose Model* (elegir un modelo)[18].

17 *Document layout analysis* (DLA) es un paso en el preprocesamiento de documentos que se encarga de detectar y anotar la estructura *física* de un objeto digital que representa un objeto real. Técnicamente es un paso y una tecnología diferente pero necesaria para un OCR. Para una introducción general a ambas véase Galal M. Bin-Makhashen y Sabri A Mahmoud (2019).

18 Recientemente, Transkribus ha sustituido los algoritmos anteriores (*CITLab Advanced*) por un algoritmo propio entrenado con los datos de los usuarios, *Transkribus*

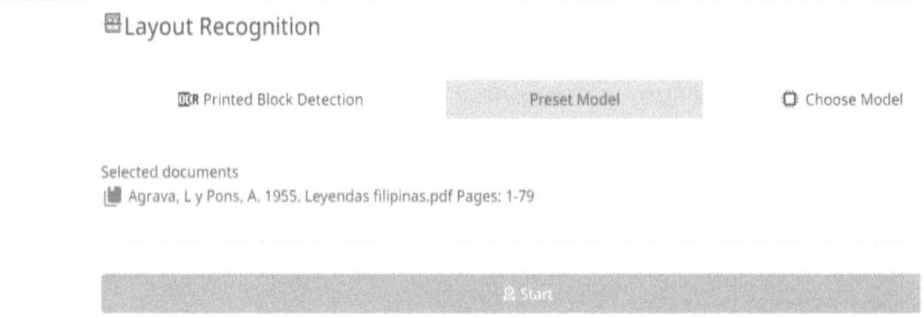

Figura 26. Menú de reconocimiento de la distribución del texto

Una vez tengamos ya las líneas marcadas (figura 27), podemos proceder a aplicar un método de reconocimiento de texto. Para ello seleccionamos todas las páginas y clicamos en la función *Text Recognition*. Aparecerá entonces el menú de selección de modelo, que podemos observar en la figura 28. En la columna izquierda de este menú podemos buscar el título del modelo, seleccionar el idioma, el tipo de material —impreso, manuscrito o ambos—, el orden de aparición[19], o los siglos para los cuales está pensado cada modelo. Como puede observarse, existen diferentes modelos a nuestra disposición: existen modelos

LA. Este algoritmo cuenta con nuevas funcionalidades y se aplica como algoritmo por defecto, tanto si se hace el *Layout Analysis* por separado o si accedemos directamente a la transcripción automática. El algoritmo de esta última versión acepta diferentes parámetros y es más adaptable que los anteriores, especialmente en combinación con modelos entrenados por el propio usuario. No obstante, para casos más complejos —como periódicos o textos con paratextos, en los que se combinan diferentes órdenes de lectura, diferentes columnas, etc.— pueden ser mejores alternativas recurrir al método de *Print Block Detection*, combinar todos los métodos o incluso corregir manualmente el modelo y producto final. Como mostraremos luego, es posible entrenar modelos propios para detectar estas particularidades y obtener una mejor transcripción.

19 El orden de aparición suele ir en función de varios de los aspectos de cada modelo: si son recomendados o no por el equipo de READ-COOP (*Featured first*); según su mayor o menor proporción de caracteres transcritos erróneamente (*Character Error Rate*); por su número de palabras (*Number of words*) —que se vincula con la variedad de caracteres sobre las que se aplica el modelo y se mide su *Character Error Rate* (CER)— y, por último, según su fecha de creación (*Date created*), que está relacionada con la actualidad del modelo y los algoritmos que emplea —especialmente a tener en cuenta dados los recientes cambios en la aplicación—.

públicos, desarrollados por el equipo de READ-COOP u otros grupos[20]; modelos compartidos con la colección de Transkribus en la que nos encontremos trabajando y de la que somos usuarios; y, finalmente, modelos privados y entrenados por nosotros mismos, una posibilidad sobre la que profundizaremos más adelante. Para navegar a través de los modelos podemos hacerlo en la columna superior, en la que podemos movernos entre diferentes pestañas: nuestros modelos favoritos (*Favorite Models*), los modelos públicos (*Public models*) y nuestros modelos privados (*Private Models*).

20 Aunque en lengua española no hay muchos modelos públicos existentes, el equipo de READ-COOP dispone en la fecha de preparación de esta guía (abril de 2023) de algunos modelos que dan buenos resultados. Para textos impresos, puede utilizarse el modelo *Transkribus Print M1* (Transkribus Team, s. f.) que, entre otras muchas lenguas, incluye el español en su set de validación. Esto permite que caracteres como la ñ puedan ser correctamente transcritos. También existen otros modelos públicos pensados para el español y actualmente disponibles que pueden sernos útiles. Para imprenta, podemos encontrar: *Spanish print XVIII-XIX* (Menta et al., 2022; Sánchez-Salido et al., s. f.) desarrollado a partir de textos en prensa periódica publicada entre 1788–1825; *Spanish Golden Age Theatre Prints (Spelling Modernization) 1.0* (Cuéllar, 2021a), que permite transcribir y modernizar la escritura, o *Spanish Redonda (Round Script) 16th-17th Century* (Bazzaco, s. f.), desarrollado en el marco del proyecto Mambrino, arriba mencionado. Por otro lado, para el caso de manuscritos en español, actualmente solo disponemos de dos modelos públicos: *Carlos V/ Charles V* (Ball et al., s. f.), basado en las instrucciones de Carlos V, y *Spanish Golden Age Manuscripts (Spelling Modernization) 1.0* (Cuéllar, 2021b). La escritura ológrafa es especialmente difícil de transcribir y aunque con ciertos modelos pueden obtenerse resultados bastante correctos, en estos casos es mejor emplear un modelo entrenado específicamente para cada corpus. Cabe señalar que la mayoría de modelos en español han sido desarrollados enfocándose en el Siglo de Oro, por lo que podrían tener problemas con corpus más modernos.

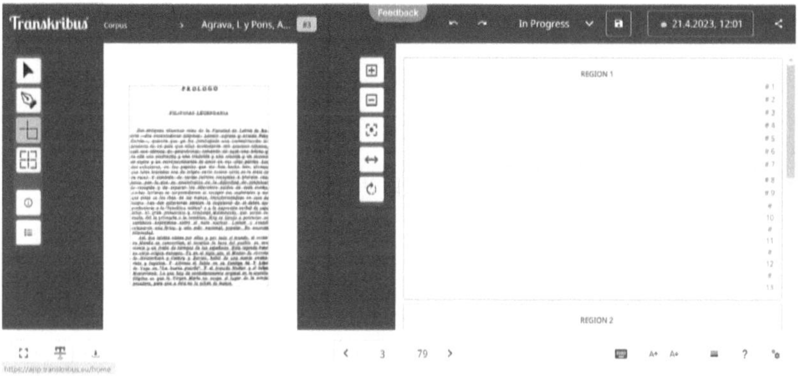

Figura 27. Menú de edición del documento (sin texto)

Una vez hayamos seleccionado un modelo, iniciamos el reconocimiento clicando en *Start* (iniciar reconocimiento de texto), el botón situado en la parte superior derecha del menú de selección de modelo, bajo el precio en créditos de la transcripción (figura 28). A continuación, esperamos a que el programa finalice la tarea y reste de nuestra balanza de créditos los créditos consumidos, indicados en el resumen de la tarea en la parte de abajo del menú.

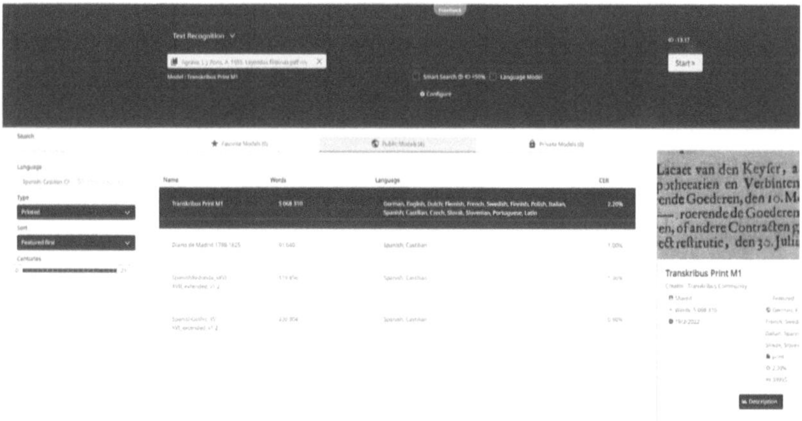

Figura 28. Menú de selección de modelo

Después de que se ejecute este proceso —que, dependiendo del volumen de material, puede durar más o menos tiempo—, podremos acceder finalmente a la transcripción automática, consultarla, explorarla, corregirla o, lo más interesante, descargarla en diferentes formatos. Desde el menú del documento (figura 25) al clicar en *Download* (descargar) se abrirá una pestaña con los diferentes formatos de descarga: con o sin imágenes, en XML, en ALTO, en PDF, en TEI, en Docx, en Tags XLSX o en Table XLSX[21], además de la opción de incluir o no los metadatos de Transkribus, una elección especialmente interesante, como se verá más adelante.

Figura 29. Menú de edición del documento (con transcripción e imagen)

21 Transkribus permite reconocer y transcribir tablas y hojas de cálculo provenientes de documentos históricos. No obstante, esto requiere un trabajo adicional, como marcar la estructura, los doblados de página, las líneas de palabras que continúan en más de una casilla, etc.

En el nuevo editor de Transkribus podemos ver y editar al mismo tiempo tanto el texto como su distribución (READ-COOP, 1 de marzo, 2023). Antes de avanzar más, y una vez tengamos el documento transcrito, vale la pena familiarizarse con los elementos[22] de los que se compone la transcripción y que podemos modificar desde este menú (figura 29). Un elemento clave son las polilíneas, unas líneas marcadas en azul que recogen la base de los diferentes caracteres de un texto. Si en este menú clicamos sobre una línea se harán visibles sus vértices, que podemos arrastrar con el ratón para adaptarlas mejor a la imagen. Además, clicando sobre el botón con el símbolo de la pluma (*Add Line*) podemos dibujar nuestras propias polilíneas.

Las líneas de base son las bases de las regiones de líneas (*Line region*), polígonos que encuadran los caracteres trazados a lo largo de una polilínea. Aunque puede modificarse manualmente, cada región de línea es extraída automáticamente por Transkribus a partir de las líneas de base. Las regiones de línea se agrupan a su vez en regiones de texto (*Text regions*), marcadas en verde. Estas se definen automáticamente en base a las otras unidades y determinan, por ejemplo, el orden de lectura (*Reading order*) de las diferentes líneas que se inicia, automáticamente, desde la primera línea y va de izquierda a derecha.

En el caso de textos impresos modernos, la creación de regiones es relativamente sencilla. Sin embargo, puede presentar dificultades en el caso de textos alógrafos especialmente desordenados, textos en prensa o documentos que contienen tablas o notas a pie de página. Para estos casos, el editor incluye los botones añadir región (*Add Region*) y añadir tabla (*Add Table*), que permiten resolver estos problemas. Además, también podemos etiquetar la estructura del texto: para ello hay que clicar en varias líneas o regiones de texto mientras pulsamos la tecla *Ctrl* y luego hacemos clic derecho en la selección (*Assign structure type*). Por defecto, las etiquetas son: encabezamiento (*heading*, en rosa) o párrafo (*paragraph*, en azul celeste), aunque pueden añadirse más[23]. También

22 Estos elementos son necesarios para la transcripción y se generan con el *Layout Analysis*. Este aplica un algoritmo que segmenta la imagen del texto en polilíneas, que, lo que se llama *Baselines detection* (detección de polilíneas). En un principio, el algoritmo de Transkribus realiza la tarea de forma satisfactoria, pero en ciertos casos será necesario corregirlas a mano, en especial cuando estemos trabajando con manuscritos o con fuentes que se alejen mucho del modelo inicial.

23 Las etiquetas pueden gestionarse desde la pestaña *Tag Manager* del menú de Transkribus, dentro de la sección *Transkribus Organizer*. Una vez en esta pestaña, primero debemos seleccionar la colección en la que trabajaremos y, después, ya podremos buscar las diferentes etiquetas. Existen dos tipos predeterminados: etiquetas textuales

podemos eliminar la selección (*Delete*), dividirla mediante una línea en vertical[24] (*Vertical Split*) o dividir la selección con una línea en horizontal (*Horizontal split*). Esta opción es la más común y nos puede servir, por ejemplo, para distinguir entre el título del capítulo, el subíndice y el cuerpo del texto, como puede observarse al comparar las figuras 29 y 30. También se puede dividir la selección con una línea dibujada por nosotros mismos (*Custom Split*) y, finalmente, unir la selección (*Merge Shapes*), una función útil para corregir divisiones de regiones y líneas que deberían estar unidas.

Además de las funciones mostradas, si clicamos individualmente en una región también tenemos la opción de relacionar diferentes cuadros de texto de forma manual (*Add relation*). Esto puede ser útil, por ejemplo, cuando trabajamos con publicaciones periódicas o notas que continúan durante varias páginas o están dividas en columnas no consecutivas[25]. Asimismo, clicando individualmente en una línea, tenemos la opción de asignarla a una nueva región de texto (*Assign to a new region*) o de duplicarla (*Duplicate*). Esto último resultará especialmente útil al transcribir manualmente líneas con una orientación similar.

(*Textual Tags*) y etiquetas estructurales (*Structure Tags*) y Transkribus pone a disposición del usuario una amplia selección de cada tipo. Conviene recordar que a la hora de transcribir, especialmente cuando empleamos algunas de las herramientas de creación de metadatos como el etiquetado, es importante seguir ciertas convenciones. Aunque estas pueden depender del marco institucional de cada investigador o investigadora, Transkribus ofrece unas convenciones propias para intentar homogeneizar los resultados de sus usuarios. Al utilizar las etiquetas por defecto, no solo ahorramos tiempo, sino que nos aseguramos de seguir estas convenciones. Sin embargo, siempre podemos añadir una etiqueta propia clicando sobre el botón *Add new tag*, seleccionando un color, un nombre y, lo que es más importante, los atributos asociados a esta (*Add some attributes*). READ-COOP (2022a) ofrece una guía descargable que puede ayudarnos a hacer un uso coherente y productivo del etiquetado, aunque está pensada para el antiguo cliente descargable.

24 Ambas herramientas de división emplean una línea como cursor. Después de clicar en la herramienta, simplemente debe moverse la línea a la sección deseada, hacer clic y, una vez las respectivas líneas o regiones están divididas, clicar de nuevo en el botón del cursor (*Selection mode*).

25 Estas funciones fueron introducidas en la versión 2.3 del antigua cliente Lite. En la presentación de esta versión (READ-COOP, 2022b) puede encontrarse la única guía de estas funciones publicada por READ-COOP hasta el momento.

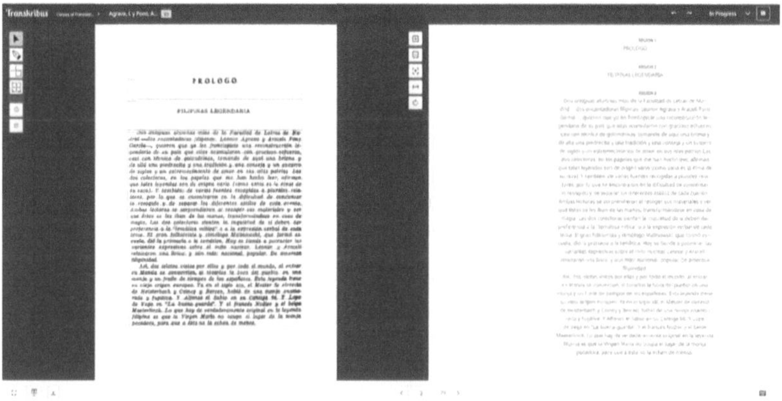

Figura 30. Menú de edición de documento tras división y etiquetado de regiones

Otra de las otras funciones básicas de Transkribus es la creación y gestión de colecciones (READ-COOP, 2021b), de la que dependerán nuestras etiquetas y modelos. Dentro de la pestaña de herramientas (*Tools*) aparece la opción de crear una colección nueva *(Create Collection)*. Desde la pestaña de *Transkribus Organizer*, clicando en *Collections*, accederemos a un menú donde navegar entre las diferentes colecciones (figura 31) y, clicando en estas, a los diferentes documentos dentro de cada una. Además, dentro de la pestaña de Transkribus *Organizer*, nos aparecerá la herramienta de gestión de usuarios (*User-Manager*) (figura 32), desde la cual podemos añadir o eliminar usuarios que participen de esta colección, así como distribuir diferentes roles entre ellos —propietario (*Owner*), transcriptor (*Transcriptor*) o editor (*Editor*)—. Y es que una de las posibilidades más interesantes que ofrece Transkribus es que permite que varias personas puedan trabajar diferentes páginas del mismo documento al mismo tiempo (READ-COOP, 2023a), de forma que puede realizarse una transcripción colectiva y establecer un *workflow* en equipo a través de diferentes registros y versiones.

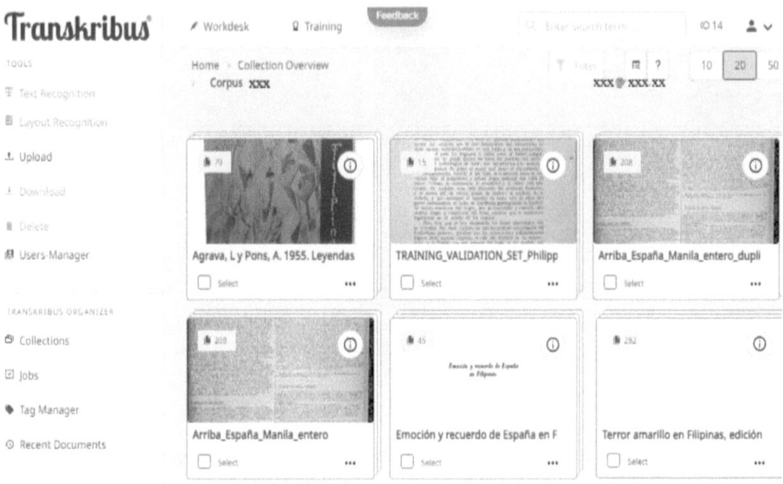

Figura 31. Menú de gestión de colecciones (*Collection Overview*)

Figura 32. Menú de gestión de usuarios

Transkribus también permite, empleando el buscador situado en la parte superior derecha, realizar búsquedas de palabras clave. En el menú de búsqueda aparecerán los resultados (figura 33), ya sea en las etiquetas que hayamos empleado o en el cuerpo de la transcripción. Estos resultados incluyen no solo la página y el documento en el que han sido localizados, sino también la transcripción y un fragmento de la imagen donde se ha detectado el término en todos los documentos de nuestro usuario. A continuación, estos pueden filtrarse según el autor del documento (*Author*), según quien lo haya subido a la colección (*Uploader*), según la obra en la que queramos buscar (*Title*) o el ID de la colección (*Collection ID*).

Además de esta búsqueda sencilla[26], Transkribus (READ-COOP, s. f. d) ofrece otras técnicas de búsqueda como *Fuzzy Search*. Esta se emplea marcando *Fuzzy* en el buscador y permite encontrar resultados que compartan la mayoría de los caracteres de la palabra buscada y no solo el término exacto introducido. Esto puede ayudar a encontrar errores de transcripción o variaciones ortográficas de la palabra clave dentro de nuestra colección. Además, Transkribus cuenta con una función de pago —50 % de coste adicional por página— que permite la búsqueda inteligente (*Smart Search*) de palabras directamente en las imágenes aunque estas estén mal transcritas (READ-COOP, s. f.e). Para activar esta función, es necesario marcarla antes de realizar una transcripción, en el menú de selección de modelo (figura 28).

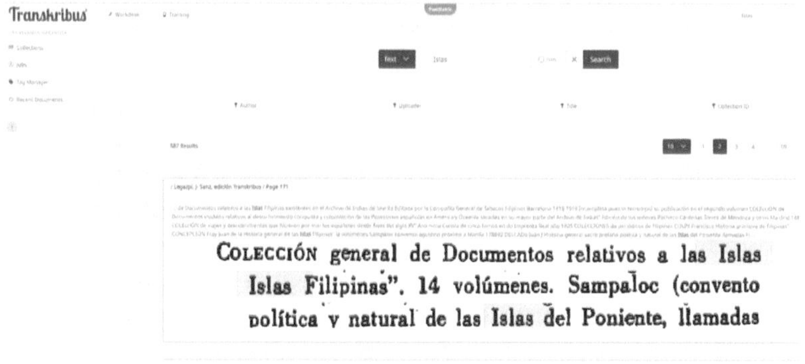

Figura 33. Resultados de búsqueda de términos en Transkribus

Por último, una función destacada de la última versión de Transkribus es la creación de modelos propios adaptados a nuestras necesidades. Dedicaremos esta última parte del capítulo a introducir algunas cuestiones básicas sobre esta función, aunque sin extendernos en exceso. El primer paso para poder crear un modelo propio es seleccionar un corpus sobre el cual podamos entrenarlo. Este corpus deberá estar correctamente transcrito, bien de forma manual o bien

26 READ-COOP (s. f. c) recomienda mejorar la búsqueda simple (*Fulltext Search*) mediante el uso de operadores booleanos como AND y otros caracteres especiales como? (cualquier carácter) o * (cualquier serie de caracteres).

siguiendo todos los pasos explicados anteriormente, con una última corrección manual. Además, es importante que en la barra superior del menú de edición (figura 30) cambiemos la etiqueta *In progress* por *Ground Truth*. A continuación, desde el menú principal de Transkribus, deberemos clicar en el botón *Training*. El programa nos remitirá entonces al menú de entrenamiento, desde el que podemos seleccionar una colección y el tipo de modelo que nos convenga para la transcripción de texto (*Text Recognition*) o para la detección de las polilíneas (*Baselines Model*) (figura 34). En la nueva versión de Transkribus, el entrenamiento de modelos sigue cuatro pasos:

1) Configuración del modelo (*Model Setup*). En este primer paso debemos asignar al modelo un nombre (*Model name*), una descripción (*Description*), una lengua (*Language*), un marco temporal (*Centuries*) y el tipo de datos de entrada o *input* (*Transcript version*), relacionado con las versiones de cada una de las páginas empleadas en el modelo[27]. Una vez asignados todos estos elementos, debemos clicar sobre *Next* (siguiente paso).
2) Corpus de entrenamiento (*Training Data*). En el siguiente paso aparecen todos los documentos de nuestra colección. Debemos seleccionar un número suficiente de páginas ya transcritas previamente que sean representativas del corpus sobre el que después queremos aplicar nuestro modelo. Es decir, esta muestra debe incluir todos los tipos de distribución de texto, ortografía y tipografías que calculamos que van a aparecer en nuestro corpus. En cuanto al número de palabras o páginas necesarias, Transkribus recomienda entrenar modelos con al menos 20 páginas de material ya transcrito. Es importante tener en cuenta que estas páginas que seleccionemos deberán estar perfectamente transcritas. De no ser así, haríamos que nuestro modelo aprendiera en base a estos errores y los reprodujera al transcribir de forma automatizada.

27 Aquí se puede seleccionar la última versión de una transcripción (*Latest Transcript*) o una versión establecida específicamente para el entrenamiento de modelos (*Ground truth only*), recomendada para casos en los que la revisión se realice de manera colectiva. Además, cabe añadir que desde noviembre de 2022 todos los modelos emplean el algoritmo PyLaia, que ha subsistido a algoritmos disponibles en versiones anteriores de Transkribus.

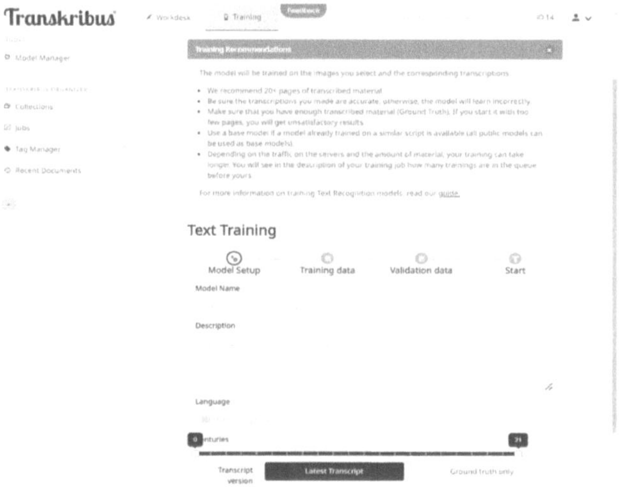

Figura 34. Menú de entrenamiento de modelos

3) Corpus de validación (*Validation Data*). Estas serán las páginas que proveerán al modelo de una evaluación neutral. Aunque es posible hacerlo de forma manual —clicando en el botón respectivo—, para la mayoría de los casos suele ser suficiente la opción automática (*Automatic*), que extraerá del corpus de entrenamiento la proporción de muestra seleccionada (*x% from train*). Aquí, la cantidad es menos importante que la proporcionalidad: no es necesario un gran número de páginas, pero sí que estas incluyan todos los tipos de caligrafía, tipografía y disposición de texto que prevemos que aparezcan en nuestro corpus. Si se cumple esto la proporción de la muestra es indiferente, pero si no estamos seguros es recomendable probar con la proporción más alta de la que dispone el programa (10 %).

Figura 35. Menú de parámetros avanzados del entrenamiento

4) Inicio del entrenamiento (*Start*). El paso final consistirá en iniciar el entrenamiento. Desde el menú podemos repasar todos los datos seleccionados, así como acceder al menú de parámetros avanzados (*Advanced*), clicando en la pestaña desplegable (figura 35). Uno de los parámetros es el número de veces (*Nr. of epochs*) que el algoritmo analizará el corpus de entrenamiento para intentar igualar el corpus de validación. El entrenamiento finalizará automáticamente cuando el modelo no pueda mejorar su curva de aprendizaje (*Learning curve*), es decir, cuando haya alcanzado el mínimo ratio de errores posibles (Character Error Rate o CER). Otro parámetro es el número mínimo de veces que el algoritmo se entrenará antes de dejar de funcionar (*Early stopping*); finalmente, también se puede indicar si el texto sigue un orden a la inversa (*reverse text*) —esto se emplea cuando la escritura en la imagen va en dirección opuesta a la de la transcripción—[28]. Por último, es posible emplear como base del modelo otros modelos ya existentes para un corpus similar (*Base model*). En este caso, debemos clicar en el botón *Select model* (seleccionar modelo), que nos abrirá el Menú de selección de modelo base para el entrenamiento (figura 36). Desde aquí navegamos por los diferentes modelos disponibles —como los que hemos sugerido en la nota 19— y una vez hayamos encontrado uno adecuado clicamos en el botón superior derecho (*Select*). Considerados todos estos aspectos y habiendo seleccionado lo que más convenga a nuestro corpus, clicamos en *Start*. Dependiendo del tráfico de los servidores y el número de veces que el modelo vaya a entrenarse, este proceso puede durar más o menos minutos.

28 Estos parámetros son importantes a la hora de mejorar nuestras transcripciones especialmente de cara al uso de herramientas digitales de análisis que requieran un corpus más cuidado. Para un corpus sencillo, los parámetros por defecto son suficientes, pero si estamos ante un corpus más complejo podría ser necesario elevar los parámetros, empezando por el *Early stopping*, para intentar mejorar el CER. En general, un CER de 10 % o inferior es considerado eficiente y un 20–30 % es útil para herramientas de búsqueda. Esto puede variar dependiendo del tipo de material: para un texto impreso, un buen CER debería estar entre el 0,5 y el 2 %, mientras que para textos manuscritos, del 2 al 8 %. Una buena curva de aprendizaje debería mostrar una rápida convergencia de los CER del corpus de entrenamiento (*Train CER*, mostrado en azul en el menú de modelos de Transkribus) y del corpus de validación (*Validation CER*, en verde). Unos buenos resultados, por ejemplo, deberían converger en torno a un 30 % del mínimo de entrenamientos. Estos parámetros están explicados en el glosario de READ-COOP (2023, b).

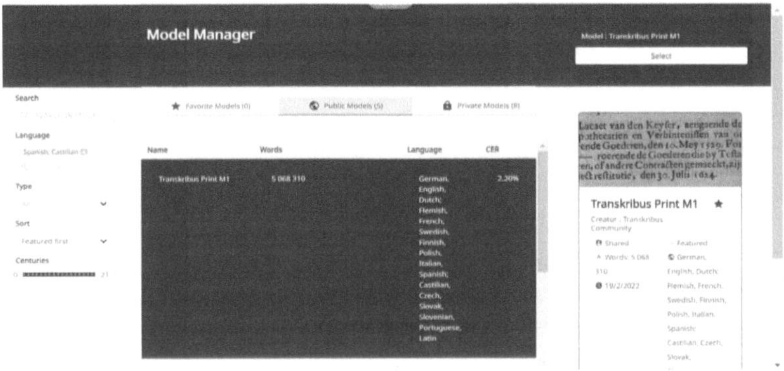

Figura 36. Menú de selección de modelo base para el entrenamiento

En definitiva, en estas páginas hemos procurado mostrar algunas de las funciones y capacidades más relevantes que ofrece una herramienta tan completa como Transkribus. Citando a Simon Kroll (2019, p. 8), Transkribus refleja a la perfección el desafío de la filología digital, que está consiguiendo "la elaboración de programas que no solo sirvan para la presentación del material generado por un crítico, sino que intervengan en la labor de análisis, para que programa y crítico colaboren en la investigación". El equipo de READ-COOP sigue manteniendo y mejorando Transkribus, haciéndolo cada vez más accesible para los usuarios. READ-COOP mantiene también no solo el glosario (2023b) antes mencionado, sino también un centro de ayuda (*help center*) (s. f. f). Ambos que reciben actualizaciones periódicas y permiten entender mejor viejas y nuevas funciones de la aplicación. Sus últimas versiones —en línea y con una interfaz sencilla y clara— junto a la implementación de modelos propios desde mediados de 2022 —que permiten ahorrar tiempo al investigador que trata, especialmente, con textos mecanografiados— han convertido a Transkribus en una herramienta fácil de utilizar y de gran utilidad para investigadores e investigadoras del ámbito filológico.

Guías y tutoriales en línea:

READ-COOP. (s. f. g). *Vídeos*. Disponible en línea: https://readcoop.eu/transkribus/resources/video/ [28/04/2023].

REFERENCIAS BIBLIOGRÁFICAS

Anónimo. (s. f.). *Re: 7. I don't understand the DPI concept. How to estimate unknown DPI?* [Comentario en el FAQ de la página de *Github* scan tailor]. Github. Disponible en línea: https://github.com/scantailor/scantailor/wiki/FAQ#7-i-dont-understand-the-dpi-concept-how-to-estimate-unknown-dpi- [25/04/2023].

Artsimovich, J. (2010). "ScanTailor tutorial". *YouTube.* Disponible en línea: https://vimeo.com/12524529 [25/04/2023]

Artsimovich, J., y Craun, N. (2021). *ScanTailor.* Disponible en línea: https://scantailor.org/# [25/04/2023].

Ball, R., Parker, G., Hispanic Society of America, y Romein, C.A. (s. f.). *Transkribus Public HTR Model: Carlos V/ Charles V Cómo ser rey_1543.* Disponible en línea: https://readcoop.eu/model/carlos-v-charles-v/ [25/04/2023].

Bazzaco, S. (2020). "El reconocimiento automático de textos en letra gótica del Siglo de Oro: Creación de un modelo HTR basado en libros de caballerías del siglo XVI en la plataforma Transkribus". *Janus: estudios sobre el Siglo de Oro,* (9), 534–561. https://www.janusdigital.es/articulo.htm?id=160.

Bazzaco, S. (s. f.). "Spanish Redonda (Round Script) 16th-17th Century (SpanishRedonda_sXVI-XVII_extended_v1.2)". *Transkribus.* Disponible en línea: https://readcoop.eu/model/spanish-redonda-round-script-16th-17th-century/.

Binmakhashen, G. M., y Mahmoud, S. A. (2019). "Document Layout Analysis: A Comprehensive Survey". *ACM Computing Surveys, 52*(6), 109:1-109:36. https://doi.org/10.1145/3355610.

Camscanner. (s. f.a). *CamScanner: text and image scanning and recognition, PDF.* Disponible en línea: https://v4.camscanner.com/ [25/04/2023].

Camscanner. (s. f.b). "CamScanner QR Code". *CamScanner.* Disponible en línea: https://v4.camscanner.com/qrcode?type=transfer [25/04/2023]

Craun, N. (2 de mayo, 2016ba). "Scan Tailor, version 0.9.12.1". *Github.* Disponible en línea: https://github.com/scantailor/scantailor [25/04/2023].

Craun, N. (2 de mayo, 2016b). "ScanTailor Wiki". *Github.* Disponible en línea: https://github.com/scantailor/scantailor [25/04/2023].

Cuéllar, A. (2021a). "Spanish Golden Age Theatre Prints (Spelling Modernization) 1.0". *Transkribus.* Disponible en línea: https://readcoop.eu/model/spanish-golden-age-theatre-prints-spelling-modernization-1-0/ [25/04/2023].

Cuéllar, A. (2021b). Spanish Golden Age Manuscripts (Spelling Modernization) 1.0". *Transkribus.* Disponible en línea: https://readcoop.eu/model/spanish-golden-age-theatre-prints-1-0/ [25/04/2023].

Fajardo Fernández, J. (2014). "A la manera que el aire y el fuego": Una perspectiva jurídica sobre la difusión de la investigación en Humanidades a través de la red. En *Humanidades digitales: una aproximación transdisciplinar,* A.

Baraibar Echeverria (Ed.), 49–61. Universidade da Coruña, SIELAE. https://dialnet.unirioja.es/servlet/articulo?codigo=5182606.

Gueguen, G., y Hanlon, A. M. (2009). A Collaborative Workflow for the Digitization of Unique Materials. *The Journal of Academic Librarianship*, *35*(5), 468–474. https://doi.org/10.1016/j.acalib.2009.06.001.

Kichuck, D. (2019). "Quantità e qualità dei testi online: Il problema della digitalizzazione di massa". En *Teoria e forme del testo digitale*, M. Zaccarello y G. Mazzaggio (Eds.), 135–166. Univerza v Novi Gorici.

Kroll, S. (2019). "Filología digital para el estudio de la cultura y literatura del Siglo de Oro (2014–2017)". *Etiópicas. Revista de letras renacentistas*, (15), 1–21. http://rabida.uhu.es/dspace/handle/10272/17742.

Menta, A., Sánchez-Salido, E., y García-Serrano, A. (2022). "Transcripción de periódicos históricos: Aproximación CLARA-HD". *Proceedings of the Annual Conference of the Spanish Association for Natural Language Processing 2022: Projects and Demonstrations (SEPLN-PD 2022).*

Miralles Pechuán, L., Rosso-Pelayo, D. A., y Brieva, J. (2015). "Reconocimiento de dígitos escritos a mano mediante métodos de tratamiento de imagen y modelos de clasificación". *Research in Computing Science*, (93), 83–94. http://dx.doi.org/10.13053/rcs-93-1-7.

Nunberg, G. (2009). "Google's book search: A disaster for scholars". *Chronicle of Higher Education, the Chronicle Review*, *31*, 2009. https://www.chronicle.com/article/googles-book-search-a-disaster-for-scholars/.

Ogilvie, B. (2016). "Scientific Archives in the Age of Digitization". *Isis*, *107*(1), 77–85. https://doi.org/10.1086/686075.

Ortuño Casanova, R. (2020). "Challenges and strategies for beginners to solve research questions with DH methodologies on a corpus of multilingual Philippine periodicals". En *Literary Translation in Periodicals*, L. Fólica et al. (Eds.), 247–272. John Benjamins Publishing Company. https://doi.org/10.1075/btl.155.10ort.

Ortuño Casanova, R. (2021). "3. Prepara tus imágenes con Scan Tailor (para Windows)". *YouTube*. Disponible en línea: https://www.youtube.com/watch?v=G_kidN5o1es [25/04/2023].

READ-COOP. (s. f.a). No Need to Download Transkribus. Disponible en línea: https://readcoop.eu/transkribus/download/ [25/04/2023].

READ-COOP. (s. f.b). *READ-COOP SCE – Revolutionizing access to handwritten documents*. Disponible en línea: https://readcoop.eu/ [25/04/2023].

READ-COOP. (s. f.c) "2. Fulltext Search". *Help Center*. Disponible en línea: https://help.transkribus.com/fulltext-search [25/04/2023].

READ-COOP. (s. f.d). "3. Fuzzy search". *Help Center.* Disponible en línea: https://help.transkribus.com/fuzzy-search [25/04/2023].

READ-COOP. (s .f.e). "4. Smart Search". *Help Center.* https://help.transkribus.com/smart-search[25/04/2023].

READ-COOP. (s. f.f). *Help Center.* Disponible en línea: https://help.transkribus.com/ [25/04/2023].

READ-COOP. (1 de marzo, 2023). *New Document Editor: Enhanced Editing Experience with Unified Editor and Improved Tagging.* Disponible en línea: https://readcoop.eu/new-document-editor-enhanced-editing-experience-with-unified-editor-and-improved-tagging/ [25/04/2023].

READ-COOP. (2023a). *How To Transcribe Documents with Transkribus – Introduction.* Disponible en línea: https://readcoop.eu/transkribus/howto/how-to-transcribe-documents-with-transkribus-introduction/ [25/04/2023].

READ-COOP. (2023b). *Transkribus Glossary.* Disponible en línea: https://readcoop.eu/glossary/ [25/04/2023].

READ-COOP. (2022a). *How To Enrich Transcribed Documents with Mark-up.* Disponible en línea: https://readcoop.eu/transkribus/howto/how-to-enrich-transcribed-documents-with-mark-up/ [25/04/2023].

READ-COOP. (2022b). *Transkribus Lite 2.3. – New Features: Smart Search, Tag Manager, and Layout Relations.* Disponible en línea: https://readcoop.eu/transkribus-lite-2-3/ [25/04/2023].

READ-COOP. (2021a). *Transkribus Transcription Conventions.* Disponible en línea: https://readcoop.eu/transkribus/howto/transkribus-transcription-conventions/ [28/04/2023].

READ-COOP. (2021b). *How to manage collections and documents in Transkribus Lite.* Disponible en línea: https://readcoop.eu/transkribus/howto/manage-collections-and-documents-in-transkribus-lite/ [25/04/2023].

Real decreto 1/1996, de 12 de abril (actualizado el 30/03/2022), por el que se aprueba el texto refundido de la Ley de Propiedad Intelectual, *Boletín Oficial del Estado, 97,* de 12 de diciembre de 2001. https://www.boe.es/eli/es/rd/2000/12/29/3484/con.

Sánchez-Salido, E., y García Serrano, A. (s. f.). "Spanish print XVIII-XIX (Diario de Madrid 1788–1825)". *Transkribus.* Disponible en línea: https://readcoop.eu/model/spanish-print-xviii-xix/ [25/04/2023].

Sringmann, U., y Lüdeling, A. (2016). "OCR of historical printings with an application to building diachronic corpora: A case study using the RIDGES herbal corpus". *Digital Humanities Quarterly* 11. 2. http://www.digitalhumanities.org/dhq/vol/11/2/000288/000288.html.

Ströbel, P., y Clematide, S. (2019). "Improving OCR of Black Letter in Historical Newspapers: The Unreasonable Effectiveness of HTR Models on Low-Resolution Images". *Zurich Open Repository and Archive.* https://doi.org/10.5167/UZH-177164.

Terras, M. (2015). "Cultural heritage information: Artefacts and digitization technologies". En *Cultural Heritage information*, G. Chowdhury, y I. Ruthven (Eds.), 63–88. Facet.

¿Cómo puedo preparar mi texto digital para su estudio? Extracción (*web scraping*), limpieza y marcado automático de corpus

Pablo RUIZ FABO

Université de Strasbourg
ruizfabo@unistra.fr
https://orcid.org/0000-0002-4349-4835

Resumen: El capítulo describe la extracción de contenido (*scraping*) a partir de fuentes web (expresadas sobre todo en HTML). Es necesario hacer scraping cuando los textos electrónicos que queremos analizar no están disponibles en un formato apropiado para nuestras herramientas de análisis informático. Se describen brevemente el marcado HTML, XML y JSON, y el lenguaje conocido como *expresiones regulares* para manipular cadenas de texto. Se presenta un tutorial de la herramienta OpenRefine para *scraping*. Un repositorio acompaña al capítulo, dando más detalles y presentando el *scraping* con el lenguaje Python. Se proponen dos actividades para el aula.

Palabras clave: Scraping, OpenRefine, HTML y XML, JSON, Python

1. INTRODUCCIÓN

En ocasiones, los textos que nos interesan están disponibles en línea pero su formato no permite un análisis directo ya que el texto y metadatos deben ser extraídos a partir del documento. También puede ocurrir que los documentos estén dispersos a través de varias direcciones web, y hay que obtener primero las direcciones para acceder al contenido. El capítulo describe esta tarea de extracción, a veces llamada *scraping*. Describimos la extracción a partir de fuentes en el lenguaje de marcado HTML, así como los lenguajes de estructuración de datos XML y JSON. Primero se presentan las bases tecnológicas que subyacen a esta tarea y después una propuesta práctica con una herramienta concreta para llevarla a cabo. La estructura del capítulo es la siguiente: la sección 2 presenta bases tecnológicas que permiten comprender la realización de esta tarea y los lenguajes de marcado en los que la información que extraer está representada. La sección 3 presenta brevemente opciones tecnológicas para la extracción de contenidos. La sección 4 es de tipo práctico; describe cómo llevar a cabo la extracción de información a partir de HTML con la herramienta OpenRefine. El repositorio del capítulo da detalles omitidos aquí por razones de espacio y se recomienda su consulta[1]; presenta además la extracción a partir de fuentes en XML y JSON (lenguajes descritos en 2.3), así como usando el lenguaje Python. La sección 5 propone una aplicación didáctica.

Cabe señalar que, antes de extraer contenidos web, debemos conocer si las condiciones de uso definidas para esos contenidos (por la legislación, o en la licencia elegida por las personas que los han creado) lo permiten. En el capítulo usamos textos bajo licencias que permiten su almacenamiento y reutilización.

2. BASES TECNOLÓGICAS

Para extraer la información requerida, los métodos de *scraping* se basan en regularidades en la estructura de un sitio web, en las direcciones (URL) que identifican sus contenidos y en la estructura de las páginas del sitio, generalmente expresadas en el lenguaje HTML. Además, es necesario poder efectuar de forma más o menos automatizada manipulaciones de datos clásicas, como generar URLs, acceder a estos, almacenar el contenido identificado por ellos (de forma temporal o en un soporte permanente), aplicar operaciones de extracción de datos y almacenar el resultado final de la extracción de forma permanente (p. ej. en archivos o en una base de datos). Una comprensión básica de las características de un sitio web y de las operaciones de manipulación de datos en las que se basa el *scraping* es conveniente para utilizar las herramientas de *scraping* eficazmente. Esta sección presenta estos aspectos brevemente.

2.1. Estructura de un URL

Es interesante conocer la estructura de una dirección web o URL ya que da información sobre cómo extraer contenidos del sitio correspondiente. Los URL constan de diferentes partes, que presentamos de forma simplificada según lo que es pertinente para una tarea de *scraping* de dificultad media.

1 https://github.com/HD-aula-Literatura/II-2-scraping.

2.1.1. Componentes obligatorios del URL

Para ilustrar los componentes obligatorios, tomamos los ejemplos siguientes:

(a) https://digiphilit.uantwerpen.be/home/proyecto
(b) https://digiphilit.uantwerpen.be/2021/02/26/digiphilit-en-el-manila-times/

Esquema: especificación del estándar que rige la comunicación a establecer (*https* en el ejemplo).

Nombre de anfitrión o *host* o servidor: se encuentra después del separador entre el esquema y el resto del URL. En el ejemplo, *digiphilit.uantwerpen.be*.

Ruta: en el ejemplo (a), se trata de */proyecto*. En el ejemplo (b), se puede considerar que la ruta es */2021/02/26/digiphilit-en-el-manila-times*. Una ruta no tiene por qué corresponder físicamente a un directorio. Las páginas de una gran parte de sitios web se generan automáticamente a partir de contenido almacenado en una base de datos (de forma que el contenido y el diseño se pueden cambiar por separado), con lo cual los URL no corresponden a directorios o ficheros. En todo caso, estos URL nos pueden dar información útil para el *scraping*; en el ejemplo (2) vemos que el URL indica la fecha de publicación de la página. Podríamos usar esto para seleccionar URLs de un año determinado. Cuando las rutas corresponden a una estructura de directorios, la barra / separa los directorios y podríamos encontrar la sintaxis .. (una secuencia de dos puntos, que representa el directorio superior) o un solo punto . (que representa el directorio actual).

2.1.2. Componentes opcionales

Tomamos los URL siguientes para ilustrarlos:

(c) https://digiphilit.uantwerpen.be/proyecto#humanidades_digitales
(d) https://poemas.uned.es/canciones/?fwp_buscar_en_la_letra=luna
(e) https://prf1.org/disco/showpoem.php?id=2450

Identificador de fragmento: sigue al separador #. Indica un fragmento dentro de una página. En el ejemplo (c), se refiere a la sección *#humanidades_digitales* de la página que precede al identificador.

Cadena de búsqueda: aparece después del separador? Consiste en una serie de pares *clave* = *valor*, unidos por un signo igual (=). Si hay varios pares, el separador es &. A pesar de su denominación, su función no siempre está relacionada con hacer búsquedas. En el ejemplo (d) corresponde a la búsqueda de la palabra "luna" en una base de datos de musicalizaciones de poemas, pero en el ejemplo (e) no hay una búsqueda en ese sentido; el URL se refiere al poema cuyo atributo *id* es *2450*. Como se ve en este ejemplo, la cadena de búsqueda también expresa información pertinente para el *scraping*: A veces generaremos URLs con pares de clave-valor adecuados para acceder a un documento o recurso concreto, o extraeremos informaciones de este tipo de URL.

2.2. El marcado HTML

El acrónimo quiere decir *Hypertext Markup Language* (lenguaje de marcado para hipertexto). Es uno de los lenguajes utilizados para crear sitios web. Los elementos HTML definen la estructura, hipervínculos (links) y metadatos del sitio.

Un documento HTML representa una estructura de datos jerárquica (arbórea). Esta estructura se puede expresar como una secuencia de caracteres que respeta unas reglas de sintaxis (ver abajo). Al hacer *scraping*, a veces analizamos HTML con funciones que usan la estructura arbórea, y a veces manipulamos cadenas de texto que no representan HTML; veremos ejemplos de cada caso en la sección 4. Exponemos ahora propiedades de la sintaxis HTML pertinentes para el *scraping*[2].

El árbol del documento se expresa con una jerarquía de pares de etiquetas anidables. P. ej. la etiqueta `<div>` que indica el inicio de un bloque de contenido, y la etiqueta `<p>` que inicia cada párrafo dentro del bloque; las etiquetas de fin correspondientes son `</div>` y `</p>` (ver ejemplo similar en figura 1). En ocasiones puede haber no un par de etiquetas de abertura y cierre, sino una sola etiqueta vacía de autocierre, como `<br/>` (figura 1).

Las etiquetas de abertura de los elementos pueden llevar atributos, que se expresan con el nombre del atributo y el signo = para unirlo a su valor, que va entre comillas dobles o simples. Algunos atributos se pueden usar con todos los elementos, como class o id, que identifican instrucciones de formato de las hojas de estilos CSS (otro componente de una página web, responsable de la presentación visual del contenido). Estos atributos son muy usados en *scraping*, ya que los tipos de contenido que nos interesan pueden ir identificados con un valor de class o id, que podemos aprovechar en nuestra extracción (ver figura 1). También hay atributos específicos a ciertos elementos. Entre estos, un atributo

2 Para una descripción completa, ver el tutorial en español https://lenguajehtml.com/html/ o https://www.w3schools.com/html/default.asp (con ejercicios interactivos, en inglés).

importante para el *scraping* es href, que indica la dirección a la que lleva un link (elemento <a>).

Otra característica pertinente son las entidades HTML[3], usadas en algunas páginas, que empiezan por *&* y acaban por ;, como *&eacute*; (para *é* con tilde), o * * (Tabla 1), que representa un espacio de no separación. Las herramientas de *scraping* tienen métodos para sustituir una entidad por el carácter correspondiente.

```
<div class="poem">
 <p> Tarde sucia de invierno. El caserío,   <br />
    como si fuera un croquis al creyón,   <br />
    se hunde como en la noche. El humo de un bohío,
<br />
    que sube en forma de tirabuzón;   <br />
  <br />
  <br />
    mancha el paisaje que produce frío,   <br />
    y debajo de la genuflexión   <br />
    de la arboleda, somormuja el río   <br />
    su canción, su somnífera canción.   <br />
  <br />
  <br />
 </p>
</div>
```

Tarde sucia de invierno. El caserío,
como si fuera un croquis al creyón,
se hunde en la noche. El humo de un bohío,
que sube en forma de tirabuzón;

mancha el paisaje que produce frío,
y debajo de la genuflexión
de la arboleda, somormuja el río
su canción, su somnífera canción.

Figura 1. Izquierda: marcado HTML del fragmento de una página web con un poema de Delmira Agustini. Derecha. Presentación del fragmento en el navegador. El marcado divide el texto en versos y estrofas. El poema se delimitó con un elemento `<div>`, que lleva un atributo class cuyo valor es poem. Dentro del `<div>` un elemento `<p>` contiene el poema. Se usaron elementos `<br/>` para separar los versos. Fuente: adaptado de https://es.wikisource.org/wiki/Una_vi%C3%B1eta (consultado el 05/08/2022)

3 Ver: https://es.wikipedia.org/wiki/Anexo:Referencias_a_entidades_de_caracteres_XML_y_HTML (consultado el 05/08/2022).

2.3. Los lenguajes XML y JSON

Se trata de dos lenguajes bastante diferentes entre sí que abordamos en la misma sección dado el breve tratamiento que ofrecemos de ambos.

XML (*eXtensible Markup Language*) es un lenguaje utilizado para representar información de forma estructurada; hablamos de él aquí ya que algunos documentos obtenidos por *scraping* pueden estar en XML. El capítulo III.1 del volumen presenta el XML con más detalle. Como el HTML, se basa en una estructura arbórea, expresable mediante una cadena de texto, en la que el contenido está incluido dentro de pares de etiquetas anidadas, y las etiquetas de abertura pueden tener atributos. Mientras que en HTML el conjunto de etiquetas posible está predefinido, y sus funciones se refieren a la estructuración y presentación de documentos web, en XML cada persona puede definir sus propias etiquetas (es extensible) y crear su propia especificación de marcado. Una especificación muy utilizada en humanidades es el XML-TEI (*Text Encoding Initiative*, TEI Consortium, 2022). Hay tecnologías específicas para manipular documentos XML, como XPath, XSLT o XQuery. La herramienta OpenRefine tiene algunas funciones para manipular XML, presentadas en el repositorio del capítulo[4].

JSON (se puede pronunciar *jotasón*) es otro lenguaje para representar contenido de forma estructurada. El formalismo para representar JSON mediante una cadena de texto identifica el contenido con pares anidables de clave-valor en vez de con pares de etiquetas anidables (figura 2). OpenRefine permite manipular JSON, como se describe en el repositorio del capítulo[5].

---

4 https://github.com/HD-aula-Literatura/II-2-scraping/blob/main/01-extraccion-con-openrefine/02-extraccion-desde-xml.md.

5 https://github.com/HD-aula-Literatura/II-2-scraping/blob/main/01-extraccion-con-openrefine/03-extraccion-desde-json.md.

```xml
<estrofa tipo="haiku">
  <verso>come la fruta</verso>
  <verso>del refrigerador</verso>
  <verso>muy deliciosa</verso>
</estrofa>
```

```json
{
  "estrofa": {
    "tipo": "haiku",
    "versos": [
      "come la fruta",
      "del refrigerador",
      "muy deliciosa"
    ]
  }
}
```

Figura 2. Estrofa expresada en XML (izquierda) y JSON equivalente (derecha). En JSON una clave es verso y su valor es una lista con tres cadenas de texto, una por verso, mientras que en XML el texto de cada verso aparece dentro de una etiqueta <verso>. Elaboración propia

2.4. Las expresiones regulares

Las expresiones regulares o *regex* son un lenguaje de manipulación de cadenas de texto. Permiten encontrar secuencias de caracteres que siguen un patrón determinado. Son útiles para *scraping* ya que nos permiten encontrar la información que extraer basándonos en patrones tipográficos o (con fuentes web) en regularidades de los URLs que identifican la información (ejemplo en tabla 1). El lenguaje también permite sustituir partes de una cadena de texto por otra, con lo cual puede ser útil no sólo para extraer información, sino para generar marcado que la estructure. Usamos regex básicas en la sección 4. No podemos describir el lenguaje aquí por falta de espacio, pero ofrecemos un tutorial de elaboración propia en Zenodo (Ruiz Fabo, 2022)[6].

6 Tutorial de expresiones regulares: https://doi.org/10.5281/zenodo.6981766.

Tabla 1. Ejemplo de expresión regular para identificar URLs de fechas concretas, asumiendo un formato https://test.com/aaaa/mm/dd. Ver nota 6 para un tutorial completo de expresiones regulares

Regex	Fechas aceptadas (aaaa/dd/mm)	Razón
https://test.com/201[0-9]/1[1-2]/[0-9]{2}	Año entre 2010 y 2019	`201[0-9]` exige que las tres primeras cifras sean *201*
	Mes 11 o 12	`1[1-2]` exige que la primera cifra sea *1*
	Cualquier día del mes	`[0-9]{2}` acepta dos cifras cualesquiera

3. HERRAMIENTAS PARA *SCRAPING*

3.1. Generalidades

Existen diversos repositorios públicos con textos literarios y metadatos pertinentes para su análisis (ver capítulo 1), donde los textos ya se proveen en formatos explotables por herramientas de análisis textual automático (p. ej. TEI, texto delimitado o texto plano). Sin embargo, extraer contenido a partir de fuentes web (*scraping*) cuyo formato no es adecuado para los análisis es una necesidad recurrente en proyectos de humanidades y otros campos (p. ej. periodismo de datos). Por eso, existen herramientas que facilitan esta tarea. El medio más flexible para hacer *scraping* es utilizar un lenguaje de programación apropiado para recorrer contenido web, analizar su marcado y extraer el contenido, como Python o R. Estos lenguajes son útiles para la enseñanza y aprendizaje en campos relacionados con el análisis de textos, pero aprenderlos puede suponer una inversión de tiempo no asequible cuando el objetivo es solo hacer *scraping*. En el otro extremo de facilidad de uso, existen plataformas web que ofrecen funciones de *scraping* a través de una interfaz de uso simple[7]. Sin embargo, estas tienen a veces funciones no gratuitas al tratarse de iniciativas comerciales. Además, al estar alojadas en infraestructuras gestionadas por sus proveedores, no está garantizado un acceso a largo plazo a ellas. Como término medio

7 Como ejemplo, en el portal SSHOC Marketplace, que recopila recursos digitales para la investigación en humanidades, promovido por la infraestructura de la Comisión Europea para la ciencia abierta (EOSC), la búsqueda del término *scraping* lista hoy 6 plataformas de este tipo: https://marketplace.sshopencloud.eu/search?order=scre&q=scraping&categories=tool-or-service, consultado el 02/08/2022.

entre flexibilidad y facilidad de uso, en este capítulo abordamos la herramienta OpenRefine, una solución de uso gratuito instalable en nuestros propios ordenadores y con interfaz gráfica.

3.2. La herramienta OpenRefine

OpenRefine permite realizar *scraping* a partir de fuentes HTML, extraer datos de los formatos XML y JSON y otras operaciones de manipulación y depuración de datos[8]. Tiene funciones básicas de uso simple y en un uso avanzado permite automatizar tareas con funciones programables. La herramienta cuenta con una comunidad que se ocupa de su desarrollo informático, y se usa ampliamente, como lo sugiere la variedad de materiales de formación disponibles, sobre todo en inglés (Williamson, 2017; Van Hooland et al., 2013/2017). Teniendo en cuenta estas características y sus perspectivas de mantenimiento futuro, en tanto que herramienta de código abierto ampliamente utilizada, la hemos elegido para este capítulo, y la sección 4 muestra su uso para *scraping*.

4. PRÁCTICA: OPENREFINE Y PYTHON

Abordamos primero un ejemplo de *scraping* de fuentes web en HTML, con OpenRefine y después con Python. Por razones de espacio, el *scraping* con Python se presenta en el repositorio de GitHub que acompaña al capítulo[9]. El repositorio presenta también la extracción de texto a partir de contenidos expresados en XML y en JSON (lenguajes vistos en 2.3).

OpenRefine es multiplataforma (Windows, Linux, Mac). Requiere el entorno Java, pero si no está instalado y no se quiere instalar aparte, la página de descargas proporciona un instalador que incluye el entorno.

- Página de descarga: https://openrefine.org/download.html
- Instrucciones de instalación: https://docs.openrefine.org/manual/installing

Proponemos tareas de *scraping* de dificultad media, para mostrar diversas posibilidades de la herramienta. Se extraerán poemas del portal Wikisource. Comenzamos por el *scraping* de un poema individual. Veremos después cómo extraer los URL de cada poema disponible para una autora. Con la lista de los URLs, se podrá aplicar automáticamente a cada uno el procesamiento definido anteriormente para un poema individual.

---

8 https://openrefine.org/, consultado el 02/08/2022.

9 https://github.com/HD-aula-Literatura/II-2-scraping/tree/main/02-extraccion-con-python.

4.1. Extraer un poema de Wikisource

Para el poema individual, tomamos "Una viñeta" de Delmira Agustini: https://es.wikisource.org/wiki/Una_vi%C3%B1eta.

Una vez arrancada, la herramienta se muestra en el navegador en http://127.0.0.1:3333/ (figura 3, arriba). Usaremos la función de pegar el URL a analizar desde el portapapeles (*Clipboard*). Tras confirmar (*Next*), en la siguiente ventana creamos el proyecto (*Create project*, figura 3 abajo). Las opciones adecuadas se ven en la figura 3 abajo; la opción *Line-based text files* interpreta cada línea como un URL. El proyecto se llama *AgustiniPoemaIndiv* en el ejemplo.

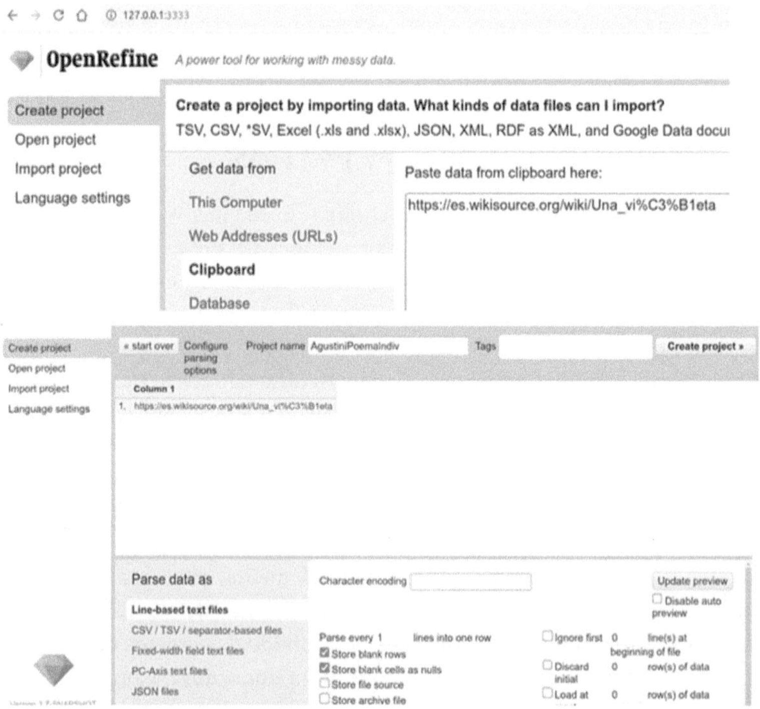

Figura 3. Inicio del proyecto al pegar el URL desde el portapapeles

Para continuar (figura 4), con el menú desplegable de la columna 1, elegimos *Edit column / Add column by fetching URLs*. En la ventana siguiente (figura 5), hemos elegido *htmlOriginal* como nombre de la nueva columna. En el diálogo de la figura 5 cabe destacar la opción *Throttle delay*, que se refiere a los milisegundos que OpenRefine espera después de descargar una página, antes de descargar la siguiente; esta espera se efectúa como precaución para no hacer peticiones excesivas de modo automático a servidores web. Por defecto la espera son 5 s, pero si tenemos muchos URL lo podemos acortar, p. ej., a 1200 ms.

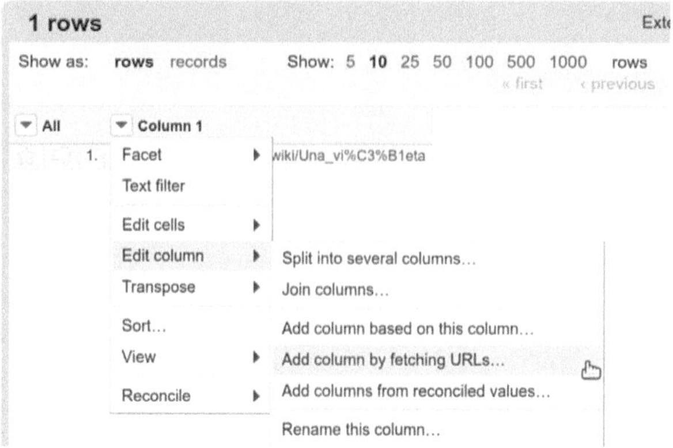

Figura 4. Recuperar HTML a partir de los URL de la columna 1 (primera ventana)

Después de lanzar la extracción, la columna *htmlOriginal* (figura 6) contendrá el HTML de la página cuyo URL está en *Column 1*. A partir de este HTML extraeremos el poema y metadatos. Mirando el marcado, o buscando (*Ctrl+F*) palabras clave como *autor, author, título, title*, vemos que, dentro del HTML, nos interesan las partes que se ven en las figuras 7 y 8.

Como vemos en la figura 7, el nombre de la autora está en un elemento `<span>` con un atributo class cuyo valor es *ws-author*. El título del poema está en un elemento `<title>`, si bien está acompañado de la expresión " - Wikisource", que eliminaremos. Para extraer la información, crearemos nuevas columnas a partir de la columna *htmlOriginal* (figura 9).

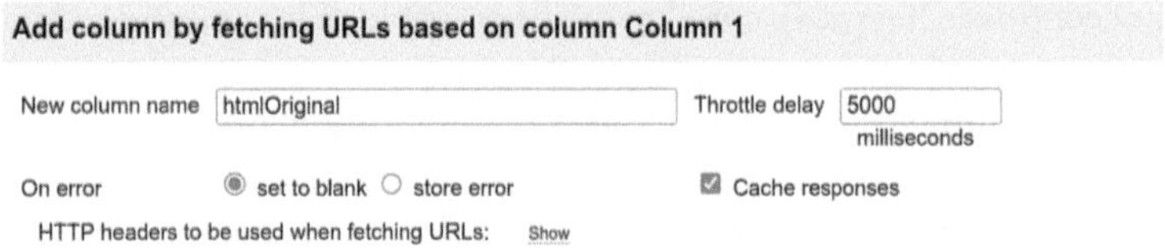

Figura 5. Recuperación de HTML a partir de su URL (segunda ventana del diálogo)

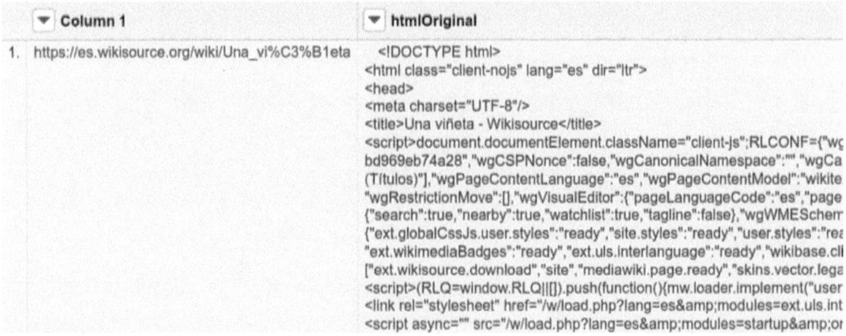

Figura 6. Columna htmlOriginal creada bajando el HTML a partir de su URL

Figura 7. HTML para los metadatos

```
<div class="poem">
<p> Tarde sucia de invierno. El caserío, <br />
 como si fuera un croquis al creyón, <br />
 se hunde en la noche. El humo de un bohío, <br />
 que sube en forma de tirabuzón; <br />
 <br />
<br />
 mancha el paisaje que produce frío, <br />
 y debajo de la genuflexión <br />
 de la arboleda, somormuja el río <br />
 su canción, su somnífera canción. <br />
 <br />
<br />
 Los labradores, camellón abajo, <br />
 retornan fatigosos del trabajo, <br />
 como un problema sin definición. <br />
 <br />
<br />
 Y el dueño del terruño, indiferente, <br />
 rápidamente, muy rápidamente, <br />
 baja en su coche por el camellón.
</p>
</div>
```

Figura 8. HTML del poema

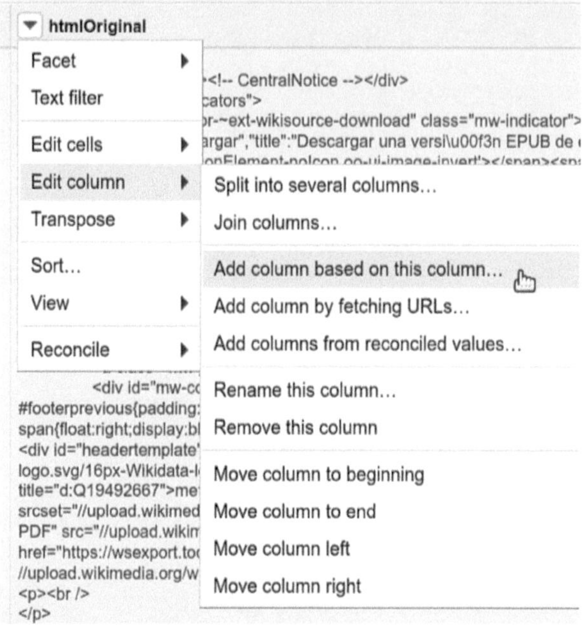

Figura 9. Diálogo para añadir nueva columna a partir de *htmlOriginal*

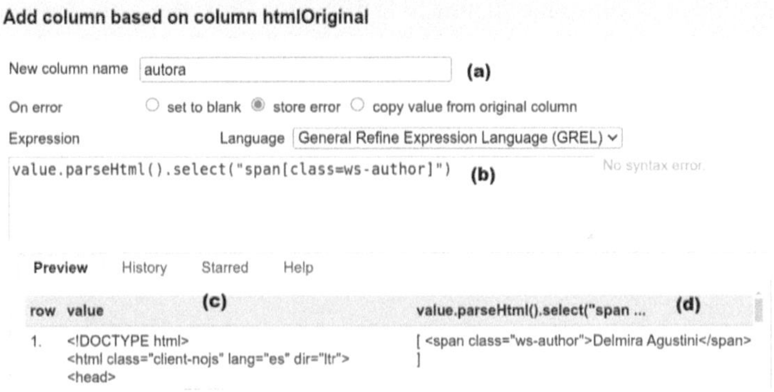

Figura 10. Etapa intermedia en la extracción del nombre de la autora a partir de la columna *htmlOriginal* guardando el resultado en una nueva columna *autora*

La figura 10 muestra el diálogo principal para extraer información a partir del HTML. En (a) indicaremos el nombre para la nueva columna. En (b) escribimos una expresión que analiza la columna de origen. El lenguaje es *General Refine Expression Language* (GREL).[10] En el panel de previsualización, la columna izquierda (c) reproduce el contenido de la columna de origen, y el resultado de la expresión se ve en la parte derecha (d). Explicamos la expresión de extracción de contenido de (b), reproducida aquí como (1):

(1) `value.parseHtml().select("span[class=ws-author]")`

- **value**: variable de OpenRefine; se refiere al contenido de la columna de entrada
- `parseHtml()`: como mencionado en 2.2, un documento HTML es una estructura arbórea, representable con una cadena de texto que sigue la sintaxis adecuada. La función parseHtml() crea el árbol del documento a partir de la cadena de texto.
- **`select()`**: esta instrucción recorre el árbol del documento para identificar los elementos que corresponden a la expresión entre los paréntesis, en este caso **`span[class=ws-author]`**. La expresión se refiere a los elementos <span> que tienen un atributo class cuyo valor es *ws-author* y va entre comillas; no se usan comillas alrededor del valor del atributo, contrariamente al marcado HTML en sí.[11]

10 https://docs.openrefine.org/manual/grel visitado el 04/08/2022.
11 Ver https://jsoup.org/apidocs/org/jsoup/select/Selector.html para las expresiones de selección posibles, que se basan a su vez en el lenguaje CSS: https://lenguajecss.com/css/.

El resultado de la expresión (figura 10 (d)) aparece entre corchetes. Esto quiere decir que se trata de una serie de valores (un *array*). Para acceder al primer elemento, usaremos el índice [0]. Pero no queremos marcado HTML como resultado, sino la cadena de texto contenida en el elemento. La instrucción `innerHtml()` se puede usar para extraer el texto. La expresión final se muestra en (2) y en la figura 11 (a). El resultado es la nueva columna *autora*, con su valor, como se ve en la figura 11 (b).

(2)
```
value.parseHtml().select("span[class=ws-author]")[0].
innerHtml()
```

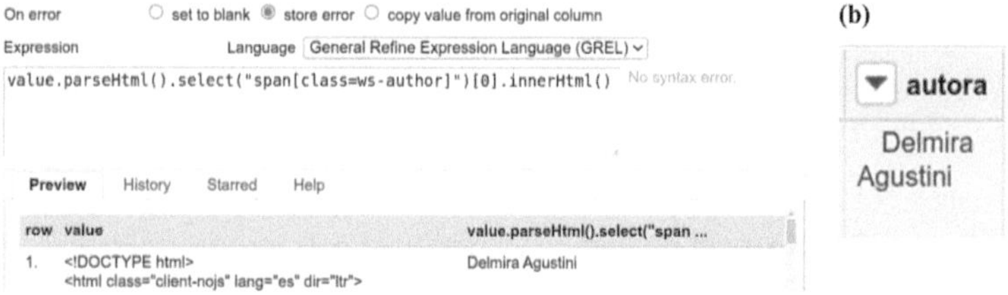

Figura 11. Expresión final para extraer el nombre de la autora en la columna *autora*

El título del poema se puede extraer creando una nueva columna *titulo*, a partir de la columna *htmlOriginal*, cuyo valor se define con la expresión en (3):

(3)
```
value.parseHtml().select("title")[0].innerHtml().
replace(" - Wikisource", "")
```

La expresión (3) usa **replace()** para eliminar la cadena superflua " - Wikisource". La instrucción toma como primer argumento (los argumentos son las secuencias entrecomilladas en los paréntesis) la cadena a reemplazar, y como segundo, la cadena que la reemplaza; aquí, reemplazamos por una cadena vacía, lo que eliminará la primera cadena.

Vamos ahora a extraer el texto del poema, cuyo marcado se ve en la figura 8. Se puede hacer la extracción en una sola etapa, pero para mostrar mejor las funciones de la herramienta, presentamos un estado intermedio de la transformación de datos a efectuar. La expresión en (4) y en la figura 12 extrae un *array* que contiene todos los versos del poema[12]:

---

12 Una expresión más compacta para el `<p>` del poema es `"div[class = poem] > p"`, ver nota 11.

(4) `value.parseHtml().select("div[class=poem]")[0].select("p")[0].innerHtml().split("<br>")`

La instrucción **`split()`**, en (4), toma *`<br>`* como argumento, y divide la cadena en partes (en este caso en versos), según las ocurrencias del delimitador elegido `(<br>)`[13].

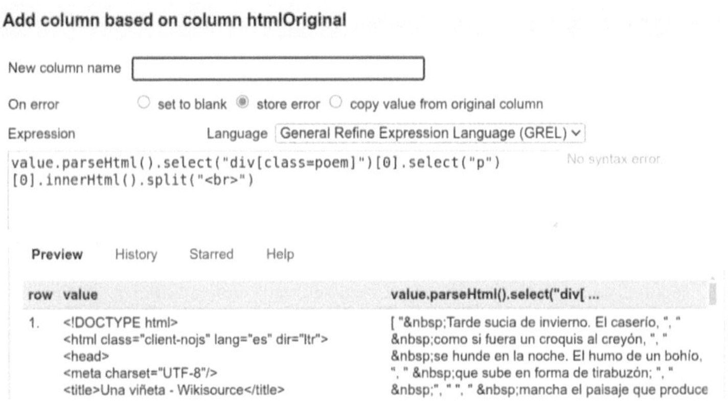

Figura 12. Estado intermedio en extracción del texto del poema. Se muestra para destacar que `split()` devuelve un *array* como resultado

El *array* de resultado en la figura 12 está compuesto de cadenas de texto, una por verso, que se muestran entre comillas y separadas por comas. Hay también cadenas que solo contienen un espacio entre las comillas; corresponden a la separación entre estrofas. A partir de este *array*, vamos a extraer el poema como una única cadena de texto, manteniendo la separación de estrofas, con la expresión (5), usada también en la figura 13. Explicamos después las novedades de la expresión, destacadas en negrita.

---

13 ¿Por qué usamos `<br>` en (4), si la fuente HTML expresaba los elementos como `<br/>`? Es porque manipulamos el árbol HTML, no cadenas de texto literales, y el analizador HTML de OpenRefine, activado con `parseHtml()`, representa estos elementos como `<br>`, como se comprueba con el resultado de `value.parseHtml().select("div[class = poem]")[0].select("p")[0].innerHtml()` en el panel de extracción. Si en algún caso manipulamos cadenas (con el valor de value, sin aplicar parseHtml()), la expresión usada como argumento de split() deberá ser exacta.

(5)
```
forEach(value.parseHtml().select("div[class=poem]")
[0].select("p")[0].innerHtml().unescape("html").split
("<br>"), verso, verso.trim()).join("\n")
```

- **`unescape("html")`**: sustituye las entidades HTML (ver 2.2) por el carácter que representan, en este caso sustituye *&nsbp;* por un espacio de no separación.
- **`forEach(secuencia, nombreVariable, expresión)`**: Existe un constructo *for each* en muchos lenguajes informáticos, para iterar sobre una secuencia y manipular el contenido de sus miembros. Este tipo de estructura se conoce como bucle (*loop*). En el lenguaje utilizado en OpenRefine (GREL),[10] la instrucción `forEach` toma tres argumentos: una secuencia (*array*), el nombre de la variable que servirá para recorrer los miembros de la secuencia (es decir, un iterador) y una expresión que típicamente mencionará a este iterador, para efectuar una operación sobre cada miembro de la secuencia. En el ejemplo, la secuencia es el *array* que contiene las cadenas que corresponden a los versos, ya visto en la figura 9, con la diferencia de que ahora las entidades HTML están reemplazadas por los caracteres que representan. El iterador, la variable para recorrer la secuencia, es verso (si bien se puede usar cualquier otro nombre). El bucle forEach asigna iterativamente a la variable verso cada miembro del *array* (el contenido de cada verso en este caso), desde el primer hasta el último elemento del *array*.
- **`trim()`**: Con cada verso, dentro del bucle se efectúa esta operación, que retira espacios en blanco, si los hay, del inicio y fin de una cadena de texto. En este caso sí que los hay, como se ve en la figura 9, y `trim()` los eliminará.
- **`join("\n")`**: Esta función toma un *array* de cadenas de texto como entrada, y las une usando la secuencia de caracteres (delimitador) que se le da como argumento (entrecomillada dentro del paréntesis). La secuencia elegida aquí es `\n`, que representa un salto de línea. Por eso, el resultado que será almacenado en la columna *textoPoema* es el texto del poema. Las separaciones de estrofas se deben a las cadenas dentro del *array* que sólo contienen espacios. Al aplicar `trim()`, estos espacios desaparecen, pero queda en el *array* una cadena vacía o de longitud 0 caracteres. Al aplicar `join("\n")`, un salto de línea adicional se inserta, que crea la división de estrofas. Cabe mencionar también que las celdas de OpenRefine no pueden almacenar *arrays*, con lo que para almacenar el resultado de una operación hay que usar, bien `.toString()` como instrucción final, bien `.join()` con un delimitador adecuado. El delimitador puede ser una cadena vacía, como en `.join("");` esto une las cadenas inmediatamente una tras la otra. Si intentamos guardar un *array* (sin `join`) y hemos activado la opción *store error* (como en las figuras de este capítulo), OpenRefine mostrará en la columna un mensaje de error que nos advierte del problema. Para guardar cada miembro del *array* en líneas separadas (siempre dentro de la misma celda OpenRefine), el delimitador es `\n`.

La tabla 2 lista las etapas seguidas para extraer la autora, título y texto del poema.

Tabla 2. Expresiones de extracción aplicadas al HTML obtenido para el URL del poema

Columna de entrada	Columna creada	Expresión de OpenRefine
htmlOriginal	autora	value.parseHtml().select("span[class = ws-author] ")[0].innerHtml()
htmlOriginal	titulo	value.parseHtml().select("title")[0].innerHtml().replace(" - Wikisource","")
htmlOriginal	textoPoema	forEach(value.parseHtml().select("div[class = poem]")[0].select("p")[0].innerHtml().unescape("html").split(" "), verso, verso.trim()).join("\n")

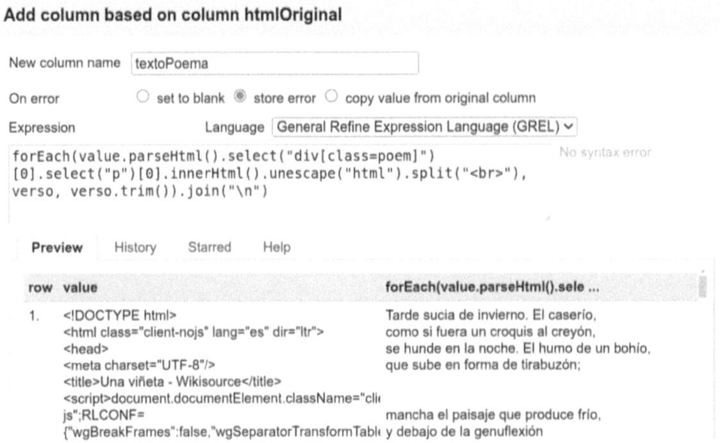

Figura 13. Expresión para extraer el texto limpio del poema, con sus estrofas, a partir de la columna *htmlOriginal* y guardarlo en una nueva columna *textoPoema*

4.2. Extracción de los URL para todos los poemas de una autora

Vemos ahora cómo extraer los URL para todos los poemas de una autora, en este caso Alfonsina Storni: https://es.wikisource.org/wiki/Autor:Alfonsina_Storni. Nos fijaremos en la estructura de la página, visualmente y en la fuente HTML. Con el menú contextual del navegador (botón derecho del ratón) hay opciones para ver el código fuente y para inspeccionar el HTML para las partes de la página que nos interesan. Si colocamos el ratón encima de uno de los enlaces que nos interesa extraer (*Alma desnuda*), con la opción *inspeccionar* obtenemos la información siguiente (figura 14): Los enlaces (elementos `<a>`) están bajo elementos `<ul>` (listas no ordenadas). Seleccionaremos estos elementos con OpenRefine.

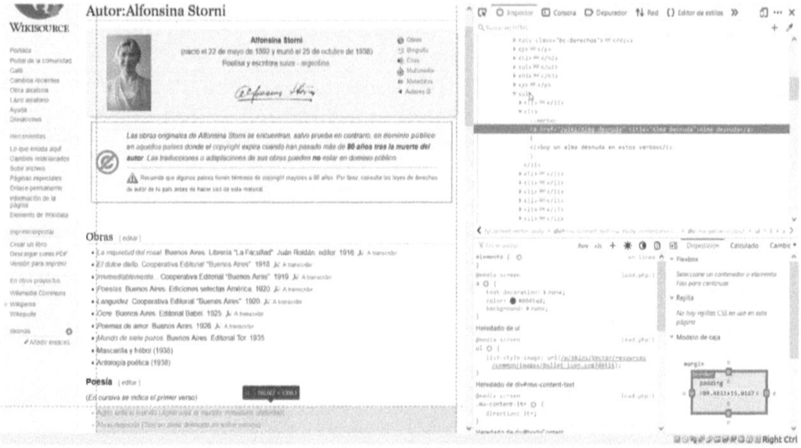

Figura 14. Uso de la función de inspección de la fuente HTML del navegador (Firefox en este caso). Vemos el elemento HTML `<ul>` para la lista de enlaces resaltada en la página

Después de copiar el URL inicial y crear un proyecto (ver figura 3), creamos la columna del HTML original, a partir de la cual extraeremos los enlaces. Tendremos en cuenta que el primer elemento `<ul>` (*Obras*) no contiene enlaces a poemas individuales, y lo ignoraremos. Además, los enlaces no muestran el esquema (*https*) ni el servidor; comienzan con la ruta */wiki/*, y habrá que añadir la parte que falta.

Aprovechando las funciones del lenguaje GREL de OpenRefine y el panel de previsualización de resultados, podemos probar expresiones hasta extraer exclusivamente los enlaces deseados. Empezamos con la expresión en (6), y guardaremos su resultado en una columna *enlacesTemp* (figura 15).

(6)
```
forEach(value.parseHtml().select("ul").slice(1,100).
join("").parseHtml().select("a[class!=mw-redirect]"),
enlace, enlace.htmlAttr("href")).join("\n")
```

Como vimos en (5), el primer argumento del bucle `forEach` tiene que ser una secuencia. La secuencia creada aquí es una lista de enlaces (elementos `<a>` dentro de listas `<ul>`). Estos se han obtenido como sigue: Primero se seleccionan todas las listas `<ul>`. Después con `slice(1, 99)`, se ignora la primera (índice 0) y se seleccionan las listas desde la segunda hasta la 100. Hay menos de 100 listas, pero cuando el número solicitado es mayor a las disponibles, GREL selecciona todas las posibles sin dar error. El resultado de `slice()` es un *array*. Para poder extraer los elementos `<a>` dependientes de los `<ul>` seleccionados, la opción elegida es crear una cadena a partir del *array* con `join("")`, después crear un árbol HTML a partir de la cadena, con `parseHtml()`, y seleccionar los elementos `<a>`. Si miramos los elementos `<a>` en la fuente HTML, veremos que algunos llevan el atributo class con valor *mw-redirect* y que no corresponden a poemas de Storni (son redirecciones a otros autores o autoras). Esto es la razón para usar la expresión `a[class!= mw-redirect]`, que acepta solo aquellos `<a>` cuyo class no sea igual (operador `!=`) a *mw-redirect*, o que no lleven class. El segundo argumento del bucle forEach es una variable, aquí llamada *enlace*, para recorrer la secuencia. El tercer argumento aplica, gracias a la variable *enlace*, la instrucción `htmlAttr("href")` a cada elemento de la secuencia. Esta instrucción extrae el valor del atributo href (URL del enlace) de los elementos `<a>`. Para guardar el resultado, se debe crear una cadena a partir del resultado del bucle. Por eso se usa `.join("\n")`, que une los enlaces extraídos con un salto de línea, tras el paréntesis que cierra el bucle.

Figura 15. (**a**) Selección de los enlaces de los poemas individuales. (**b**) Inicio de la lista de resultados (enlaces correctos). (**c**) Final de la lista que muestra enlaces erróneos, que filtraremos después con otra expresión

Inspeccionando el resultado, el principio de la lista (figura 15 b) contiene rutas (partes de URL) correctas, pero hacia el final (figura 15 c) vemos que hay enlaces que no corresponden a poemas, que contienen expresiones como *Acerca_de*, *wikimedia* o *mediawiki*. Filtraremos los enlaces de la columna *enlacesTemp* para seleccionar exclusivamente los que se refieren a poemas, con la expresión (7). Bajo la expresión se explica su funcionamiento.

(7)
```
forEach(filter(value.split("\n"), enlace, and(enlace.
contains("/wiki/"), not (enlace.contains (/:|Por
tada/)))), enlaceLimpio, "https://es.wikisource.org " +
enlaceLimpio).join ("\n")
```

- **`value.split("\n")`** crea un array con el contenido de cada celda de la columna. Cabe señalar que ahora trabajamos con cadenas de texto, no con un árbol HTML (no se ha aplicado `parseHtml()`), ya que el contenido de *enlacesTemp* no representaba elementos HTML sino simples cadenas de texto.
- **`filter(secuencia, iterador, test)`** hace lo siguiente: Filtra el contenido de la secuencia de su primer argumento, según el test que se le da como tercer argumento, usando para aplicar el test a cada elemento la variable (iterador) que se le da como segundo argumento. Devuelve como resultado un *array*, cuyo contenido son los elementos de la secuencia original que pasan el test. En nuestro ejemplo, la secuencia original es el resultado de **`value.split("\n")`** y el iterador es la variable *enlace*. El test tiene dos condiciones, siguiendo la sintaxis ***and(condición 1, condición 2)***. En la primera condición, `and(enlace.contains("/wiki/"))`, se verifica si el enlace contiene la cadena */wiki/*, que como cadena de texto debe darse entrecomillada. La segunda condición, `not(enlace.contains(/:|Portada/))`, exige que el enlace no contenga cadenas que correspondan a la expresión regular *`:|Portada`*, especificada como argumento.[6] Como expresión regular debe escribirse entre barras oblicuas. Esta expresión busca cadenas que contienen el signo dos puntos o la cadena *Portada* (el operador | separa las cadenas que se buscan).

Una vez que **`filter()`** ha seleccionado los enlaces que nos interesan, debemos prefijar la parte del URL que no estaba en los enlaces. La salida de **`filter()`** es un *array*. Como tal, lo recorremos con un bucle `forEach`, y a cada elemento le prefijamos la cadena *https://es.wikisource.org* con el operador de concatenación de cadenas + (*signo más*). La variable *enlaceLimpio* hace de iterador (toma el valor de cada elemento al recorrer el bucle). Para guardar el resultado en la columna *enlacesLimpios*, debemos pasar del *array* a una cadena, con **`.join("\n")`**.

Con los enlaces finales, podemos copiar el contenido de la columna con el botón *edit* que aparece pasando el ratón. Tras copiar los enlaces, podemos iniciar un nuevo proyecto que, usando las mismas expresiones vistas en 4.1 para extraer un poema de Delmira Agustini (resumidas en la Tabla 2), extraiga el contenido y metadatos de cada poema. El marcado HTML es muy similar en los poemas de Wikisource para Agustini y Storni, con lo que podemos usar las mismas expresiones para las dos.

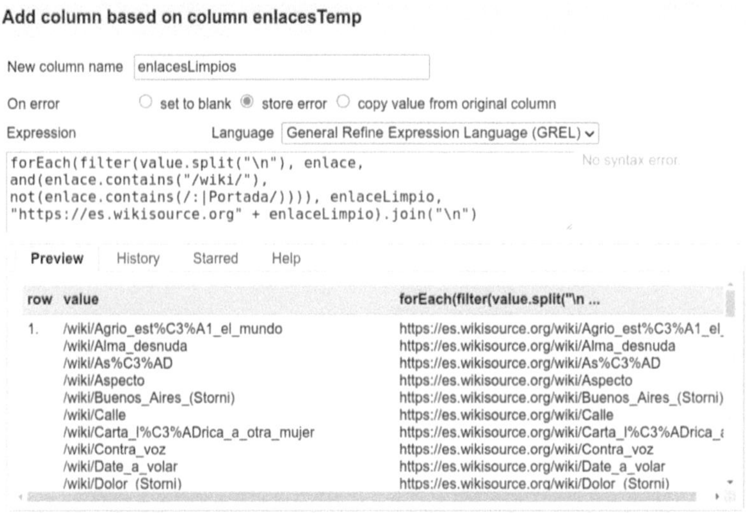

Figura 16. Enlaces finales para los poemas

OpenRefine permite exportar el proyecto (botón *Export* arriba a la derecha) en varios formatos, como CSV o las hojas de cálculo de tipo ODS y XLSX. Hay una función *Custom tabular exporter* que nos permite seleccionar las columnas a exportar (figura 14) y creará una salida en formato delimitado o en Excel (XLSX). Podemos elegir no exportar columnas con resultados intermedios como *enlacesTemp* en nuestro ejemplo. Tras seleccionar las columnas, desde la pestaña *Download* se efectúa la exportación.

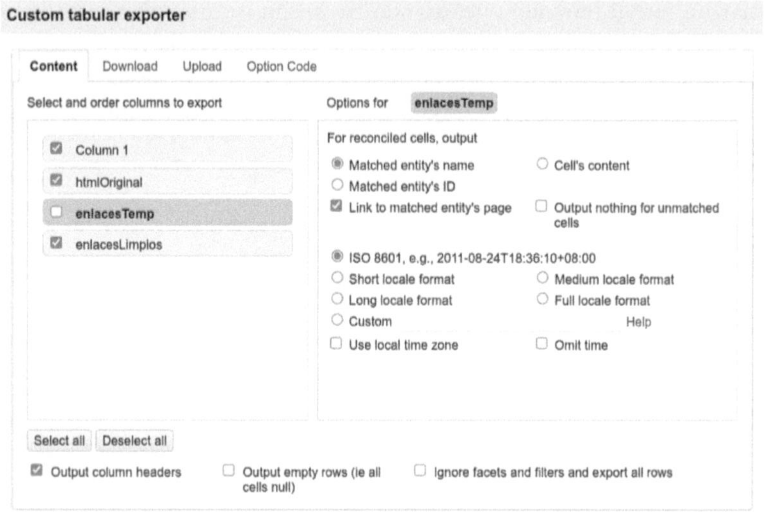

Figura 17. Diálogo de exportación *Custom tabular exporter* de un proyecto OpenRefine: Selección de columnas. También se puede cambiar el orden de ellas aquí. Para exportar, ir a *Download*

4.3. Generación de marcado a partir de los contenidos extraídos

Con OpenRefine hemos generado contenidos delimitados (el tipo de documento que se puede abrir con una hoja de cálculo). En nuestro caso, cada línea representa la información disponible para un texto, con lo que las columnas contienen el texto en sí además de sus metadatos (autora, título, URL original). Es un formato de uso amplio; no obstante, si nuestra herramienta de análisis textual no gestiona este formato, podríamos tener interés en transformar este formato a otros, como TEI. Para esto, en casos simples se podrían usar expresiones regulares o bien usar medios más específicos para cada formato de salida (como bibliotecas para análisis y generación de XML en el caso de TEI). Estas posibilidades se ven en el repositorio que acompaña al capítulo[14].

14 https://github.com/HD-aula-Literatura/II-2-scraping/tree/main/03-marcado-automatico.

5. APLICACIÓN DIDÁCTICA

Un primer ejercicio sería añadir a la extracción el íncipit (primer verso) de los poemas de Storni. En la figura 11 vemos su marcado (elementos <i>).

Como actividad más compleja en la que varias personas pueden colaborar, se puede trabajar con la plataforma de colección de citas Wikiquote en español: https://es.wikiquote.org/. Recientemente, la comunidad de estudios literarios computacionales ha mostrado interés por la representación de la literatura e historia literaria en plataformas colaborativas como Wikipedia, como muestra el llamado a contribuciones de la revista *Cultural Analytics* en 2021.[15] Una de estas plataformas es Wikiquote, que tiene citas agrupadas por autoría o por obras literarias. Se puede asignar a diferentes personas el *scraping* de una autora o autor de literatura, con el objetivo final de tener texto de citas, acompañado de metadatos, que permita comparar el contenido de las citas según los metadatos. P. ej. comparar las citas disponibles para obras escritas por autoras vs. autores, o comparar por período. Los metadatos como el nombre de la personalidad a quien pertenece la cita, y en algunos casos sus fechas de nacimiento y muerte, se pueden extraer del HTML.

REFERENCIAS BIBLIOGRÁFICAS

OpenRefine. (2022). OpenRefine user manual. Consultado el 05/08/2022 en https://docs.openrefine.org/

Román, J. (Manz). (2022). Lenguaje HTML5. Consultado el 11/08/2022 en https://lenguajehtml.com/html/

Román, J. (Manz). (2022). Lenguaje CSS. Consultado el 11/08/2022 en https://lenguajecss.com/css/

Ruiz Fabo, P. (2022). Tutorial de expresiones regulares: Manipulación de cadenas de texto. Zenodo. https://doi.org/10.5281/zenodo.6981766

TEI Consortium. (2022). TEI P5: Guidelines for Electronic Text Encoding and Interchange (v4.4.0). Zenodo. https://doi.org/10.5281/zenodo.6482461

Van Hooland, S, Verborgh, R, De Wilde, M. (2017). Limpieza de datos con OpenRefine (Colmenero-Ruiz, M.-J., Trad.) https://doi.org/10.46430/phes0017 (Original publicado en 2013)

Williamson, E. P. (2017). Fetching and Parsing Data from the Web with OpenRefine. *Programming Historian 6*. https://doi.org/10.46430/phen0065

15 https://culturalanalytics.org/post/958-cfp-world-literature-and-wikipedia (consultado el 04/08/2022).

¿Cómo organizar y compartir mis textos digitales? Creación de una biblioteca digital con Omeka en el contexto del aula

Xavier ORTELLS-NICOLAU

UPF
xavier.ortells@upf.edu
https://orcid.org/0000-0001-8221-2960

Resumen: El capítulo presenta el software de gestión y visualización de colecciones de objetos digitales Omeka. Utilizado en un primer momento por archivos, museos y bibliotecas, Omeka se ha ido abriendo camino en las aulas gracias a su combinación de alta usabilidad, rigor documental y el potencial para generar atractivas visiones panorámicas de periodos, generaciones literarias, autores o temas. La creación de un sitio con Omeka puede convertirse en una tarea de alto valor pedagógico, una invitación a explorar los recursos de las humanidades digitales y una original tarea evaluable. En una segunda parte más práctica, el capítulo ofrece un sencillo tutorial para la creación de un sitio con Omeka desde cero y con nulos conocimientos informáticos.

Palabras clave: Omeka. Archivos. Exposiciones digitales

1. CREACIÓN DE EXPOSICIONES DIGITALES CON OMEKA

La plataforma Omeka es un software de gestión y visualización de colecciones de objetos digitales. No solo permite catalogar de manera sencilla repositorios de imágenes o textos, sino que además ofrece intuitivas herramientas para la creación de exposiciones virtuales a partir de esos documentos. Utilizada inicialmente por museos o bibliotecas, Omeka ha ido ganando presencia en las aulas, donde las páginas construidas con Omeka se convierten en un recurso valioso para ofrecer a los estudiantes visiones panorámicas y atractivas de un movimiento o generación literaria, de un estilo o periodo, de autores o temas, etc. La creación de un sitio con Omeka puede, además, convertirse en una tarea de alto valor pedagógico, una invitación a explorar los recursos de las humanidades digitales y una original tarea evaluable.

Las características de Omeka, que desgranaremos a continuación, nos abren también oportunidades para reflexionar en el aula sobre algunos aspectos de los estudios literarios, y de las humanidades en general, que sufren algo de desgaste en el entorno digital. Nos referimos a la importancia del documento y la importancia de la narrativa. En tanto que Omeka requiere de los usuarios un proceso de catalogación de objetos digitales (que incluye la fecha de creación, la autoría, el tipo de documento, etc.), el uso de la plataforma revaloriza la unicidad del documento digital que, en la época del cortar-pegar y los memes, parece muy a menudo un vestigio de otros tiempos. A la vez, los recursos de Omeka para la creación y el desarrollo de narrativas expositivas dan relieve al marco conceptual y narrativo, esto es, el entorno textual que construye el significado de un objeto particular. Con Omeka se nos hace evidente la estrecha vinculación entre estos dos elementos: sin documentos, nuestras narrativas flotan en un aire de incertidumbre y sin relatos, los documentos no son capaces de activar su potencial.

2. PLATAFORMA DE GESTIÓN Y VISUALIZACIÓN OMEKA

Omeka fue creada en 2007 en el Roy Rosenzweig Center for History and New Media de la George Mason University, en el estado de Virginia, bajo el liderazgo del historiador y pionero en las humanidades digitales Tom Scheinfeldt. En 2016, se traspasó su gestión a la organización sin ánimo de lucro Corporation for Digital Scholarship, responsable de otros softwares de gestión de la información, como Zotero. No es baladí apuntar de entrada, pues, que Omeka es, desde su creación, un proyecto sin ánimo de lucro, de código abierto y gratuito.

De manera básica, podemos definir Omeka como un software de gestión y visualización de colecciones de objetos digitales. No es extraño, pues, que sus primeros usuarios fueran museos, archivos y bibliotecas que buscaban presentar y difundir sus materiales en la red. El factor diferencial de Omeka, con lo que ha ido atrayendo a un número creciente de estas instituciones, ha sido el ofrecer una combinación de rigor documental en la gestión de documentos con herramientas de visualización sencillas de usar y atractivas de consultar. Omeka no es una página web o un blog más para mostrar imágenes, pues gracias al uso de un protocolo de citación estandarizado, reconocible y de prestigio llamado Dublin Core, Omeka permite describir cualquier tipo de recurso (ya sea un objeto físico, una imagen, un texto, una obra de arte, una página web, etc.) de una manera solvente. A la vez, Omeka es fácil de usar, lo que lo distingue de otros programas de gestión de colecciones que son, a menudo, algo laboriosos y que pueden requerir de un gran número de datos. Esta página de la biblioteca pública de Toronto (http://omeka.tplcs.ca/virtual-exhibits/exhibits/show/audubon), por ejemplo, exhibe los dibujos del naturalista John James Audubon recogidos en *Birds of America*, publicado entre 1827 y 1838. Cada entrada recoge uno de los dibujos de Audubon e incluye una descripción, información del autor y la fecha de publicación, a la vez que vincula el objeto con el archivo digital de la biblioteca. Crear una página como esta es un proceso sencillo, incluso para usuarios con poca experiencia, y no obstante satisface, a la vez, la exigencia de instituciones de archivística y la de quien busque formatos intuitivos y atractivos.

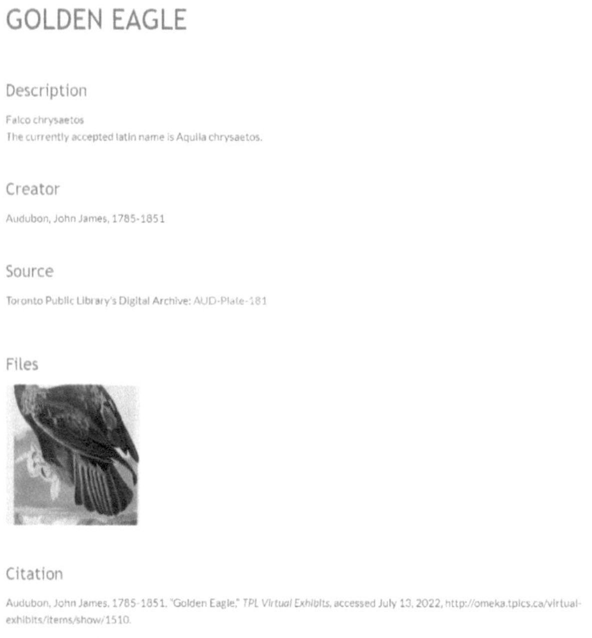

Figura 1. Entrada del repositorio John J. Audubon's Birds of America

La sencillez de la interfaz de Omeka (esto es, el menú de opciones que la plataforma ofrece al usuario para introducir la información en el sitio) hace que añadir todos los objetos que conformarán el repositorio sea rápido e intuitivo: basta con escribir en una serie de cajas de texto que, a su vez, ofrecen opciones de edición de texto (cursivas, negritas, enlaces, etc.).

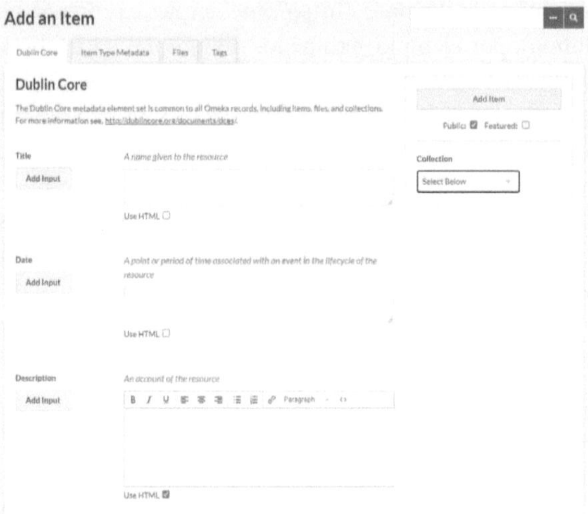

Figura 2. Panel de control para introducir nuevos elementos ("Add an item"). La imagen muestra solo algunas de las categorías posibles (Título; Fecha; Descripción). Al marcar "Use HTML" se abren las opciones de edición de texto

Además de facilitar sobremanera la introducción y catalogación de los elementos de un archivo digital, Omeka ofrece la posibilidad de organizar estos materiales en atractivos formatos expositivos de manera sencilla e intuitiva. Omeka tiene dos vehículos principales para crear exposiciones. En primer lugar, las llamadas "Colecciones", que recogen ítems similares, como pueden ser portadas de libros, fotografías, objetos, artículos de prensa, etc. Su equivalente en el mundo físico sería una sala de exposiciones o una muestra donde se presentarán objetos similares (cuadros, esculturas, etc.) con un mínimo marco explicativo inicial y una sucinta información formal en las cartelas explicativas. El sitio de las colecciones digitales de la Virginia Polytechnic Institute and State University (http://digitalsc.lib.vt.edu/), por ejemplo, incluye una decena de colecciones organizadas por tema (Guerra Civil Americana; Historia regional y los Apalaches Meridionales) o formato (Colección de manuscritos).

Figura 3. Algunos de los ítems incluídos en la colección de cartas "American Civil War", parte del sitio Special Collections and University Archives Online, de Virginia Tech

Otra de las claves del éxito de Omeka es la facilidad con que los gestores de los archivos pueden crear este tipo de colecciones. En la figura 2 podemos ver, en la columna de la derecha y bajo "Collection" (Colección), un menú desplegable, donde aparecerán las colecciones que ya hemos creado. Con tan solo clicar en la colección que queramos, nuestro ítem ya quedará vinculado a esa colección. Eso es así porque Omeka se basa en la jerarquización de las páginas, con lo que los ítems se pueden incluir en una "colección" sin necesidad de una compleja estructura o de programación.

El segundo formato expositivo principal de Omeka y, acaso el más interesante, son las "Exposiciones". Estas permiten articular, a través de unas opciones igualmente sencillas e intuitivas, una narrativa expositiva con ayuda de recursos visuales recuperados del catálogo de elementos que conforman nuestro repositorio. Los equivalentes de las exposiciones podrían ser el reportaje periodístico o el documental, o exposiciones de formato más experimental y narrativo. La página inicial de la exposición sobre el escritor Sherwood Anderson incluído en el mismo archivo de la Virginia Tech (figura 4) nos permite ver cómo, además de incluir una página de introducción, la exposición está organizada en distintos subtemas (Biografía, portadas, fotografías, correspondencia, etc.) que, una vez abiertos, detallan aspectos diferentes de la figura del escritor ilustrados a partir de los elementos del repositorio que han sido introducidos en el sitio previamente de manera individual.

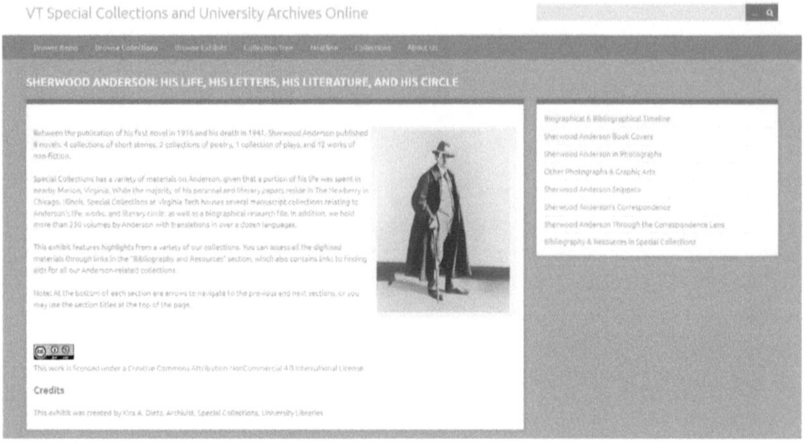

Figura 4. Página de introducción a la exposición “Sherwood Anderson: his life, his letters, his literature, and his circle”

Si bien, como hemos notado, los usuarios iniciales de Omeka fueron principalmente museos, bibliotecas y archivos, la plataforma ha atraído de manera creciente la atención del ámbito educativo. Ya sea a través del uso de sitios existentes, que pueden ilustrar de manera muy sugerente autores, movimientos, o períodos históricos, ya sea a través de la creación de sitios nuevos como actividad pedagógica, la combinación del rigor archivístico y los recursos para crear narrativas expositivas ofrecen grandes oportunidades para la docencia, la investigación y la evaluación.

En lo que sigue expondremos el funcionamiento básico de un sitio de Omeka, los pasos para crear una página para uso en el aula, así como ideas para su aplicación en cursos de literatura hispánica.

3. BREVE TUTORIAL DE OMEKA

El proceso de creación de un sitio de Omeka es relativamente sencillo. A continuación, y de manera muy pausada, vamos a detallar los pasos y aspectos más importantes. No está de más comentar, no obstante, que en cualquier momento del proceso podemos consultar los diferentes manuales de usuario disponibles. Además del tutorial que ofrece Omeka (https://omeka.org/classic/docs/), existen numerosos recursos online, entre los que destacan las guías de Rubén Alcaraz (https://www.rubenalcaraz.es/manual-omeka/introduccion-omeka.html).

3.1. Empezar

Si buscamos Omeka en Google, encontraremos dos páginas: Omeka.org y Omeka.net. Omeka.org nos ofrece dos paquetes distintos de instalación que deberemos hospedar en un servidor propio. Omeka S es la versión para instituciones que quieran crear varios sitios, mientras que la versión Classic va destinada a quien necesite crear uno solo. Ambos son gratuitos. Por su parte, si creamos un sitio a través de Omeka.net este estará hospedado por la propia plataforma. En esta opción, existen diferentes planes de pago, desde los 35 dólares a los mil dólares anuales, pero para nuestra primera experiencia con Omeka podemos usar la opción de prueba gratuita que se nos ofrece en Omeka.net y que funciona, a todos los niveles, de la misma manera que las otras versiones, si bien con un límite de almacenamiento de 500 MB y con recursos expositivos reducidos. Una vez dominemos el funcionamiento de la plataforma, podremos escoger entre alguna de las opciones de pago de Omeka.net o, si contamos con un servidor propio o de nuestra institución, descargar e instalar alguno de los paquetes de Omeka.org. Si bien la instalación del paquete de Omeka en un servidor no es muy compleja, nos será de gran ayuda la colaboración, si disponemos de ella, de los informáticos de nuestra escuela o universidad para hospedar Omeka en un servidor.

3.2. Cuenta y configuración

Entramos pues en Omeka.net, seleccionamos el plan de prueba gratuito (*trial plan*) y creamos una cuenta de usuario. Nos encontraremos a continuación con el panel de control de nuestro sitio, el *dashboard*. Empecemos por la barra horizontal superior, donde leemos *Plugins*, *Appearance*, *Users* y *Settings*.

3.2.1. Plugins

Los plugins son complementos o ampliaciones que nos permiten funciones adicionales. Por defecto, nuestro sitio incluye nueve de ellos, como veremos clicando en la pestaña correspondiente. Será necesario activarlos. En primer lugar, activaremos el llamado Locale, que nos permitirá configurar nuestro sitio en otro idioma que no sea el inglés. He configurado mi sitio en español de España, con lo que los términos que usaremos a partir de ahora serán los de la versión castellana. También activaremos "Exhibit Builder", que nos permitirá crear exposiciones. No nos ocuparemos de los demás, que sirven para recuperar información de otros sitios o conectar nuestro sitio de manera más eficiente con softwares de lectura.

3.2.2. Apariencia

La siguiente pestaña de la barra superior se llama ahora *Apariencia*. En esta versión gratuita se nos ofrecen dos opciones de diseño para nuestro sitio, llamados *temas* o plantillas. Bajo el nombre de *Berlin* y *Seasons*, y como vemos ya en la miniatura de la figura 5, cada uno tiene una diferente distribución de texto e imagen, así como diferentes estilos y tamaños de fuente. Tendremos, asimismo, distintas opciones para gestionar nuestra plantilla ("Configurar plantilla"), pero en este capítulo vamos a pasar muy por encima de los aspectos de diseño y estética para centrarnos en la operatividad básica de Omeka y sus posibilidades para el aula. Para esta prueba hemos seleccionado la plantilla Berlin pero seleccionar la otra será tan sencillo como clicar en "Usar esta plantilla".

Figura 5. Sección "Apariencia" del panel de control principal, con las dos plantillas que se ofrecen

3.2.3. Usuarios y Configuración

En "Usuarios" aparece nuestro nombre y correo (el de quien haya registrado el sitio) pero también se nos permite invitar a otros usuarios. Si somos docentes, por ejemplo, podemos incluir aquí a los diferentes alumnos como usuarios en diferentes roles, desde "Super", que les daría el mismo rol de administrador que a nosotros, hasta el de "Colaborador", con el que solo podrían visitar el sitio. Necesitaremos asignarles el rol de administradores (Admin) para que puedan contribuir al sitio. Por su parte, la última pestaña superior, la de Configuración, nos permite incluir información del sitio, incluso cambiar o alterar el nombre de la página, que ahora he pasado a llamar *Literatura Hispánica en el Aula*.

Figura 6. Página pública del sitio de prueba Literatura hispánica en el aula (https://digithumtrial.omeka.net/)

3.3. Panel de Control

Veamos a continuación nuestro panel de control en la barra lateral izquierda. Allí encontramos las siguientes pestañas: elementos, colecciones, tipos de elementos, etiquetas y exposiciones. Este será el armazón básico con el que vamos a organizar nuestro material. Notamos aquí, no obstante, que en las otras versiones de Omeka, a las que accederemos a través de opciones de pago en Omeka.net o al descargar e instalar el paquete de Omeka.org, encontraríamos muchos más plugins o ampliaciones.

Acaso el más conocido y usado sea el llamado Neatline (https://neatline.org/), que permite crear mapas de geolocalización, líneas cronológicas o combinaciones de ambas. En la figura 7, vemos cómo alumnos de un curso de la Universidad de Pennsylvania (https://pennds.org/americanliteraryradicals/) han usado el complemento Neatline para identificar, sobre un antiguo mapa de la ciudad de Philadelphia, las zonas donde transcurre la trama de la novela *The Killers*, de George Lippard (1849).

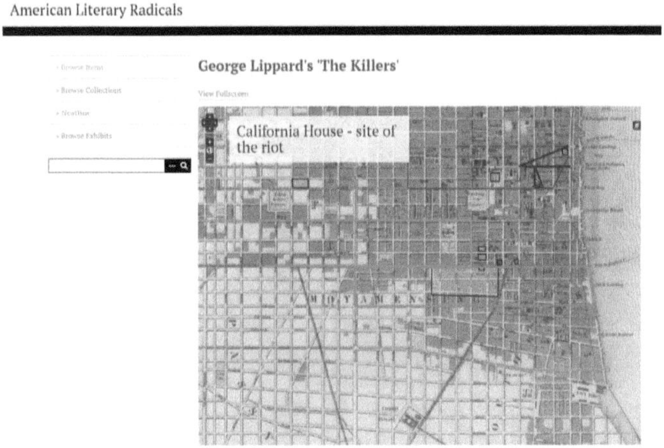

Figura. 7. American Literary Radicals

En este otro ejemplo de uso de Neatline (https://ships.lib.virginia.edu/), profesores y doctorandos de la Universidad de Virginia han mapeado el catálogo de las naves de la *Ilíada* sobre la geografía griega con el objetivo de destacar el uso de la distribución geográfica como recurso mnemotécnico por parte de Homero o los aedos que narraban oralmente la historia de la guerra de Troya.

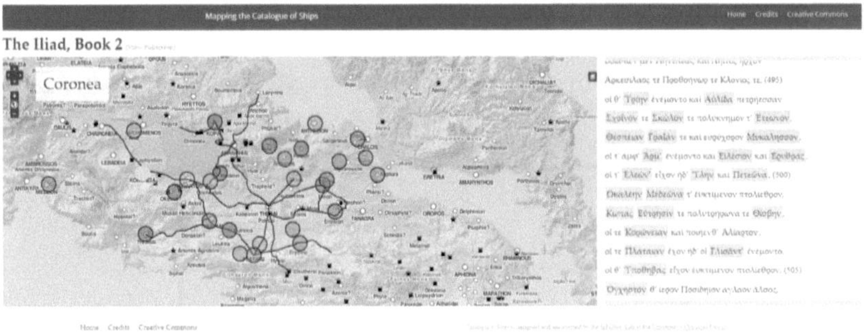

Figura. 8. Mapping the Catalogue of Ships, University of Virginia

Siguiendo este ejemplo, en nuestras clases de literatura hispánica acaso podríamos situar en orden cronológico (aún a riesgo de contravenir el espíritu de la novela) las andanzas de Horacio Oliveira y sus amigos por el París cortazariano de *Rayuela* o marcar, sobre una línea temporal que cubriera los principales acontecimientos políticos y militares de los siglos XVI y XVII, las principales obras del Siglo de Oro. Como decíamos, no obstante, solo podremos aprovechar las opciones que nos ofrece el complemento Neatline en versiones de pago de Omeka.net o una vez hayamos instalado el paquete Omeka en nuestro servidor. Veamos, pues, ahora, los principales recursos que nos ofrece la versión de prueba de Omeka.net, que son más que suficientes para empezar a trabajar con repositorios y exposiciones en el aula.

3.3.1. Elementos

Los elementos (*items*, en inglés) son los diferentes objetos digitales que iremos añadiendo a nuestro repositorio digital. Cualquier sitio de Omeka empieza necesariamente con un proceso de selección, catalogación e inserción en el sitio de los distintos elementos que, además de confeccionar un archivo en sí mismos, con posterioridad nos permitirán construir nuestras Colecciones y Exposiciones. Para introducir un elemento nuevo, clicaremos en la pestaña de Elementos de la barra lateral izquierda y a continuación en la opción "Agregar un elemento".

3.3.1.1. Elementos. Agregar un elemento

El menú nos ofrece distintos bloques de texto donde incluir información sobre el elemento según las diferentes categorías del formato Dublin Core. Este protocolo (https://glosariobibliotecas.com/dublin-core/), que debe su nombre a su lugar de creación (Dublin, Ohio) y que tiene una norma ISO de reconocimiento y homogeneización, es un instrumento reconocido internacionalmente para la descripción de cualquier tipo de objeto digital. Las categorías que ofrece son las siguientes:

Título	Fecha
Descripción	Autor
Materia	Fuente
Editor	Colaborador
Derechos	Recurso relacionado
Formato	Idioma
Tipo	Descripción
	Identificador

Es importante resaltar (ya que mejora el resultado a nivel estético) que la visualización de cada elemento solo mostrará las categorías en las que hayamos incluido información; así, si solo incluimos autor, fecha, descripción y fuente (como se ha hecho en el caso de la figura siguiente), nuestra ficha no aparecerá llena de vacíos: una entrada de un sitio sobre la obra del escritor Julio Llamazares (https://juliollamazaresbiblioteca.omeka.net/) presenta una fotografía de la portada una rara edición de la novela *Luna de lobos*. Como vemos, solo se han incluido datos sobre las siguientes categorías: título, descripción, autor, fuente, formato, idioma y tipo.

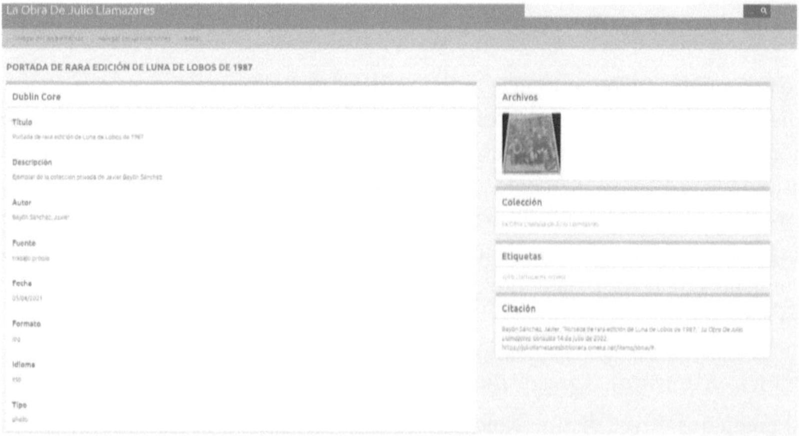

Figura 9. Elemento del sitio La obra de Julio Llamazares

3.3.1.2. Elementos. Metadatos de tipo de elemento

La pestaña "Metadatos de tipo de elemento" nos dará acceso a los metadatos (esto es, los datos sobre este elemento) que lo categorizan según el tipo de elemento. Los metadatos optimizan la navegación y el motor de búsqueda propio del sitio. En esta sección, podemos catalogar nuestro elemento según sea un texto digitalizado, una fotografía, un dibujo, un listado o estadística, un mapa, un objeto tridimensional, un objeto gráfico o sonoro, etc. En el caso anterior de la fotografía de la portada de la novela de Llamazares, se ha seleccionado "imagen estática" y se han añadido, como detalle, el formato del archivo de la imagen (jpg) y su tamaño (figura 10).

Podemos editar los tipos que nos aparecen en esta sección clicando en la pestaña "Tipos de elemento" de la barra lateral izquierda del Panel de control inicial. Ahí podremos editar las diferentes categorías o tipos de elemento para que se ajusten mejor a los objetos de nuestro repositorio. Por ejemplo, si nuestro repositorio va a incluir tan solo textos, portadas y fotografías, podemos limitar los tipos a estos tres, además de traducir (por defecto nos aparecen en inglés) su nombre e incluir una descripción que los defina.

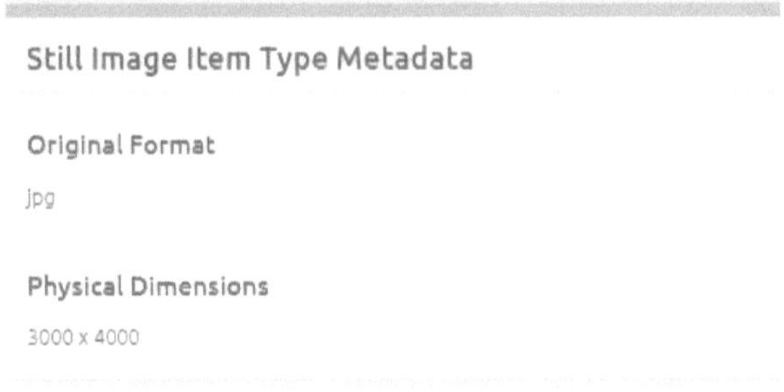

Figura 10. Metadatos de tipo de elemento de la fotografía de la figura 9

3.3.1.3. Elementos. Archivos

La pestaña "Archivos" nos permitirá subir el archivo digital de nuestro elemento, ya sea un documento de texto (tipo MS Word o pdf) o de imagen (jpg, png, etc.). La versión de prueba que estamos usando no tiene un límite muy alto de peso de los archivos, 128 MB (recordemos, no obstante, que el máximo que tenemos para nuestro sitio es de 500 MB). Diferentes versiones de Omeka tienen diferentes límites de peso para los archivos, normalmente de 5 MB. Si bien eso no genera problemas con la mayoría de las imágenes, sí que nos puede impedir subir grandes archivos en pdf, como pueden ser textos digitalizados, ya sean libros, periódicos o incluso artículos de prensa de varias páginas. Este límite se puede sortear enlazando nuestro elemento a un repositorio en la nube, de tipo Google Drive u otros.

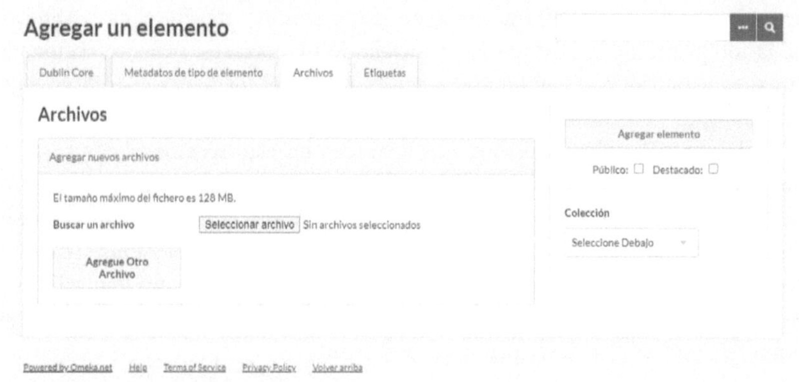

Figura 11. Menú para agregar elementos. Al clicar "Seleccionar archivo" podemos navegar por nuestro ordenador, seleccionar y subir el archivo

3.3.1.4. Elementos. Etiquetas

Finalmente, en la pestaña de "Etiquetas" podremos crear distintas y específicas categorías que describan nuestro ítem y faciliten la navegación y la búsqueda dentro de nuestro archivo. Por ejemplo, en el ejemplo anterior (figura 9), han incluido las etiquetas "Julio Llamazares" y "novela", con lo que, al clicar en la segunda el motor de búsqueda devuelve, tan solo, aquellos elementos del repositorio que han sido categorizados como novelas, dejando de lado otros tipos de elementos.

A modo de ejemplo de todo lo anterior, vamos a crear algunos elementos. A fin de seleccionar los elementos, me planteo crear un repositorio sobre literatura memorialística española de la Guerra Civil y el Holocausto. Me interesa, para empezar, incluir algunos elementos relacionados con el escritor Jorge Semprún. Empezaré con un retrato. A la hora de buscar materiales para nuestro archivo, es interesante que, más allá de ser una mera ilustración, los elementos que incluyamos tengan valor en sí mismos, ya sea histórico, estético, o de otro tipo. Buscando por las redes, encuentro un interesante retrato de Semprún creado por el fotógrafo Gorka Lejarcegi, que ilustra el obituario del escritor publicado en *El País* el 7 de junio de 2011.

Para la primera sección, "Dublin Core", genero un título, lo más neutro y descriptivo posible ("Retrato de Jorge Semprún"), atribuyo la autoría (Gorka Lejarcegi) del elemento y cito mi fuente (Javier Rodríguez Marcos, "Muere Jorge Semprún, una memoria del siglo XX", *El País*, 7 de junio de 2011), a lo que puedo añadir el enlace a la página original. Es recomendable tratar de encontrar la fuente original. En este caso, no he encontrado el retrato en ningún repositorio o archivo, aunque he rastreado entre los retratos que el fotógrafo presenta en su propia página (https://www.gorkalejarcegi.com/).

En otro ejemplo, al introducir la portada de la primera obra de Semprún, *Le grand voyage*, de nuevo debo escoger entre las diferentes fotografías que encuentro por la red (y que deberé acreditar como fuente). Es conveniente tratar de vincular nuestro elemento con archivos o repositorios porque de este modo tratamos de asegurar que la imagen no ha sido alterada pero también porque al tomar una foto de un repositorio minimizamos el riesgo de que nuestra fuente se altere. En este caso, he estimado más pertinente tomar la fotografía de la Biblioteca Histórica Marqués de Valdecilla, de la Universidad Politécnica de Madrid, antes que imágenes similares en sitios de bibliofilia o de venta de libros, como Iberlibro, que pueden desaparecer más fácilmente.

Volviendo al retrato, he incluido la fecha de creación del retrato (2001), no la de publicación (2011). (En otro caso de mi repositorio de prueba, un retrato de Manuel Chavez Nogales, no he encontrado la fecha exacta: en estos casos, podemos incluir una fecha aproximada y añadir "ca." para indicar que es aproximada). Podría incluir más datos, en especial, la descripción, que me podría servir para incluir un bosquejo biográfico del escritor. En cuanto a los metadatos de tipo de elemento (que no he editado ni traducido), escojo "*Still image*".

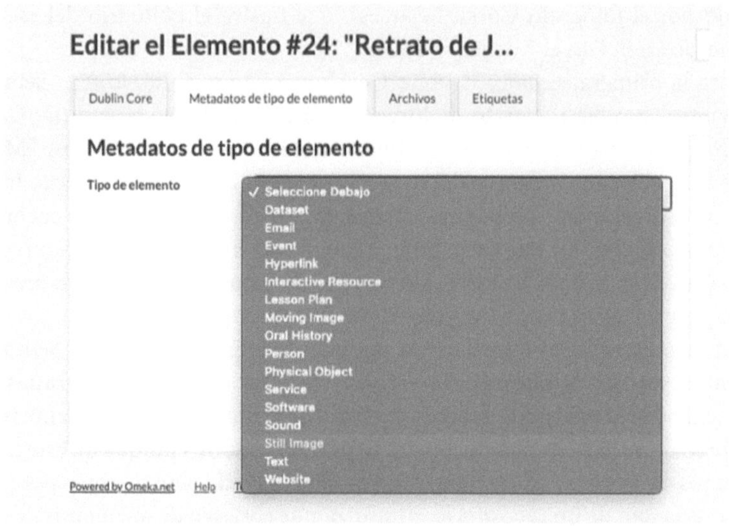

Figura 12. Menú desplegable para seleccionar con qué tipo de elemento categorizamos nuestro ítem

En "Archivos" podré buscar en mi ordenador el archivo de imagen y añadirlo, y en "Etiquetas", acaso sea interesante incluir las de "escritor" (si voy a introducir varios autores), "retratos" o "fotografías", o "Jorge Semprún", si voy a crear elementos distintos relacionados con este autor. Siempre estamos a tiempo, una vez vayamos viendo qué tipos de elementos vamos introduciendo en nuestro sitio, de volver a esta sección y crear o editar etiquetas.

He aquí el resultado. Ya tengo un elemento en mi repositorio.

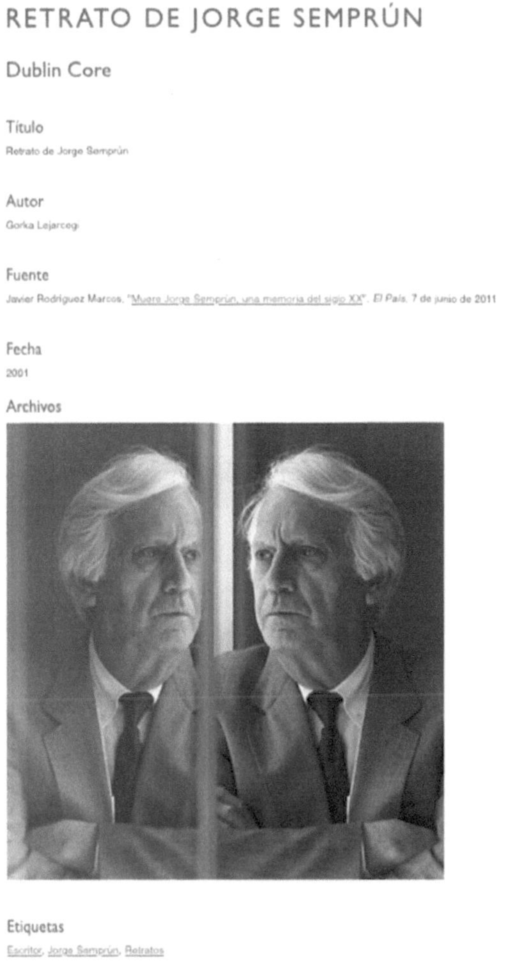

Figura 13. Aspecto del elemento "Retrato de Jorge Semprún", en el sitio Literatura hispánica en el aula

Para subir textos digitalizados procederemos de la misma forma. Un buen recurso, en este sentido, son las hemerotecas digitales de las que, afortunadamente, cada vez hay más. Por ejemplo, en la Hemeroteca Digital de la Biblioteca Nacional de España (http://hemerotecadigital.bne.es/index.vm) encuentro la famosa entrevista que Chaves Nogales le hizo a Goebbels, titulada "¿Habrá fascismo en España?", y que puedo añadir como elemento en formato pdf. Vemos, en este caso, que puedo distinguir entre la fuente y el editor, la "entidad responsable de hacer disponible el recurso".

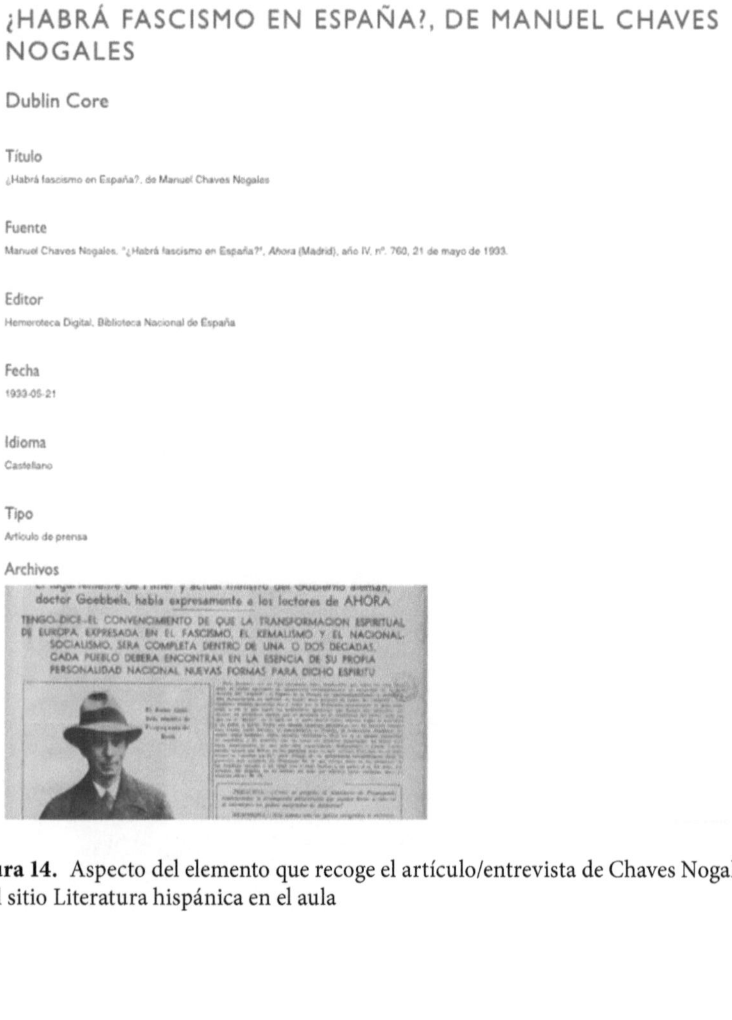

Figura 14. Aspecto del elemento que recoge el artículo/entrevista de Chaves Nogales, en el sitio Literatura hispánica en el aula

3.4. Colecciones

Dejamos los elementos para empezar a describir los formatos expositivos de Omeka. Antes de terminar con nuestros elementos, en un cuadro situado a la derecha del menú de los elementos vemos una serie de opciones (figura 11), que activaremos con tan solo clicar en ellas. Así, podremos decidir entre hacer "público" nuestro elemento o dejarlo oculto (sin publicar en la página) hasta que lo hayamos terminado. También podemos hacerlo "destacado", lo que lo mantendrá en la página de inicio de nuestro sitio aun cuando hayamos ido incluyendo otros elementos con posterioridad. Asimismo, encontramos aquí un desplegable que nos permite, de manera extraordinariamente simple, incluir un elemento en una colección específica. Será necesario, no obstante, haber creado una colección con anterioridad para que aparezca en el desplegable: vamos pues a detallar el proceso de creación de Colecciones.

Las "Colecciones" son, como apuntábamos al inicio, agrupaciones de objetos, sin que importe el tipo de elemento o la información que hayamos incluido. Dicho de otro modo, en una colección podemos agrupar los elementos que queramos según el criterio que nos parezca. Así, el *Archivo digital del romancero*, creado por la Fundación Ramón Menéndez Pidal, presenta una colección titulada "Los infantes de Lara" que incluye trece elementos de su repositorio (en este caso, estudios sobre dicho romance) relacionados con los siete infantes de Lara (https://fundacionramonmenendezpidal.org/archivodigital/items/show/26711) (nota: es necesario registrarse para acceder a este sitio). Otro ejemplo: este archivo de literatura sudanesa (https://0685sudaneseliterature.omeka.net/) ha agrupado elementos en las siguientes colecciones: poesía, memorias, novelas, libros de cocina, etc. De manera muy gráfica e inmediata, pues, una colección ofrece una visión panorámica, e imágenes en miniatura, de una agrupación de distintos elementos.

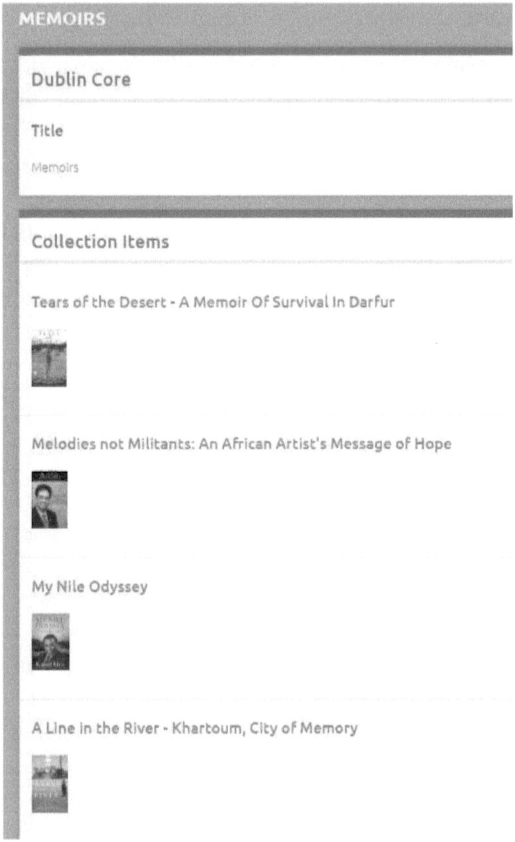

Figura 15. Algunos de los elementos que componen la colección de "Memorias" en el archivo Sudanese Literature Archive

En nuestras clases de literatura, colecciones existentes en otros sitios nos pueden ayudar para ilustrar aspectos de nuestros cursos, o como material de ampliación. Un sitio de Omeka de la biblioteca de Tufts University (https://omeka.library.tufts.edu/collections/show/8) recoge 130 ejemplos de libros representativos en una colección de "Historia del libro". Añadido a recursos y tareas más "tradicionales", como pudieran ser la lectura de fragmentos de *El infinito en un junco* de Irene Vallejo, una hipotética unidad sobre la evolución del objeto libro podría así, a través de las humanidades digitales, beneficiarse de una mayor exposición a ejemplos y recursos visuales. Por otro lado, la creación de una Colección en el aula o como tarea suplementaria puede ser interesante. El mismo ejemplo que acabamos de citar fue creado por alumnos de un curso de Tufts University en colaboración con la Tisch Library Special Collections. En nuestro ejemplo de prueba, acaso podríamos crear una colección que recogiera los textos periodísticos de los diferentes autores del repositorio, las portadas de los libros, etc.

Para crear una Colección, encontraremos la pestaña correspondiente en la barra lateral izquierda del Panel de control donde, de manera análoga a como hemos hecho con los elementos, deberemos seleccionar "Agregar una colección". El formulario que nos aparece es muy parecido al que hemos encontrado al agregar un elemento. Se nos ofrece la opción de describir la colección y podemos introducir datos sobre la misma según las mismas categorías Dublin Core que hemos visto antes. Como con los elementos, también podremos escoger si queremos que nuestra colección sea haga pública o se mantenga, por el momento, oculta, así como destacarla en la página de inicio.

3.5. Exposiciones

Nos detendremos algo más en las "Exposiciones", pues el catálogo de recursos que ofrecen es algo más extenso.

3.5.1 Añadir una exposición. Slug

En primer lugar, como hicimos con las colecciones, deberemos clicar para añadir una exposición. En este caso, además de un título y una descripción, se nos ofrecerá también la opción de crear un *slug*. Literalmente un "gusano", slug se refiere a la parte de una dirección web que identifica una subsección dentro de una página principal. Poder editar nuestro slug tiene la ventaja de poder tener el título de exposición que queramos, sin que importe su longitud o sus caracteres especiales y, a la vez, definir la URL (la dirección web) de nuestra página para que sea elegante y fácil de recordar, enlazar y difundir. Para ilustrarlo, cambio el título de nuestra página de prueba, que ahora, con la idea de albergar un sitio sobre literatura memorialística española de posguerra, se llama *Lecturas de la memoria y la guerra*. Dentro de este sitio, estamos preparando ahora una exposición que queremos llamar "Memorialismo español: la Guerra Civil y el Holocausto". Si no introducimos un slug, la dirección resultante es https://digithumtrial.omeka.net/exhibits/show/memorialismo-espa--ol--la-guer, esto es, la página de origen (nuestro sitio) más la sección de exposiones (/exhibits/show) más el slug "memorialismo-espa--ol--la-guer". Podemos, pues, cambiar la apariencia del slug: ¿qué tal "escritura y guerra"? Con eso, podemos mantener nuestro título y, a la vez, generaramos una URL más corta y concisa, y que tiene relación con el contenido de la exposición. Tan solo será necesario incluir el slug de nuestra elección en este espacio, con lo que obtenemos https://digithumtrial.omeka.net/exhibits/show/escritura-y-guerra.

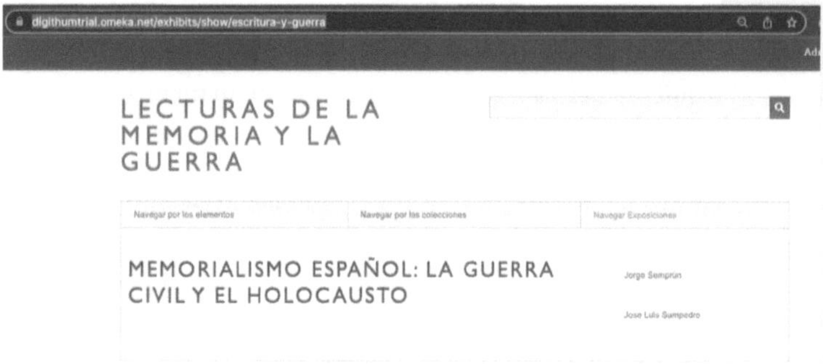

Figura 16. Gracias a la edición del slug, podemos mantener nuestro título y evitar la URL larga y extraña que se generaría automáticamente por el hecho de incluir la "ñ" y por su longitud

A continuación, y como haríamos en una exposición en el mundo físico, podemos acreditar a los comisarios o responsables de la muestra y ofrecer una descripción general en la que será la página principal de nuestra exposición. Tras esta presentación, podemos empezar a introducir las diferentes secciones de nuestra exposición. Podemos añadir tantas páginas como queramos, en lo que constituirán las secciones o subtemas de nuestra exposición. La exposición "Will and the world" (https://omeka.drew.edu/exhibits/show/willandword/introduction), creada por la biblioteca de Drew University, presenta obras de su archivo, que recoge manuscritos que se pusieron a la venta en el mismo lugar (los aledaños de San Pablo en Londres) donde se podía encontrar el *First Folio*, la primera edición de obras de Shakespeare. La exposición cuenta con siete subsecciones que, a su vez, describen diferentes obras o temas.

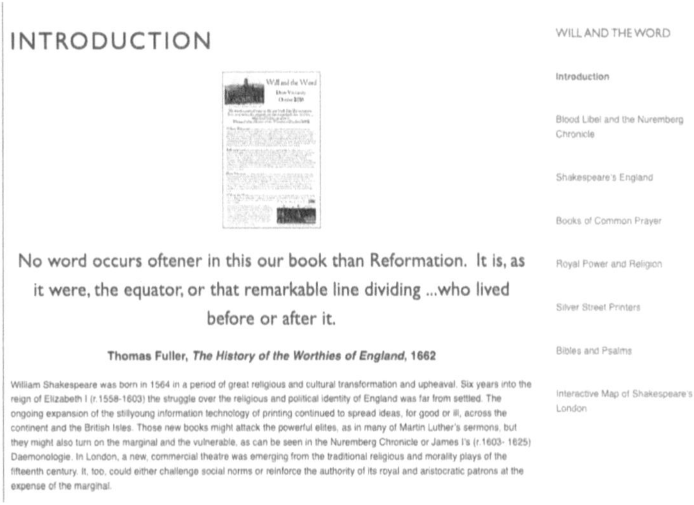

Figura 17. Página de introducción a la exposición “Will and the World”, Drew University Library Special Collections

Siguiendo con nuestro ejemplo de prueba, acaso nuestra exposición sobre “Memorialismo español: la Guerra Civil y el Holocausto” podría dividir los autores según su bando en la guerra (sublevados, republicanos, brigadistas, División Azul, etc.), según su lengua literaria (castellano, catalán, gallego, euskera) o incluir páginas distintas para distintos autores (Jorge Semprún, Max Aub, Agustín de Foxá, Clara Campoamor, Manuel Chaves Nogales, José de Arteche, etc.). Quizá esta última opción sea la más sencilla para ilustrar cómo editar cada subsección/página. Clicamos en “Añadir una página”, al pie del menú, e introducimos, como hemos hecho con la introducción a la exposición, el título (con la opción de crear un título más corto para el menú de las exposiciones) y el slug. Voy a empezar con Jorge Semprún, con lo que para evitar el slug “jorge-sempr--n” introduzco “Semprun”.

Para introducir el contenido, se nos ofrecen distintas opciones de maquetación para diseñar la interacción entre texto y los elementos de nuestro catálogo de manera sencilla y automática. Elijo el primero, “Archivo con texto”, que nos permite incluir una o varias imágenes de nuestro repositorio y acompañarlas de texto.

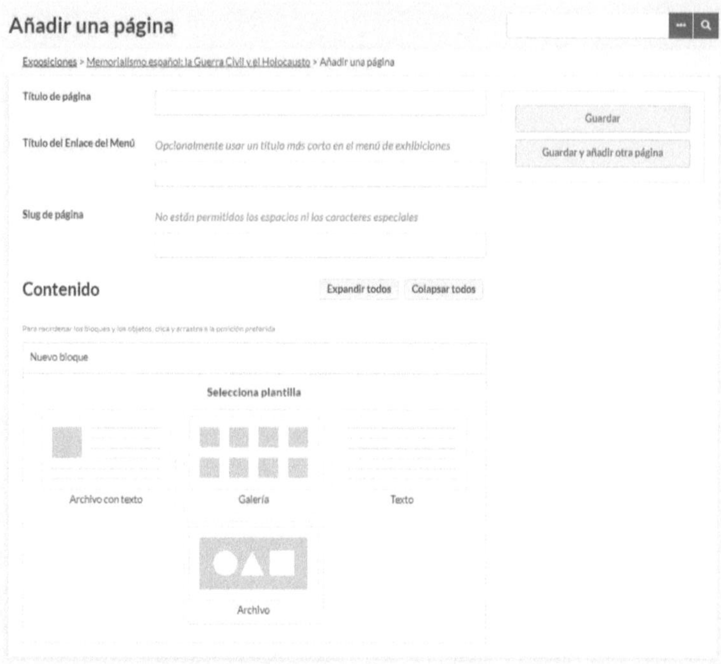

Figura 18. Opciones de edición de texto e imágenes en las páginas de los itinerarios

A través de "Add item", recupero el elemento "Retrato de Jorge Semprún" (que hemos comentado anteriormente), al que le puedo añadir un pie de foto. A continuación, introduzco el texto (que en este caso he copiado de la Wikipedia).

Figura 19. Página de edición de la sección "Jorge Semprun" del itinerario "Memorialismo español: la Guerra Civil y el Holocausto"

Podríamos añadir, asimismo, los elementos que nos parecieran y que nos sirvieran para ilustrar nuestra narrativa sobre el autor y sus memorias del campo de concentración de Buchenwald: portadas de libros, fotografías históricas del campo de concentración de Buchenwald, fragmentos de textos o artículos de prensa, etc.. Sea lo que fuera, deberemos haberlos introducido previamente en nuestro repositorio como elementos para ahora reclamarlos a través del buscador integrado que nos aparece al clicar en "Add item". En este sentido, a la hora de seleccionar los materiales que compondrán nuestro catálogo es interesante ir pensando, en paralelo, en la narrativa que querremos plantear en nuestras exhibiciones y en los mejores materiales de apoyo visual.

También podemos escoger el bloque de "Galería" para introducir, en una hilera, diferentes elementos gráficos, com vemos en la siguiente galería de portadas. Asimismo, podemos utilizar "Texto" para una sección narrativa más extensa, para una bibliografía, etc., o el de "Archivo", de formato más libre.

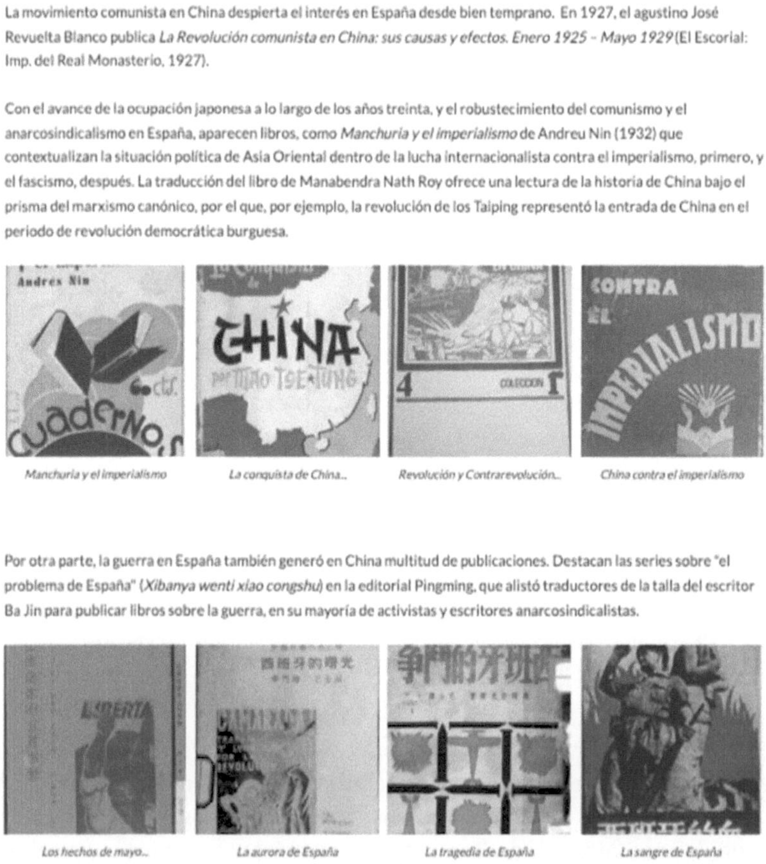

Figura 20. Uso del bloque "Galería" en la página "Publicaciones" del itinerario "Conexiones en el comunismo internacional", Archivo China-España, 1800-1950 (ace.uoc.edu)

4. VALORES PEDAGÓGICOS DE OMEKA Y OPORTUNIDADES PARA EL AULA

Tras este breve recorrido por las opciones de Omeka para la creación de repositorios, colecciones y exposiciones podemos resumir sus virtudes pedagógicas en unos breves apuntes. En primer lugar, recurrir a sitios creados por instituciones u otros docentes y alumnos nos puede suponer un recurso ilustrativo, atractivo y, en ocasiones, incluso revelador sobre aspectos que queramos destacar en nuestros cursos. El factor *cuantitativo* que ofrecen repositorios y colecciones, por ejemplo, nos puede servir para ilustrar, mucho más claramente, la importancia o significatividad de un movimiento, estilo literario, temática, etc. Pero hay además el factor *cualitativo* que aporta el uso de etiquetas (que conectan elementos) y, sobretodo, de las exposiciones, donde el trabajo de comisariado de los responsables del sitio ya ha detectado interacciones entre distintos tipos de materiales, como puede ser entre obra literaria y periodística, entre literatura y artes visuales, entre obra literaria y contexto social, etc.

En segundo lugar, al crear un sitio de Omeka como actividad docente, de investigación o de evaluación, convertimos esos mismos valores en objetivos pedagógicos, a través de una tarea innovadora, entretenida, y que conecta directamente con la familiaridad de los alumnos con el entorno digital. En este sentido, la creación de un sitio en Omeka nos ofrece la oportunidad de hacer reflexionar a los alumnos sobre algunos de los efectos secundarios de la digitalización, que tienen una afectación directa en los estudios literarios y de humanidades en general. La exigencia de rigor documental que conlleva el uso del protocolo Dublin Core pone de relieve el valor del original, y activa actitudes críticas y nuevos recursos de navegación e investigación en línea, más allá del buscador de Google, a la hora de datar o atribuir un documento. No importa pues, que cuando creamos un sitio de Omeka en el aula los materiales del repositorio no sean inéditos o propios (como en el caso de museos o archivos), ya que eso nos permite trabajar sobre la atribución de los originales, los derechos de reproducción, la cadena de conservación, etc.

Recupero un retrato de Manuel Chaves Nogales de nuestro repositorio de prueba para comentar algunos de los inconvenientes que nos podemos encontrar al seleccionar materiales online, así como algunas de las estrategias que junto a los alumnos podemos utilizar para contrarrestarlos y que son, en sí mismas, recursos importantes para trabajar cuestiones relacionadas con la atribución de autoría, datación, etc. El retrato que me interesaba aparece en diferentes sitios web, mas siempre sin mención del nombre del fotógrafo, de la fecha o del dueño de la imagen. Lo más cercano a un archivo que encuentro es el sitio *Manuel Chaves Nogales* (http://manuelchavesnogales.info/index.html), sostenido por la catedrática y biógrafa del periodista María Isabel Cintas Guillén. La amable respuesta de Cintas a mi correo electrónico preguntando por detalles del retrato me aclaró que la fotografía se la facilitó la hija de Chaves Nogales, sin ninguna indicación de fecha o autoría, pero que ella suponía que la habría obtenido alguno de los fotógrafos del *Heraldo de Madrid,* lo que junto a la ropa que luce el periodista en la imagen, la hace datar la imagen entre 1924 y 1928. Podemos, pues, incluir una fecha aproximada de creación de nuestro elemento, así como contextualizar mejor nuestra fuente. También tiene más sentido, ahora, utilizar como fuente de nuestro elemento el sitio de Cintas Guillén (quien obtuvo y divulgó lo que era, en origen, una fotografía familiar) antes que, por ejemplo, la web de Libros del Asteroide, la editorial que ha reeditado recientemente mucha de la obra de Chaves Nogales y que también muestra el mismo retrato. Acostumbrados a tomar y compartir imágenes, a hacer un uso "conversacional" de las fotografías (como ha apuntado Joan Fontcuberta), a alterar creativamente los archivos visuales en memes y demás, ejemplos como el del retrato de Chaves Nogales pueden suponer una valiosa tarea para reflexionar sobre la importancia de los orígenes, la transmisión, la autoría o la fecha de creación (incluso hoy) de un documento digital. Es el mismo archivo digital, tiene el mismo aspecto, pero no es el mismo documento. Además, pues, de embarcarnos en un motivante trabajo de investigación casi detectivesca, rastrear orígenes, autores, fechas y demás puede familiarizar a los alumnos con las vicisitudes que rodean la tarea de conservación y preservación histórica, así como con la importancia del rigor documental.

La descripción de un elemento y las narrativas expositivas también ofrecen una valiosísima oportunidad para trabajar recursos lingüísticos, como la capacidad de síntesis o la objetividad del registro. Las exposiciones requieren de una contextualización razonada y una justificación expositiva a la hora de ofrecer una visión de conjunto de un momento histórico, movimiento artístico, género literario, etc. Imaginemos un sitio sobre la Generación del 27 en España, por ejemplo. En ese caso, se podría plantear a los alumnos (individualmente o en pequeños grupos) la tarea de rastrear el máximo número de portadas originales que, además, podrían agruparse en una colección. A partir de retratos de los autores, en su "descripción", se podría investigar sobre las biografías de los autores. Yendo más allá de los autores, se podría sugerir, también, que se rastrease la crítica cultural de la época a partir de prensa histórica, o las artes plásticas y visuales, o cualquier elemento que nos o les pareciera relevante para configurar lo más ampliamente posible el contexto social y cultural de ese movimiento. La exposición "Austen and the Arts" (https://digitalausten.omeka.net/exhibits/show/arts/intro), creada por alumnos de Cornell, ilustra cómo Omeka nos puede ayudar a reflejar los diálogos entre la literatura (aquí, la novelística de Jane Austen) y otras artes.

Configurar un sitio de Omeka obliga a una serie de decisiones sobre el nivel de abstracción y de categorización que son, a su vez, y en sí mismas, grandes recursos para trabajar las diferentes implicaciones del marco conceptual y de referencia con el que definimos y entendemos nuestro objeto de estudio. ¿Creamos una colección de portadas, o simplemente incluímos una etiqueta en los elementos que lo sean para que, a través del motor de búsqueda, un usuario interesado pueda encontrar todas las portadas? Si creamos una colección, ¿cómo la presentamos?, ¿cómo justificamos su interés? Acaso, una vez hemos empezado a crear una colección de portadas, nos parezca más interesante crear una exposición donde se pongan en relación las portadas y las ilustraciones de los libros con los artistas plásticos de vanguardia. De nuevo aquí nos ayuda la sencillez con que Omeka permite crear, editar e incluso descartar exposiciones, en base a una muy simple jerarquización y con un mínimo aporte de datos.

De cómo contestar preguntas de literatura con herramientas y métodos digitales

¿Cómo puedo interrogar un corpus con anotaciones literarias? Tecnologías XML para contestar preguntas de literatura

Helena BERMÚDEZ SABEL

Jinntec GmbH
helena.bermudez@jinntec.de
https://orcid.org/0000-0002-8627-1367

Resumen: Este capítulo presenta una breve introducción a los lenguajes de marcado centrándose en el formato XML. A continuación, se hace una presentación de XPath, un lenguaje con el que podemos navegar documentos XML, y XQuery, un lenguaje de consulta. El uso de ambos lenguajes se ilustra utilizando el corpus de sonetos DISCO, por lo tanto, se mostrará cómo se puede interrogar un corpus literario etiquetado en XML-TEI.

Palabras clave: Lenguaje de marcado. XML. XPath. XQuery. Text Encoding Initiative

1. INTRODUCCIÓN: NOCIONES BÁSICAS

1.1. Archivos de datos y lenguaje de marcado

Existen múltiples maneras de clasificar los tipos de archivos con los que trabajamos en el ordenador, pero una de las categorizaciones más básicas consiste en diferenciar entre *archivos ejecutables*, los que contienen programas informáticos, y *archivos de datos*, que pueden contener información de diferentes tipos: texto, imagen, audio o vídeo. Desde nuestro punto de vista, también podemos aplicar una taxonomía basada en la legibilidad del documento y hablar por tanto de *archivos de texto*, en los que los datos se almacenan utilizando texto electrónico (caracteres) y por tanto son legibles por los seres humanos, o *archivos binarios*: aquí los datos se almacenan en formato binario y solo las máquinas pueden interpretarlos. En este capítulo trabajaremos con archivos de texto: empezaremos por describir uno de los formatos más adecuados para almacenar nuestros archivos de datos, XML, para después pasar a elaborar archivos ejecutables básicos que nos permitan sacar información pertinente de esos datos.

Concebir nuestros archivos de datos en algún lenguaje de marcado presenta numerosas ventajas. Marcar un texto consiste en introducir datos que permiten la identificación de determinados rasgos y de las características lógicas o físicas del objeto textual, siendo posible también especificar cómo el documento tiene que ser procesado posteriormente (Renear, 2004, p. 219). Por ejemplo, si nos encontramos ante el texto de un poema, podemos describir de manera explícita su estructura identificando cada estrofa y cada verso. Para que esos datos puedan ser interpretados correctamente, deben ser formalmente diferentes al contenido del poema: esto es lo que conocemos como lenguaje de marcado.

A través del proceso de marcado creamos una estructura informativa que describe la fuente material. Quien marca un texto puede hacer explícita la naturaleza y función de cada fragmento de información, según su propia interpretación. Parafraseando a Julia Flanders, este paso le permite a un ordenador "comprender" y utilizar ese objeto textual aprovechando su autoconocimiento sobre su propia estructura y contenidos (Flanders, 2012, p. 68).

1.2. XML

XML (eXtensive Markup Language, Lenguaje de Marcado Extensible) es uno de los lenguajes de marcado de uso más extendidos. Está regulado por el World Wide Web Consortium (W3C), una comunidad internacional con la misión de desarrollar estándares para la Web.

XML implica un modelo formal basado en una jerarquía ordenada o, lo que es lo mismo, es un modelo en *árbol*. Necesitamos un único *elemento raíz* del que descienden los demás elementos. En la figura 1 podemos observar una propuesta de representación gráfica de un poema marcado en XML en el que hay un elemento raíz (poema) del que derivan tres estrofas y cada una de esas estrofas está conformada por dos versos. Cada elemento del árbol es un *nodo* y, de manera específica, el contenido textual de cada uno de los elementos "verso" se conoce como *nodo textual*. Es este ejemplo tan simple, solo tenemos diez elementos estructurales marcados (el elemento raíz, las tres estrofas y los seis versos) pero podemos explotar ese "autoconocimento" inherente al modelo XML y hacer preguntas del tipo "¿cuál es el último token del último verso de cada estrofa; aparece ese token en el primer verso de la siguiente estrofa?" para, por ejemplo, detectar figuras de repetición como el *leixaprén*. Esta pregunta podría formalizarse con XPath, lenguaje del que hablaremos en el apartado 2.

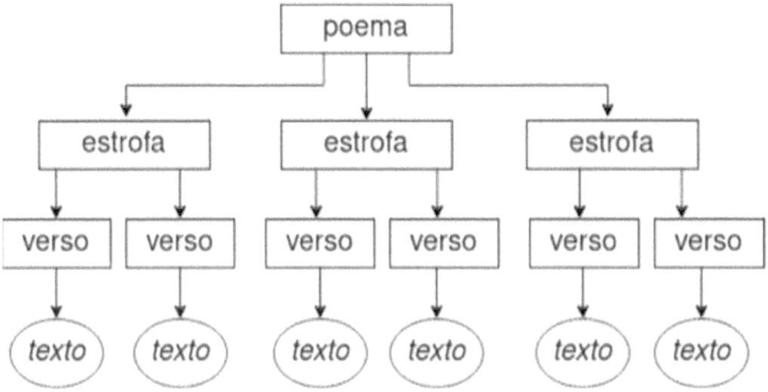

Figura 1. Representación gráfica de la estructura de un poema de seis versos organizados en tres estrofas

1.2.1. Sintaxis

En los materiales de este capítulo puedes examinar un ejemplo de documento XML muy sencillo en el que se marca un soneto de Delmira Agustini, poeta modernista uruguaya (archivo "xml-simple.xml")[1]. La primera línea del documento se llama la *declaración XML* que es la que define las características básicas del documento. En todos los ejemplos que veremos en esta lección la declaración XML será siempre: `<?xml version ="1.0" encoding ="UTF-8"?>`. Como podemos observar, esta declaración nos informa de la versión (información obligatoria) y de la codificación de caracteres (en nuestro caso, UTF-8). Si quieres saber más sobre la codificación de caracteres y UTF-8 te recomendamos la lectura de Ishida (2018).

Como se comentó al inicio de esta introducción, un lenguaje de marcado tiene que ser formalmente diferente al contenido del texto. En XML, las marcas (o etiquetas) se introducen entre ángulos, es decir, el signo menos-que, seguido del nombre de la etiqueta, y a continuación el signo más-que. Cada *elemento* tiene una etiqueta de inicio y una etiqueta de cierre. En este capítulo, cada vez que nos refiramos a un elemento usaremos el nombre del elemento delimitado entre ángulos, ej. `<elemento>`.

En la línea 2 del documento "xml-simple.xml" observamos el inicio del elemento raíz (o nodo raíz), `<texto>`, que se termina en la línea 29: la etiqueta de

1 https://github.com/HD-aula-Literatura/1-Tecnolog-as-XML-para-contestar-preguntas-literarias-/blob/master/xml-simple.xml.

cierre se reconoce porque entre el signo menos-que y el nombre del elemento se utiliza una barra oblicua. Todos los elementos de un documento XML tienen que estar contenidos entre la etiqueta de apertura del nodo raíz y su etiqueta de cierre.

Un elemento puede contener un nodo textual, es decir, una cadena de caracteres (contenido textual) sin que haya otros elementos, uno o varios elementos, o una combinación de elementos y nodos textuales. Volviendo al ejemplo presentado en "xml-simple.xml", el nodo raíz <texto> está formado por tres elementos, <autora> (línea 3), <título> (línea 4) y <poema> (línea 5). Los elementos <autora>, <título> y varios de los elementos <verso> están conformados por un único nodo textual. En la segunda estrofa, en la que se han etiquetado las rimas, tenemos una estructura más compleja, porque los cuatro elementos <verso> del segundo cuarteto tienen contenido mixto (están formados tanto por elementos como por nodos textuales). Por ejemplo, el primer elemento <verso> de esa estrofa está contiene un primer nodo textual ("Vivió como una ninfa: desnuda, en fresca gruta"), un elemento (<rima>) y un segundo nodo textual en tercera posición (la coma).

Además de elementos y nodos textuales, existe otro tipo de nodo: los atributos. Los atributos permiten añadir propiedades a un elemento, y siguen la siguiente sintaxis: dentro de la etiqueta de apertura del elemento, nombre del atributo seguido del signo igual con el valor del atributo entre comillas rectas. En el ejemplo que presentamos en el archivo "xml-simple.xml" todos los elementos <estrofa> tienen un atributo "tipo" cuyo valor se corresponde con el nombre de la estrofa (en este caso, serventesio o terceto). La convención que seguiremos en este capítulo para referirnos a los atributos es la de preceder el nombre del atributo de la arroba; ej. @atributo.

Además de las reglas que ya se han presentado relativas a la expresión de las etiquetas de apertura y cierre, de los atributos, de la necesidad de que haya un único elemento raíz y de que todos los elementos estén anidados, la sintaxis XML prohíbe dos carácteres, "&" y "<". Ambos tienen que ser sustituidos por su entidad correspondiente ("&" y "<", respectivamente). Una entidad es una referencia a un carácter que es equivalente a la presencia de dicho carácter.

Se debe tener en cuenta que el modelo en árbol presenta ciertas limitaciones. Una de ellas es la necesidad de que todos los elementos se encuentren perfectamente anidados sin que haya solapamientos. Es decir, no puede haber un elemento que empiece en una de las ramas del árbol y que acabe en otra (imaginemos, por ejemplo, que queremos delimitar la estructura sintáctica que se rompe en un encabalgamiento teniendo como base un poema estructurado como en "xml-simple.xml", en donde hay un elemento para cada verso). No obstante, existen técnicas de marcado que evitan este problema, como la implementación de anotación externa o *stand-off* (Bermúdez Sabel, 2018) o la utilización de elementos vacíos a modo de delimitadores (ver archivo "xml-simple-solapamiento.xml" en el que se marca una frase que empieza en un verso y termina en el siguiente: en este caso, en lugar de marcar cada verso, los versos se delimitan utilizando un elemento vacío que indica el final de cada uno de ellos, `<finv/>` que es semánticamente equivalente a `<finv></finv>`). El último verso de cada estrofa no dispone de delimitador porque el propio final de la estrofa ya nos permite saber dónde termina.

1.2.2. Documento bien formado y documento válido

La práctica recomendada es definir un modelo de datos antes de comenzar el proceso de anotación textual. En el modelo de datos se describen los conceptos que necesitan estar presentes en la anotación, definiendo cómo estos conceptos serán modelados, esto es, cómo se representarán en XML (elementos, atributos, nodos textuales) y cómo se relacionan los diferentes conceptos entre sí. Lo normal es que ese modelo de datos se formalice con un lenguaje de esquema que nos permitirá *validar* los documentos XML.

Un documento XML está *bien formado* cuando cumple las reglas sintácticas presentadas en el apartado 1.2.1. Por su parte, un documento es *válido* si 1) se hace un uso correcto del vocabulario definido, es decir, los elementos y los atributos usados existen en ese lenguaje; y si 2) se hace un uso correcto de la gramática: los elementos se usan en el lugar adecuado siguiendo el orden establecido. Las reglas de validación se establecen en un esquema gracias a algún lenguaje de esquema, como Relax-NG o XML Schema. Los lenguajes de esquema permiten definir reglas que el documento final anotado tiene que seguir: por ejemplo, podemos establecer que el elemento `<estrofa>` solo puede contener elementos de tipo `<verso>` y es posible exigir también que todos los elementos `<estrofa>` deben tener un atributo `@tipo` cuyos valores posibles solo pueden ser "cuarteto, serventesio, terceto, pareado". A un documento XML se le puede asociar un esquema simplemente introduciendo el link al esquema en la cabecera del documento XML, esto es, después de la declaración XML pero antes del documento raíz. Véase la Fig. 2 con un ejemplo en el que la asociación del esquema ocupa las líneas 2 y 3. Como podemos observar, contiene un atributo `@href` con la localización del esquema. El atributo `@type` indica el tipo de contenido (*MIME type*), un identificador para formatos de archivo transmitidos por internet. El atributo `@schematypens` nos indica el espacio de nombres del lenguaje de esquema: en este caso, RELAX NG: hablaremos de los espacios de nombres en esta sección.

```
<?xml version="1.0" encoding="UTF-8"?>
<?xml-model href="esquemas/mi-esquema.rng" type="application/xml"
    schematypens="http://relaxng.org/ns/structure/1.0"?>
<raiz>
```

Figura 2. Ejemplo de cabecera de un documento XML

Los documentos “xml-simple.xml” y “xml-simple-solapamiento.xml” disponibles en el repositorio de este capítulo son documentos bien formados que no tienen ningún esquema asociado. Esto significa que podemos añadir y eliminar elementos y atributos libremente, pero esta falta de restricciones también puede significar que en algún momento no cumplamos con el modelo de datos que nos gustaría implementar.

Con el fin de facilitar el intercambio de recursos y la interoperabilidad, lo ideal es usar un estándar, o una adaptación más restringida de un estándar que represente las necesidades de nuestro proyecto. En Humanidades, las recomendaciones más utilizadas para la codificación de productos culturales, sobre todo de tipo textual, son las directrices de la Text Encoding Initiative.[2] TEI es un vocabulario XML que nos permite formalizar la descripción de objetos textuales con una gran flexibilidad a la hora de establecer el nivel de granularidad de esta descripción. En la Fig. 3 podemos ver una representación gráfica de la relación entre XML y TEI. XML nos impone reglas sintácticas (como el uso de paréntesis angulares para delimitar las etiquetas, que cada elemento esté delimitado por una etiqueta de inicio y otra de cierre, etc.). TEI nos *impone* otro tipo de reglas: por ejemplo, todo documento debe contener un elemento `<teiHeader>` (cabecera TEI) con los principales metadatos del documento (e.j: título, autoría, fuente, o lo que es lo mismo `<title>`, `<author>` and `<sourceDesc>`). Las directrices TEI nos van a indicar el inventario de elementos y atributos disponibles, si estos elementos/atributos son obligatorios u opcionales, y qué valores pueden o deben contener (Fig. 3). Para indicar que nuestro documento XML está haciendo uso de TEI, se tiene que declarar en el elemento raíz el espacio de nombres en el atributo `@xmlns` (espacio de nombres XML) cuyo valor es un identificador que nos recordará a una URL (línea 2 del documento “xml-tei.xml”). El espacio de nombres es un contenedor abstracto en el que nos permite identificar a qué vocabulario pertenecen los elementos y evitar así cualquier ambigüedad. Por ejemplo, tanto TEI como HTML tienen

2 https://tei-c.org.

un elemento <p> (párrafo) y aunque semánticamente podemos ver similitudes entre el valor semántico de los dos elementos, son muy diferentes en relación con los atributos y elementos que pueden contener. Lo que nos permite diferenciarlos sistemáticamente es el espacio de nombres. En el archivo "xml-tei.xml" disponible en el repositorio de este capítulo puedes examinar un archivo que sigue las normas de TEI y que presenta la codificación de un soneto.

Figura 3. Relación entre XML y TEI (adaptación de Flanders, 2018, p. 4)

2. TECNOLOGÍAS XML

2.1. XPath: introducción

XPath es un lenguaje que nos permite seleccionar partes de un documento que puedan ser procesadas. Por lo tanto, usaremos XPath para poder describir, de una manera formal que pueda ser fácilmente procesada por un ordenador, determinadas partes de un documento (ej. "todos los versos", "todas las estrofas menos los tercetos", etc.). Tenemos que pensar en XPath como una lengua que nos permite movernos por el árbol XML, navegando a través de la jerarquía y de la posición. Aunque XPath también tiene la capacidad de manipular los datos que encuentra, su principal función es la de ser una lengua auxiliar que identifica determinadas partes del documento para que puedan ser manipuladas por otros lenguajes más *expresivos*. Los principales lenguajes relacionados con XML que usan XPath son XQuery (XML Query language) y XSLT (eXtensible Stylesheet Language Transformations).

En la introducción a XML (1.2) hemos introducido la noción de *nodo*. Un nodo es cada uno de los constituyentes del árbol XML: elementos, atributos o cadenas de caracteres (es decir, nodos textuales). XPath nos permite navegar a través de los diferentes nodos del árbol. Como hemos anunciado, podemos interrogar un documento gracias a XPath y, como respuesta, XPath nos devolverá una *secuencia* de nodos: una secuencia es un término técnico para designar una lista ordenada de ítems. Por ejemplo, partiendo de un documento como el representado en la Figura 1, podemos construir una expresión XPath que nos devuelva "el primer verso de cada estrofa". El resultado sería una secuencia conformada por tres nodos ordenados: el primer ítem de la secuencia sería el primer elemento <verso>, el segundo sería el tercer verso, y el tercer ítem sería el quinto verso.

En la documentación del repositorio de este capítulo tienes información con diferentes programas que puedes utilizar para procesar XPath.

2.2. Constituyentes de las expresiones XPath

En la Tabla 1 (basada en Birnbaum, 2021), podemos examinar los principales componentes de una expresión XPath. Los ejemplos nos muestran algunas de las preguntas que podemos hacer con XPath: hemos usado como referencia el fichero "xml-tei.xml".

Tabla 1. Constituyentes de una expresión XPath

Constituyente	Función	Ejemplo de uso
Expresión de ruta	Describe la locación de determinados nodos en el árbol	- Encuentra todos los elementos `<l>` - Encuentra en elemento `<sourceDesc>` (descripción de la fuente) y devuelve el elemento `<date>` que haya en su interior
Eje	Describe la dirección en la que se hace la navegación por el árbol. El axis es parte de una expresión de ruta	- Desde un verso (elemento `<l>`) específico, devuelve todos los elementos `<l>` que lo preceden (dentro de la misma estrofa) - Desde un verso específico, devuelve el atributo `@type` del elemento `<lg>` que contenga a ese verso
Predicado	Filtra los resultados de una expresión de ruta	- Encuentra el último verso de cada estrofa - Encuentra los versos de las estrofas cuyo atributo `@type` sea igual a "terceto"
Función	Manipula los nodos encontrados en lugar de devolverlos como una simple secuencia	- Encuentra los elementos `<title>` y `<author>` y devuelve una cadena de caracteres que siga el formato "*contenido_title*, escrito por *contenido_author*"

Las *expresiones de ruta* se utilizan para navegar desde la localización actual (nodo del contexto) a otros nodos del árbol. Por defecto, especificar el nombre de un nodo en una expresión significa que estamos buscando ese elemento entre los descendientes directos (hijos) del nodo del contexto. Nuevos pasos en una expresión se designan con una barra oblicua (slash) "/". El nodo del contexto cambia con cada paso. Si una expresión comienza con una barra oblicua quiere decir que comenzamos en el nodo del documento. Los atributos se diferencian de los elementos porque van precedidos de `@`. En la Tabla 2 mostramos algunos ejemplos de expresiones de ruta utilizando una vez más el archivo "xml-tei.xml" como referencia.

Tabla 2. Expresiones XPath (para ejemplificar expresiones de ruta)

Expresión XPath	**Descripción**	**Resultado**
`/TEI/text/body/lg`	Empieza en el nodo del documento, busca el elemento raíz `<TEI>`, busca los elementos `<text>` entre sus descendientes directos (o hijos), busca los elementos `<body>` entre los hijos de `<text>` y devuelve los elementos `<lg>` que sean hijos de `<body>`	Una secuencia conformada por un único elemento `<lg>`
`lg/@type`	Devuelve los valores del atributo `@type` de todos los elementos `<lg>` que sean hijos del nodo del contexto actual	[Si el contexto actual fuese el elemento obtenido en el ejemplo anterior] Una secuencia de cuatro ítems formada por cuatro cadenas de caracteres: `serventesio` `serventesio` `terceto` `terceto`

XPath es capaz de navegar desde una parte del árbol hasta cualquier otra parte gracias a los *ejes*. La dirección en la que XPath navega cada paso en una expresión viene marcada por un eje, y por defecto, se busca por elementos en el eje "hijo", es decir, los descendientes directos. A continuación, presentamos una lista con los ejes más importantes y la tabla 3 ofrece algunos ejemplos de uso: puedes examinar una lista completa de los ejes en Beshero-Bondar (2021). En una expresión XPath, los ejes se indican con el nombre del eje seguido de "::" y a continuación se especifica el nombre del nodo (ej. `/TEI/descendant::body`).

- *child*: todos los nodos descendientes directos del nodo actual. Es el eje por defecto.
- *descendant*: todos los descendientes del nodo actual hasta el final del árbol. Los descendientes de un nodo son, por tanto, sus hijos, los hijos de sus hijos, etc. Es equivalente a este axis la utilización de dos barras oblicuas //
- *parent*: el nodo que contiene al nodo actual. En XML todos los nodos tienen un padre (y solo un padre) excepto el nodo que se encuentra al principio de la jerarquía, el nodo del documento. Es equivalente a este axis la utilización de dos puntos ..
- *ancestor*: el padre nodo actual, así como el padre de su padre y así hasta el inicio del documento.
- *preceding-sibling*: todos los nodos que comparten un padre con el nodo actual y que lo preceden.
- *preceding*: todos los que preceden al nodo actual (hasta el inicio del documento).
- *following-sibling*: todos los nodos que comparten un padre con el nodo actual y que lo siguen.
- *following*: todos los nodos que siguen al nodo actual (hasta el final del documento).

Tabla 3. Expresiones XPath (para ejemplificar los ejes)

Expresión XPath	**Descripción**	**Resultado**
`//lg`	Devuelve todos los elementos `<lg>` del documento (es decir, empieza en el nodo del documento y devuelve todos los elementos `<lg>` que sean sus descendientes)	Una secuencia conformada por 5 elementos `<lg>`: El elemento `<lg>` que contiene el poema, y cada uno de los elementos `<lg>` que conforman las estrofas.
`//title/following-sibling::ref`	Empieza en el nodo del documento y busca todos los elementos `<title>` y devuelve sus "hermanos" `<ref>` que estén a continuación	Una secuencia de 2 ítems: los dos elementos `<ref>` que se encuentran en `<sourceDesc>`
`//date/..`	Empieza en el nodo del documento, busca los elementos `<date>` y devuelve a sus padres (o, lo que es lo mismo, devuelve todos los nodos del documento que contengan un elemento `<date>`)	Una secuencia de 2 ítems: el elemento `<publicationStmt>` y el elemento `<bibl>`

Un *predicado* filtra los resultados de los objetos que se van encontrando a cada paso. Los predicados se encierran entre corchetes y estos filtros pueden ser numéricos (es decir, buscamos elementos que ocupan una posición concreta en la orden del documento) o según sus contenidos. Se pueden utilizar paréntesis para delimitar una expresión antes de implementar un predicado (para evitar que se devuelvan los resultados cada vez que se cumple la condición). Los filtros se pueden combinar libremente: podemos aplicar más de un filtro en la misma expresión de ruta y también podemos introducir un filtro dentro de otro. La Tabla 4 presenta algunos ejemplos.

Tabla 4. Expresiones XPath (para ejemplificar los predicados)

Expresión XPath	**Descripción**	**Resultado**
//l[2]	Devuelve todos los elementos <l> del documento que se encuentran en segunda posición dentro de la jerarquía	Una secuencia conformada por 4 elementos <l> (el segundo verso de cada estrofa)
(//l)[2]	Crea un set con todos los elementos <l> del documento y devuelve el elemento que se encuentre en segunda posición	Una secuencia de un único elemento <l> (el segundo verso del poema)
//lg[l]	Empieza en el nodo del documento y devuelve todos elementos <lg> que contengan un elemento <l> como descendiente directo	Una secuencia de 4 ítems: los <lg> que conforman las estrofas (pues el <lg> que contiene el poema tiene elementos <l> como descendientes, pero no como descendientes directos)
//lg[@type = "serventensio"]	Empieza en el nodo del documento y devuelve todos los elementos <lg> que tengan un atributo @type cuyo valor sea igual a "serventesio"	Una secuencia de 2 ítems: las dos primeras estrofas

En los materiales del curso tienes a tu disposición la carpeta "tareas". Dentro de esta carpeta, "enunciado-1" presenta diez ejercicios relacionados con los componentes XPath que hemos explicado. Las respuestas están disponibles en el archivo "solucion-1".

2.3 Funciones XPath

Las funciones nos permiten manipular la información recuperada como parte de una expresión XPath. En este apartado aprenderemos algunas de las funciones más habituales, pero empezaremos con una pequeña lista de componentes de XPath que podemos utilizar en la construcción de determinadas funciones.

- *Variables*: Una variable es un nombre simbólico que se asocia a un valor y este valor puede ser modificado. En las tecnologías XML, los nombres de las variables empiezan con el símbolo del dólar `$`. Podemos nombrar las variables libremente, pero siempre es recomendado que escojamos un nombre que nos resulte intuitivo.
- *Iteración*: En XPath las iteraciones se hacen usando una expresión "for" en la que es necesario declarar una variable, que será equivalente a cada uno de los elementos de la iteración, siguiendo el formato: `for $nombre_variable in (secuencia) return` ...
  Por ejemplo, la expresión: `for $n in (5, 10) return (//l)[$n]`
  ... que puedes utilizar con el documento "xml-tei.xml", nos devuelve todos los versos que se encuentran en la quinta y décima posición (es por tanto una expresión que se podría utilizar para numerar los versos del soneto). Los nombres de las variables comienzan con el símbolo del dólar, por lo que esta expresión empieza con la creación de una variable `$n` que se va a asociar a cada uno de los valores de la secuencia entre paréntesis. Después, se utiliza ese valor como predicado numérico para devolver los elementos `<l>` que nos interesan. El nombre de la variable es completamente arbitrario: simplemente tiene que comenzar por el símbolo del dólar.
- *Tipo de dato lógico*: El tipo de dato lógico o *booleano* representa valores de lógica binaria (es decir, dos valores) que normalmente se representan como *verdadero* o *falso*.
- El punto: El punto representa el nodo actual dentro de cada paso de la expresión de ruta. Por ejemplo, la expresión: `//date[. = '2006']`
  ... encuentra los elementos `<date>` del documento y posteriormente los filtra devolviendo solo aquellos que cumplen la condición del predicado. El punto dentro del predicado indica que se quede con cada elemento `<date>`, es decir, que lo haga el nodo actual, y que compruebe si su valor es "2006".
- El asterisco: Equivale a cualquier elemento. Por ejemplo, la expresión: `//author/preceding-sibling::*`
  ... nos devolvería el elemento `<title>`
- `node()` : Devuelve nodos. Por ejemplo: `//bibl/node()`
  ... nos devuelve una secuencia con los 9 nodos que conforman el elemento `<bibl>`

- `text()` : Devuelve nodos textuales. Por ejemplo: `//bibl/node()`
  … nos devuelve una secuencia con los 5 nodos (conformados por cadenas de caracteres) que son descendientes directos de `<bibl>`

XPath permite dos tipos de comparaciones, comparación de valores y comparación general. La comparación de valores permite comparar un único ítem con otro ítem. La comparación general permite la comparación de secuencias. La Tabla 5 presenta los operadores según ambos tipos y a continuación utilizaremos ejemplos para ilustrar las diferencias. Las secuencias en XPath se representan entre paréntesis y los ítems de la secuencia se separan con comas. Para indicar que estamos haciendo referencia a una cadena de caracteres, y no al nombre de un elemento, utilizamos comillas (pueden ser simples o dobles). Ejemplos:

Tabla 5. Operadores de comparación de XPath

Descripción	**Comparación de valores**	**Comparación general**
Igual a	`eq`	=
No igual a	`ne`	!=
Mayor que	`gt`	>
Mayor o igual que	`ge`	>=
Menor que	`lt`	<
Menor o igual que	`le`	<=

- `"a" eq "a"` → devuelve “true”
- `"a" eq "b"` → devuelve “false”
- `"a" eq ("a", "b")` → devuelve un error
- `"a" = "a"` → devuelve “true”
- `"a" = ("a", "b")` → devuelve “true”
- `"a" = ("b", "c")` → devuelve “false”
- `("a", "c") = ("a", "b")` → devuelve “true”

Como se puede observar por los diferentes resultados que se obtienen al utilizar un operador de valores o un operador general es que “ `eq` ” solo nos permite comparar un único objeto con otro único objeto. El símbolo “ = ” permite la comparación entre elementos dentro de un set. Este segundo operador devuelve que la condición es verdadera cuando alguno de los elementos de la comparación cumple dicha condición (aunque no todos lo hagan).

Las funciones en XPath cumplen con el siguiente formato: el nombre de la función es seguido de paréntesis en donde se introducen el o los argumentos de la función. Si hay más de un argumento, estos se separan con comas. En las tablas 6-10, presentamos algunas de las funciones más habituales siguiendo las siguientes convenciones:

- *item:* el argumento puede ser cualquier ítem (un nodo, una cadena de caracteres, un valor numérico, un valor booleano…)
- *string:* el argumento tiene que ser un string o cadena de caracteres
- *sequence:* el argumento tiene que ser una secuencia de ítems
- *num:* el argumento es de tipo numérico
- +: cuantificador que significa "uno o más"
- ?: cuantificador que significa "cero o uno"
- *(string+):* el argumento es una secuencia de strings

Tabla 6. Funciones que manipulan o analizan secuencias

Función	**Descripción**	**Ejemplo**
`distinct-values(sequence)`	Elimina duplicados de un set de valores, devolviendo una secuencia de strings con los valores únicos	Ejemplo: `distinct-values(//lg/lg/@type)` Resultado ("xml-tei.xml"): `("serventesio", "terceto")`
`index-of(sequence, item)`	Devuelve las posiciones dentro de la secuencia que son iguales al segundo argumento	Ejemplo: `index-of (("un", "gran", "aire", "salvaje", "y", "un", "perfume", "de", "espliego"), "un")` Resultado: (1, 6)

Tabla 7. Funciones que manipulan o analizan cadenas de caracteres

Definición de la función	**Descripción**	**Ejemplo ("xml-tei.xml")**
`concat(string, string, string...)`	Concatena los diferentes strings que tenga como argumento. Necesita por lo menos dos argumentos	Ejemplo: `concat(//titleStmt/title, "de", //titleStmt/author)` Resultado: "Mi musa de Delmira Agustini"
`string-join((string+), string?)`	El primer argumento de `string-join()` es una secuencia de strings que se quieren unir y el segundo elemento es separador que se insertará entre los diferentes ítems de la secuencia	Ejemplo: `string-join(//title, ";")` Resultado: "Mi musa; Sonetos del siglo XIX"

Tabla 7. Continued

Definición de la función	**Descripción**	**Ejemplo ("xml-tei.xml")**
`string-length(string)`	Devuelve la longitud (número de caracteres) de un string	Ejemplo: `//lg[@type eq "terceto"]/l/string-length(.)` Resultado: (42, 45, 46, 41, 44, 46) Como hemos visto en su definición, `string-length()` no permite una secuencia de strings como argumento. En este ejemplo, primero buscamos los versos que nos interesan (los descendientes de los tercetos) y después definimos la función utilizando el punto como argumento que hace que cada verso encontrado sea el contexto de la función (uno a uno). Por eso nos devuelve una secuencia con los 6 resultados.
`matches(string, regex)`	Devuelve un valor booleano con el resultado de comprobar si el patrón de expresión regex (segundo argumento) aparece en el string (primer argumento). La expresión regex más sencilla que podemos declarar es un string literal.	Ejemplo: `//l/matches(.,"fuego")` Resultado: (false, false, false, true, false, false, false, false, false, false, true, false, false, false)
`replace(string, regex, regex-replace)`	Devuelve un string que es el resultado de sustituir el patrón proporcionado como segundo argumento con el tercer argumento	Ejemplo: `replace((//l)[1], //head, "/Título/")` Resultado: /Título/ tomó un día la placentera ruta El primer argumento es el primer verso del poema, buscamos el segundo argumento (en este caso, el contenido del elemento `<head>`) y lo sustituimos por el string `"/Título/"`

(*continúa*)

Tabla 7. Continued

Definición de la función	Descripción	Ejemplo ("xml-tei.xml")
`tokenize (string, regex?)`	Tokeniza un string (primer argumento) utilizando el segundo argumento como delimitador. Si no se especifica el segundo argumento, la tokenización se hará usando espacios en blanco	Ejemplo: `tokenize(//head)` Resultado: ("Mi", "musa").
`substring-before(string1, string2)`	Devuelve la parte de string1 antes de la primera ocurrencia de string2.	Ejemplo: `substring-before((//l)[5], ":")` Resultado: "Vivió como una ninfa"
`substring-after(string1, string2)`	Devuelve la parte de string1 después de la primera ocurrencia de string2.	Ejemplo: `substring-after((//l)[5], ":")` Resultado: "desnuda, en fresca gruta, "

Tabla 8. Funciones numéricas

Función	Descripción	Ejemplo
`count(sequence)`	Cuenta el número de nodos	Ejemplo: `count(//l)` Resultado ("xml-tei.xml"): 14
`max(sequence)`	Devuelve el valor más alto en una secuencia	Ejemplo: `max((2, 30, 8))` Resultado: 30
`min(sequence)`	Devuelve el valor más bajo en una secuencia	Ejemplo: `min((2, 30, 8))` Resultado: 2
`avg(sequence)`	Devuelve la media aritmética de una secuencia	Ejemplo: `avg((2, 30, 8))` Resultado: 13.333333333333333333
`sum(sequence)`	Devuelve el resultado de sumar los valores de una secuencia	Ejemplo: `sum((2, 30, 8))` Resultado: 41

XPath dispone de otras funciones numéricas que nos permiten cambiar el formato de los valores numéricos o hacer otras operaciones como

- redondear un número hacia abajo: `floor(num)`
- redondear un número hacia arriba: `ceiling(num)`
- redondear hasta el entero más próximo: `round(num)`

Tabla 9. Funciones de valores booleanos

Función	**Descripción**	**Ejemplo**
`not(item)`	Invierte el valor verdadero de un argumento.	Ejemplo: `//lg[not(l)])` Resultado ("xml-tei.xml"): `<lg type ="sonnet">...</lg>` (el único elemento `<lg>` que no tiene elementos `<l>` como descendientes directos)
`true()` y `false()`	Devuelven el valor booleano "verdadero" y "falso" respectivamente	Ejemplo: `true()` Resultado: true

Tabla 10. Funciones de contexto

Función	**Descripción**	**Ejemplo ("xml-tei.xml")**
`position()`	Devuelve la posición de un nodo	Ejemplo: `(//l) [position() gt 12]` Resultado: (<l>y ella hoy grave pasea por mis lujosas salas</ l>, <l>un gran aire salvaje y un perfume de espliego.</l>)
`last()`	Se utiliza en los predicados como un filtro de posición	Ejemplo: `(//l)[last()]` Resultado: <l>un gran aire salvaje y un perfume de espliego.</l>

A continuación (Tabla 11) presentamos algunos ejemplos que muestran cómo las funciones se pueden combinar para hacer búsquedas más complejas.

Tabla 11. Combinación de funciones

Objetivo	**Expresión XPath**	**Resultado ("xml-tei.xml')**
Obtener el número de verso en el que se menciona una determinada palabra	`index-of(//l/matches(., 'fuego'), true())`	(4, 11)
Saber la longitud del verso más largo (número de caracteres)	`max(//l/string-length(.))`	47
Saber cuál es el verso más largo (en relación al número de caracteres)	`//l[string-length() = max(//l/string-length(.))]`	(<l>Vivió como una ninfa: desnuda, en fresca gruta,</l>, <l>Volvió a mí como el oro de luz de los crisoles.</l>)
Saber cuántos tokens tiene el poema	`count(//l/tokenize(.))`	113

3. EJEMPLO PRÁCTICO: EXPLORACIÓN DE UN CORPUS DE SONETOS

En el repositorio asociado a este capítulo encontrarás la carpeta "corpus" que contiene una selección de ficheros tomados del corpus DISCO (Ruiz Fabo et al., 2017). En esta sección desarrollaremos una serie de consultas utilizando XQuery, un lenguaje de consulta diseñado para explotar colecciones de datos XML. Sin embargo, nos limitaremos a hacer queries básicas sin detallar todas las funcionalidades disponibles en XQuery. En el repositorio de este capítulo hemos proporcionado una lista con diferentes recursos para aprender más sobre este lenguaje. También encontrarás aquí unas instrucciones básicas sobre la instalación de eXist-db[3], un gestor de base de datos no-SQL con el que ejemplificaremos esta práctica al tratarse de un software gratuito, pero existen otros recursos que puedes utilizar como oXygen XML Editor[4] o BaseX[5]. Lo primero que tienes que hacer es iniciar eXist-DB y abrir el *dashboard* (que puedes hacer desde el menú o simplemente accediendo desde el navegador: http://localhost:8080/exist/apps/dashboard/index.html). Clica en eXide[6], y en el menú selecciona File > Manage. Se abrirá un diálogo y dentro del directorio "apps", crea

3 http://exist-db.org.
4 https://www.oxygenxml.com/.
5 https://basex.org/.
6 http://localhost:8080/exist/apps/eXide/index.html.

una colección clicando en el icono que se indica en la figura 4: la podemos llamar "sonetos". Dentro de esta colección crearemos una carpeta que contenga los archivos TEI, la cual podemos llamar "xml", y a ella subiremos los archivos disponibles en el repositorio del capítulo, en la carpeta "corpus".

Al cerrar el diálogo, pincha en la opción del menú "New XQuery" que creará un documento vacío cuya primera línea indica la versión de XQuery. Utilizaremos este fichero para escribir nuestra primera consulta en la cual sacaremos la lista de palabras rima del corpus con el número de ocurrencias de cada una de ellas. Podemos clicar en la opción "Save" del menú y guardarlo en el directorio "sonetos" (puedes crear una carpeta específica si así lo deseas); ej: palabras-rima.xquery.

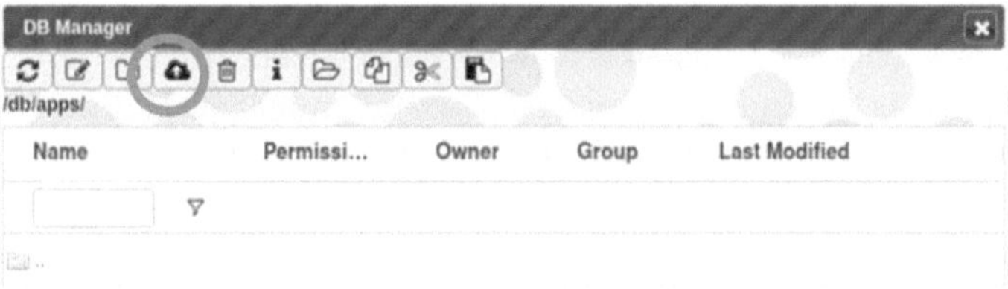

Figura 4. Diálogo de gestión de colecciones de eXist-DB

Lo primero que tenemos que hacer, teniendo en cuenta que vamos a explorar un corpus en TEI, es declarar el espacio de nombres asignándole un prefijo. Este prefijo tendrá que añadirse a cada elemento de los ficheros fuente que queremos mencionar: como explicamos en el apartado 1.2.2, los espacios de nombres evitan ambigüedades pues es habitual combinar varios vocabularios XML y con el prefijo indicamos que buscamos elementos en un determinado espacio de nombres. Línea 2 del documento XQuery:

```
declare namespace tei = "http://www.tei-c.org/
                        ns/1.0";
```

El siguiente paso consiste en declarar una variable de conveniencia para indicar el corpus que vamos a consultar (tenemos que indicarle al interpretador de XQuery, sea cual sea, dónde se encuentran los documentos que tiene que procesar). Igual que en XPath, las variables en XQuery comienzan con el símbolo del dólar seguida por el nombre de la variable. Para llamar a un documento, utilizaremos la función `doc()` y para referirnos a una colección o conjunto de documentos usaremos la función `collection()`. El argumento de ambas funciones es la ruta hasta el documento o colección. En este caso, usaremos la función `collection()` indicando la ruta de la colección creada en el paso anterior. Línea 3 del documento XQuery:

```
declare variable $corpus:= collection('/db/apps/
                    sonetos/xml');
```

Como puedes observar, cada vez que usamos la palabra clave "declare" para definir los espacios de nombres o las variables, tenemos que terminar el comando con un punto y coma. Para comprobar que estamos declarando correctamente la función, podemos hacer una operación muy sencilla: contar cuántos documentos contiene nuestra variable con la función `count()`. Línea 4 del documento:

```
count($corpus)
```

Corremos la query clicando en el botón "Eval" y en la parte inferior de eXide deberíamos ver el resultado (el número "45"). Eliminamos la línea 4 que era una simple prueba para comprobar que estamos llamando a la colección adecuadamente. En su lugar, vamos a crear una lista con todas las palabras rima. Estas se encuentran delimitadas por el elemento TEI `<w>` (word), por lo que la expresión XPath será muy sencilla: recorre toda la colección (contenida en la variable `$corpus`) y extrae los elementos `<w>`:

```
declare variable $palabrasRimaLista:= $corpus//
                    tei: w;
```

El siguiente paso es el de obtener una segunda lista que solo contenga valores únicos (es decir, sin duplicaciones) y para eso utilizaremos una de las funciones vistas en la Tabla 6, `distinct-values()`:

```
declare variable $palabrasRimaUnicas:= distinct-
            values($palabrasRimaLista);
```

Lo que queremos hacer a continuación es contar cuántas veces cada una de las palabras rima de `$palabrasRimaUnicas` se encuentra en la lista completa (`$palabrasRimaLista`). Para ello, utilizaremos una expresión `for` (iteración) gracias a la cual iremos haciendo esta comprobación una a una. Una expresión `for` en XQuery se construye con la palabra clave for seguida del nombre de la variable que designará cada iteración (en nuestro caso, la vamos a llamar `$palabraRima` ya que se corresponderá con cada una de las palabras rima únicas del corpus); a continuación, sigue la palabra clave `in` acompañada de la secuencia sobre la cual haremos la iteración, en este caso, `$palabrasRimaUnicas`.

```
for $palabraRima in $palabrasRimaUnicas
```

Llegados a este punto tenemos que indicar la palabra clave `return` y especificar el formato de los resultados que queremos obtener. Vamos a crear una lista separada por tabuladores en la que aparezca cada palabra rima seguida del número de ocurrencias (formato TSV). Esto nos permitirá guardar los resultados y después poder importarlos en algún programa de gestión de hojas de cálculo (tipo Excel o Google Sheets) para poder seguir manipulando los datos obtenidos. Para crear cada una de las filas de la tabla usaremos la función `concat()` (Tabla 7) y añadiremos un tabulador (usando su entidad correspondiente '	') para separar las columnas y un salto de línea final para crear cada fila (entidad '
'). Finalmente, solo nos falta calcular el número de ocurrencias de cada palabra rima. Para eso utilizaremos un predicado en el que comprobaremos si cada elemento de la lista `$palabrasRimaLista` es igual a la iteración `$palabraRima` y contaremos las ocurrencias usando la función `count()`:

```
return concat($palabraRima, '&#9; ', count($pala-
    brasRimaLista[. = $palabraRima]), '&#10; ')
```

Guarda el documento XQuery (Save) y clica en Run para correr la query. Esta acción hará que se abra en tu navegador la página http://localhost:8080/exist/apps/sonetos/palabras-rima.xquery (si has seguido las mismas convenciones a la hora de nombrar los archivos). Como lo que hemos generado es un archivo de texto simple y no un archivo XML seguramente nuestro navegador nos indique que estamos intentando visualizar XML no válido: simplemente clica con el botón derecho y selecciona "Ver código fuente" y verás algo similar a la figura 5. Para guardar los resultados, vuelve a clicar con el botón derecho y selecciona "Guardar página como…" (o pulsa Ctrl+S) y crea el fichero de salida (ej. `palabras-rima.tsv`).

```
1  rindo	1
2  breviario	1
3  aniversario	1
4  brindo	1
5  poeta	7
6  cantando	2
7  dejando	1
8  esteta	1
9  apolonida	2
10 egida	1
11 Gloria	1
12 paso	2
13 Parnaso	2
14 victoria	5
15 poesía	3
16 vida	25
17 ambrosía	4
18 florida	4
19 día	27
20 ufanía	1
21 erguida	1
```

Figura 5. Captura con los primeros resultados de la lista de palabras rima

Ahora puedes mejorar la query y añadir nuevos elementos. Por ejemplo, en la línea 11 de la figura 5 observamos la palabra "Gloria". Para evitar este tipo de variantes gráficas podemos convertir la lista en minúsculas gracias a la función `lower-case()`. En la lista de resultados, también podemos añadir por cada palabra rima los autores del poema en el que se encuentra (o su nacionalidad) aprovechando los metadatos de los archivos TEI. En la carpeta "queries" del repositorio de este capítulo[7] encontrarás el fichero "palabras-rima.xquery" con la consulta que hemos desarrollado en este apartado. En el archivo "palabras-rima2.xquery" tienes una versión mejorada del mismo en el que se introducen comandos propios de XQuery como `let` para crear variables o `sort by` para ordenar los resultados.

REFERENCIAS BIBLIOGRÁFICAS

Bermúdez Sabel, H. (2018). Anotación multicamada externa e o enriquecemento de edicións dixitais/Multi-layered stand-off annotation and the enrichment of digital scholarly editions. En D. González y H. Bermúdez

7 https://github.com/HD-aula-Literatura/III-1-Tecnologias-XML-para-contestar-preguntas-literarias.

Sabel (Eds.), *Humanidades Digitales* (pp. 4–17). De Gruyter. https://doi.org/10.1515/9783110585421-002

Beshero-Bondar, E. (2021). *Follow the XPath!* https://newtfire.org/courses/tutorials/explainXPath.html

Birnbaum, D. (2021). What can XPath do for me? http://dh.obdurodon.org/introduction-xpath.xhtml

Flanders, J. (2012). Collaboration and Dissent: Challenges of Collaborative Standards for Digital Humanities. En *Collaborative Research in the Digital Humanities*. Routledge.

Flanders, J. (2018). Overview of Text Encoding and the TEI: tutorial. https://www.wwp.northeastern.edu/outreach/seminars/_current/presentations/overview/overview_newer_tutorial_00.xhtml

Ishida, R. (2018). Codificación de caracteres: Conceptos básicos (Spanish Translation Team, Trusted Translations, Inc., Trad.). https://www.w3.org/International/articles/definitions-characters/index.es

Renear, A. H. (2004). Text Encoding. En S. Schreibman, R. Siemans, y J. Unsworth (Eds.), *A Companion to Digital Humanities* (pp. 218–239). Blackwell. http://www.digitalhumanities.org/companion/

Ruiz Fabo, P., Bermúdez Sabel, H., Martínez Cantón, C., y Calvo Tello, J. (2017). Diachronic Spanish Sonnet Corpus (DISCO). https://doi.org/10.5281/zenodo.1069844

¿Cómo enseñar las relaciones entre literaturas ibéricas usando bases de datos bibliográficas? Planteamiento, métodos y herramientas a través de la experiencia del proyecto *IStReS – Iberian Studies Reference Site*

Santiago PÉREZ ISASI

Centro de Estudos Comparatistas, Faculdade de Letras, Universidade de Lisboa
santiagoperez@campus.ul.pt
https://orcid.org/0000-0002-9548-4655

Esther GIMENO UGALDE

Universität Wien
esther.gimeno.ugalde@univie.ac.at
https://orcid.org/0000-0002-9098-9654

Resumen: El interés por el estudio comparado o relacional de las literaturas ibéricas ha crecido en los últimos años, en paralelo con el desarrollo de los Estudios Ibéricos en diversos ámbitos geográficos y académicos. Existen, en universidades de ambos lados del Atlántico, asignaturas y programas dedicados a las culturas ibéricas con distintos enfoques y objetos. En este capítulo pretendemos preguntarnos cómo una herramienta digital de gestión bibliográfica como Zotero podría ayudar a definir y diseñar un programa de un curso de este tipo: ¿cuáles son los autores, obras, géneros o periodos más destacados en el ámbito de las relaciones literarias ibéricas? ¿Qué aspectos o áreas han sido invisibilizados o ignorados hasta ahora? Para intentar responder a algunas de estas cuestiones, presentaremos el planteamiento y metodología del proyecto *IStReS – Iberian Studies Reference Site*, que reúne información sobre publicaciones del área de los Estudios Ibéricos, y realizaremos una aplicación práctica de búsquedas para la elaboración de un programa de enseñanza sobre literaturas ibéricas.

Palabras clave: Herramientas de gestión bibliográfica. Estudios Ibéricos. Literaturas ibéricas. Innovación docente

1. ¿CÓMO (Y POR QUÉ) ESTUDIAR Y ENSEÑAR LAS RELACIONES LITERARIAS Y CULTURALES IBÉRICAS?

En las últimas décadas, y particularmente a partir del año 2000, han proliferado los estudios, proyectos y grupos de investigación dedicados a la diversidad lingüística y cultural ibérica, y a las interacciones existentes entre entre dichas lenguas y culturas a lo largo de la historia (Gimeno Ugalde, 2017; Gimeno Ugalde y Pérez Isasi, 2019; Pérez Isasi, 2021). Este conjunto de trabajos e iniciativas se han venido agrupando, en algunos casos retrospectivamente, bajo la denominación de Estudios Ibéricos, sobre todo tras la publicación del volumen de Joan Ramon Resina, *Del Hispanismo a los Estudios Ibéricos* (2009). La fundación de una Cátedra en Estudios Ibéricos en la Universidade de Évora (2020) y del *Iberian Studies Consortium* de California (2024); la organización de conferencias de Estudios Ibéricos en diferentes países europeos (Alemania, Austria, Portugal, Dinamarca, Italia) o la creciente presencia de paneles de Estudios Ibéricos en las convenciones anuales de la *Modern Language Association* (MLA) o en las conferencias de la *American Comparative Literature Association* (ACLA)[1], por ejemplo, dan muestra de este interés a ambos lados del Atlántico.

Aunque existen evidentes diferencias metodológicas y conceptuales en distintos contextos geográficos y académicos, esta disciplina se caracteriza y adquiere relevancia precisamente por su aproximación transnacional y contrastiva a las culturas y literaturas ibéricas, cuestionando los presupuestos ideológicos y epistemológicos de las disciplinas de ámbito nacional. Así, estudiar estas culturas y literaturas de forma relacional permite observar fenómenos anteriormente ignorados o minusvalorados —como, por ejemplo, la existencia de escritores bilingües o transculturados, o de autores que se autotraducen, en el contexto ibérico, en diferentes periodos históricos—, ampliar o renovar el canon o el "archivo" (Pérez, 2016) del campo, o comprender también, de forma más amplia y profunda, el modo como las diversas literaturas

1 A modo de ejemplo pueden mencionarse, entre otros, los paneles "Theorizing Iberian Studies", "Iberian Studies and the Crisis in the Humanities" o "New Currents in Medieval Iberian Studies", en las conferencias anuales de la MLA en Vancouver (2015), Chicago (2019) y en modalidad virtual (2021) respectivamente, o los paneles de los congresos de la ACLA "Head and Tails of the Monarch: Representing Kings and Queens in Iberian Cultures, 1975–2020" y "Conformity and Clandestinity in Iberian Literatures, 16th-21st century", ambos en modalidad virtual (2021) debido a la pandemia, o "Iberian Capital(s)", en Nueva York (2014).

y culturas ibéricas han interactuado y se han influido mutuamente para constituir lo que puede denominarse como un *polisistema complejo* o una *comunidad interliteraria*[2].

Con todo, como Arturo Casas apuntaba en un texto reciente (2019), este nuevo campo de estudio se ha desarrollado hasta ahora más en el ámbito de la investigación que en el de la enseñanza y, en este segundo caso, exclusivamente en el nivel universitario (y particularmente en estudios postgraduados). Pueden aducirse diversas razones para esta limitada influencia de los Estudios Ibéricos en la docencia. Por un lado, en los niveles de enseñanza primaria, básica y secundaria, obviamente, los modelos nacionales o monoculturales están fuertemente asentados y sus cánones y narrativas responden, por lo general, a esta misma lógica nacionalista y tendencialmente monolingüe[3]. Por otro lado, en el ámbito universitario, en el que existe, al menos potencialmente, mayor flexibilidad de contenidos y formatos, las disciplinas de ámbito nacional (en el área que nos ocupa, el Hispanismo, los Estudios Portugueses, Vascos, Gallegos o Catalanes, por ejemplo) continúan rigiendo, en gran medida, la estructura de la enseñanza de las lenguas y culturas ibéricas, tanto en la propia Península como en el exterior.

Existen, como se ha mencionado, ejemplos de asignaturas y cursos dedicados a las literaturas y culturas ibéricas en grados y posgrados universitarios, en diferentes instituciones tanto europeas como estadounidenses. Así, por ejemplo, la Faculdade de Letras de la Universidade de Lisboa ofrece una Unidad Curricular llamada "Culturas Ibéricas", con la siguiente descripción:

> Nesta UC, propõe-se uma reflexão crítica sobre a diversidade cultural ibérica, em especial tendo em conta as especificidades dos universos culturais de matriz não castelhana. Espera-se que os estudantes sejam capazes de: conhecer a história das culturas da Península Ibérica, a sua diversidade linguística e a evolução geo-política desde a época medieval até ao presente; analisar criticamente testemunhos relevantes do

2 Mercè Picornell (2019) ha señalado la diversidad terminológica existente para referirse al espacio ibérico: (poli)sistema (Pérez Isasi/Fernandes, 2013, Pérez Isasi, 2013), macropolisistema (Casas, 2003, Resina 2009), comunidad interliteraria (Casas, 2001), entramado sistémico (Ribera Llopis, 2015). A pesar de esta variedad, todas las propuestas aluden, de algún modo, a la idea de interacción e influencia mutua.

3 García Candeira (2019) ha estudiado, por ejemplo, la manera como Rosalía de Castro es integrada y "re-apropiada" en los manuales de literatura española; serían necesarias más investigaciones de estudios de caso concretos y de amplio espectro sobre el modo como la diversidad lingüística y literaria es representada y enseñada a través de los manuales de enseñanza escolar.

> relacionamento entre as culturas ibéricas, nomeadamente dos domínios artísticos basco, catalão, espanhol, galego e português, considerando tanto o percurso histórico como a complexidade contemporânea destes relacionamentos[4].

Igualmente, la Universidade Nova de Lisboa incluye en su oferta educativa de grado la asignatura "Introdução à História Comparada das Literaturas da Península Ibérica", cuyo objetivo fundamental es "Adquirir os instrumentos metodológicos de pesquisa e análise necessários para, numa perspectiva comparatística, desenvolver o conhecimento de diferentes práticas literárias que, desde as origens até aos nossos dias, se foram desenvolvendo ao longo do território na Península Ibérica"[5].

También puede mencionarse el curso introductorio "Iberian Studies" en la Universidad de Bamberg (Alemania) desde el que se propone releer los fenómenos culturales y la historia de las literaturas ibéricas, atendiendo a sus puntos de contacto, cruces, intercambios y desarrollos paralelos. Para ello se tratan "fenómenos culturales que reflejan identidades liminales y prácticas culturales dialógicas, transculturales, transfronterizas, políglotas e híbridas y son expresiones de discursos subalternos, subversivos y/o resistentes en las distintas zonas de la Península Ibérica" (traducción propia)[6].

Por su parte, en los estudios de Bachelor de la Universidad de Stanford (Estados Unidos) se ofrecen dos cursos introductorios con enfoques cronológicos distintos: "Medieval and Early Modern Iberian Literatures" (1000–1700 d.C.) e "Introduction to Iberia: Cultural Perspectives", que cubre desde la caída del imperio español hasta la actualidad. En el primer caso, se ofrece la siguiente descripción, aludiendo a una variedad de autores concretos:

> From roughly 1000 to 1700 CE. A survey of significant authors and works of early Iberian literatures, focusing on fictional/historical prose and poetry. Topics include lyric poetry and performance, the rise of European empire, Islam in the West, the rise of the novel, early European accounts of Africa and the Americas. Authors may include: Andalusi lyric poets, Llull, the Archpriest of Hita, Zurara, March, Rojas, Vaz de Caminha, Cabeza de Vaca, Sá de Miranda, Montem(ay)or, Teresa of Ávila,

---

4 https://www.letras.ulisboa.pt/pt/ensino/licenciaturas/unidades-curriculares#culturas-ib%C3%A9ricas (última consulta: julio 2022).

5 https://guia.unl.pt/pt/2019/fcsh/program/4046/course/711111073 (última consulta: julio 2022).

6 https://univis.uni-bamberg.de/form?dsc=anew/lecture_view&lvs=guk/roman/romli2/viberi&anonymous=1&founds=guk/roman/romli2/hsosth,/mesare,/nation,/semina,/v,/viberi&nosearch=1&ref=main&sem=2022s (última consulta: julio 2022).

> Camões, Mendes Pinto, Góngora, Sóror Violante do Céu, Sor Juana, Calderón, and Cervantes[7].

En el segundo, el objetivo es:

> [...] to study major figures and historical trends in modern Iberia against the background of the linguistic plurality and cultural complexity of the Iberian world. We will cover the period from the loss of the Spanish empire, through the civil wars and dictatorships to the end of the Portuguese Estado Novo and the monarchic restoration in Spain. Particular attention will be given to the Peninsula's difficult negotiation of its cultural and national diversity, with an emphasis on current events[8].

Podrían mencionarse también las asignaturas y seminarios ofrecidos en el Departamento de Español y Portugués de la Ohio State University ("Seminar in Iberian Literatures and Cultures", "Mapping Modern and Contemporary Iberian Literatures and Cultures", "Topics on Iberian Cultures" y "Seminar in Modern Iberian Literatures and Cultures") o en el Departamento de Lenguas y Literaturas Románicas en la Chicago University ("Iberian Literatures and Cultures: Medieval and Early Modern" o "Iberian Literatures and Cultures: Modern and Contemporary").

Se trata, sin embargo, de ejemplos aislados y sin duda minoritarios, en comparación con la abundancia de disciplinas, cursos y programas de orden nacional que dominan el panorama académico, tanto en la propia Península Ibérica como en el exterior. Es necesario, por lo tanto, promover una mayor presencia de iniciativas docentes que apliquen y divulguen los avances logrados por los Estudios Ibéricos en el campo de la investigación. La ausencia de una tradición de este tipo de cursos y programas, si bien puede resultar abrumadora, pues parece exigir la creación casi *ab nihilo* de un canon, una metodología o una narrativa propia, resulta, al mismo tiempo (y por las mismas razones), estimulante y potencialmente enriquecedora y liberadora, tanto para los docentes como para los estudiantes.

En este capítulo, así, pretendemos situarnos en la perspectiva de un/a docente que se dispusiese a crear un módulo o curso de Estudios Ibéricos con un enfoque literario: ¿Qué autores podrían figurar en un hipotético "canon ibérico"?[9]

7 https://dlcl.stanford.edu/courses/2021-2022-ilac-157 (última consulta: julio 2022).

8 https://dlcl.stanford.edu/courses/2021-2022-ilac-130 (última consulta: julio 2022).

9 El concepto y la configuración del canon han sido por supuesto muy discutidos, particularmente en lo que se ha denominado *canon wars* y a partir de la publicación del clásico *The Western Canon* de Harold Bloom (1994); otras aproximaciones incluyen Gorak (1991) o Aston (2020); por otra parte, diversos trabajos han aplicado también

¿Qué periodos y géneros serían centrales, de acuerdo con una narrativa historiográfica transnacional ibérica?[10] Y también, reflexionando de forma crítica, ¿qué sesgos o "puntos ciegos" podrían existir en un canon o un programa semejante, que deberían ser colmatados de forma activa y consciente? Tal como proponemos a continuación, la utilización de la herramienta Zotero y, en concreto, de la base de datos bibliográfica del proyecto IStReS – *Iberian Studies Reference Site*, podría resultar de gran ayuda para intentar responder a estas preguntas.

2. EL PROYECTO ISTRES – *IBERIAN STUDIES REFERENCE SITE*

La base de datos que sirve de fundamento para la presente propuesta fue creada en el contexto del proyecto *IStReS – Iberian Studies Reference Site*. Originalmente concebido en 2017 como una cooperación entre la Universidade de Lisboa (Portugal) y Boston College (Estados Unidos), este proyecto surgió con la finalidad de cubrir dos demandas acuciantes en el ámbito de los Estudios Ibéricos: por una parte, intensificar el diálogo internacional y transatlántico y forjar un sentido de comunidad dentro del campo y, por otra, establecer un corpus académico que posibilite el avance de esta área, permitiendo un mayor conocimiento y reflexión sobre su objeto de estudio[11].

Con esta doble finalidad se creó una página web, de acceso abierto y en inglés, que alberga distintas herramientas para los investigadores en el campo:

---

estos debates al contexto de la literatura española (Pozuelo Yvancos y Aradra, 2000; Davis y Usoz de la Fuente, 2018), catalana (Bru de Sala, 1999; Borràs, Bru de Sala, 2016) o portuguesa (Feijó, Figueiredo y Tamen, 2020).

10 Esta narrativa transnacional se corresponde con la idea de una historia entrelazada de las literaturas ibéricas, tal como se define en la llamada *entangled history* o "historia entrelazada" (Bauck y Maier, 2015). El objetivo es ir más allá de la mera yuxtaposición o alternancia de historias nacionales para crear una narrativa de las confluencias, distancias, influencias y conflictos entre las literaturas y culturas ibéricas a lo largo de los siglos. Esta metodología ha sido aplicada al espacio ibérico en varios trabajos recientes (Sáez Delgado, 2019, 2021; Sáez Delgado y Pérez Isasi, 2018).

11 Aunque actualmente el proyecto se financia, de modo principal, a través del Centro de Estudos Comparatistas de la Faculdade de Letras de la Universidade de Lisboa, entre 2016 y 2018 IStReS funcionó como colaboración entre la Universidade de Lisboa y Boston College y recibió financiación parcial de ambas instituciones. En 2019–2020 IStReS obtuvo también apoyo de la Cátedra de Estudios Ibéricos de la Technische Universität Chemnitz (Alemania).

- una sección de especialistas, denominada "Who is Who". Hasta la fecha esta sección recoge 65 perfiles. Además de las áreas de especialización, cada perfil contiene una breve nota biográfica de la o del especialista y una lista con sus correspondientes referencias bibliográficas incluidas en la base de datos *IStReS*.
- una sección de noticias donde se publican regularmente informaciones de actualidad relevantes para el campo de los Estudios Ibéricos (publicaciones, presentaciones de libros, celebración de simposios y conferencias, *Call for papers*, etc.).
- una base de datos con publicaciones aparecidas a partir del año 2000[12].

La base de datos es la parte central del proyecto y cuenta actualmente con un corpus de 2.372 entradas bibliográficas, incluyendo monografías, volúmenes colectivos, capítulos de libro y artículos publicados en revistas académicas. Desde el punto de vista metodológico, es relevante destacar que el corpus se limita a referencias bibliográficas centradas en el estudio de las culturas y las literaturas ibéricas, desde una perspectiva comparada o relacional (Resina, 2009, 2013). Sin poner en cuestionamiento la validez de otros criterios para definir el campo, esta propuesta corresponde a la conceptualización de los Estudios Ibéricos como subdisciplina del comparatismo y, por tanto, como un campo intrínsecamente relacional. En términos operativos, esta definición nos permite delimitar su producción académica de la de otros campos diferenciados (aunque relacionados) como los Estudios Catalanes, Gallegos, Vascos, "Peninsulares/Españoles" o Portugueses[13].

Para la elaboración de esta base de datos se ha usado la aplicación de software libre Zotero, que permite gestionar referencias bibliográficas, actualizar datos en tiempo real y crear bibliografías usando distintos formatos bibliográficos normalizados (MLA, APA, Chicago, etc.)[14]. La web de IStReS, en su versión

12 El establecimiento de este año como punto de partida para el marco cronológico de la base responde tanto a un criterio de orden práctico (debido, sobre todo, a la necesidad de hacer viable el proyecto) como al hecho de que a partir de ese año los Estudios Ibéricos empiezan a consolidarse como campo tanto en Estados Unidos como en Europa.

13 Una descripción más detallada de los criterios de inclusión para la base puede encontrarse en Gimeno Ugalde y Pérez Isasi (2019).

14 Zotero dispone de una interfaz web, y de una aplicación para *desktop* (Windows, macOS y Linux), que permite también trabajar *offline*, además de plug-ins para los principales navegadores de internet. En su versión actual, y a diferencia de versiones anteriores, la interfaz web y la local son prácticamente idénticas.

actual, está conectada con la base de datos mediante una API de Zotero específica, que fue actualizada y modificada para adaptarse a las necesidades del proyecto. También se diseñó una interfaz de búsqueda específica para poder acceder a la base de datos, realizando búsquedas por cadena de caracteres, por autor o por etiqueta (figura 1). En la versión actual de la web, se ha incorporado un enlace a la biblioteca Zotero, permitiendo así a los usuarios acceder libre y directamente a la base de datos bibliográfica (figura 2).

Figura 1. Interfaz actual de búsqueda a través de la web de IStReS

Figura 2. Interfaz web de Zotero; biblioteca de IStReS

La herramienta de gestión bibliográfica Zotero ofrece una gran flexibilidad en cuanto a los tipos de objetos que pueden introducirse (libros, capítulos, artículos en publicaciones académicas, artículos periodísticos, tesis, entradas de enciclopedia, informes, etc.), si bien en el caso de *IStReS* únicamente se contemplan, por ahora, las tres primeras tipologías (libros, capítulos y artículos). La introducción de datos puede ser realizada manualmente, o de forma (semi)automática, mediante la utilización de los *plug-ins* para navegadores de internet, que permiten identificar e incluir los metadatos de los documentos localizados en internet en la ficha bibliográfica. En ella se detallan todos los datos relevantes de cada referencia (autor/editor, título, resumen, año, idioma, ISBN/ISSN, etc.), además de poder incluir archivos anexos (textos completos cuando estos están disponibles en acceso abierto) o notas aclaratorias cuando se considera oportuno (figura 3).

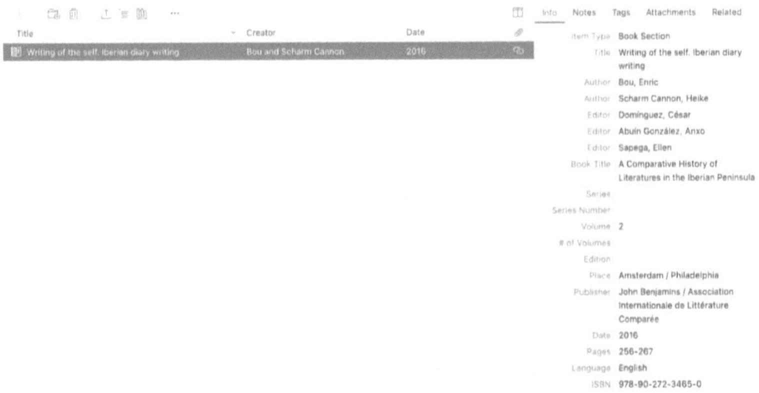

Figura 3. Ejemplo de datos para identificar una ficha bibliográfica (cuadro derecha)

Una de las funciones de la herramienta Zotero de mayor utilidad para este proyecto es la posibilidad de crear etiquetas para la descripción y catalogación de las fuentes bibliográficas, lo que amplía las opciones de búsqueda de los usuarios y facilita la extracción y el análisis de datos cuantitativos de la base. Para la creación de la base de datos bibliográfica IStReS se establecieron una serie de etiquetas que permitieran ordenar la información en distintas categorías como el periodo cronológico, el objeto de análisis (cine, literatura, teatro, arte, etc.), el espacio geocultural (Galicia, Cataluña, Baleares, Portugal, España, País Vasco, etc.) o la disciplina académica (Literatura Comparada, Estudios de Traducción, Estudios de Género, Estudios de Teatro, etc.). Estas categorías se complementan con otra información relevante para el contenido de la publicación: nombre de autores y obras estudiadas, temas, palabras clave, género literario, etc. (figura 4).

Figura 4. Ejemplo de etiquetas (cuadro derecha)

La existencia de las etiquetas permite realizar búsquedas simples (por ejemplo, "19th century", ver figura 5) y combinadas (como veremos en el siguiente apartado) y extraer datos cuantitativos sobre distintos aspectos de interés.

Figura 5. Búsqueda por la etiqueta "19th century". Número total de entradas: 460

Por otra parte, tal como hemos indicado anteriormente, Zotero permite exportar una lista de referencias (o, potencialmente, toda la base de datos) para crear bibliografías en muy diversos formatos (APA, MLA, Chicago, entre muchos otros).

3. APLICACIÓN DE LA BASE DE DATOS ISTRES PARA LA CREACIÓN DE UN PROGRAMA DE ENSEÑANZA SOBRE LITERATURAS IBÉRICAS

Una vez conocida la configuración de la base de datos IStReS y su funcionamiento, es momento de recuperar las preguntas con las que cerrábamos la primera sección y que están relacionadas con la creación de un programa de enseñanza de literaturas ibéricas: ¿Qué autores podrían incluirse en un hipotético "canon ibérico"? ¿Qué periodos y géneros pueden considerarse fundamentales, de acuerdo con una narrativa historiográfica transnacional ibérica? Asimismo, reflexionando de forma crítica, ¿qué sesgos o "puntos ciegos" podrían existir en un canon o un programa semejante, que deberían ser colmatados de forma activa y consciente? Intentaremos a continuación responder estas cuestiones empleando las potencialidades de la herramienta.

Cabría, en primer lugar, pensar en ofrecer a los estudiantes una bibliografía teórica esencial para comprender el objeto, la historia y la metodología de los Estudios Ibéricos. Puede realizarse para ello una búsqueda en la base de datos con la etiqueta "Iberian Studies", reservada específicamente para referencias que reflexionan sobre el propio campo. Una primera búsqueda con esta etiqueta devuelve 134 resultados, lo que, evidentemente, resulta excesivo para una bibliografía inicial; es posible, con todo, ordenar los resultados por tipo de objeto, y seleccionar únicamente los libros (25), y crear a partir de ellos una bibliografía en el formato que se prefiera; en este caso, por ejemplo, Chicago (autor-fecha) (figura 6)[15].

15 Todas las búsquedas pueden filtrarse por el idioma en el que está escrita la referencia, de modo que también sería posible acotar o diferenciar la bibliografía por lengua de publicación. Esto puede resultar útil para cursos introductorios impartidos en una lengua determinada (inglés, español, portugués, etc.), dependiendo de las necesidades de cada contexto educativo.

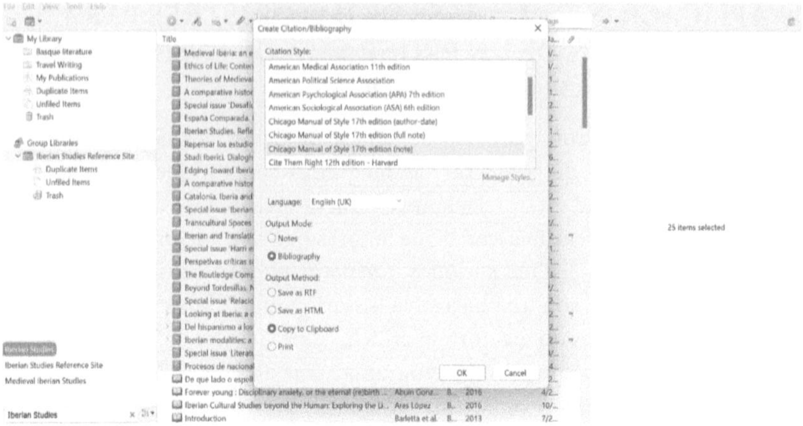

Figura 6. Herramienta de creación de bibliografía, con selección de formato de salida, lengua y destino

Un segundo paso en el establecimiento del programa del curso podría consistir en definir el arco narrativo fundamental de la asignatura, esto es, identificar aquellos momentos que, a partir de la bibliografía existente, se destacan como más relevantes en la historia de las relaciones literarias ibéricas. Para ello, serán útiles las etiquetas de ámbito cronológico, divididas por siglos, que acompañan a cada una de las referencias. Una vez realizadas las búsquedas y cuantificados los resultados, surge este esquema:

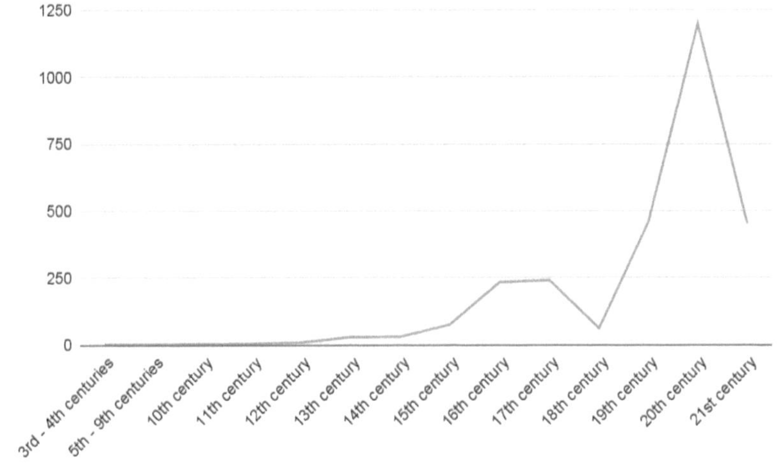

Figura 7. Número de referencias en la base de datos IStReS por siglo

Este esquema cronológico, aunque obviamente muy superficial, permite identificar dos o quizás tres momentos clave que deberían formar parte de un panorama de las relaciones culturales ibéricas: los siglos XVI y XVII (periodo en el que España y Portugal estuvieron unidos dinásticamente, propiciando también una gran proximidad literaria y cultural), y el periodo contemporáneo (que podría quizás dividirse en dos: el siglo XIX, con el auge de los diversos iberismos; y los siglos XX y XXI, en particular tras las transiciones democráticas de ambos países)[16]. En cambio, otros periodos, como la Edad Media o el siglo XVIII, han recibido hasta la fecha menor atención, de acuerdo con estos datos[17].

---

16 Este esquema parece justificar, también, las críticas que los Estudios Ibéricos han recibido en ocasiones por su "presentismo": el siglo XX y el siglo XXI (que todavía está, obviamente, en sus inicios) reúnen más de dos tercios de las referencias incluidas en la base de datos (Gimeno Ugalde, 2017). Esto no es naturalmente exclusivo de los Estudios Ibéricos, pero sí se trata de una tendencia que convendría contrariar, particularmente si se pretende dar a los estudiantes una visión de conjunto de las relaciones culturales intra-ibéricas.

17 En el caso del periodo medieval, han surgido recientemente estudios y reflexiones muy relevantes sobre la posibilidad de aplicar los planteamientos de los Estudios Ibéricos (Hamilton y Silleras, 2015; Miguel-Prendes, 2016; Francomano, 2021). Conviene tener en cuenta, por otra parte, como insisten estos autores, la dificultad o

A partir de estos tres momentos clave, podría intentar establecerse cuáles son los autores más destacados que consitutirían un posible "canon ibérico". Por ejemplo, una vez identificado el periodo histórico mediante las etiquetas correspondientes ("16th century" y "17th century"), podría revisarse la bibliografía recogida en la base de datos (un total de 233 entradas para el siglo XVI y 240, para el siglo XVII) e identificar los autores más relevantes. Si observamos los datos para ambos siglos, las figuras con mayor número de entradas son: Miguel de Cervantes (72 entradas), Luíz Vaz de Camões (45), Gil Vicente (13), Jerónimo de Corte-Real (10), Manuel de Faria e Sousa (10), Tirso de Molina (9), Luis de Góngora (8), Pedro Calderón de la Barca (8), Francisco Manuel de Melo (7), Juan de Matos Fragoso (7), Garcilaso de la Vega (6), Lope de Vega (6), Alonso de Ercilla (5), Agustín Moreto (5), António Ferreira (5), Francisco Botelho de Morais e Vasconcelo (5), Francisco de Quevedo (5), Jacinto Cordeiro (5). A estos autores podría añadirse la obra anónima *Lazarillo de Tormes* (5).

Así pues, la base resulta útil para identificar los autores de ese periodo (y otros periodos) que han recibido atención académica desde los Estudios Ibéricos y que, por tanto, podrían considerarse para la programación de un curso introductorio. Como vemos, existen algunas coincidencias con el programa de curso "Medieval and Early Modern Literatures" de la Universidad de Stanford: Cervantes, Camões y Góngora[18], o incluso con el programa la asignatura "Introdução à História Comparada das Literaturas na Península Ibérica" de la Universidade Nova de Lisboa: Cervantes y Gil Vicente. No deja de ser significativo que los dos autores más estudiados en la bibliografía de los Estudios Ibéricos sean los dos grandes "escritores nacionales" de las literaturas española y portuguesa, Miguel de Cervantes y Luís de Camões, mientras que el tercero, Gil Vicente, sea, precisamente, un autor bilingüe cuya producción literaria se sitúa en un espacio intermedio entre las literaturas portuguesa y española[19].

---

incluso incongruencia de querer proyectar a un pasado lejano las fronteras políticas, lingüísticas o culturales del periodo moderno; la propia idea de comparatismo o transnacionalidad debe ser reconsiderada o adaptada para la realidad de la Iberia medieval.

18 Obviamente el marco cronológico de esta asignatura es mucho más extenso del que proponemos para este ejemplo.

19 De hecho, también aparecen en esta lista de arriba otros autores bilingües (español-portugués) como Jerónimo Corte-Real, Manuel de Faria e Sousa, Jacinto Cordeiro, Francisco Manuel de Melo y Francisco Botelho de Morais e Vasconcelos, nombres que suelen quedar excluidos de las historias literarias nacionales y, por tanto, de los cursos de literatura. Esto se debe precisamente a su condición bilingüe, que no encaja en la tríada lengua-literatura-nación que sustenta la historiografía tradicional.

Asimismo, el listado de los escritores más estudiados en la base de IStReS confirma la importancia de los tres principales géneros (poesía, teatro, novela) para el estudio de las relaciones entre las literaturas ibéricas durante los siglos XVI y XVII, algo que el/la docente debería tener en cuenta en la elaboración de un programa de curso introductorio. Búsquedas similares podrían realizarse para otros siglos y, en particular, para los otros dos momentos clave identificados arriba (siglo XIX, y siglos XX y XXI), lo cual permitiría crear una lista de potenciales autores "canónicos" que podrían incluirse en el programa.

Hasta aquí hemos ido dejando que la propia bibliografía recogida por el proyecto IStReS guíe el diseño del programa de nuestra asignatura en Estudios Ibéricos; cabría, sin embargo, pensar también en identificar los puntos ciegos de esta bibliografía: aquellos aspectos o espacios menos atendidos o invisibilizados, y que convendría, precisamente por ello, no olvidar en nuestra programación.

Un primer aspecto que habrá resultado evidente, al repasar los nombres presentes en el canon surgido de nuestras búsquedas para los siglos XVI y XVII, es la absoluta predominancia de los escritores varones. En este sentido, nuestras búsquedas parecen demostrar que los Estudios Ibéricos han heredado, al menos hasta la fecha, los sesgos heteropatriarcales que dominan también los cánones nacionales y no han aplicado una perspectiva de género hacia su propio objeto de estudio, como demuestra el hecho de que la etiqueta "Gender Studies" apenas devuelva 65 resultados[20]. Nombres como los de Francisca de Aragón, Bernarda Ferreira de Lacerda, Isabel de Castro Andrade, Violante do Céu, Ângela de Azevedo, María de Zayas o Santa Teresa de Jesús (por no abandonar el ámbito cronológico utilizado hasta ahora como ejemplo) aparecen en la base de datos IStReS, aunque con escasos resultados, lo que indica que son necesarias más investigaciones al respecto para iluminar sus posibles conexiones con otras áreas culturales ibéricas. Al mismo tiempo, esta ausencia de estudios sobre escritoras ibéricas con conexiones transculturales en los siglos XVI y XVII recomienda la inclusión de obras de autoría femenina en otros momentos

---

Estos nombres también podrían considerarse a la hora de crear un programa de culturas y literaturas ibéricas.

20 Este sesgo en los Estudios Ibéricos ha sido puesto de manifiesto también por otros estudios recientes (Harkema, 2019 o Pérez Isasi y Rodrigues, 2022). Para profundizar sobre cuestiones relacionadas con el feminismo en la Península Ibérica, se recomienda la lectura de *Una nueva historia de los feminismos ibéricos*, editada por Bermúdez y Johnson (2022). En esta obra pueden encontrarse numerosos nombres de autoras que podrían añadirse al canon.

históricos incluidos en el programa, de forma que se contraríe este sesgo de género: autoras como Emilia Pardo Bazán, Rosalía de Castro, Caterina Albert, Maria Aurèlia Campany, Carmen de Burgos, Ana de Castro Osorio o Carme Riera, entre muchas otras, podrían servir para colmatar este vacío.

Por otra parte, otro aspecto que dejan claro las búsquedas anteriormente presentadas es la predominancia del eje castellano-portugués, y la casi total invisibilización de otras áreas geoculturales y otros haces de relación. Quizás el periodo escogido a modo de ejemplo (los siglos XVI y XVII, en que la proximidad entre los sistemas literarios portugués y español es casi total) acentúe este desequilibrio, pero es, en cualquier caso, una realidad para la totalidad de las entradas recogidas en la base de datos. Así, si se hacen búsquedas en la base con pares de etiquetas de orden geocultural ("Spain + Portugal", "Spain + Catalonia", etc.), los resultados numéricos son los siguientes:

Tabla 1. Número de referencias agrupadas por áreas geoculturales comparadas

PT	951			
CAT	426	141		
GAL	236	201	156	
EUS	119	28	94	92
	ES	PT	CAT	GAL

Tal como se puede observar, 951 entradas se dedican a la comparación o relación entre España o Portugal (de un total de casi 2400), mientras que la conexión menos estudiada de todas es la que relaciona la cultura vasca con la portuguesa (28 entradas)[21]. Una vez más y en la línea del postulado no jerárquico que defienden los Estudios Ibéricos, en la confección de un programa de enseñanza de literaturas ibéricas sería necesario contrariar esta tendencia, dando visibilidad y espacio a todas sus literaturas. Así pues, autores con un número relevante de entradas como Joan Maragall, Eugeni d'Ors, Caterina Albert, Josep Pla, Carme Riera; Vicente Risco, Rosalía de Castro, Emilia Pardo

21 Pueden existir para ello motivos lingüísticos (por ser el euskera la única lengua no románica ni indoeuropea), literarios (puesto que la literatura en euskera tuvo un desarrollo menor que las restantes literaturas ibéricas hasta, al menos, los inicios del siglo XX) o históricos (dado que el iberismo decimonónico no incluyó, por lo general, al área vasca en sus consideraciones y divisiones de la Península). Sea cual sea la razón, parece obvio que se trata de una laguna que debe ser subsanada en el futuro.

Bazán o Álvaro Cunqueiro; Bernardo Atxaga o Kirmen Uribe[22], podrían ser incluidos en el programa, y sus obras podrían formar de las lecturas obligatorias del curso, estudiando tanto el contenido ibérico de algunas de sus obras, como su recepción o (auto)traducción entre las diversas lenguas de la Península. Podría, por ejemplo, estudiarse la relación de Maragall con las otras literaturas a través de la traducción, llevando a cabo una búsqueda combinada de las etiquetas "Joan Maragall + Translation". Los resultados obtenidos servirían para profundizar en distintos temas como las traducciones al castellano del poeta catalán, su posicionamiento con respecto a la autotraducción, sus reflexiones teóricas sobre la traducción y las teologías del lenguaje a partir de la correspondencia con Miguel de Unamuno o las traducciones al gallego de su poema "La vaca cega". Asimismo, podría pensarse en profundizar en su relación con Unamuno ("Joan Maragall + Miguel de Unamuno"), con quien mantuvo un largo intercambio epistolar, o en analizar su vínculo con Portugal ("Joan Maragall + Portugal") o incluso con el iberismo ("Joan Maragall + Iberism/Iberianism").

Por otra parte, sería también particularmente interesante indagar en los cruces menos explorados (los que hacen referencia a las relaciones entre las literaturas catalana, gallega y vasca) para ofrecer ejemplos de intercambios o diálogos intra-ibéricos no mediados por Madrid o Lisboa. Una búsqueda combinada de las etiquetas "Catalan literature + Galician literature + Basque literature" nos ofrece un total de 40 resultados, a partir de los cuales podrían explorarse las relaciones literarias transperiféricas (Calderwood 2014). Por otra parte, búsquedas combinadas como "Galician literature + Memory", "Catalan literature + Memory" y "Basque literature + Memory" posibilitaría encontrar estudios que identifican obras de cada una de estas literaturas relacionadas con la cuestión de la memoria, lo que permitiría ponerlas en diálogo en un programa que potencialmente incidiese sobre ese ámbito.

22 En el caso de la literatura vasca, en conjunto infrarrepresentada, como antes hemos mencionado, apenas existen actualmente estudios sobre obras de autoría femenina en la base de datos IStReS. Dado el creciente interés académico despertado por una nueva generación de escritoras vascas (Kortazar, 2022; Ortiz-Ceberio y Rodríguez, 2022), es de desear que estas autoras también sean en el futuro abordadas desde la perspectiva de los Estudios Ibéricos.

4. CONSIDERACIONES FINALES

El estudio realizado en las páginas anteriores ha mostrado cómo se podría emplear la base de datos IStReS, y las posibilidades ofrecidas por la herramienta Zotero, para la planificación de una asignatura de literaturas ibéricas, tal como las que son ofrecidas en diferentes universidades a ambos lados del Atlántico.

En primer lugar, hemos visto cómo es posible preparar automáticamente una bibliografía teórica de introducción a los Estudios Ibéricos, empleando para ello las etiquetas de la base de datos y la herramienta de creación de bibliografías con el formato preferido para cada caso. Hemos mostrado luego cómo las referencias incluidas en la base de datos permiten intuir la existencia de dos (o tres) momentos fundamentales en el arco narrativo de las relaciones literarias ibéricas: los siglos XVI y XVII, el tránsito entre el siglo XIX y el XX, y la contemporaneidad. En tercer lugar, hemos ilustrado también cómo una búsqueda cuantitativa en las referencias de la base de datos, tomando como ejemplo el primero de esos momentos (siglos XVI y XVII), permite identificar un posible canon de autores relevantes para esta asignatura potencial, y cómo este canon responde a un doble impulso: por un lado, la inclusión de los autores que ya eran esenciales en los distintos cánones nacionales ibéricos (Cervantes, Camões, Lope de Vega, etc.) y, por otro, escritores esencialmente transnacionales, bilingües o transculturados, como Gil Vicente o Jerónimo de Corte-Real.

Con todo, estas mismas búsquedas nos han permitido identificar ciertos aspectos en los que la base de datos (y en consecuencia, quizás también el propio campo de los Estudios Ibéricos) presenta importantes desequilibrios. Un primer ámbito es el que se refiere a la ausencia de mujeres en el canon literario ibérico anteriormente mencionado: todos los autores de los siglos XVI y XVII con más de 5 referencias en la base de datos IStReS son hombres. Naturalmente, este sesgo debería ser contrariado en la programación de una asignatura de literaturas ibéricas, o bien mediante la inclusión de autoras de estos siglos menos representadas en la base, o bien con la de escritoras de otras épocas que han recibido ya una mayor atención crítica.

Por último, otro elemento en el que se ha detectado un claro desequilibrio es en el predominio del eje luso-castellano en la conceptualización de las relaciones literarias y culturales ibéricas. De hecho, todos los autores identificados como relevantes para los siglos XVI y XVII pertenecen a una de estas literaturas (o a ambas), lo que se traduce en una invisibilización de las restantes literaturas ibéricas. Sería esencial, para contrariar esta inercia, incluir en el programa, y entre las lecturas obligatorias, obras y autores de todas las literaturas ibéricas, mostrando cómo lo ibérico ha sido objeto de reflexión para diversos autores a lo largo de la historia, pero también cómo las obras de escritores y escritoras ibéricas han circulado por el espacio ibérico a través de la recepción, la crítica o la traducción[23].

La base de datos incluida en el proyecto IStReS puede resultar de utilidad a la hora de confeccionar el programa de un curso introductorio sobre literaturas ibéricas. Asimismo, la diversidad de fuentes de esta base, así como el amplio marco cronológico que abarcan las referencias bibliográficas incluidas permite a las y los docentes realizar búsquedas fácilmente adaptables a sus necesidades pedagógicas, así como búsquedas que permitan crear un programa variado en términos de diversidad cronológica, de géneros literarios, de áreas geoculturales y autorías.

REFERENCIAS BIBLIOGRÁFICAS

Aston, R. (2020). *The Role of the Literary Canon in the Teaching of Literature.* Routledge.

Bauck, S., y Maier, T. (2015). Entangled History. *InterAmerican Wiki: Terms - Concepts - Critical Perspectives.* https://uni-bielefeld.de/einrichtungen/cias/wiki/e/entangled-history.xml (último acceso: julio 2022)

Bermúdez, S., y Johnson, R. (2022). *Una nueva historia de los feminismos ibéricos.* Tirant lo Blanch. Traducción de Catherine M. Jaffe.

Bloom, H. (1994). *The Western Canon. The Books and Schools of the Ages.* Harcourt Brace & Co.

Borràs, L., y Bru de Sala, X. (2016). Del canon al prestigi, una equació fallida. Ateneu Barcelonès. *Cicle: Malestar de les lletres?* Mesa redonda.

Bru de Sala, X. (1999). *El descrèdit de la literatura.* Quaderns Crema.

Calderwood, E. (2014). "In Andalucía, there are no foreigners": Andalucismo from transperipheral critique to colonial apology. *Journal of Spanish Cultural Studies, 15*(4), 399–417. https://doi.org/10.1080/14636204.2014.991488

Casas, A. (2019). Iberismos, comparatismos y estudios ibéricos: ¿Por qué, desde dónde, cómo y para qué? En C. Martínez Tejero y S. Pérez Isasi (Eds.), *Perspetivas críticas sobre os estudos ibéricos* (pp. 23–56). Edizioni Ca'Foscari. https://edizionicafoscari.unive.it/libri/978-88-6969-324-3/

Dasilva, X. M. (2013). *Estudios sobre la autotraducción en el espacio ibérico.* Peter Lang.

23 Al respecto pueden consultarse Gallén, Lafarga y Pegenaute (2010), Dasilva (2013), Poch Olivé y Julià (2020), Gimeno Ugalde, Pinto y Fernandes (2021).

Davis, S., y Usoz de la Fuente, M. (Eds.) (2018). *The Modern Spanish Canon. Visibility, Cultural Capital and the Academy*. Legenda / MHRA.

Feijó, A., Figueiredo, J. R., y Tamen, M. (2020). *O cânone*. Tinta-da-China.

Francomano, E. C. (2021). Reinventing Medieval Iberian Studies. *Revista Hispánica Moderna*, *74*(1), 61–71.

Gallén, E., Lafarga, F., y Pegenaute, L. (Eds.). (2010). *Traducción y autotraducción en las literaturas ibéricas*. Peter Lang.

García Candeira, M. (2019). ¿Qué estudiamos cuando estudiamos literatura? El tratamiento curricular de Rosalía de Castro. *Ocnos. Revista de Estudios sobre Lectura*, *18*(1), pp. 73–84.

Gimeno Ugalde, E. (2017). The Iberian Turn: An Overview on Iberian Studies in the United States. *Informes Del Observatorio / Observatorio Reports*, 036-12/2017EN. https://doi.org/10.15427/OR036-12/2017EN

Gimeno Ugalde, E., y Pérez Isasi, S. (2019). Lo «ibérico» en los Estudios Ibéricos: Meta-análisis del campo a través de sus publicaciones (2000-). En N. Codina Solà y T. Pinheiro (Eds.), *Iberian Studies. Reflections Across Borders and Disciplines* (pp. 23–48). Peter Lang.

Gimeno Ugalde, E., Pinto, M. P., y Fernandes, Â. (Eds.). (2021). *Iberian and Translation Studies. Literary Contact Zones*. Liverpool University Press.

Gorak, J. (1991 [2013]). *The Making of the Modern Canon. Genesis and Crisis of Literary Idea*. Bloomsbury.

Hamilton, M., y Silleras-Fernández, N. (Eds.). (2015). *In and of the Mediterranean: Medieval and Early Modern Iberian Studies*. Vanderbilt University Press.

Harkema, L. J. (2019). Haciéndonos minoritarixs. Canon, género, traducción y una propuesta feminista para los estudios ibéricos. En C. Martínez Tejero y S. Pérez Isasi (Eds.), *Perspetivas críticas sobre os estudos ibéricos* (pp. 137–152). Ca' Foscari. https://edizionicafoscari.unive.it/libri/978-88-6969-324-3/

IStReS – Iberian Studies Reference Site. URL http://istres.letras.ulisboa.pt (última consulta: julio 2022)

Kortazar, J. (Ed.) (2022). *De la periferia al centro: nuevas escritoras vascas*. Ca' Foscari.

Miguel-Prendes, S. (2016). Medieval Iberian Studies: Borders, Bridges, Fences. En G. R. Overing y U. Wiethaus (Eds.), *American/Medieval: Nature and Mind in Cultural Transfer* (pp. 47–73). V & R Unipress. http://opac.regesta-imperii.de/id/2454898

Ortiz-Ceberio, C., y Rodríguez, M. P. (Eds.) (2022). New Worlds of Fiction: Contemporary Basque Women Writers. Special issue of *Symposium. A Quarterly Journal in Modern Literatures*, *76*(2).

Pérez, J. (2016). ¿De qué hablamos cuando hablamos de Estudios Ibéricos? Sobre los beneficios de un archivo cultural más amplio. *Anales de la Literatura Española Contemporánea*, *41*(4), 263–279.

Pérez Isasi, S. (2021). Luces y sombras en los Estudios Ibéricos. Un estado de la cuestión diez años después. *Revista de Estudos Literários*, (11), 19–46. https://doi.org/10.14195/2183-847X_11_1

Pérez Isasi, S., y Fernandes, Â. (Eds.) (2013). *Looking at Iberia. A Comparative European perspective*. Peter Lang.

Pérez Isasi, S., y Rodrigues, C. (2022). Escritoras e intelectuales mujeres en las redes de intercambio cultural ibérico (1870–1930): tareas pendientes. En Y. Romero Morales, L. Cerullo, y S. S. Laroussi (Eds.), *Senderos que se bifurcan. Alteridad y género en el mundo literario hispánico* (pp. 107–128). Sílex.

Picornell, M. (2019). La hipótesis del ovillo desmadejado: Caracterizar los estudios ibéricos desde lo insular. En C. Martínez Tejero y S. Pérez Isasi (Eds.), *Perspetivas críticas sobre os estudos ibéricos* (pp. 57–88). Edizioni Ca'Foscari. https://edizionicafoscari.unive.it/libri/978-88-6969-324-3/

Poch Olivé, D., y Julià, J. (Eds.). (2020). *Escribir con dos voces. Bilingüismo, contacto idiomático y autotraducción en literaturas ibéricas*. Universitat de València.

Pozuelo Yancos, J. M., y Aradra, R. M. (2000). *Teoría del canon y literatura española*. Cátedra.

Resina, J. R. (2009). *Del hispanismo a los estudios ibéricos: Una propuesta federativa para el ámbito cultural*. Biblioteca Nueva.

Resina, J. R. (ed.) (2013). *Iberian Modalities: A Relational Approach to the Study of Culture in the Iberian Peninsula*. Liverpool University Press.

Ribera Llopis, Juan M. (2015). Introducción. *Revista de Filología Románica*, (9), 11–16.

Sáez Delgado, A. (2019). Towards an Intertwined History of Symbolism, Modernism and the Avant-Garde in Portugal and Spain. *International Journal of Iberian Studies - Special Issue "Iberian Studies: New Spaces of Inquiry"*, *32*(1), 47–64.

Sáez Delgado, A. (2021). *Literaturas entrelazadas: Portugal y España, del modernismo y la vanguardia al tiempo de las dictaduras*. Peter Lang.

Sáez Delgado, A., y Pérez Isasi, S. (2018). *De espaldas abiertas: Relaciones literarias y culturales ibéricas (1870–1930)*. Comares.

¿Cómo puedo representar visualmente datos para el estudio de textos literarios? La literatura que se puede ver

Benamí BARROS GARCÍA

Universidad de Granada
bbarros@ugr.es
https://orcid.org/0000-0002-8503-946X

Resumen: La visualización de datos, al igual que otros enfoques basados en datos, no termina de encontrar la aceptación que merece en los estudios literarios. Aquí se ofrecen algunas consideraciones teóricas y metodológicas que pueden contribuir a esta integración, así como una serie de recomendaciones sobre el diseño de visualizaciones para que sean realmente eficientes y se minimice el riesgo de malinterpretación. Partiendo de la base de que visualizar es comunicarse y, por tanto, de la necesidad de tener en consideración tanto el acto de la emisión o diseño como el de la recepción o percepción, se subraya el potencial de las visualizaciones para el estudio de textos literarios. Se aportan algunos ejemplos de aplicación basados en el cuento "La continuidad de los parques" de Julio Cortázar.

Palabras clave: Visualización de datos. Percepción.Pensamiento visual. Diseño de visualizaciones. Cortázar

1. ¿QUÉ ENTENDEMOS POR VISUALIZACIÓN DE DATOS Y POR QUÉ ES ÚTIL EN EL ANÁLISIS DE TEXTOS LITERARIOS?

En la Visualización de datos como disciplina (cf. Baird, 2021, pp. 1–27) y, en general, en cualquier método que emplee elementos visuales para la representación, análisis o sistematización de información, es conveniente ser cautos a la hora de suponer que, por el mero hecho de usar elementos visuales, se está facilitando el entendimiento. Además, conviene no perder de vista que estos elementos son, incluso en el mejor de los casos, una aproximación, ideas hechas concretas (Ware, 2021, p. 171), representación no de los datos, sino de lo que los datos significan (Duarte, 2012, p. 64). Datos que son estimación, "an educated guess" según la fórmula de Yau (2013, p. 30); algo que puede resultar paradójico si consideramos el enorme efecto inhibidor del pensamiento crítico o de duda que parecen mostrar, sobre todo cuando son representados sin indicar ningún valor de incertidumbre (Hullman, 2020; Wilke, 2019, pp. 43–44, 181–203). Esta suerte de *suspensión de la incredulidad* inducida por lo visual exige una extrema rigurosidad a la hora de elegir todos y cada uno de los elementos presentes en la visualización, así como en la interacción con los datos y selección de tipologías de gráficos.

Si bien es cierto que la visualización de datos se ha integrado de manera consistente en numerosas disciplinas y ámbitos, en los estudios literarios esta imbricación sigue siendo controvertida (Eve, 2022, p. 1) y todavía despierta cierto reflejo de rechazo, a veces claro, por el hecho de, aparentemente, reducir un fenómeno tan complejo como la comunicación literaria (cf. Mayoral, 1987) a datos cuantificables o reconstruir a través de un ejercicio de heurística el estilo de cierto autor mediante la cuantificación de algunos de los rasgos, a menudo, léxicos de sus obras (Benotto, 2021).

Aquí se conceptualiza la visualización de datos como un método o disciplina, estrechamente ligada a las humanidades digitales, en la que encontramos un numeroso conjunto de técnicas metodológicamente rigurosas y estables que ayudan a revelar características que pueden pasar desapercibidas en el análisis no cuantitativo o no basado en visualizaciones de textos literarios (Barros García, 2020), así como a contextualizar los diferentes fenómenos literarios, singularidades y patrones lingüísticos dentro de una ingente cantidad de datos o repertorio literario.

Habitualmente se destaca el potencial corroborativo de las técnicas de visualización frente al exploratorio, aprovechando quizá que en la práctica comunicativa (no solo científica) los gráficos solían y suelen representar resultados, a menudo conclusiones. Esta costumbre encuentra respaldo en la idea arraigada, pero, como veremos, matizable, de que una imagen vale más que mil palabras o en la sensación de que los gráficos y elementos visuales son menos abstractos, obtusos y refieren una menor incertidumbre que los datos. La cuestión es si realmente son válidas esas hipótesis o creencias si no sabemos cómo leer esos gráficos o elementos visuales (Cairo, 2019). La preponderancia de lo visual en el mundo de los *big data* y el volumen masivo de información, en parte, parecen obligar al uso de elementos visuales en prácticamente cualquier mensaje que emitimos. Veremos, no obstante, que esta sobredosis y sobreexposición a la visualización, lejos de apuntar hacia una facilitación del conocimiento o precisión en la transferencia de la información, más bien puede generar el efecto contrario. A esto sumaremos el elevado poder de manipulación intrínseco a estos elementos visuales si no son usados con transparencia (Stefanowitsch, 2020, p. 133), honestidad y precisión.

El segundo motivo por el que se suele defender el uso e integración de las visualizaciones es su potencial exploratorio, es decir, la capacidad que tienen estas técnicas para permitir observar fenómenos no observables o no observados desde otros enfoques (Barros García, 2021). Algunos autores defienden que estos dos potenciales, el corroborativo y el exploratorio, son precisamente los objetivos de la visualización de datos, a los que en ocasiones le suman el objetivo comunicativo (Rovira y Pascual, 2021, pp. 28–30). Otros prefieren concebirlos como las dos tipologías de análisis que posibilitan estos métodos (Nussbaumer, 2017, p. 29). Aquí partiremos de la idea de que visualizar es una forma de comunicación o, dicho de forma más certera, supondremos que visualizar es comunicarse. Y que, por tanto, conlleva una serie de consideraciones metodológicas que atañen tanto al proceso de diseño o creación como al de lectura o interpretación. Esa comunicación, por tanto, suele tener dos líneas de acción, la representación y la exploración (Wilke, 2019, p. 327), bien diferenciadas en su metodología, funcionalidad y aplicabilidad, pero especialmente eficaces en el estudio de la Literatura si se aplican conjuntamente de forma iterativa.

Aunque es el tema que ocupará la mayor parte de las líneas que siguen, sería un error considerar que la cuestión más importante en el campo de las visualizaciones es cómo crearlas y qué elementos o parámetros elegir para que resulten eficientes. En la visualización de datos se suele hacer hincapié en que la eficiencia de una visualización depende en primer término del conocimiento que tengamos de los datos de los que disponemos y, en segundo, de lo que queramos hacer con ellos. Estrechamente ligada a lo anterior, abordaremos la reflexión acerca de si existen herramientas total o parcialmente automatizadas, plataformas o software que puedan considerarse óptimas para la creación de visualizaciones o si, por el contrario, todo lo que no sea programar significa debilitar el resultado.

A continuación, abordaremos algunas cuestiones conceptuales que nos permitan ofrecer algunas recomendaciones sobre el diseño y la reflexión previa a la representación visual de datos, ya sea para un uso exploratorio, aclaratorio o combinado.

1.1. La visualización de datos en el contexto de la metodología de la investigación lingüística y literaria

A pesar de que ya han transcurrido varias décadas desde que van Peer (1989) exhortara a los estudios cuantitativos de la literatura a abandonar la periferia para adentrarse en el corazón de los fenómenos literarios si querían ser tomados en serio, la integración de las humanidades digitales, la visualización de datos y, en general, los estudios cuantitativos en los estudios literarios no deja de despertar ciertos recelos y reacciones contrarias (Eve, 2022; Barros García, 2020). Posiblemente no se hayan superado todavía ciertas ínfulas e ideas maximalistas que derivaron de una mala interpretación de la *distant reading* como oposición y casi sustitutivo de la *close reading* (Schöch, 2013; Gavin, 2019). Confiamos, no obstante, en que la popularización de este tipo de enfoques, el cada vez más intuitivo acceso a las herramientas y software, y la adecuación de los principios de la visualización de datos y las humanidades digitales al modo actual de consumo de información y de transferencia de resultados en la investigación científica, puedan contribuir de manera definitiva a que la visualización, entendida como médium (Yau, 2013), logre una mayor aceptación en este ámbito. Al fin y al cabo, la visualización de datos y las herramientas asociadas nos descubren, como advierte Gavin (2019), una nueva *textualidad*, múltiples dimensiones de análisis que enriquecen nuestras posibilidades de observación, comprensión y comunicación.

No se trata solo de reconocer la ayuda de las máquinas en el estudio de la literatura en términos de grado, escala y velocidad de procesamiento, algo obvio cuanto mayor es el corpus de textos que queremos analizar (Eve, 2022, p. 8), sino también en términos de modo en que pensamos y estudiamos los textos literarios. Al igual que la percepción humana, las herramientas y enfoques que pretendemos incorporar a los estudios literarios también son limitadas y limitan (Rovira y Pascual, 2021, p. 18), pero amplían la profundidad de campo.

Las humanidades digitales y la visualización de datos presuponen una interdisciplinariedad y una conceptualización de la transferencia de conocimiento mucho más ajustada a los preceptos de la cultura investigadora actual (Barros García, 2021), al mismo tiempo que responden de manera satisfactoria a los criterios de replicabilidad y reproducibilidad en la ciencia (Wilke, 2019, p. 326) y contribuyen a que el ciclo de la investigación científica sea realmente colaborativo e incremental (Stefanowitsch, 2020, pp. 102, 133–134). A veces se achaca a su relativa juventud (Yau, 2013, p. 44) el hecho de que la visualización de datos esté en una suerte de continuo ejercicio de reformulación y revisión de sus propias creencias. Sin embargo, puede que esta capacidad de adaptación o, incluso, resiliencia derive de los principios, metodológicos y conceptuales, sobre los que se construye la disciplina.

Si defendíamos que visualizar es, sobre todo, comunicarse, no debe extrañar que la constante evaluación de premisas y revisión de creencias estén entre sus bases. Las visualizaciones, en cuanto vehículos para la transformación de datos en información y posterior conocimiento, deben ser reproducibles y replicables debido a su dependencia, saludable, del entendimiento, disponibilidad y número de datos de los que dispongamos, de las herramientas, de la gradual comprensión que tengamos acerca de la percepción humana, de la atención, y de otros muchos factores y creencias que distan mucho de ser estables o axiomáticos.

Por tanto, no se trata de defender a ciegas el uso arbitrario, oportunista o relativamente justificado de elementos visuales en el estudio de los textos literarios, sino de poner de relieve el estudio científico de la literatura (para una reflexión: Hanauer, 2011), la meticulosa metodología que hay detrás de la aplicación de estas técnicas y herramientas, afortunadamente imperfectas, así como su enorme potencial para revelar patrones, singularidades, corroborar hipótesis observacionales o facilitar el acceso a los datos por parte de otras investigaciones.

Aunque pueda seguir siendo ambivalente el concepto de datos en la investigación en Humanidades (Flanders y Jannidis, 2019, p. 3; Schöch, 2013), existen suficientes motivos para reconocer la idoneidad de la incorporación del pensamiento computacional a los estudios literarios (Eve, 2022). Tras la visualización de datos existe un aparato metodológico bien definido que puede implementarse ya sea siguiendo alguno de los numerosos *modelos* de aplicación de técnicas cuantitativas o basadas en visualizaciones al estudio de la literatura (Fradrejas Rueda, 2021; Jockers, 2014; Eder, Rybicki y Kestemont, 2016; Silge y Robinson, 2017; Gries, 2021), o mediante el seguimiento de la secuencia que abarca la recolección de datos, preparación de los datos, aplicación de técnicas y análisis, representación y la validación de resultados. En este último caso se aplicarían las metodologías propias de la Minería de datos, Analítica visual, visualización de datos, etc. Otra opción suele ser orientar, como se ha hecho en multitud de ocasiones por su mayor tradición en la cultura investigadora desde mediados del siglo XX, el análisis literario hacia los dominios de la Lingüística de Corpus, para lo que podríamos seguir, por ejemplo, a Stefanowitsch (2020) o Rojo (2021), complementados con recomendaciones acerca de los fundamentos y buenas prácticas de las visualizaciones (entre otros: Wilke, 2019).

1.2. El pensamiento visual y la lectura de visualizaciones

Cualquier gráfico miente si no se observa con atención (Cairo, 2019), al igual que cualquier gráfico engaña si no se elabora con atención.

En visualización de datos se suele hacer hincapié en rasgos relacionados con la memoria y el procesamiento de información visual bien desde descripciones de la percepción próximas a las leyes de la Gestalt (Nussbaumer, 2017, p. 75) o centrándose en la importancia de los atributos preatentivos (cf. variables visuales de Bertin, 2010), es decir, en elementos cuya presencia ayuda a guiar la atención y crear jerarquías (Wolfe y Horowitz, 2004; Nussbaumer, 2017, p. 95). Estos conciernen, por ejemplo, al color, la forma, la posición o el movimiento (Few, 2004). Las limitaciones de la memoria, así como las características de la memoria icónica, según la terminología que domina en este tipo de trabajos, se sitúan como dosificador del uso de esos atributos y, en general, de la elección de los parámetros y tipologías de los elementos visuales.

Sirve este contexto para mostrar cómo sucede la revisión de creencias a la que nos referíamos anteriormente. Colin Ware, autor de uno de los trabajos más importantes sobre pensamiento visual, explica en el prefacio a la segunda edición de su libro (Ware, 2021) que se ha visto obligado a revisar y ampliar la primera edición de 2004 debido a los avances y giros en la comprensión tanto de la cognición como de las teorías sobre la percepción visual en humanos. La conceptualización de la visión como proceso activo y constructivo, la percepción como proceso dinámico, la idea de que las memorias no son repositorios pasivos de información y la dependencia con respecto a la demanda de atención obligan a reformular no pocas hipótesis que, si bien pueden tener validez en determinadas condiciones, no deben explicarse bajo los mismos términos que hasta ahora se hacía:

> Visual thinking consists of a series of acts of attention, driving eye movements, and tuning our pattern-finding circuits. These acts of attention are called visual queries, and understanding how visual queries work can make us better designers. When we interact with an information display, such as a map, diagram, chart, graph, or a poster on the wall, we are usually trying to solve some kind of cognitive problem. (Ware, 2022, p. 3)

Así, por ejemplo, la memoria icónica estaría ahora lejos de no requerir o acontecer sin que exista una demanda atencional y cierta consciencia (Mack et al., 2016). No obstante, los canales básicos de *pop-out* que destaca Ware (2021, p. 41) son similares a los atributos preatentivos citados anteriormente, aunque implican una diferencia crucial en la forma y condiciones en que suceden. No en vano, en la literatura científica encontramos autores que se refieren a ellos como atributos retentivos, con lo que resitúan el papel de la atención.

Además de la omnipresencia del *big data* como síntoma de poderío y validez, una de las razones más contundentes para justificar la elevada presencia de visualizaciones en la representación y análisis de datos es que el ser humano es eminentemente visual en la percepción y expresión del mundo (San Roque et al., 2015), que el sistema visual siempre será el sentido de mayor *ancho de banda* (Ware, 2021, p. 198). Sin embargo, conviene resaltar que investigaciones recientes apuntan a la no universalidad de la hipótesis de que la visión sea el sentido más accesible a la consciencia y la descripción lingüística (Majid et al., 2018), aunque sí parezca estable para, al menos, la mayoría de las lenguas occidentales (Winter, Perlman y Majid, 2018). Tampoco parece conveniente ampararse en que todos seamos comunicadores visuales (Duarte, 2012, p. 2), puesto que podríamos cometer el error de asumir de partida que el código y cierto conocimiento del mundo son compartidos.

Por otro lado, el giro visual podría explicarse simplemente como fruto de la adecuación al público, a una sociedad cada vez más acostumbrada al consumo precisamente de elementos visuales, *a priori* una práctica menos demandante de carga cognitiva, en teoría también menos susceptible de variación o malinterpretación por variables socioculturales y más potente en la captación de la atención. Pero este modo de verlo también reduciría las visualizaciones a meras representaciones visuales efectistas y simplificadoras, cuando sabemos que una buena visualización debe precisamente ser lo más informativa posible. No hay que olvidar, en este sentido, que el *binge-watching* que marca el consumo actual de series y prácticamente inhibe el pensamiento crítico o reflexión sobre lo visto (Jenner, 2017) es igualmente aplicable al consumo desmedido y continuado de cualquier tipo de material audiovisual. Como indicábamos al inicio, el simple hecho de ver una visualización parece dotar de mayor grado de veracidad a la información en ella contenida. Sobra decir que esto es un riesgo indeseado.

Para evitar caer en los razonamientos anteriores, en la visualización de datos se suele hacer hincapié en la necesidad de seguir recomendaciones sobre buenas prácticas o fundamentos de las visualizaciones. No se trata de presentar las visualizaciones como vehículos de rendimiento perfecto, puesto que, como ya advertimos, siempre son aproximaciones. Se asume, por tanto, una suerte de conciencia permanente de imposibilidad de lo perfecto (Gómez Molina, 1995, p. 436), pero con una metodología rigurosa que busca minimizar las imperfecciones. En este sentido, cabe preguntarse qué puede hacer mal una visualización construida sobre unos datos que, como tales, deberían ser verídicos. Pero tengamos en cuenta que ni los datos son siempre verdad ni las visualizaciones son los datos en forma visual. Los datos son una abstracción de lo que representan, afirma Yau (2013, p. 32). Tampoco hay garantías de que la simulación de la recepción que emerge en la creación sea coincidente con la percepción real. Y, sobre todo, no obviemos que la interacción con una visualización implica resolver un problema cognitivo (Ware, 2021, p. 3).

Según Cairo (2019), una visualización puede engañar o inducir a la malinterpretación o desinformación por mostrar información errónea o poca información o, si profundizamos un poco más, por estar mal diseñada (*poor design*), por partir de datos erróneos, por representar una cantidad incorrecta de datos (demasiados o insuficientes), por generar indeterminación o incertidumbre, por sugerir causalidades o patrones incorrectos o por reafirmar las expectativas o prejuicios de quien la diseña. Duarte (2012) propone cinco principios: decir la verdad, ir al grano, elegir la herramienta adecuada, destacar lo importante y optar por la simplicidad, que a nuestro parecer implican una serie de decisiones capitales, como veremos en adelante. Desde un enfoque más centrado en el *storytelling* con datos, Nussbaumer (2017) defiende seis pasos fundamentales: comprensión del contexto, elección del elemento visual apropiado, erradicación de la confusión, focalización de la atención en lo importante, pensamiento de diseñador y construcción de una historia. Existe, desde que Tufte abogara por el uso minimalista de los gráficos (Tufte, 1990 y 2001), consenso en la conveniencia de eliminar elementos irrelevantes, en la simplicidad como forma óptima de comunicación visual.

A pesar de que suene inviable, el deseo de Tufte (1990, p. 21) de que los gráficos se convirtieran en otro elemento de la oración encierra una reflexión de crucial importancia acerca del grado en que un gráfico puede llegar a ser leído como texto. Sobre esta cuestión incidiremos más adelante. De momento, apuntaremos la posibilidad de que el tiempo permita tener un mayor conocimiento de la percepción y el procesamiento del lenguaje visual, algo que, sin duda, obligará a revisar las bases aquí descritas, tarea que no dejará de ser un avance, un síntoma del buen funcionamiento del ciclo metodológico por el que han apostado las humanidades digitales. Al mismo tiempo, las herramientas y la comunicación humano-máquina avanzarán, por lo que, por un lado, se facilitará aún más su uso y, por otro, conseguiremos ser más precisos y llegar más lejos con nuestros análisis.

2. ¿CÓMO HACER VISUALIZACIONES?

En consonancia con lo expuesto hasta ahora, es fácil deducir que visualizar conlleva una constante toma de decisiones que atañen a la conversión de los datos en elementos visuales, a la eficiencia que los elementos elegidos tengan a la hora de transmitir información y conocimiento, así como al ejercicio predictivo o heurístico de cómo será percibida o interpretada la visualización. Un buen uso de las visualizaciones requiere, por tanto, decisiones apropiadas. Son muy numerosas las recomendaciones que podemos encontrar en torno a la creación de visualizaciones (Wilke, 2019), pero la inmensa mayoría se detiene en cuestiones relativas al formato de presentación. Sobre eso hablaremos más adelante, pero previamente consideraremos que quien quiere aplicar estas técnicas al análisis de textos literarios puede empezar a dudar mucho antes de llegar al formato; concretamente, en el mismo momento en que debe elegir una herramienta, software o lenguaje de programación con los que crear las visualizaciones.

Hasta ahora hemos tratado de concienciar sobre la necesidad de pensar visualmente para poder hacer buen uso de las visualizaciones. Si visualizar es comunicarse, debemos hacer todo lo posible por asegurar el correcto entendimiento y, para ello, es preciso reflexionar acerca del impacto sobre la percepción e interpretación que tienen los elementos visuales elegidos. Pero, como ya hemos insistido, previamente debemos conocer bien nuestros datos, saber lo que representan (Yau, 2013, p. 2), lo que pueden llegar a decir y lo que no.

A continuación, ilustraremos algunas de las recomendaciones y reflexiones con ejemplos basados en el análisis de *La continuidad de los parques*, el cuento más corto que escribió Cortázar (2013, p. 66), en el año 1956. Además de su calidad y sugestiva belleza, la llamativa brevedad tiene numerosas implicaciones cuando se trata de hacer una aproximación cuantitativa, sobre todo si pretendemos partir del objeto de estudio (el cuento) para sacar conclusiones generales acerca de la retórica, poética, estilo o grado de similitud o distancia con otras obras en cuanto al uso del léxico, patrones sintácticos, tópicos o cualquier otra temática habitual en los estudios cuantitativos de los textos literarios. Aquí, no obstante, nos vamos a centrar en el potencial de las visualizaciones para corroborar hipótesis más o menos teóricas y que puedan complementarse gracias a este excelente instrumento que nos permite asomarnos allí donde, de otro modo, no solemos alcanzar con la mirada o la lectura consciente. Existe una sólida literatura científica que ha abordado desde (o haciendo uso de) enfoques cuantitativos manuales o no automatizados este cuento (Lagmanovich, 1988; Palmer, 2009; Lunn y Albrecht, 1997; Alvstad y Johnsen, 2012), algo que probablemente se deba a que la brevedad facilita el enfoque cuantitativo sin ayuda de máquinas. Pero, al igual que plantea Eve (2022), pensemos cuánto tiempo llevaría y qué grado de error tendríamos si quisiéramos analizar los mismos aspectos en *La casa tomada*, *Rayuela* o en la obra completa de Cortázar sin hacer uso de las máquinas.

2.1. ¿Qué herramientas elegir?

Resultar difícil refutar que se pierde control sobre la toma de decisiones con las herramientas o software automatizado. No obstante, la literatura científica es contundente al respecto: las herramientas son simples contenedores de ideas (Duarte, 2012, p. 26). Si centramos todo el esfuerzo en encontrar la herramienta o aplicación perfecta, estaremos, en cualquier caso, limitando las posibilidades de las visualizaciones a "aquellas soluciones que sabemos implementar" (Rovira y Pascual, 2021, p. 18). Si bien son muy alentadoras estas reflexiones, creemos claro que no evitan tener que elegir.

Hoy en día podemos recurrir a herramientas de uso habitual como Microsoft Excel, Google Sheets o Numbers, cuyo potencial es, normalmente suficiente para la creación de prácticamente cualquier tipo de visualización (Nussbaumer, 2017). Otra opción es recurrir a herramientas algo más especializadas, pero relativamente sencillas, como Tableau Software, que ofrece una interfaz mucho más interactiva y visual. Entre otras muchas opciones, podríamos también destacar software o plataformas orientadas hacia los análisis de corpus, pero que, con certeza, suponen actualmente una gama de funcionalidades de visualización realmente extensa. Por ejemplo, para el análisis de nuestros propios corpus de textos literarios desde enfoques basados o próximos a la visualización, podemos resaltar el potencial de Sketch Engine (Kilgarriff et al., 2014) o Voyant Tools (Sinclair y Rockwell, 2016). Por otro lado, tendríamos la opción de trabajar con lenguajes de programación como Python o R, cuyos *scripts*, paquetes y potencial son sobradamente eficaces para la minería de datos y análisis de textos. Esta última opción, si bien puede ser la que permita un mayor control sobre la toma de decisiones, requiere familiarización con la programación, a pesar de ser entornos relativamente intuitivos y contar con extensa documentación y comunidades de usuarios. A propósito de estas comunidades de usuarios, conviene destacar que, fruto de ese compromiso por el conocimiento colaborativo al que nos hemos referido, podemos encontrar comunidades que permiten el envío de visualizaciones para recibir consejos o valoraciones (cf. Nussbaumer, 2017, p. 225).

Pero recuperemos la idea de que, a pesar de todo, el mejor software es aquel que te permite hacer los gráficos que necesitas (Wilke, 2019, p. 325). El problema, por tanto, radica no tanto en la herramienta a utilizar, sino en la pregunta a la que queremos dar respuesta o que deseamos plantear. "La forma sigue a la necesidad", según apuntan Rovira y Pascual (2021, p. 141) y, definitivamente, creemos que una buena parte de los errores en la creación de visualizaciones guarda relación con no saber o no tener clara la pregunta de investigación.

Para un análisis fundamentalmente exploratorio, probablemente sea más habitual recurrir a herramientas diseñadas para el tratamiento de corpus o a los diferentes lenguajes de programación. Para un análisis preferentemente aclaratorio, es muy frecuente el uso de Microsoft Excel, Google Sheets o Tableau. Pero, insistimos, la eficacia de las herramientas vendrá determinada por la calidad de nuestros datos, el conocimiento que tengamos de ellos y la idoneidad con respecto a la pregunta a la que queramos dar respuesta.

2.2. ¿Qué visualización es óptima?

Ante la duda, una tabla. Ante la incapacidad de saber cuál es mejor, un gráfico de barras. Ante la duda de cómo representar distintas series de datos en un mismo gráfico, mejor dibujar varios gráficos.

Cada gráfico tiene sus ventajas e inconvenientes. Y es muy probable que muchos de ellos todavía no los conozcamos. Aquí vamos a tratar de facilitar una reflexión general sobre qué decisiones pueden comprometer la calidad y eficiencia de una visualización. A modo de ejemplo, daremos recomendaciones concretas sobre la elaboración de tablas y de gráficos de barras. Para la consulta de recomendaciones específicas para cada tipo de gráfico, remitimos a la bibliografía citada a lo largo de este texto, especialmente a las monografías de Wilke (2019) y, en español, a Nussbaumer (2017) y Rovira y Pascual (2021). Asimismo, para familiarizarse con los diferentes tipos de gráficos y visualizaciones que existen también podemos recurrir a algunos de los catálogos online disponibles, en los que incluso se puede indicar el tipo de datos para obtener recomendaciones de tipos de visualizaciones (Wilke, 2019, pp. 37–44; Barros García, 2021). Sin ser la estrategia idónea, estas recomendaciones pueden ayudarnos, al menos, a filtrar los numerosos tipos de gráficos que existen. Sugerencias similares realizan tanto Google Sheets (gráficos sugeridos) como Microsoft Excel (gráficos recomendados).

Un error habitual consiste en suponer que el tipo de gráfico más sofisticado y original es el que causará un mejor efecto. Aquí concurren varias presunciones incorrectas. Por una parte, y como ya se ha puesto de manifiesto, en visualización de datos se suele enfatizar la importancia de la simplicidad, la claridad y la concreción: por querer mostrar muchos datos a la vez se corre el riesgo de terminar no mostrando nada (Wilke, 2019, p. 340). Por otra parte, hay un componente esencial que deriva de la idea de que visualizar es comunicarse: la familiaridad con respecto a un tipo de gráfico suele facilitar la interpretación. En este sentido, Rovira y Pascual (2021) comentan la dificultad que suele suponer el gráfico de caja (*box plot*) para un público no familiarizado con este tipo de gráfico, algo que Pierce y Chick (2013) ilustraron a la perfección al localizar las erróneas percepciones del profesorado a la hora de interpretar estos gráficos, a pesar de su incuestionable potencial. De nuevo observamos que el problema no radica tanto en la eficiencia de la herramienta o la visualización *per se*, sino en que realmente se consiga la comunicación. Por último, se presuponía que el efecto sobre la interpretación y la percepción dependía de la complejidad o sofisticación del gráfico. De momento, el conocimiento que tenemos es que la memoria y la atención son especialmente frágiles en la lectura de visualizaciones, por lo que siguen siendo los atributos retentivos o canales de *pop-out* de Ware (2021) las mejores vías para focalizar la atención y, por tanto, promocionar la consolidación de memorias. En el apartado siguiente veremos que están lejos de ser técnicas o variables singulares e infrecuentes.

Nussbaumer (2017) desglosa y comenta los escasos 12 gráficos que suele emplear con más frecuencia, entre los que incluye el texto simple y las tablas. Yau (2013, p. XIII) reconoce tener la sensación de que prácticamente siempre el mejor gráfico es el de barras. Esta afirmación podría generar cierta decepción ante la atracción de la enorme diversidad de gráficos existentes, pero no deja de ser una consecuencia de lo comentado anteriormente: se trata de un gráfico común, simple y claro. Y será más eficaz si se tienen en cuenta algunas recomendaciones.

Los gráficos de barras permiten, frente a los de columnas, una mayor extensión de caracteres en las categorías representadas en los ejes. Asimismo, si los datos no tienen un orden natural (por ejemplo, franjas de edad) conviene ordenar las categorías a representar por orden de valor de las métricas, ascendente o descendiente, según el objetivo de la visualización. Por su parte, las tablas, hasta donde sabemos, son leídas como texto (Wilke, 2019, p. 275), razón por la que no siempre son consideradas dentro de la categoría de gráficos. También es cierto que no facilitan el vistazo rápido, la vista de pájaro (Cairo, 2019). Sin embargo, son elementos visuales en los que podemos jugar con los atributos retentivos y que, en parte, comparten el objetivo con las visualizaciones. A las tablas, además, se les suele prestar poca atención (Nussbaumer, 2017, p. 46) en las recomendaciones y fundamentos de uso de elementos visuales.

Veamos, por ejemplo, las diez palabras más frecuentes en "Continuidad de los parques" de Cortázar que obtenemos con la función Wordlist de Sketch Engine y posterior elaboración en Word siguiendo una de las sugerencias de diseño:

Tabla 1. Palabras más frecuentes en La continuidad de los parques. Elaboración propia

Rank	*Palabra*	*Frecuencia*
1	la	32
2	de	24
3	y	16
4	los	16
5	el	16
6	que	15
7	a	15
8	en	14
9	una	12
10	del	11

Sabemos que esta tabla es poco informativa para casi cualquier pregunta de investigación. Primero, por no haber discriminado las palabras más habituales del español (función *stop words*). Segundo, porque no se aporta información sobre el volumen total del texto, dato que nos permitiría evaluar las ocurrencias como realmente frecuentes o no. Tercero, porque estamos enfatizando rasgos que no son los que más nos interesa comunicar con el resaltado en negrita o el ensombrecimiento de las filas impares. Además, la disposición de los diferentes elementos, como veremos a continuación, no es apropiada.

En el apartado siguiente esbozaremos algunas recomendaciones para mejorar la representación visual mediante tablas y gráficos de barras. Cuando nos planteamos cuál es la visualización óptima estamos tratando de responder a qué elementos, configuraciones o parámetros hacen que algo pequeño sea fácil de ver (Ware, 2021, p. 23) y correctamente interpretado. Pero antes debemos hacer algunas observaciones más acerca de la optimización del uso de visualizaciones.

Las visualizaciones, habitualmente, constituyen un relato dentro de un texto. No en vano, cómo contar historias con datos (Nussbaumer, 2017) es un campo de gran relevancia actualmente. Es importante al respecto mantener un equilibrio entre la variedad de gráficos usados y el uso consistente de los mismos, es decir, se recomienda mantener el orden de los ejes, utilizar los mismos tipos de visualizaciones para los mismos análisis, mantener la disposición de elementos, la ordenación de categorías, etc., siempre sin olvidar que la claridad y simplicidad son las claves del éxito de una visualización. Si sentimos la necesidad de añadir elementos a un gráfico, no suele ser mala idea hacer varios gráficos, que se podrán unir en una representación conjunta o *dashboard*.

Pensemos que en una buena visualización todo lo que está presente debe tener un porqué. Y, por lo tanto, no deben coaparecer elementos que den la misma información. Esto último no hay que confundirlo con que se refieran a los mismos datos, ya que en muchos casos lo que se busca es conseguir que una visualización sobre los mismos datos dé múltiples informaciones acerca de su contexto. Por ejemplo, en análisis de textos (no solo literarios) es muy habitual combinar un *strip plot* o gráficos de tendencias con tablas o con gráficos de barras para obtener al mismo tiempo información sobre la distribución o tendencia y la frecuencia o número de ocurrencias:

Esta representación es muy próxima a los *sparklines* de Tufte y con ella se consigue complementar la información acerca de la frecuencia (absoluta y normalizada en número de ocurrencias por millón de palabras) con una visualización de cómo se usa a lo largo del corpus. También será frecuente y recomendable combinar texto simple, gráficos de barras o columnas y visualizaciones tipo tablas, algo fácil de conseguir incluso desde la interfaz de plataformas automatizadas[1]:

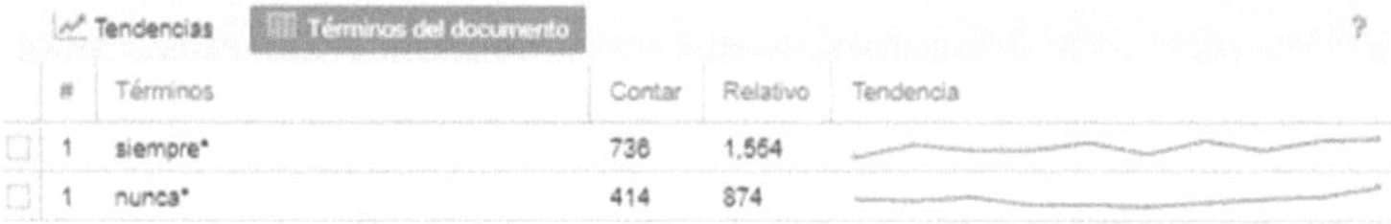

Figura 1. Frecuencias y tendencias de uso para los adverbios "siempre" y "nunca" en los *Cuentos completos* de Cortázar. Elaboración propia con Voyant Tools

Un problema que tienen estas herramientas, en Voyant Tools más acuciado que en Sketch Engine, es que no permiten un control total de los parámetros, por lo que la frecuencia relativa aquí se hace por millón de palabras, cuando convendría hacerlo por un valor inferior dada la extensión del corpus. Además, en las visualizaciones de tendencias de la figura 1 solo podemos segmentar el corpus en fragmentos de igual número de palabras, por lo que perdemos la posibilidad lógica de hacerlo por obras a lo largo del tiempo. En la figura 2 se segmenta el corpus en 10 segmentos de igual número de palabras.

1 Si estás leyendo esta versión impresa del libro, es importante señalar que las imágenes y gráficos se presentan en blanco y negro. Para acceder a todas las figuras en color, te recomendamos consultar la versión online gratuita de este libro. De esta manera, podrás disfrutar de una experiencia más completa y detallada.

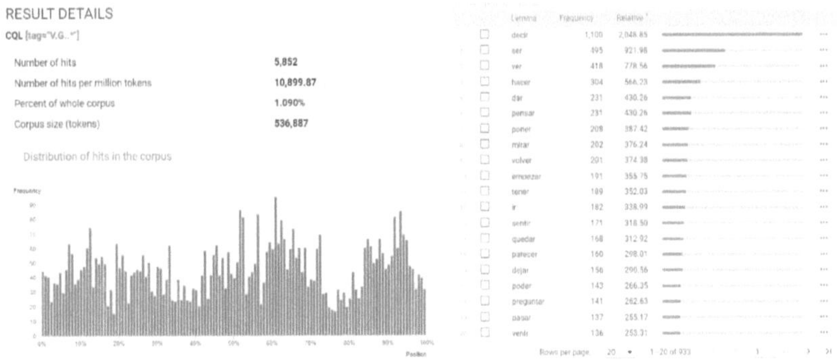

Figura 2. Uso del gerundio en los *Cuentos completos* de Cortázar. Elaboración propia con Sketch Engine

Sin embargo, si lo segmentamos en 4 partes, no hay garantía de que el conocimiento que se pueda extraer de la visualización sea el mismo, entre otros motivos porque los gráficos de línea tienen el inconveniente de que solemos asumir, sin que necesariamente sea así, que los lugares de intersección o acercamiento son relevantes:

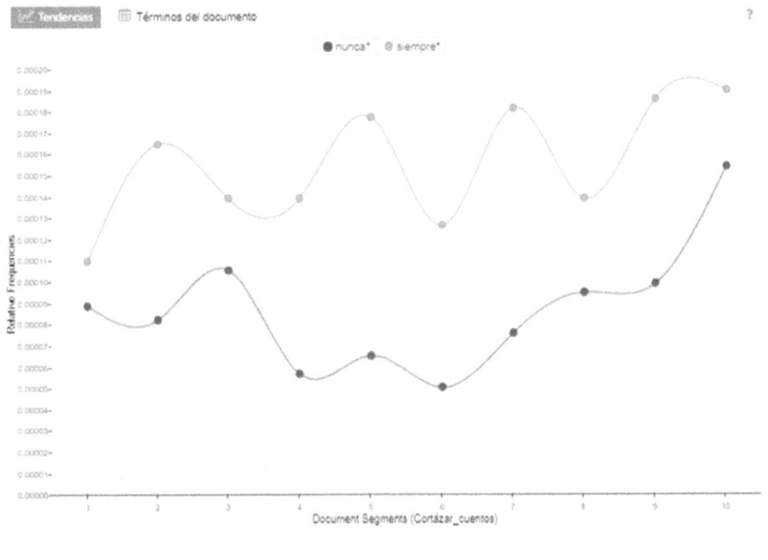

Figura 3. Tendencia de uso de los adverbios "siempre" y "nunca" en los *Cuentos completos* de Cortázar. Segmentación en 10 partes. Elaboración propia con Voyant Tools

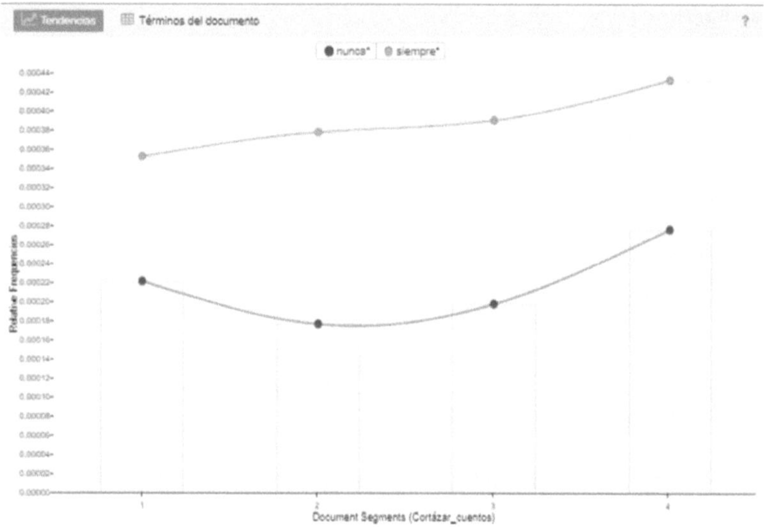

Figura 4. Tendencia de uso de los adverbios "siempre" y "nunca" en los *Cuentos completos* de Cortázar. Segmentación en 4 partes. Elaboración propia con Voyant Tools

Con Sketch Engine tendríamos un problema similar si la diseñáramos con las opciones básicas, aunque sí se podría segmentar el corpus por obras mediante el uso de expresiones regulares.

Una de las variables que hace mejor o peor a una visualización es el contexto. Los ejes o el título de un gráfico no siempre son suficientes para explicar lo que se representa y facilitar la extracción del conocimiento correcto. Es más, muchas veces los títulos de los ejes, del gráfico y las leyendas son elementos claramente sobrantes si aplicamos la máxima que defendíamos anteriormente: todos los elementos deben aportar información nueva y relevante.

2.3. Relevancia de los elementos y su disposición

Si nos centramos en las tablas y los gráficos de barras o columnas, algunos de los elementos que nos permitirán contextualizar mejor las visualizaciones son el color, el orden o el tamaño. Veamos, por ejemplo, cómo podríamos representar en una tabla los usos de verbos en imperfecto, perfecto y gerundio en Cortázar. Pero queremos contextualizar los datos de manera que, además de corroborar fenómenos puntuales advertidos por la crítica (Lagmanovich, 1988;

Lunn y Albrecht, 1997; Palmer, 2009) como que en “Continuidad de los parques” Cortázar usa tres veces menos verbos en perfecto que en imperfecto, podamos extraer conclusiones acerca esta misma relación entre el uso de perfecto e imperfecto en otras de sus obras. Para ello nos ayudaremos de técnicas cuantitativas y de visualización.

En este caso, hemos extraído con Sketch Engine (función Wordlist mediante regex) todos los imperfectos, los perfectos y los gerundios para un corpus compuesto por tres documentos: los *Cuentos completos I y II* de Cortázar (2016) de los que se eliminó el cuento que estamos analizando, el cuento “Continuidad de los parques” y los *Cuentos completos* de E. A. Poe (2009) en traducción de Cortázar. La idea es simplemente apuntar las posibilidades que nos brinda un enfoque cuantitativo más allá de su potencial corroborativo, así como ejecutar algunas recomendaciones sobre la representación de tablas:

Tabla 2. Frecuencia de verbos en imperfecto, perfecto y gerundio en textos de Cortázar. Elaboración propia con Microsoft Word

	Imperfecto	**Perfecto**	**Gerundio**	**Total**
Cuentos	20490	11312	5852	536887
Parques	39	13	6	611
Trad_Poe	7113	3797	2024	351899

A pesar de haber seguido las recomendaciones para la elaboración de tablas de Wilke (2019, pp. 273–283), entre otras, la ausencia de líneas de separación tanto horizontales como verticales salvo para la primera línea de título y el final de la tabla, las normas de alineado del texto (izquierda), cifras (derecha) y encabezados (izquierda si es título; derecha si es cifra), esta tabla no termina de ser eficaz. Para que lo sea debemos facilitar la comparación de los fenómenos estudiados en los diferentes textos:

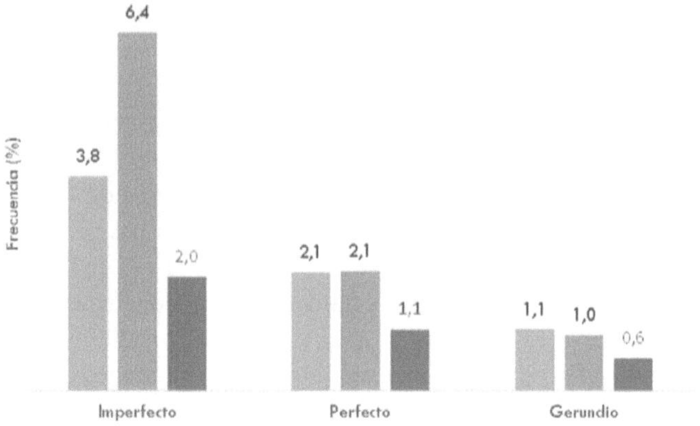

Cuentos	20490	11312	5852
Parques	39	13	6
Trad_Poe	7113	3797	2024

Figura 5. Uso de verbos en imperfecto, perfecto y gerundio en textos de Cortázar. Elaboración propia con Microsoft Excel

En la figura 5, mediante la combinación de una tabla y gráficos de columnas, así como con una leve intervención sobre atributos como el color, el orden y la disposición de elementos, pensamos que se consigue transmitir más y mejor información, es decir, se consigue una tasa mayor de información por número de elementos presentes en la visualización. Por un lado, las frecuencias normalizadas (en tanto por ciento) permiten una comparación de los datos, que habrá que elaborar mediante técnicas estadísticas más avanzadas (entre otros: Gries, 2021; Stefanowitsch, 2020; Brezina, 2018). Por otro, las técnicas cuantitativas y de visualización han permitido ver más allá de las observaciones advertidas hasta la fecha. El matiz del color nos ha permitido diferenciar entre los diferentes textos. Al ser categorías distintas, hemos preferido diferenciar mediante matiz y no por saturación, que se suele reservar para variaciones en los valores de una medida.

Con respecto al uso del color, Nussbaumer (2017) es bastante clara al mostrar que siempre debe ser una decisión intencionada. El problema surge debido a que la percepción del color no es regular ni estable y, al mismo tiempo, es muy dependiente de las posibles asociaciones culturales que tengan los diferentes colores. En el primer caso, diremos que en la figura 5 debería comprobarse aún si es óptima para deficiencias visuales con alguna de las herramientas de las que disponemos en línea (Wilke, 2019, p. 238). En el segundo caso, hemos de advertir que la semántica del color (Ware, 2021, p. 84) es un tema complejo y apasionante, cuya resolución depende en gran medida del público meta al que se dirija la visualización.

3. CONCLUSIONES

Es difícil saber si la distribución tan marcada entre verbos en imperfecto y perfecto en "Continuidad de los parques" de Cortázar responde a una decisión concreta del autor, pero sí podemos intuir que era plenamente consciente de los mecanismos que debía emplear para lograr la "total interfusión de lo fantástico con lo real" y de la necesidad, mucho mayor que en cuentos más largos, de "cuidar cada palabra" (Cortázar, 2013). La información que aportan Lagmanovich (1988); Lunn y Albrecht (1997) y Palmer (2009) es completa: hay una dosificación y control en el uso del imperfecto y del perfecto, así como una distribución desigual en las tres o cuatro historias que se pueden identificar en el cuento, con una parte final de varias líneas en las que no hay ninguna forma finita de verbos. Sin embargo, la integración de la visualización de datos en el estudio de estos fenómenos lingüístico-literarios posibilita un nuevo horizonte de análisis que trasciende la capacidad técnica de los métodos computacionales (Eve, 2022, p. 8). Visualizar es comunicarse, y también un modo de pensar los textos literarios, la literatura y los fenómenos lingüísticos. La visualización de datos permite ver donde antes no se pensaba poder mirar.

A lo largo de estas líneas se han puesto de relieve las bases conceptuales, metodológicas y, someramente, de diseño que justifican el potencial, la rigurosidad y las excelentes perspectivas que viene mostrando durante décadas la integración de la visualización de datos en los estudios literarios.

Asimismo, se ha mostrado la estrecha relación de las visualizaciones con el pensamiento visual y, por tanto, sus posibilidades en cuanto ventana de acceso hacia una mejor comprensión de la percepción y la atención humanas.

REFERENCIAS BIBLIOGRÁFICAS

Alvstad, C., y Johnsen, A. (2012). Continuidad de los textos: Metaficción en un cuento de Cortázar y en su traducción sueca. *Meta*, *57*(3), 592–604. https://doi.org/10.7202/1017082ar

Baird, I. (2021). Introduction: "Speaking to the Eyes"—Reassessing the Enlightenment in the Digital Age. En I. Baird (Ed.), *Data Visualization in Enlightenment Literature and Culture* (pp. 1–27). Springer.

Barros García, B. (2020). El texto literario hecho datos: F. M. Dostoievski en el marco de las Humanidades digitales y los enfoques cuantitativos. *452ºF. Revista De Teoría De La Literatura Y Literatura Comparada*, (23), 53–77. https://doi.org/10.1344/452f.2020.23.3

Barros García, B. (2021). Representar visualmente los resultados de la investigación sobre el español LE/L2. En Cruz Piñol, M. (Ed.). *e-Research y español LE/L2. Investigar en la era de las tecnologías* (pp. 228–247). Routledge. https://www.routledge.com/e-Research-y-espanol-LEL2-Investigar-en-la-era-digital/Pinol/p/book/9781138359741

Benotto, G. (2021). Can an Author Style Be Unveiled Through Word Distribution? *Digital Humanities Quarterly*, *15*(1), http://www.digitalhumanities.org/dhq/vol/15/1/000539/000539.html

Bertin, J. (2010). *Semiology of Graphics. Diagrams, Networks, Maps*. Esri Press.

Brezina, V. (2018). *Statistics in Corpus Linguistics: A Practical Guide*. Cambridge University Press.

Cairo, A. (2019). *How Charts Lie: Getting Smarter about Visual Information*. Norton & Company.

Cortázar, J. (2013). *Clases de literatura: Berkeley, 1980*. Alfaguara.

Cortázar, J. (2016). *Cuentos completos I y II*. Debolsillo.

Duarte, N. (2012). *Slide:ology the art and Science of Creating Great Presentations*. O'Reilly Media.

Eder, M., Rybicki, J., y Kestemont, M. (2016). Stylometry with R: a Package for Computational Text Analysis. *R Journal*, *8*(1), 107–121. https://journal.r-project.org/archive/2016/RJ-2016-007/index.html

Eve, M. P. (2022). *The Digital Humanities and Literary Studies*. Oxford Scholarships Online. https://doi.org/10.1093/oso/9780198850489.001.0001

Few, S. (2004). *Show me the numbers. Designing Tables and Graphs to Enlighten*. Analytics Press.

Flanders, J., y Jannidis, F. (2019). Data Modeling in a Digital Humanities Context: An Introduction. En J. Flanders y F. Jannidis (Eds.), *The Shape of Data in Digital Humanities. Modeling Texts and Text-Based Resources* (pp. 3–25). Routledge.

Fradejas Rueda, J. M. (2021, 27 de diciembre). Cuentapalabras. Estilometría y análisis de texto con R para filólogos. http://www.aic.uva.es/cuentapalabras/

Gavin, M. (2019). Is There a Text in my Data? (Part 1): On Counting Words. *Journal of Cultural Analytics*, *5*(1). https://doi.org/10.22148/001c.11830

Gómez Molina, J. J. (1995). *Las lecciones del Dibujo*. Cátedra.

Gries, St. (2021). *Statistics for Linguistics with R. A Practical Introduction* (3rd ed.) De Gruyter Mouton.

Hanauer, D. (Ed.) (2011). *The Future of Scientific Studies in Literature. Special issue of Scientific Study of Literature*. John Benjamins.

Hullman, J. (2020). Why Authors Don't Visualize Uncertainty. *IEEE Transactions on Visualization and Computer Graphics, 26*(1), 130–139. https://doi.org/10.1109/TVCG.2019.2934287

Jenner, M. (2017). Binge-watching: Video-on-demand, quality TV and mainstreaming fandom. *International Journal of Cultural Studies, 20*(3), 304–320. https://doi.org/10.1177/1367877915606485

Jockers, M. (2014). *Text Analysis with R for Students of Literature (Quantitative Methods in the Humanities and Social Sciences)*. Springer.

Kilgarriff, A., Baisa, V., Bušta, J., Jakubíček, M., Kovář, V., Michelfeit, J., Rychlý, P., y Suchomel, V. (2014). The Sketch Engine: Ten Years On. *Lexicography, 1*(1), 7–36. https://doi.org/10.1007/s40607-014-0009-9

Lagmanovich, D. (1988). Estrategias del cuento breve en Cortázar: Un paseo por "Continuidad de los parques". *Explicación de textos literarios, 17*(1–2), 177–85.

Lunn, P., y Albrecht, J. (1997). The Grammar of Technique: Inside 'Continuidad de los parques'. *Hispania, 80*(2), 227–33.

Mack, A., Erol, M., Clarke, J., y Bert, J. (2016). No Iconic Memory Without Attention. *Consciousness and Cognition*, (40), 1–8. https://doi.org/10.1016/j.concog.2015.12.006

Majid, A., Roberts, S. G., Cilissen, L., Emmorey, K., Nicodemus, B., O'Grady, L., Woll, B., LeLan, B., de Sousa, H., Cansler, B. L., Shayan, S., de Vos, C., Senft, G., Enfield, N. J., Razak, R. A., Fedden, S., Tufvesson, S., Dingemanse, M., Ozturk, O., Brown, P., y Levinson, S. C. (2018). Differential Coding of Perception in the World's Languages. *Proceedings of the National Academy of Sciences of the United States of America, 115*(45), 11369–11376. https://doi.org/10.1073/pnas.1720419115

Mayoral, J. A. (Comp.) (1987). *Pragmática de la comunicación literaria* (2nd ed.). Arco Libros.

Nussbaumer, C. (2017). *Storytelling con datos. Visualización de datos para profesionales*. Anaya multimedia.

Palmer, J. (2009) Verbs, Voyeurism, and the Stalker Narrative in Cortázar's "Continuidad de los parques". *Romance Quarterly, 56*(3), 207–216.

Pierce, R., y Chick, H. (2013). Workplace Statistical Literacy for Teachers: Interpreting Box Plots. *Math Ed Res J*, (25), 189–205. https://doi.org/10.1007/s13394-012-0046-3

Poe, E. A. (2009). *Cuentos completos* (trad. Julio Cortázar). Páginas de espuma.

Rojo, G. (2021). *Introducción a la lingüística de corpus en español* (Routledge Introductions to Spanish Language and Linguistics). Routledge.

Rovira, P., y Pascual, V. (2021). *Analítica Visual. Cómo explorar, analizar y comunicar datos*. Anaya multimedia.

San Roque, L., Kendrick, K., Norcliffe, E., Brown, P., Defina, R., Dingemanse, M., Dirksmeyer, T., Enfield, N., Floyd, S., Hammond, J., Rossi, G., Tufvesson, S., van Putten, S., y Majid, A. (2015). Vision Verbs Dominate in Conversation Across Cultures, but the Ranking of Non-Visual Verbs Varies. *Cognitive Linguistics, 26*(1), 31–60. https://doi.org/10.1515/cog-2014-0089

Schöch, C. (2013). Big? Smart? Clean? Messy? Data in the Humanities. *Journal of Digital Humanities, 2*(3), http://journalofdigitalhumanities.org/2-3/big-smart-clean-messy-data-in-the-humanities.

Silge, J., y Robinson, D. (2017). *Text Mining with R: A Tidy Approach*. O'Reilly Media.

Sinclair, S., y Rockwell, G. (2016). Voyant Tools. http://voyant-tools.org/

Stefanowitsch, A. (2020). *Corpus Linguistics: A Guide to The Methodology*. Language Science Press.

Tufte, E. (1990). *Envisioning Information*. Graphics Press.

Tufte, E. (2001). *The Visual Display of Quantitative Information*. Graphics Press.

Van Peer, W. (1989). Quantitative Studies of Literature. A Critique and an Outlook. *Computers and the Humanities*, (23), 301–307.

Ware, C. (2021). *Visual Thinking for Information Design (The Morgan Kaufmann Series in Interactive Technologies)* (2nd ed.). Elsevier.

Wilke, C. (2019). *Fundamentals of Data Visualization: A Primer on Making Informative and Compelling Figures*. O'Reilly Media.

Winter, B., Perlman, M., y Majid, A. (2018). Vision Dominates in Perceptual Language: English Sensory Vocabulary Is Optimized for Usage. *Cognition*, (179), 213–220. https://doi.org/10.1016/j.cognition.2018.05.008

Wolfe, J., y Horowitz, T. (2004). What Attributes Guide the Deployment of Visual Attention and How Do They Do It? *Nature Reviews Neuroscience*, (5), 495–501. https://doi.org/10.1038/nrn1411

Yau, N. (2013). *Data Points: Visualization That Means Something*. Wiley.

¿Qué espacios se recorren en este texto? "Lo que observo y aprendo": Un ejercicio de geografía literaria con herramientas digitales en las *Notas de viaje* de María Paz Mendoza-Guazón

Gimena DEL RIO RIANDE

Consejo Nacional de Investigaciones Científicas y Técnicas (CONICET)
gdelrio@conicet.gov.ar
https://orcid.org/0000-0002-8997-5415

Resumen: A través de la anotación semántica de textos, en este capítulo nos acercaremos al trabajo con geodatos en las *Notas de un viaje* de la científica y escritora filipina María Paz Mendoza-Guazón. Presentaremos un flujo de trabajo simple integrado con Recogito, una herramienta de anotación semántica en línea, de código abierto y gratuita desarrollada por Pelagios Network. Aprenderemos a sacar provecho del reconocimiento automático de entidades nombradas que Recogito realiza y a refinar este trabajo manualmente, verificando las referencias de lugares con *gazetteers* o diccionarios histórico-geográficos. Finalmente, descubriremos cómo las geoanotaciones realizadas en el texto pueden visualizarse en un mapa interactivo.

Palabras clave: Relato de viajes. Humanidades digitales. Geodatos. Anotación semántica. Mujeres escritoras filipinas

1. CONTEXTO

La Geografía Literaria es un campo de estudio multidisciplinario que surge como consecuencia del impacto del giro espacial en las artes y humanidades en el siglo XX (Alexander, 2015, pp. 1–2; Piatti et al., 2008; Moretti, 1999). Sin embargo, el cambio más relevante en los abordajes sobre la geografía literaria se ha producido en los últimos años dentro de las humanidades digitales, gracias al desarrollo y la aplicación de Sistemas de Información Geográfica (SIG)[1]. Esta aproximación

1 Los Sistemas de Información Geográfica (SIG) reúnen, gestionan y analizar datos espaciales a través de herramientas digitales y métodos computacionales. A través de diferente software, los SIG analizan ubicaciones espaciales y las organizan en capas de información para su visualización, utilizando mapas y plataformas digitales.

digital al paisaje como lectura ha venido definiéndose como geohumanidades (*GeoHumanities*) o humanidades espaciales (Richardson et al., 2011, p. 3; García Goméz, 2018, pp. 120–141). Mediante técnicas y procesos digitales y computacionales de recuperación y la visualización de la información geográfica, las Geohumanidades hacen explícitos diferentes aspectos de las conexiones entre el espacio, el tiempo y la literatura, y las asocia con diferentes modos de lectura. Por ejemplo, la anotación semántica manual de textos en formato digital o el añadido de datos y metadatos redunda en prácticas relacionadas, en primer lugar, con una lectura cercana, atenta e interpretativa de los textos (Moretti, 2005). Por el contrario, cuando las anotaciones se realizan automáticamente, sin la posibilidad de una verificación manual exhaustiva, se alinean geodatos[2] de diferentes fuentes, y los textos se interpretan sobre la base de resultados de análisis cuantificados, estos procesos pueden entenderse como modos de lectura distante (Moretti, 2005) o macroanalítica (Jockers, 2013).

Este capítulo presenta un modelo de anotación semántica digital de fuentes histórico-literarias, con un enfoque particular en la geografía de los textos. Abordaremos procesos manuales y (semi)automatizados para trabajar con geodatos y aprenderemos, entre otras cosas, a utilizar diccionarios histórico-geográficos digitales (también conocidos como *gazetteers*)[3] dentro de Recogito[4], una herramienta para anotación semántica de textos de código abierto, gratuita y en línea desarrollada por Pelagios Network[5]. Nos serviremos de las *Notas de viaje*, de la científica y escritora filipina María Paz Mendoza-Guazón (1884–1967). Primera mujer graduada en Medicina por la Universidad de Filipinas y fundadora de la Asociación Filipina para Mujeres Universitarias, Mendoza-Guazón publicó este relato de sus viajes por el mundo por la editorial Benipayo de Manila en 1930. El libro obtuvo una mención especial del Premio

2 A grandes rasgos, los geodatos son datos compuestos por información acerca de ubicaciones geográficas. Los geodatos se estructuran y explotan en formatos compatibles con un SIG.

3 Un *gazetteer* o diccionario histórico geográfico digital es un índice de lugares con coordenadas y datos de interés para quien recoge esa información que pueden ir desde descripciones de territorio, nombres históricos, a información estadística de un lugar (Berman et al., 2016).

4 Puedes consultar un breve tutorial en el sitio de Recogito: https://recogito.pelagios.org/help/tutorial, con una sección dedicada a preguntas frecuentes: https://recogito.pelagios.org/help/faq.

5 Más sobre las actividades de Pelagios Network en: https://pelagios.org/.

Zobel y fue luego traducido al inglés y republicado en ambas lenguas en 1949. Nos centraremos específicamente en la última sección del libro, constituida por los capítulos "La tierra de la promisión" y "En el país de las pirámides, momias y jeroglíficos", donde se traza un itinerario detallado desde Beirut a Alejandría.

Como es sabido, el relato de viaje se entronca en una larga tradición literaria europea de lo que podríamos definir como "la escritura sobre el otro". Las peripecias de Marco Polo o Juan de Mandevilla son parte de esta rica tradición acerca de una "otredad" que es tanto geográfica como cultural. En consecuencia, es difícil definir el relato de viaje como un género en sí mismo. Por lo general, como indica la historiadora argentina Juliana Gandini (2022), el relato de viaje siempre implica un traslado geográfico y un motivo: contar lo que se vio en ese lugar a las personas que no estuvieron allí. Podríamos decir que el relato de viaje es un género híbrido o mixto que en realidad incluye muchos géneros o, al menos, elementos narrativos, como cuentos y comentarios, pero que deja en el centro de su definición ese desplazamiento geográfico a otro lugar, y la reconstrucción de un espacio a través de la mirada de quien narra, que finalmente será también la mirada del lector. En el caso del texto de Mendoza-Guazón, es interesante destacar el lugar de observadora activa que la autora se otorga a sí misma y el objetivo pedagógico que implica dicha observación casi científica de los lugares que visita:

> Mi viaje, aunque fué costeado personalmente, se debe al ofrecimiento de mis servicios por los representantes de la "Alumni Association of thc University of the Philippines" (...) y, por este motivo, creo que es mi deber el dar cuenta a mis cograduados y a mi pueblo, no de mi actuación en la Misión, que es insignificante, sino de lo que yo voy aprendiendo en este viaje (...) porque es la única manera cómo puedo hacer llegar a mi pueblo lo que observo y aprendo (...) (Mendoza-Guazón, 1930).

Trabajaremos específicamente las menciones de lugares en estos pasajes de las *Notas de viaje* con tecnologías de datos enlazados o Linked Open Data (LOD)[6] y reconocimiento de entidades nombradas (NER)[7], visualizaremos nuestros

6 La tecnología de datos enlazados o Linked Open Data (LOD), define la estructura de datos abiertos y relacionados entre sí en un formato legible por máquinas. El objetivo último de este tipo de tecnologías apunta a la interoperabilidad de los datos, para posibilitar consultas semánticas enriquecidas.

7 El reconocimiento de entidades nombradas o Named Entity Recognition (NER) trabaja en la extracción de información para localizar y clasificar en categorías predefinidas, como personas, organizaciones, lugares, expresiones de tiempo y cantidades, las entidades encontradas en un texto.

datos en mapas y gráficos, y revisaremos diferentes opciones para compartir y descargar nuestro texto, haciendo hincapié en el formato TEI-XML, el marcado estándar para textos de Humanidades desarrollado por el Consorcio de la Text Encoding Initiative (TEI)[8]. La buena noticia es que no necesitarás tener experiencia previa en informática o en el uso avanzado de estas tecnologías para usar Recogito[9], ya que se trata de una plataforma de carácter amigable e intuitivo que presenta diferentes flujos de trabajo para textos y mapas.

2. UNA PROPUESTA DE ANOTACIÓN SEMÁNTICA DE LAS *NOTAS DE VIAJE* DE MARÍA PAZ MENDOZA-GUAZÓN CON RECOGITO

Paso 1: crear una cuenta en Recogito

En primer lugar, deberás crear una cuenta en el sitio web de Recogito: https://recogito.pelagios.org/. Recogito es un software completamente en línea y gratuito, su interfaz de usuario está disponible en varios idiomas (inglés, español, alemán e italiano), y funciona con la mayoría de los navegadores (Firefox, Chrome, Safari). La herramienta no requiere ninguna instalación previa en tu ordenador, sin embargo, dado que es un software de código abierto, si quisieras, podrías descargar una versión en un servidor local para personalizarlo, por ejemplo, agregando *gazetteers* u otro tipo de diccionarios.

8 Puedes acceder a más información sobre esta iniciativa y sus directrices y herramientas en: https://www.tei-c.org/. En los últimos años, otras tecnologías que ya se han mencionado en este capítulo, como la de los SIG o LOD, han comenzado a dialogar con la propuesta de la codificación de la TEI.

9 Más información sobre Recogito en Simon et al. (2017, 2019). Un muy completo tutorial en Vitale y Simon (2019). Una propuesta de tutorial bilingüe en Del Rio Riande y Vitale (2020).

Figura 1. Crea una cuenta en Recogito

Paso 2: subir un documento

Para cargar un documento de texto en Recogito, recomendamos usar el formato .txt. Si tu documento está en otro formato de texto (por ejemplo, .doc), primero debes convertirlo al formato Unicode UTF-8[10]. Puedes hacerlo en cualquier editor (LibreOffice Writer, Word, Google Docs), simplemente usando la opción *Guardar como* y controlando que el texto se guarde en este formato .txt UTF-8.

Cuando trabajes en Recogito, comprueba siempre que estás trabajando con la versión final de tu documento: Recogito no es un editor de texto y no podrás realizar cambios en el texto una vez que se haya cargado. En nuestro caso, trabajaremos con la última parte de las *Notas de viaje* —“La tierra de la promisión” y “En el país de las pirámides, momias y jeroglíficos”—en formato .txt que hemos tomado del repositorio en GitHub del proyecto DigiPhiLit[11]. Puedes descargar

10 UTF-8 o *8-bit Unicode Transformation Format* es un formato de codificación de caracteres Unicode e ISO 10646 basado en bytes que busca ser un estándar universal al representar cada caracter de una lengua mediante un nombre e identificador numérico. UTF-8 nació de la necesidad de unificar los diferentes formatos particulares para el medio digital creados en zonas distintas para los mismos o similares idiomas. Se trata de un estándar debatido, ya que su representación busca dar cuenta de una gran cantidad de idiomas pero para ello parte del idioma inglés, para el que basta con el formato ASCII de 7 bits para representar todos sus caracteres.

11 Acceso al texto completo en el repositorio de GitHub del proyecto DigiPhiLit: https://github.com/DigiPhiLit/libros_txt/blob/main/Obras%20por%20escritores%20y%20escritoras%20filipinas/Ensayos%2C%20biograf%C3%ADas%20y%20memorias/Mendoza%20Guazon%2C%20Maria%20Paz_Notas%20de%20viaje.txt.

el documento sobre el que vamos a trabajar ya preformateado y limpio de este link: https://github.com/HD-aula-Literatura/III-4-Visualizacion-geog.

Al crear una cuenta el Recogito, llegarás, en primera instancia, a tu espacio de trabajo, y deberás subir este haciendo clic en *New*, como puedes ver en la figura 2.

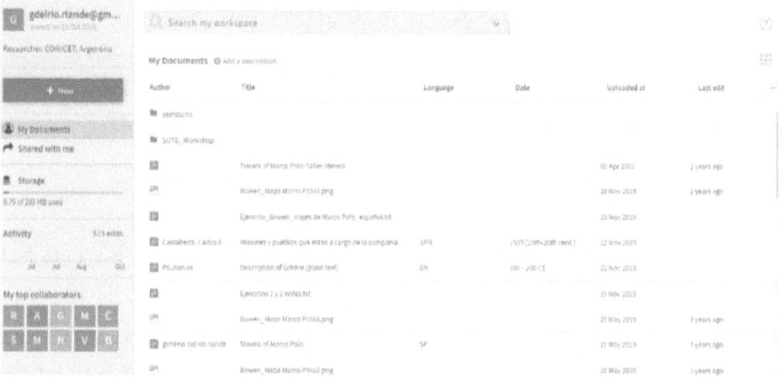

Figura 2. Espacio de trabajo

Si cargas más de un documento de texto al mismo tiempo, Recogito cotejará los archivos para crear un documento común. Esta función es particularmente útil si deseas comparar diferentes capítulos del mismo libro o si deseas analizar relatos del mismo viaje o lugar en diferentes autores. También puedes subir carpetas con diferentes textos o imágenes o exportar materiales desde instituciones de la memoria que utilicen el manifiesto IIIF[12].

Paso 3: definir capacidades de reconocimiento de entidades nombradas

Desde nuestro espacio de trabajo iremos a *Options* y allí a *Named Entity Recognition*, tal como se aprecia en esta imagen:

12 El sitio de International Image Interoperability Framework o IIIF es: https://iiif.io/get-started/.

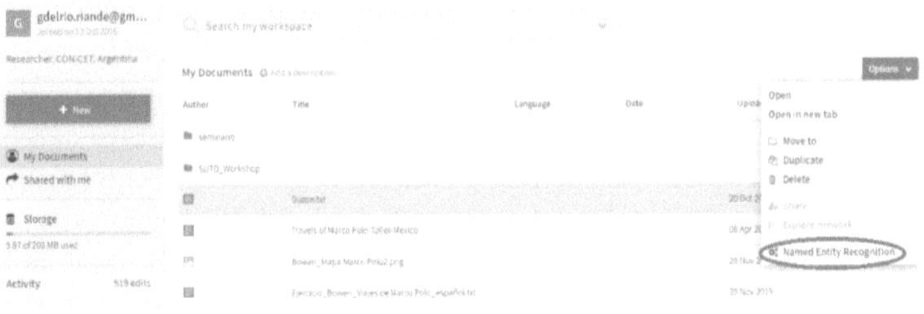

Figura 3. Opciones para NER en el texto

Recogito ofrece la opción de crear anotaciones semiautomáticas utilizando un algoritmo basado en el mencionado reconocimiento de entidades nombradas o NER. Cada idioma trabaja con un algoritmo de NER específico, por lo que debes seleccionar el más apropiado de los disponibles en Recogito. Por el momento, se ofrece el servicio de reconocimiento de entidades nombradas en inglés, francés, español y alemán. Los algoritmos NER (aún en fase experimental) también están disponibles en hebreo y latín. En nuestro caso, elegiremos las opciones NER para español, como puede observarse en la figura 4.

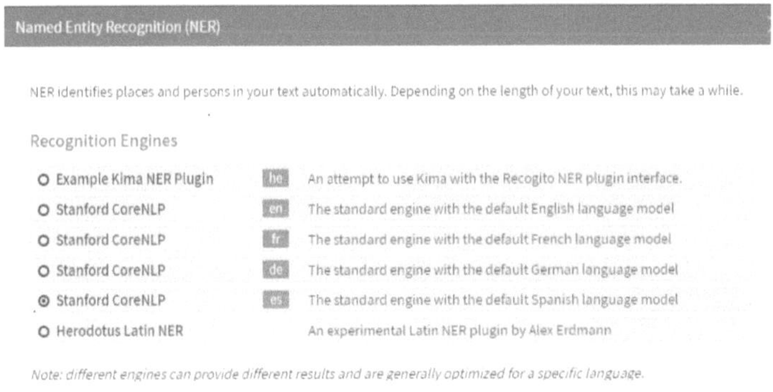

Figura 4. Motores NER

Recogito actualmente utiliza nueve diccionarios histórico-geográficos: HistoGIS (un repositorio GIS para datos espaciales históricos elaborado por el Austrian Centre for Digital Humanities), Pleiades (diccionario histórico geográfico del mundo antiguo), CHGIS (China Historical GIS o SIG histórico de China), DPP Places (Places from the Digitizing Patterns of Power Project o Lugares del Proyecto de patrones digitales del proyecto Power), DARE (Digital Atlas of the Roman Empire o Atlas digital del Imperio Romano), MoEML (Map of Early Modern London o Mapa del Londres de la temprana modernidad), HGIS de las Indias (Historical-Geographic Information System for Spanish America, 1701–1808 o Sistema de Información Histórico-Geográfica para Hispanoamérica, 1701–1808), Kima (Historical Gazetteer with Place Names in Hebrew Script o diccionario histórico con nombres de lugares en escritura hebrea), así como uno contemporáneo (un subconjunto de Geonames). Depende de ti elegir el registro de lugar que crees que se ajusta mejor al lugar mencionado en el texto que estás anotando. En nuestro caso, dado que se trata de un texto de comienzos del siglo XX, vamos a elegir los gazetteers más modernos y/o generales, es decir HistoGIS, DPP Places, MoEML y Geonames, siendo este último el que más usaremos, dado su gran alcance geográfico para lugares modernos y contemporáneos. Luego presionaremos *Start NER*, como puedes ver en la figura 5, y comenzará el proceso de reconocimiento de entidades.

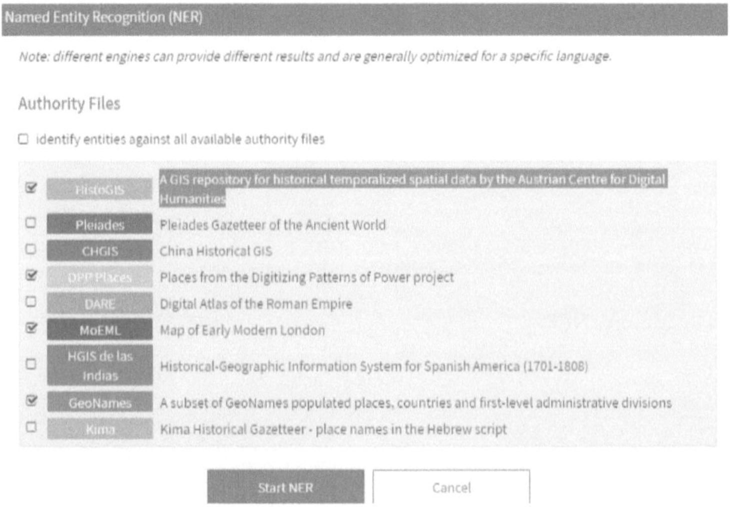

Figura 5. Elección de *gazetteers*

Cuando el proceso acabe, volverás a tu espacio de trabajo y allí nuevamente en *Options*, podrás abrir el documento con la opción *Open*.

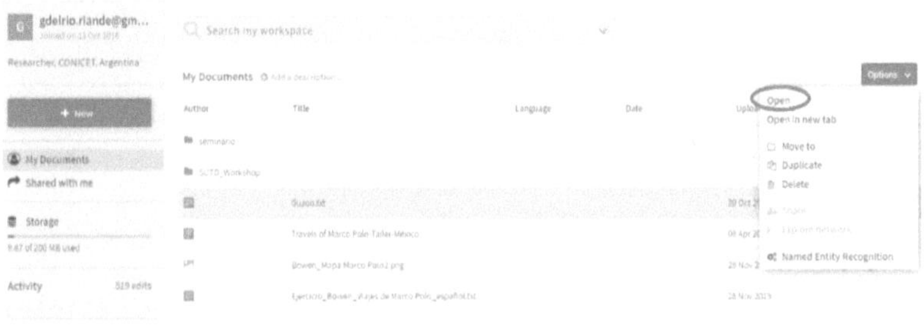

Figura 6. Abrir un documento

Verás que algunos lugares ya se marcaron automáticamente en el texto, dado que los *gazetteers* reconocieron el término y quedaron resaltados en color gris. Más adelante, en el Paso 5, deberás confirmar esta información.

Paso 4: agregar metadatos

Cuando cargues un documento por primera vez en Recogito, es recomendable que completes la mayor cantidad de metadatos posible: información como autoría, título, fecha de publicación, y procedencia, pueden ser importantes, especialmente si quieres compartir tu trabajo con otros, función a la que, como veremos más adelante, puedes acceder desde Recogito. Por defecto, todos tus documentos serán visibles solo para ti; si deseas compartirlos con otras personas, asegúrate de activar los permisos adecuados y de haberlos proporcionado en los metadatos (ver Paso 9). Solo podrás compartir un documento en abierto sin infringir las leyes de copyright si posees los derechos de autor o si el texto está bajo una licencia Creative Commons[13]. En la parte superior de la pantalla verás varios íconos. Por el momento nos concentraremos en el de las herramientas o *Document Settings*. Haremos clic allí y completaremos los metadatos de nuestro texto.

13 Si quieres saber más sobre las licencias Creative Commons, visita: https://creativecommons.org.

Figura 7. Completar los metadatos del texto

En nuestro caso, completamos los metadatos de la obra con la información que nos provee el catálogo WorldCat para la obra[14]. No obstante, encuentras un ejemplo para completar los metadatos de esta obra en la siguiente imagen:

Figura 8. Metadatos de la obra tomados de la edición del1930 de Benipayo Press en Manila

14 Metadatos de la obra en el catálogo WorldCat: https://www.worldcat.org/es/title/10060770.

Paso 5: crear anotaciones

Para empezar a trabajar en tu texto, vuelve a la barra pestaña superior y haz clic en el primer icono (*Document view*).

Figura 9. Anotación del texto en *Document view*

Crear anotaciones en Recogito es un trabajo muy sencillo. Selecciona la palabra o palabras en el texto que deseas anotar. Esta acción mostrará una pequeña ventana emergente de anotación, que te pedirá que asignes una categoría a tu anotación. Puedes elegir entre tres categorías diferentes: lugar (*place*), persona (*person*) y evento (*event*).

Como dijimos al comienzo, en este capítulo nos centraremos en el trabajo con geodatos. Consecuentemente, solo ofreceremos ejemplos sobre lugares referidos en la obra de Mendoza-Guzón. No obstante, debes saber que los procesos de anotación que aquí se describen pueden extenderse a personas y eventos, aunque Recogito no va a ofrecerte una anotación automatizada de estos, ya que en la actualidad no cuenta con diccionarios o registros de autoridad global donde desambiguar dicha información.

Si haces clic en *lugar*, Recogito intentará ayudarte a desambiguar tu anotación comparándola con las entradas relacionadas con uno o más registros de autoridad para lugares a través de los mencionados diccionarios histórico-geográficos o *gazetteers* que ya seleccionamos en el Paso 3. Mientras trabajas en la desambiguación, notarás diferentes colores: naranja significa que el nombre debe ser desambiguado. Verde significa que el nombre ha sido validado. Es decir, cuando el NER reconozca una palabra como un posible nombre de lugar, también intentará hacerla coincidir automáticamente con una entrada en uno de los diccionarios histórico-geográficos de Recogito. Estas anotaciones aparecerán resaltadas en gris para reflejar su coincidencia automática: para volverlas verdes, debemos confirmar manualmente que: (i) la palabra es realmente un lugar; y (ii) coincide con el lugar particular en el diccionario histórico-geográfico.

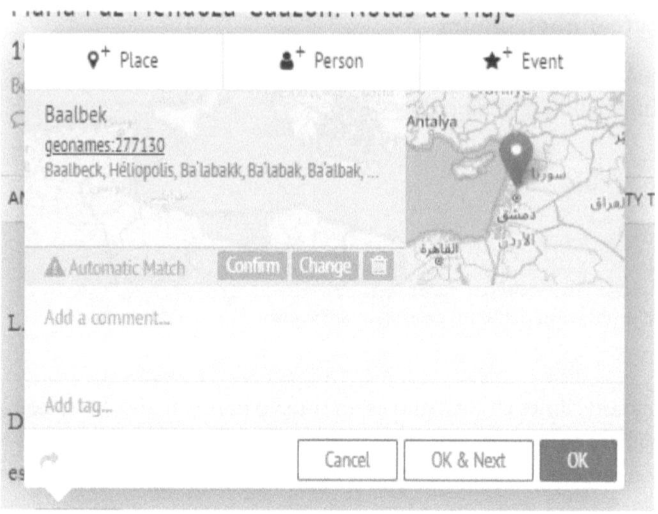

Figura 10. Lugar en proceso de ser anotado, comentado y validado

Hay una ventaja adicional que surge de alinear la anotación de lugar con un registro de lugar: debido a que los diccionarios geográficos también proporcionan otra información (como coordenadas), Recogito visualizará automáticamente las anotaciones de este lugar en un mapa. Podrás agregar comentarios y etiquetas en cada una de estas anotaciones, que luego te ayudarán a sistematizar y visualizar la información de diferentes modos[15].

15 Un videotutorial sobre anotación semántica en Recogito en Del Rio Riande et al. (2019a).

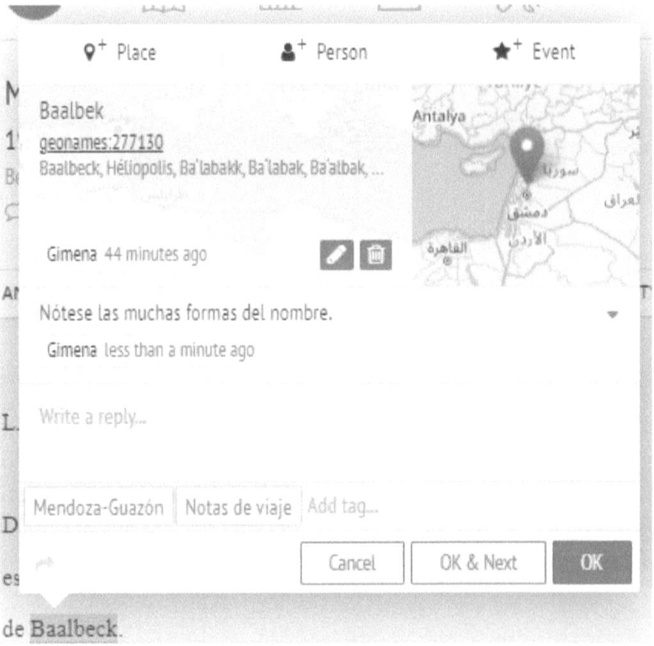

Figura 11. Visualización de lugar anotado y confirmado, con comentarios y etiquetas

Puedes ir anotando lugares uno a uno con la opción *OK*, o expandir la misma anotación a todas las apariciones del término con la opción *OK y Next*. Hablaremos un poco más sobre otras opciones de visualización en el Paso 7.

En algunos casos, el algoritmo puede llevarnos a un lugar incorrecto y, por ende, deberemos corregirlo. En el caso de nuestro texto, al hacer clic en Palestina, Recogito nos lleva a una ciudad en Filipinas. A pesar de ser este un texto Filipino, Palestina no refiere a la ciudad filipina, entonces modificamos la elección a partir de la lista de lugares en los diferentes *gazetteers* en la barra de la izquierda. Confirmamos haciendo clic sobre la ventana emergente en el mapa y el lugar queda ya corregido y anotado.

Figura 12. Corrección manual de lugares georreferenciados automáticamente

Recogito no identifica accidentes geográficos, pero algunos han sido insertados en los *gazetteers*. En el caso del río Jordán, que aparece en nuestro texto, podemos referir a la marca que nos ofrece el *gazetteer* Kima, aunque lo define como un lugar no identificado, como puedes ver en la figura 12.

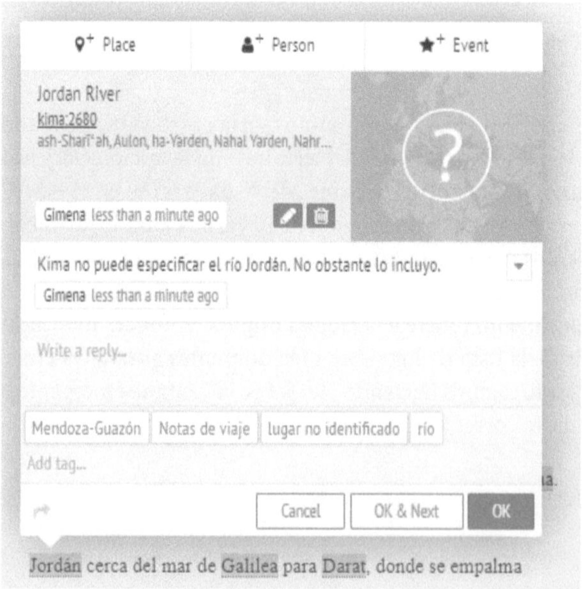

Figura 13. Opción de anotación del río Jordán con los geodatos del *gazetter* Kima

Paso 6: crear relaciones

Hay otro tipo de anotación que puedes realizar en Recogito. Esto se conoce como etiquetado relacional, mediante el cual puedes crear una conexión entre entidades o relaciones entre dos anotaciones existentes.

Para marcar relaciones entre entidades, cambia el modo de anotación de Recogito a *Relations* y luego simplemente haz clic en la primera entidad anotada y arrastra el puntero a la segunda. Aparecerá una línea punteada que conecta las dos anotaciones, junto con un cuadro de texto: puedes completar esto para describir (o etiquetar) la relación. La línea también tiene una flecha que indica la dirección de la relación. Esto es crucial para las relaciones que son jerárquicas, como en, por ejemplo, *isPartOf* (es parte de) o *isDaughterOf* (es hija de).

Las relaciones creadas en Recogito se pueden exportar en dos formatos: una hoja CSV y tablas separadas para nodos y aristas[16]. Ambos se pueden visualizar en un software de análisis de redes como Gephi[17]. Si estás utilizando la opción más simple, solo recuerda cambiar la denominación de las columnas de *from quote a source* y *to quote a target*, y simplemente carga la hoja de cálculo como una tabla (seleccionando la opción crear nodos faltantes). Si deseas utilizar el formato de nodos y aristas para tener más control sobre la visualización de tu red, ten en cuenta que, cuando se descarga en este formato, cada relación recibe un identificador diferente, por lo que los datos necesitarán consolidarse antes de procesarse en Gephi[18].

Propusimos, en este caso, marcar las relaciones entre *ruinas-ciudad* y *puerto-ciudad*, como puede apreciarse en la figura 14.

16 En la teoría de grafos, una arista es una representación visual de una relación. Es una línea que conecta dos nodos.

17 Sitio web de la herramienta Gephi: https://gephi.org/.

18 Más información sobre las relaciones entre anotación y el flujo de trabajo con Gephi: https://github.com/pelagios/pelagios.github.io/wiki/Recogito-Tutorial:-Download-Options-for-Text.

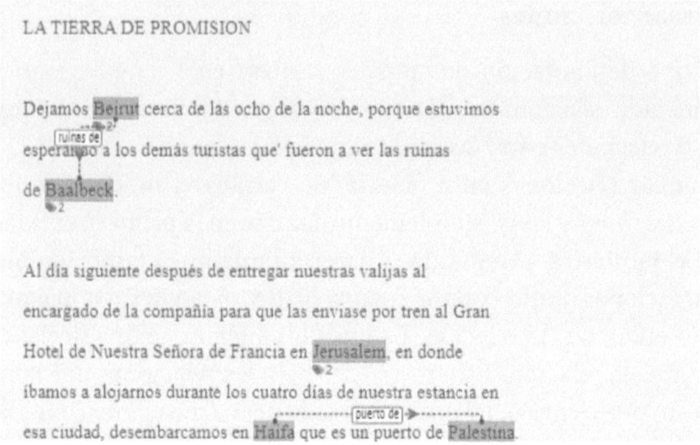

Figura 14. Relaciones entre lugares

Paso 7: visualizar las anotaciones geográficas

Todas las anotaciones pueden visualizarse y leerse de modo continuo en la opción *Vista de mapa* (en el menú superior). Simplemente, haz clic en la flecha y muévete de una anotación a otra:

Figura 15. Visualización de anotaciones geográficas en mapa interactivo

Paso 8: descargar el texto con las anotaciones

Más allá de que puedes hacer todas tus anotaciones en Recogito, la plataforma tiene la gran ventaja de permitirte descargar tus textos anotados y / o datos de anotaciones en una variedad de formatos diferentes. Esto significa que puedes explorar tus anotaciones o editar tu texto en otras aplicaciones, si lo necesitaras.

En el siguiente ejemplo, descargamos nuestro texto anotado en TEI-XML, el ya mencionado lenguaje de marcado estándar para las ediciones filológicas digitales[19].

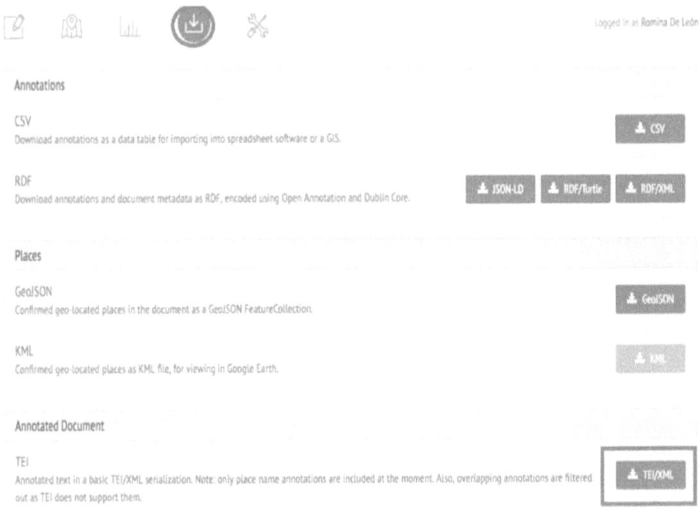

Figura 16. Opciones de descarga: TEI-XML

Cabe añadirse que la anotación automática en documentos TEI-XML es una funcionalidad todavía está en modo beta en Recogito. Como resultado, cuando descargues tu texto, deberás revisarlo y volver a trabajar el TEI (por ejemplo, las anotaciones se superponen actualmente y faltan algunas etiquetas fundamentales). Sin embargo, dado que se pueden anotar entidades (como lugares y

---

19 Las guías directrices de la TEI se encuentran disponibles desde: https://tei-c.org/release/doc/tei-p5-doc/en/html/SG.html.

personas) tan fácilmente en Recogito, y dado el hecho de que también hay un soporte básico de codificación para el encabezado y el cuerpo del texto, Recogito funciona como una gran plataforma desde la cual comenzar a trabajar en una edición digital y/o aprender conceptos básicos de codificación TEI.

Paso 9: compartir las anotaciones (y el crédito)

Recogito te permite trabajar por tu cuenta o en equipo. Puedes modificar sus opciones para compartir, agregar colaboradores y compartir tus anotaciones en la sección de herramientas (menú superior). También puedes hacer un seguimiento, hacer una copia de seguridad de tu trabajo o eliminarlo.

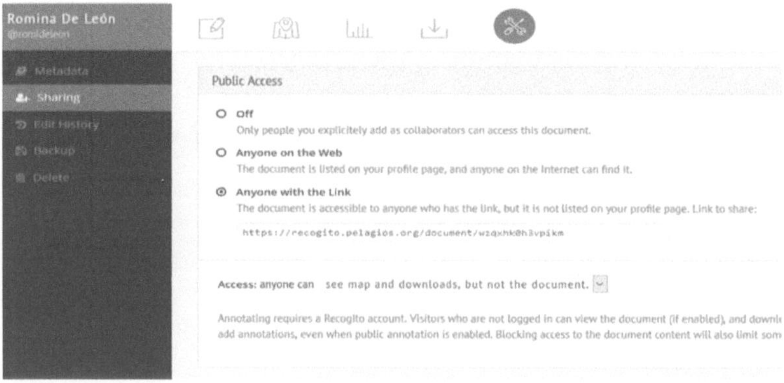

Figura 17. Opciones para compartir los documentos en Recogito

Recuerda que, si eliges dejar tu documento abierto en la web, cualquier buscador podrá encontrarlo y Google lo indexará. Si estás trabajando en equipo, recuerda usar un nombre y un correo electrónico adecuados que den crédito a todos tus colaboradores. También podrás ver a tus colaboradores en la vista de mapa:

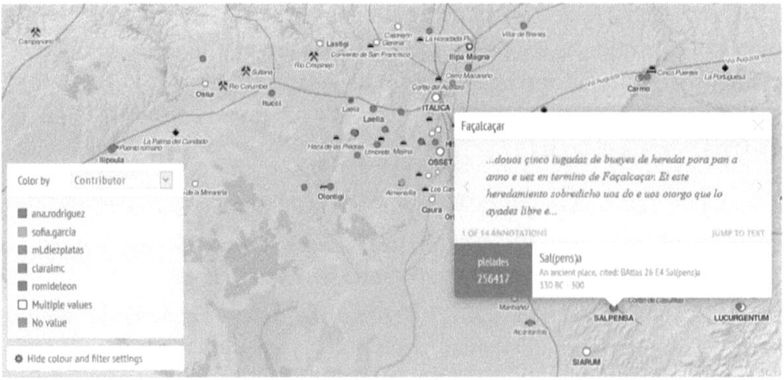

Figura 18. Vista de mapa sobre un texto anotado para el proyecto Medieval Iberia

No olvides que también puedes seguir todas las anotaciones en la sección *Estadísticas*:

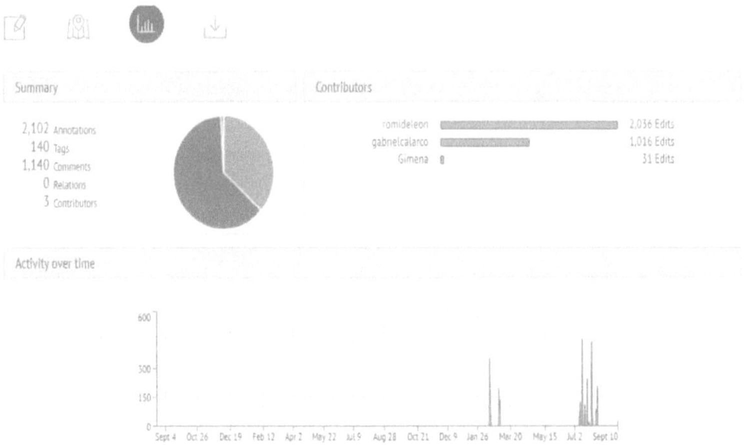

Figura 19. Estadísticas

Finalmente, resaltamos el hecho de que este método de anotación semántica de lugares que propusimos en este capítulo sobre las *Notas de viaje* de María Paz Mendoza-Guazón puede asimismo trasladarse a la anotación de imágenes, con lo que gran parte de los pasos que aquí se ofrecieron podrían seguirse para anotar, por ejemplo, un mapa estático relacionado con la obra de la autora y cualquier imagen que contenga nombres de lugares[20].

REFERENCIAS BIBLIOGRÁFICAS

Alexander, N. (2015). On Literary Geography. *Literary Geographies*, *1*(1), 3–6.

Berman, L. M., Mostern, R., y Southall, H. (Eds). (2016). *Placing Names: Enriching and Integrating Gazetteers*. Indiana University Press.

Cerarols, R., y Garcia, A. L. (2017). Geohumanidades. El papel de la cultura creativa en la intersección entre la geografía y las humanidades. *Treballs de la Societat Catalana de Geografia*, (84), 19–34. https://www.raco.cat/index.php/TreballsSCGeografia/article/viewFile/336721/427506

Del Rio Riande, G, De Léon, R., y Hernández, N. (2019a). *Annotate Texts in Recogito/Anotar Textos en Recogito*. http://doi.org/10.5281/zenodo.3464568

Del Rio Riande, G, De Léon, R., y Hernández, N. (2019b). *Annotate Images in Recogito/Anotar Imágenes en Recogito*. https://youtu.be/rrgc2cYyZjw.

Del Rio Riande, G., y Vitale, V. (2020). Recogito-in-a box: From Annotation to Digital Edition. *Modern Languages Open*, *44*(1). DOI: https://doi.org/10.3828/mlo.v0i0.299.

Gandini, M. J. (2022). *¿Quiénes construyeron el Río de la Plata?*. Siglo XXI editores.

García Gómez, S. (2018). Del papel al mapa. Las posibilidades de la georreferenciación en los Estudios Literarios. *Revista de Humanidades Digitales*, (2), 120–141. https://doi.org/10.5944/rhd.vol.2.2018.22141

Jänicke, S., Franzini, G., Cheema, M. F., y Scheuermann, G. (2015). On Close and Distant Reading in Digital Humanities: A Survey and Future Challenges. En *Procedimientos de EuroVis 2015*. Cagliari, Italia. doi:10.2312/eurovisstar.20151113.

Jockers, M. L. (2013). *Macroanalysis. Digital Methods y Literary History*. University of Illinois Press.

Lozada Palezuela, J. L. (2017). Mapeado digital del espacio ficcional en la novela bizantina española. En N. Rodríguez Ortega (Ed.), *Actas del III Congreso de la Sociedad Internacional Humanidades Digitales Hispánicas. Sociedades, políticas, saberes*. Universidad de Málaga. http://hdh2017.es/wp-content/uploads/2017/10/Actas-HDH2017.pdf

20 Un videotutorial para aprender a marcar mapas por Del Rio et al. (2019b).

Mendoza-Guazón, M. P. (1930). *Notas de viaje*. Benipayo Press.

Moretti, F. (1999). Introduction. Towards a Geography of Literature. En F. Moretti, *Atlas of the European Novel, 1800–1900*, I-II. Verso.

Moretti, F. (2005). Distant Reading. Verso.

Piatti, B., Bär, H. R., Reuschel, A. K., Hurni, L., y Cartwright, W. (2008). Mapping Literature: Towards a Geography of Fiction. En W. Cartwright, G. Gartner y A. Lehn (Coords.), *Cartography and Art* (pp. 179–194). Springer Science y Business Media.

Richardson, D., Luria, S., Ketchum J., y Dear, M. (2011). Introducing the Geohumanities. En M. Dear, J. Ketchum, S. Luria y D. Richardson (Coords.), *GeoHumanities: Art, History, Text at the Edge of Place* (pp. 1–3). Routledge.

Simon, R., Barker, E., Isaksen, L., y De Soto Cañamares, P. (2017). 'Linked Data Annotation without the Pointy Brackets: Introducing *Recogito 2*', *Journal of Map y Geography Libraries*, *13*(1), 111–132.

Simon, R., Vitale, V., Kahn, R., Barker, E., y Isaksen, L. (2019). 'Revisiting Linking Early Geospatial Documents with *Recogito*', *e-Perimetron*, *14*(3), 150–163. http://oro.open.ac.uk/68009/ [Fecha de consulta 14/05/2020]

Vitale, V., y Simon, R. (2019). The Complete Recogito Tutorial. https://github.com/pelagios/pelagios.github.io/wiki

¿Cómo representar y visualizar las redes de sociabilidad entre los agentes del campo literario? Usos básicos de la herramienta Gephi aplicada al estudio de las escritoras españolas de la primera Edad Moderna

María D. MARTOS PÉREZ

UNED[1]
mdmartos@flog.uned.es
https://orcid.org/0000-0003-3994-4941

Resumen: Este artículo tiene como objetivo servir de introducción a la metodología de redes sociales aplicadas al estudio de la literatura española. Ofrece una explicación de los conceptos básicos de esta metodología y una introducción también al uso de la herramienta Gephi, el software más idóneo para la elaboración de grafos a través de los que se visualizan las redes sociales. Finalmente, se ofrece un caso práctico, la ego-red de la escritora barroca María de Zayas, con ejemplos y prácticas para que el usuario aprenda a generar un grafo sencillo.

Palabras clave: Redes sociales. Literatura española. Escritoras. Grafo. Gephi. María de Zayas

1. INTRODUCCIÓN: ¿QUÉ PUEDE APORTAR LA VISUALIZACIÓN CON GRÁFICOS DE REDES A NUESTRO ANÁLISIS LITERARIO?

Las humanidades digitales han cambiado en los últimos años la forma en que interrogamos los textos y en que extraemos datos de ellos. Combinamos el habitual análisis micro o *close reading*, que ofrece una visión aislada y atómica, con un enfoque más amplio (*distant reading*, en la terminología de Moretti), que

1 Este trabajo forma parte del Proyecto de Investigación BIESES 6 *Comunidades femeninas y escritura en la España de la primera edad moderna*, financiado por el Ministerio de Ciencia e Innovación, PID2019-106471GB-I00.

ofrece una visión integrada y relacional de los datos y que lleva a la identificación de tendencias o patrones que no podríamos alcanzar sin las herramientas digitales. El tema que ahora nos ocupa es la visualización de redes sociales, que combina el análisis cualitativo de datos (*Qualitative Data Analysis*, QDA) con el análisis de redes sociales (Social Network Analysis, SNA) y cómo visualizar estos datos con la herramienta Gephi, una aplicación de *software* libre cuyo uso es relativamente asequible para alcanzar unas nociones básicas, y que puede ser más complejo en una fase posterior de perfeccionamiento. Aquí solo pretendemos una iniciación básica para enseñar a estudiantes de Grado a diseñar una red sencilla, visualizarla y exportarla.

Lo primero que debemos preguntarnos o sobre lo que debemos reflexionar con nuestros estudiantes es ¿qué aporta la visualización de redes a nuestra investigación literaria?

La visualización a través de grafos de redes nos ayuda a los humanistas y filólogos a extraer patrones complejos que están escondidos en las estructuras de las fuentes textuales. Lo que nos proponemos, por tanto, es extraer de fuentes literarias una serie de datos, siguiendo la metodología de ARS (Análisis de Redes Sociales), que después visualizaremos en redes (personas, tipos de relaciones, instituciones, lugares, etc.) con la aplicación Gephi.

Primero debemos empezar por fijar nuestro interés y objeto de trabajo, y el Análisis de Redes Sociales (ARS) será la metodología que nos permita transformar ese tema de estudio en un objeto de trabajo en el aula. Los seres humanos, nodos en una red, se relacionan con otros por muy diversos tipos de relaciones, que conceptuaremos como aristas. Inicialmente, los retos a los que nos enfrentamos son dos:

a) extraer datos de textos no estructurados y someterlos al rigor del análisis formal
b) cómo sistematizar la interpretación textual

Para ello debemos empezar por analizar nuestros materiales y nuestro caso objeto de estudio y análisis.

2. UN CASO DE ESTUDIO: REDES DE ESCRITORAS ESPAÑOLAS EN LA PRIMERA EDAD MODERNA

Lo primero que debemos es escoger nuestro caso de trabajo, que van a ser las redes de escritoras españolas de la temprana Edad Moderna y más concretamente una de las autoras más relevantes de la historia literaria española, María de Zayas (Yllera, s. f.). Nos interesa representar la interacción de las autoras con su entorno social, lo que nos ha llevado a analizar y tratar estos datos desde el análisis de redes sociales (ARS). El ARS se basa en los principios de la psicología social y estudia las relaciones existentes entre agentes, personas u organizaciones, para observar su estructura y extraer conclusiones.

Al centrarse en las relaciones, el ARS requiere un conjunto de métodos y conceptos analíticos que tiene un alto componente de las Técnicas Matemáticas (Teoría de Grafos, Sociometría, Teoría de Grupos, Álgebra de Matrices) y Estadísticas. Y se han aplicado a muy diversas disciplinas: Antropología, Sociología, Psicología, Epidemiología, Salud, Medicina, Educación, Ciencia Política, Estudios organizativos, Lingüística, Ecología, Informática, Economía, Historia, Arqueología, Criminología, Marketing…

Dado que nuestro objeto de estudio son las escritoras, nos interesan especialmente las ego-redes o redes personales (Wellman, 1993), que centran el estudio en una persona y su red de contactos, organizaciones, intereses… Nuestro objetivo es el de analizar las dinámicas entre autoras y agentes y los roles de intermediación de estos para explicar cómo la parte social del discurso influye en la visibilidad de una autora y su obra (Stovel y Shaw, 2012). Se quiere identificar y caracterizar el entorno social de las autoras para ver en qué medida este influye en sus actividades de creación y publicación y en la difusión de sus obras (Burt, Kilduff, y Tasselli, 2013).

La visualización de redes de las escritoras (Baranda, Marín, Martos, Centenera y García Sánchez-Migallón, 2019) nos permite mapear su entorno social, sus círculos familiares y personales, también sus vínculos con personas que están fuera de estos círculos, con el fin de valorar en qué medida estos entornos y los contactos que establecieron contribuyeron a sus posibilidades de escribir y a su visibilidad autorial.

Debemos establecer, en primer lugar, nuestros objetivos:

- Objetivo general: identificar las estructuras de la red de relaciones sociales de las autoras, que sustentan su actividad literaria favoreciendo o dificultando (redes de apoyo u obstaculización) la producción y difusión de sus obras.
- Objetivos específicos:
    - Analizar la red de relaciones que se establecen en torno a los libros de mujeres, con el fin de identificar agentes y sus roles de intermediación en el apoyo a la literatura femenina.
    - Reconstruir el entorno de relaciones sociales de las autoras identificando los patrones o claves que permiten u obstaculizan la publicación y difusión de sus obras el desarrollo de su carrera literaria.

- Estudiar la red de relaciones de los nodos identificados con instituciones de poder, civil, eclesiástico o de prestigio social.

Estos objetivos pretenden responder a las siguientes preguntas:

- ¿Qué tipo de red favorece que una mujer en cierto período pueda publicar su obra?
- ¿Qué influencias o estrategias de intermediación ejercen los agentes que se relacionan con las escritoras?
- ¿Qué perfiles de personas apoyan u obstaculizan la publicación de una mujer escritora?
- ¿Qué peso tiene la jerarquía social de los agentes (política, religiosa, civil) en la difusión de algunas obras?
- ¿Qué tipos de relaciones son más importantes para una autora a la hora de publicar?
- ¿Qué relaciones se actualizan, producen, mueven cuando una obra se publica póstuma?
- ¿Qué entornos relacionales propician una escritura autónoma o un determinado modelo de creación?
- ¿Cómo consigue una autora ser citada en ciertos lugares de canonización?

3. LOS DATOS Y SU FORMALIZACIÓN

Lo primero sobre lo que debemos reflexionar es cómo son nuestros datos, qué queremos representar con ellos y cómo los formalizamos en la herramienta que vamos a manejar para crear grafos que representan redes de relaciones. Nos enfrentamos, inicialmente, a dos dificultades principales:

- la primera y fundamental a la que ya me refería antes es sobre cómo extraer datos sobre redes de textos no estructurados. En el caso de María de Zayas disponemos de sus colecciones de novelas publicadas, de la información que contienen sus paratextos y de menciones de autores/as coetáneos, a través de los cuales reconstruimos su contacto con escritores del momento como Lope de Vega,quien la cita en el *Laurel de Apolo* (silva VIII, vv. 579–596), o con Ana Caro, por ejemplo, a quien Zayas menciona en los *Desengaños amorosos*.
- y la segunda es cómo someter esos datos (o ese caos informativo) a un esquema, que tenemos que definir en función de la información que creemos relevante representar, y que es necesariamente simplificado y rígido (Maimon y Browarnik, 2009). Debemos preguntarnos sobre ¿quién va a formar

parte de la red, qué relaciones entre escritoras y agentes vamos a codificar?, ¿qué aspectos de las relaciones entre esos actores son relevantes?, ¿qué atributos importan?, ¿qué esperamos encontrar?

3.1. ¿Qué datos extraemos de nuestros textos para representarlos en las redes y a partir de qué preguntas?

¿Qué define las relaciones entre las/os autores, escritores o personas (nodos en la red)? Lo que queremos representar son las relaciones de autoras, de María de Zayas en el caso concreto, que tenemos documentadas en los paratextos de sus obras, en menciones de escritores coetáneos, etc.

¿Quién es parte de la red? Forma la red la autora y cualquier persona mencionada en su obra, otros coetáneos vinculados de alguna forma a ella o a su actividad literaria

¿Qué tipo de relaciones observamos? Nos interesa detectar formas de ayuda a la escritura, formas de obstaculización o la intensidad de las relaciones. Establecemos una tipología inicial de cuatro tipos de relaciones: editorial, familiar, personal y clientelar.

¿Qué atributos de las personas son relevantes? Sobre todo, el sexo, (mujer | hombre), y la condición social (religioso | seglar).

¿Qué esperamos encontrar en estos datos? Establecer el entorno social de las escritoras, con quienes se relacionaban y por qué, quienes ayudaban o dificultaban sus proyectos de escritura, y qué recepción generaba su actividad escrita.

Las fuentes textuales de las que extraemos estas informaciones son:

a) obras impresas y manuscritas de autoras hasta 1800 que presenten rasgos de sociabilidad literaria: rúbricas de poemas, obras colectivas donde se recogen sus textos (cancioneros, justas, academias), paratextos de sus obras impresas, epistolarios, etc.
b) una fuente principal de datos es la relativa las personas citadas en los paratextos. En estos aparecen nombradas personas relevantes por su relación con el libro como pueden ser impresores, dedicatarios, firmantes de licencias, mediadores…
c) cualquier otra información sobre relaciones en otros tipos de fuentes complementarias a la obra literaria (cartas, biografías, estudios críticos, etc.) que completan otros tipos de relación entre estos agentes identificados en los libros.

Con ello tratamos de:

1) Identificar figuras claves por su apoyo a la actividad literaria de las mujeres en un periodo de tiempo o en un área geográfica concretas, que en el caso de Zayas son autores como Lope de Vega, Juan Pérez de Montalbán y mujeres coetáneas como Ana Caro.
2) Identificar elementos estructurales que influyen en la actividad literaria de Zayas y otras escritoras, y que dan soporte a la producción y difusión de sus obras.

3.2. ¿Cómo formalizamos estos datos para crear las redes?

Lo primero que debemos tener claro cuando trabajamos con metodologías de las humanidades digitales es que las visualizaciones no pueden representar toda la complejidad de las fuentes textuales. Lo que debemos intentar es diseñar unos grafos con tipos de relaciones y atributos que categoricen lo mejor posible la complejidad del texto literario. A ello se añade que lo que tratamos de representar son relaciones humanas, que son bastantes complejas, pasan por diferentes estadios, tienen diversos niveles de profundidad emocional y social, etc. (Martos, 2018 y 2021).

Como se trata de ego redes de las escritoras —también llamadas redes de modo 1— lo que representamos son personas y sus relaciones, y el objetivo es aproximarnos al entorno de relaciones sociales de las autoras.

Los nodos representan, por tanto, personas y tienen la siguiente estructura:

- Id: Identificador único numérico
- Atributos de las personas:
  - Sexo: mujer | hombre
  - Condición: religioso | seglar
  - EsAutora: cierto | falso. Este atributo es empleado para hacer filtros

En cuanto a las relaciones, distinguimos 4 tipos: editorial, clientelar, personal y familiar, con la siguiente estructuración de los datos:

- Source: identificador del nodo origen
- Target: identificador del nodo destino
- Type: undirected, ya que la releción no está orientada
- Id: identificador único para la arista
- Label: etiqueta de la arista
- Weight: peso de la arista.

- tipoR: Es el tipo de relación entre las personas. Puede tomar los valores antes mencionados.

En este proceso hay una serie de aspectos que hay que tener en cuenta:

- Por la época que estudiamos, es importante unificar los nombres al formato nombre-apellidos, eliminando los tratamientos, títulos y cargos mediante el uso de expresiones regulares.
- Hay una regla básica que no podemos olvidar: cada persona, cada dato debe tener una etiqueta identificativa única.
- La direccionalidad de las relaciones no la contemplamos, porque en el caso de Zayas y de las restantes autoras no hay datos suficientes para establecerla.
- Hay que conocer y manejar mínimamente los conceptos fundamentales del ARS (funcionamiento de las métricas y los algoritmos de agrupamientos), porque estas selecciones determinan y condicionan las formas en que podemos presentar y visualizar los datos.

4. VISUALIZACIÓN DE LOS DATOS EN UNA RED CON GEPHI: INICIACIÓN AL USO DE LA HERRAMIENTA

La herramienta más versátil y útil para crear redes y representar nuestros datos es GEPHI (https://gephi.github.io/), programa de código abierto y con una curva de aprendizaje alta, pero de las que vamos a aprender las nociones básicas para representar la ego red de María de Zayas. Para hacerse con su manejo puede acudirse a tutoriales como estos: https://clementlevallois.net/training.html y https://www.youtube.com/watch?v=L6hHv6y5GsQ. Para las aplicaciones y versatilidad de Gephi, véase (Fagan, 2017), (Choudhury, Kaushik, y Dutt, 2017) (Grandjean, 2016) (Gualda, 2018), (Lodhi, Annapoorna, Mishra, y Sinha, 2018).

Cómo creamos una red con Gephi.

El primer paso es instalar el programa:

Descarga el software aquí: *https://gephi.org/users/download/.*

Instala aquí: *https://gephi.org/users/install/.*

1. Creación de un proyecto

El siguiente paso es crear un espacio de trabajo o “proyecto”:

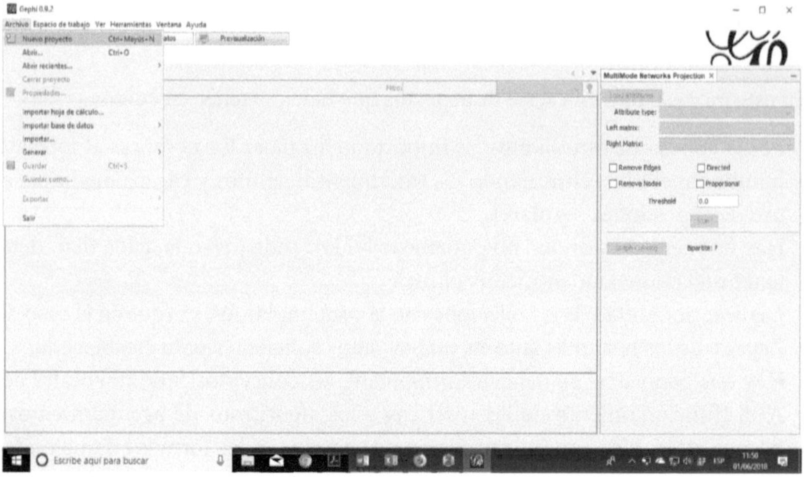

Figura 1. Creación de un espacio de trabajo en Gephi

El proyecto o espacio de trabajo se divide en tres áreas:

1. Vista general: En ella tenemos herramientas para definir los criterios de la visualización de nodos, aristas y etiquetas, así como la elección del algoritmo para el diseño (*layout*) de la red.
2. Laboratorio de datos: desde el que podemos consultar y modificar los nodos y aristas de la red.
3. Previsualización: donde podemos definir los parámetros para la visualización y acceder a las mismas.

Carga de datos en Gephi

Los datos pueden introducirse directamente en la tabla de datos o bien se pueden importar desde un archivo Excel, en el que ya tengamos los datos de nuestra red.

Para introducir datos en la "Tabla de datos" se pueden seguir estos pasos:

1.º Añadir una nueva columna para el tipo de nodo:

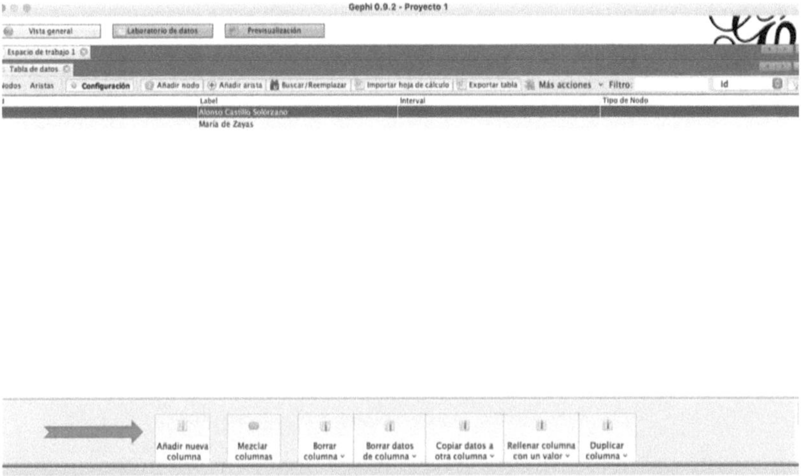

Figura 2. Creación de un espacio de trabajo en Gephi

2.º Añadir Nodo:

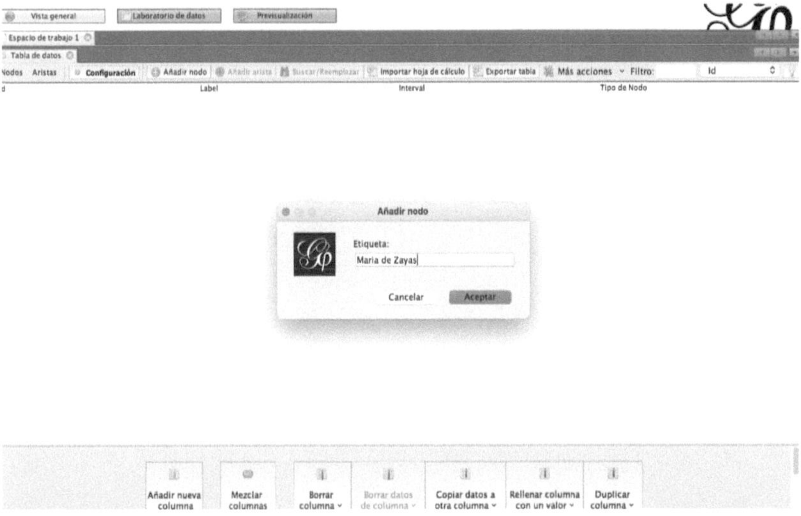

Figura 3. Añadir nodo en Gephi

3.º Añadir Arista

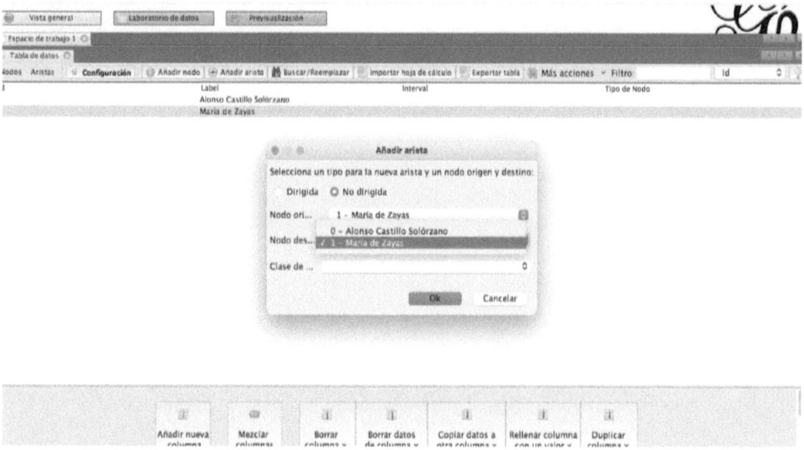

Figura 4. Añadir arista en Gephi

En el módulo APARIENCIA podemos configurar el tamaño y el color de los nodos y las aristas:

Color:

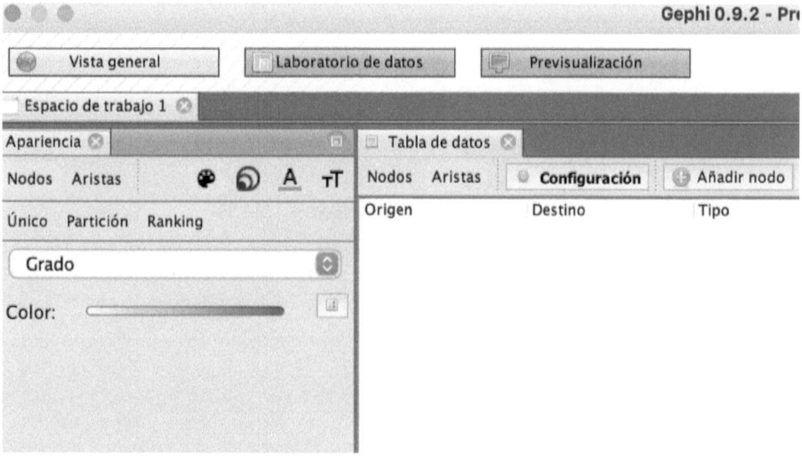

Figura 5. Configurar color en Gephi

Tamaño:

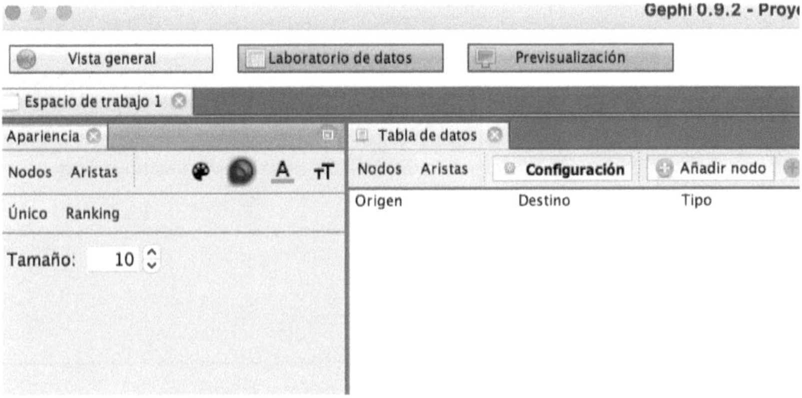

Figura 6. Configurar tamaño en Gephi

4.º Podemos exportar la Tabla de datos en una hoja de cálculo (csv)

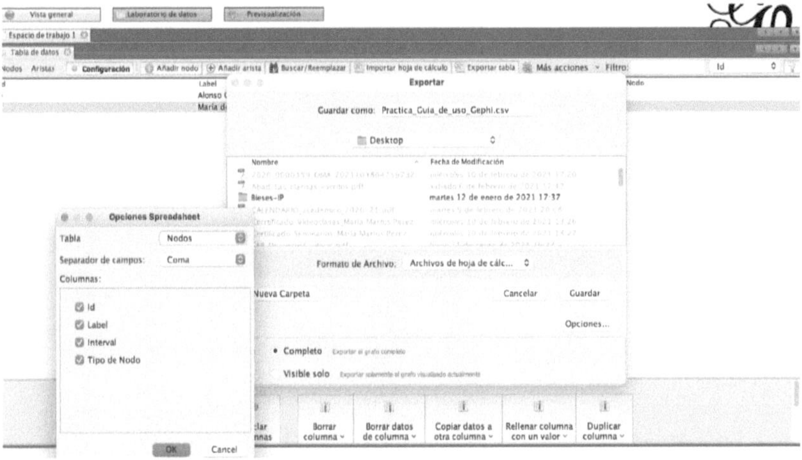

Figura 7. Exportar a csv desde Gephi

5.º Cerrar proyecto

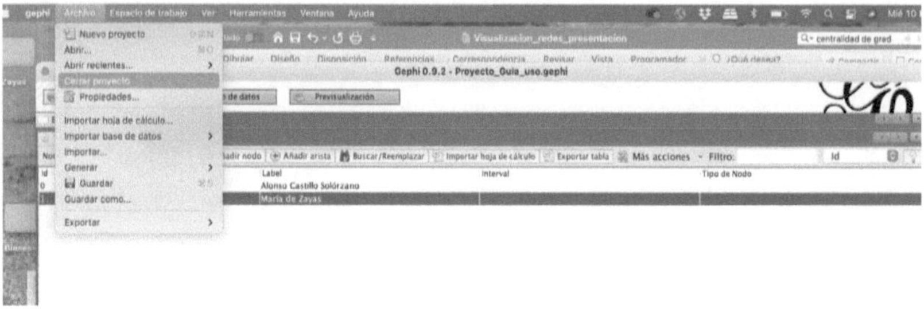

Figura 8. Cerrar proyecto de Gephi

Ejercicio 1. Vamos a configurar la apariencia de nodos y aristas

Para ello pincha en Ventana, submenú Apariencia:

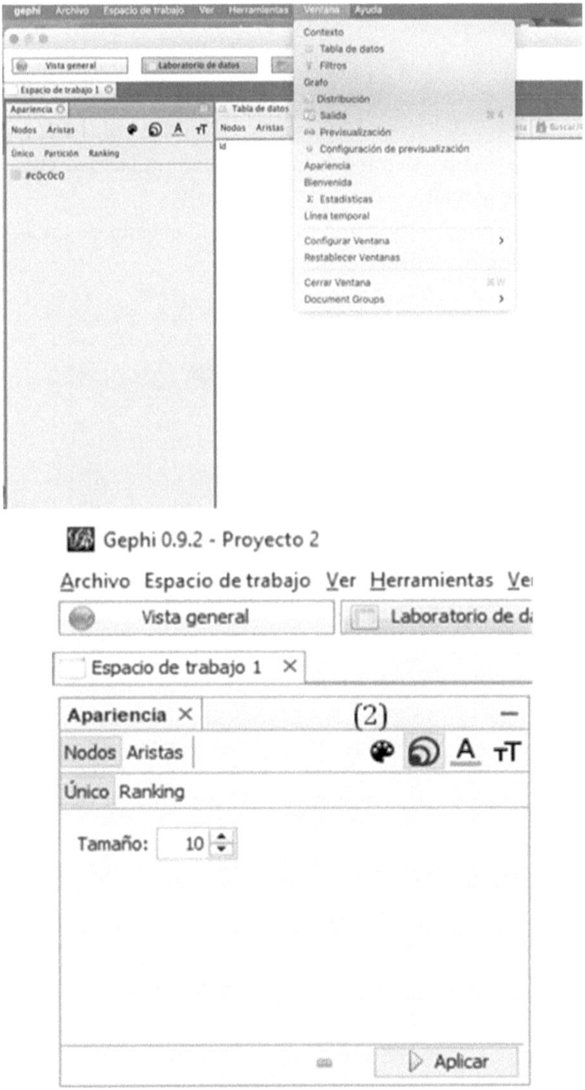

Figura 9. Entrada en el menú de apariencia de Gephi

1. El color puede ser

  o Único
  o En Partición, puede elegir color según el valor de un atributo, por ejemplo, en función del sexo de los nodos. También pueden colorearse los nodos según una partición por la clase de modularidad eligiendo el atributo Modularity class.
  o En *ranking* se puede elegir una escala según el valor de un atributo continuo, por ejemplo, en función del grado.

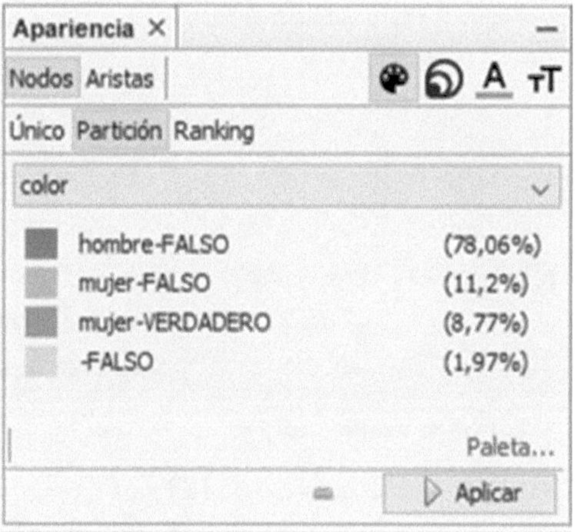

Figura 10. Configuración del color en el menú de apariencia de Gephi

2. El tamaño puede ser:

Figura 11. Configuración del tamaño en el menú de apariencia de Gephi

- o Único.
- o En *ranking* se puede establecer una escala según el valor de un atributo continuo, por ejemplo, en función del grado.

Ejercicio 2: Vamos a configurar el diseño de visualización

Un paso esencial en la configuración de la red es la elección de un algoritmo que medie o traduzca nuestros datos a un formato de visualización en grafo. Gephi ofrece múltiples algoritmos de distribución. Para elegir uno tenemos que ir al módulo "Distribución":

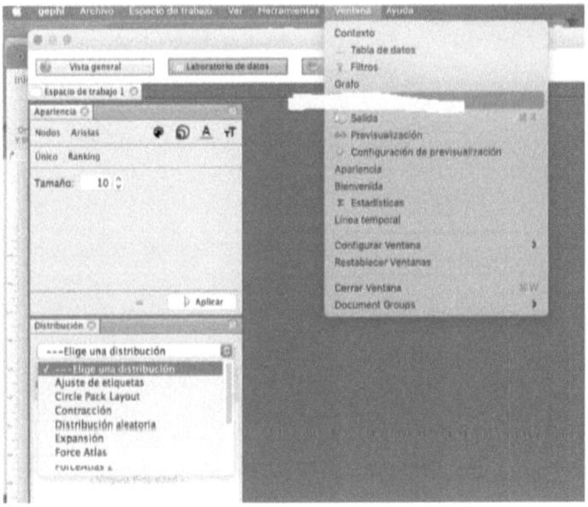

Figura 12. Menú de distribución en Gephi

De entre ellos los algoritmos escogemos **Force Atlas** o **Force Atlas 2.** A continuación pinchamos en el botón "aplicar" para poner en marcha el algoritmo. Por ejemplo, la fuerza de repulsión debe ser 10000 para una correcta expansión del gráfico. Hay que pulsar EJECUTAR para aplicar los cambios.

El algoritmo Atlas Force 2 (Jacomy, Venturini, Heymann, y Bastian, 2014) pertenece al tipo *force directed.* Los métodos de distribución guiados por fuerzas son algoritmos de dibujado de grafos generales, no dirigidos, con enlaces de líneas rectas en el plano. En general, fueron propuestos para verificar distintos criterios de visualización como la distribución uniforme de los nodos, la longitud uniforme de los enlaces, la minimización de los cruces (superposiciones) entre enlaces o la simetría

Para más cuestiones sobre el diseño gráfico de la red, véanse tutoriales en https://gephi.org/users/tutorial-layouts/.

Ejercicio 3. Cálculo de estadísticas

Una interfaz muy útil para la consulta de los datos completos de la red que vamos a crear es la de "Estadísticas". Accede a esta interfaz para el cálculo de estadísticas:

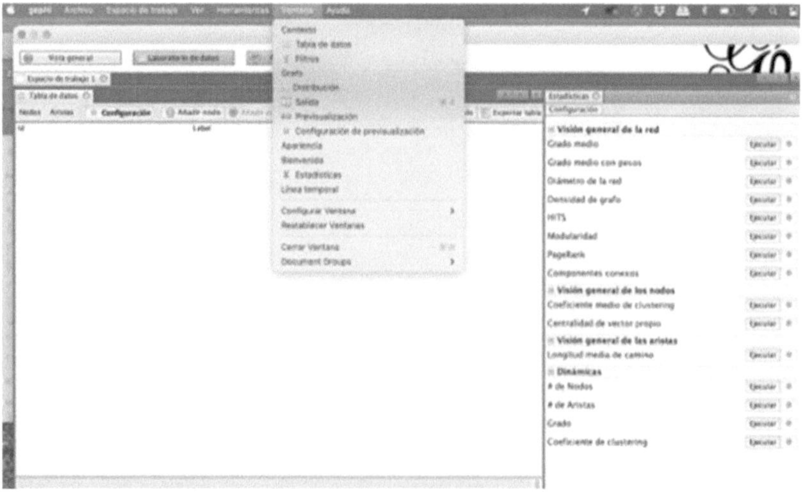

Figura 13. Entrada al menú de estadísticas en Gephi

En esta ventana disponemos de variada información sobre la red, de la que destacamos:

- Grado medio con pesos. Calcula tanto el grado de cada nodo como la media de la red.
- Modularidad. Calcula conjuntos de clases de modularidad por proximidad entre los nodos asignando a cada nodo un valor.
- Longitud media del camino. Calcula tanto esta media como las centralidades de cercanía e intermediación.
  Las métricas calculadas para el grafo pueden guardarse en un archivo.

Figura 14. Menú de estadísticas en Gephi

5. UN CASO PRÁCTICO. LA EGO-RED DE MARÍA DE ZAYAS

Para que nuestros estudiantes se inicien en el diseño de una red con Gephi lo más útil es usar un caso práctico, por lo que vamos a crear una red de María de Zayas, que es una de las escritoras más relevantes del siglo XVII y una figura central de la reivindicación de la mujer. Sobre su biografía apenas tenemos unos pocos datos: era madrileña, vivió en la primera mitad del siglo XVII (1590–1647?). Fue reconocida y alabada en el mundo literario del momento, entre otros autores por Lope de Vega.

Su obra se compone dos colecciones de diez novelas cortas publicadas en Zaragoza, bajo los títulos de las *Novelas amorosas y ejemplares* en 1637 y la *Parte segunda del Sarao y entretenimiento honesto*, en 1647 (Zayas, 1983, 2004, 2012). Con ellas alcanzó gran éxito, se reeditaron en numerosas ocasiones y fue traducida a otras lenguas, con particular fama en Francia. También escribió una obra dramática, *La traición en la amistad* (Zayas, s. a.); y hay poesías suyas dispersas en sus textos en prosa. En los prólogos de sus novelas defiende reiteradamente el derecho de la mujer a la instrucción, a acceder a la cultura y reivindica también la fama literaria que ella misma merece por su obra.

Empezamos por ver la ego-red que hemos generado sobre ella a partir de sus vínculos que puede consultarse en el sitio de Bieses: https://www.bieses.net/maria-de-zayas-red/.

Vamos a seguir los siguientes pasos para crear esta red:

1. Laboratorio de datos. Definición del grafo
2. Configuración de la visualización. Vista general
3. Configuración de la visualización: Previsualización
4. Métricas. Revisión
5. Previsualización y exportación
6. Ampliación de las funcionales de Gephi

1. Definición del grafo en el Laboratorio de Datos. El primer paso es establecer los nodos de escritores y personas del mundo cultural que se relacionaron con María de Zayas. Debemos definir tanto los nodos (personas), como las relaciones que se establecen entre ellos (las aristas), para lo que acudimos tanto a los paratextos de sus obras como a las menciones que autores y escritoras del momento hicieron de Zayas. En Laboratorio de datos establecemos los nodos y las aristas:
Cada nodo:

- tiene un identificador único (id)
- tiene una etiqueta (label)
- tiene unos atributos (atributos): condición social y sexo

Con estos datos, rellenamos las respectivas columnas:

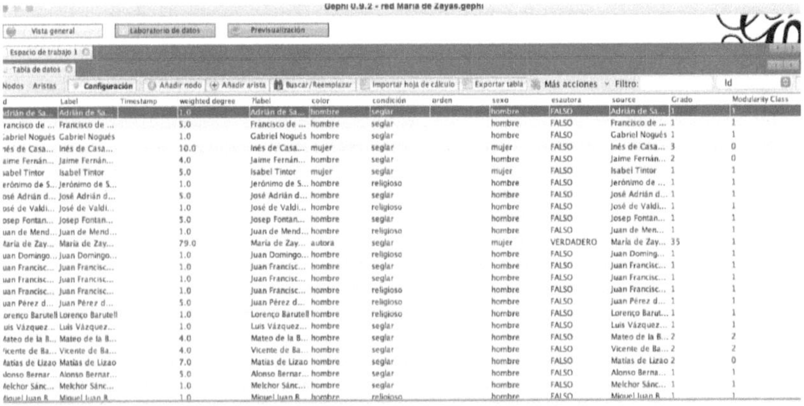

Figura 15a. Preparación de datos de nodo en Gephi

Las aristas:

- Se definen por su origen y su destino (id de los nodos)
- Podemos poner etiquetas (label) o atributos a la relación. Hemos definido cuatro tipos: editorial, personal, familiar o clientelar
- Tienen también un identificador único (id)
- Podemos definir un peso (weight)
- El tipo será no dirigida, porque no solemos contar con datos suficientes para establecer estos parámetros

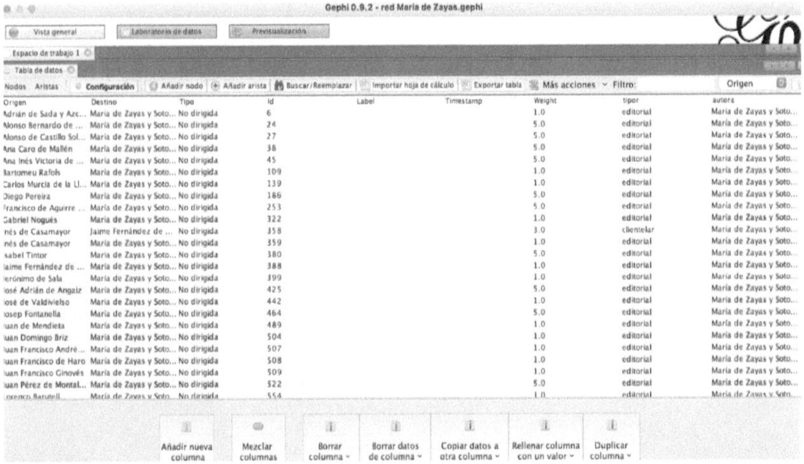

Figura 15b. Preparación de datos de arista en Gephi

Los datos pueden introducirse directamente en la Tabla de datos (Interfaz de usuario) o importarse de una base de datos o de una hoja de cálculo (csv).

Igualmente, el grafo generado con Gephi puede ser exportado, igualmente, a distintos formatos.

También puede exportarse la vista del grafo a un archivo pdf, una imagen png o un gráfico vectorial, svg, etc.

2. Configuración de la visualización de los nodos y de las aristas. Definimos los nodos por el color, en función del atributo sexo (partición):

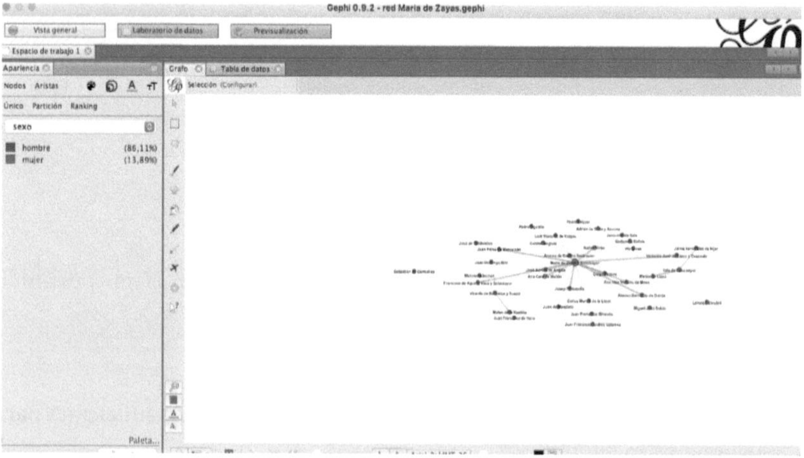

Figura 16. Configuración del color de los nodos en Gephi

Para el tamaño del nodo, que puede ser único o según su rango (*ranking*), recomendamos fijar un 1 de tamaño para una visualización de este tipo:

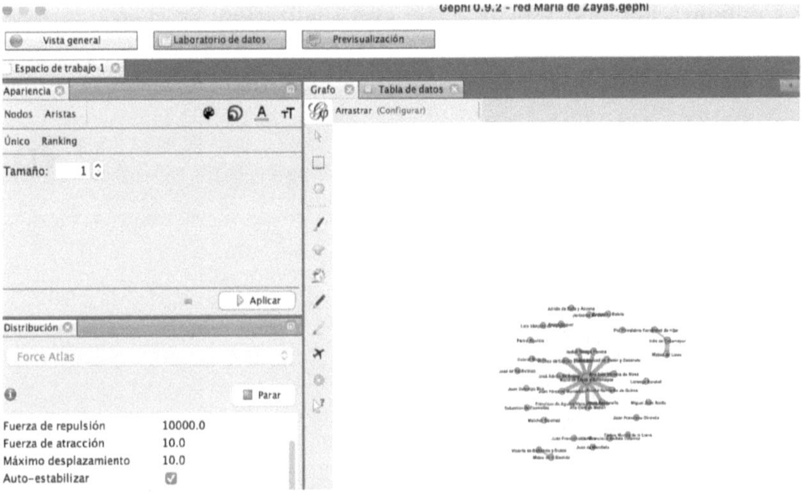

Figura 17a. Configuración del tamaño de los nodos en Gephi

El color de las aristas lo definimos por el valor del atributo (partición) y según el peso de la arista (*ranking*) y hemos fijado tres tipos de relaciones:

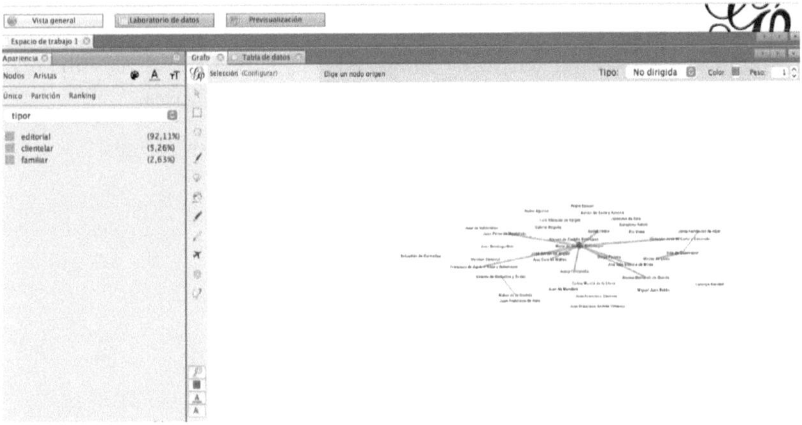

Figura 17b. Configuración del color de las aristas en Gephi

3. Configuración de la visualización: previsualización. En el área de previsualización [Configuración de previsualización] es posible definir algunos de los parámetros y exportar la imagen del grafo en distintos formatos.

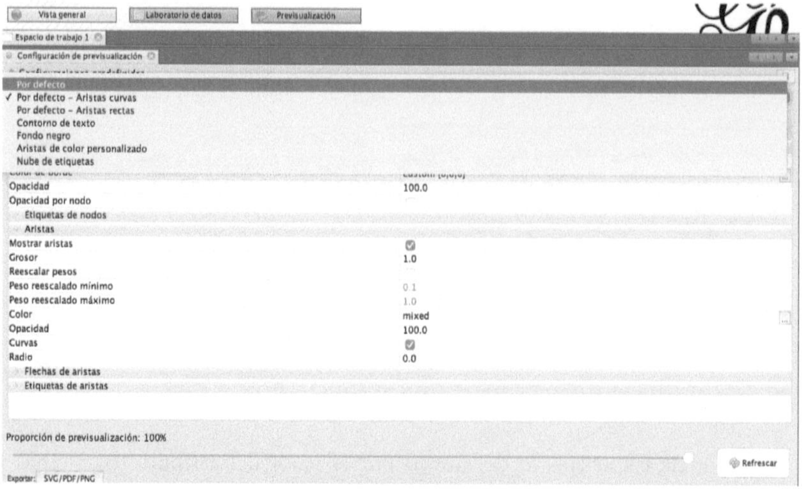

Figura 18. Configuración de la previsualización en Gephi

4. Métricas. Una vez que tenemos configurada la red, podemos hacer una revisión de sus medidas completas a través de la ventana "estadísticas".

Las medidas principales que se pueden calcular son las siguientes:

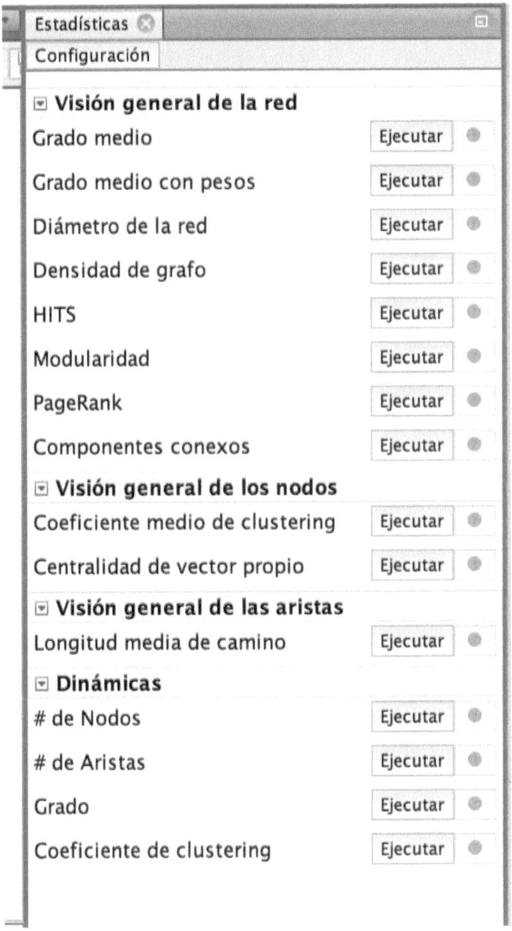

Figura 19. Configuración de medidas estadísticas en Gephi

5. Filtración, previsualización y exportación. Si la información que contiene la red es mucha, esto puede generar problemas de visualización, por lo que entonces es necesario filtrar información para elegir qué datos escondemos y cuáles mostramos en el gráfico.

Esto se hace a través del módulo "Filtros". Los filtros que se quieran seleccionar se arrastran al panel de "Consultas":

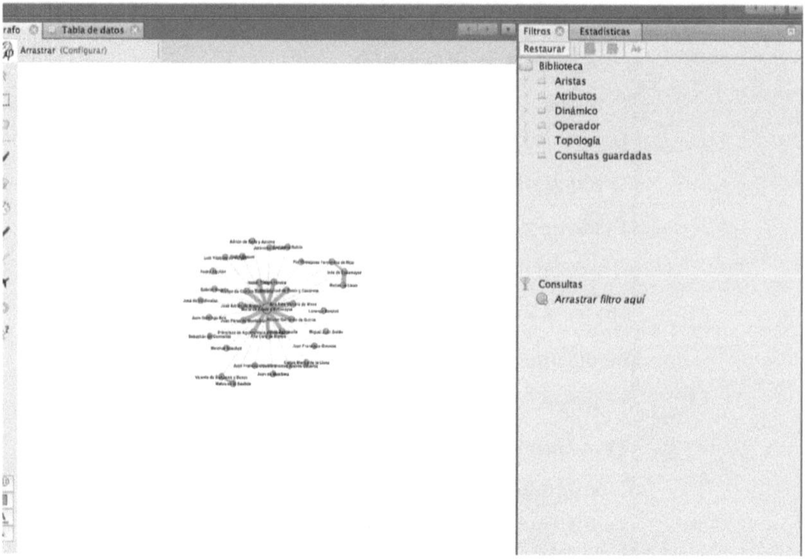

Figura 20. Configurar el filtro de visualizaciones en Gephi

Con la red filtrada, podemos proceder a la previsualización y a la exportación. Se recomienda Previsualizar el grafo antes de exportarlo. Las opciones de visualización pueden elegirse en “Configuración de previsualización”:

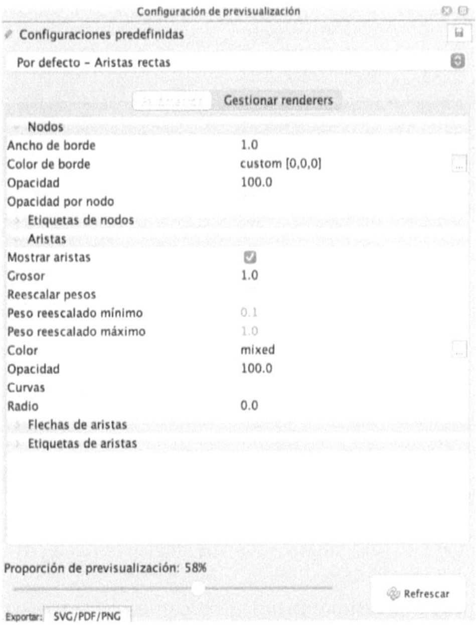

Figura 21. Configuración de las opciones de visualización en Gephi

Si el gráfico es muy grande, puede regularse con la opción de "Proporción de la visualización". Recomendamos marcar "Mostrar etiquetas". Si las etiquetas son muy largas pueden elegirse los caracteres (entre 6 y 10, por ejemplo). Es necesario probar distintas opciones hasta alcanzar la visualización deseada.

Para exportar la visualización, podemos elegir entre los formatos SVG/PDF/PNG. Los archivos en SVG son gráficos vectoriales, recomendados para presentaciones de alta resolución. Puede manejarse posteriormente con programas como Adobe Illustrator.

6. Ampliaciones de las funcionalidades. A través de diferentes *plugins* se pueden añadir funcionalidades a la herramienta Gephi.

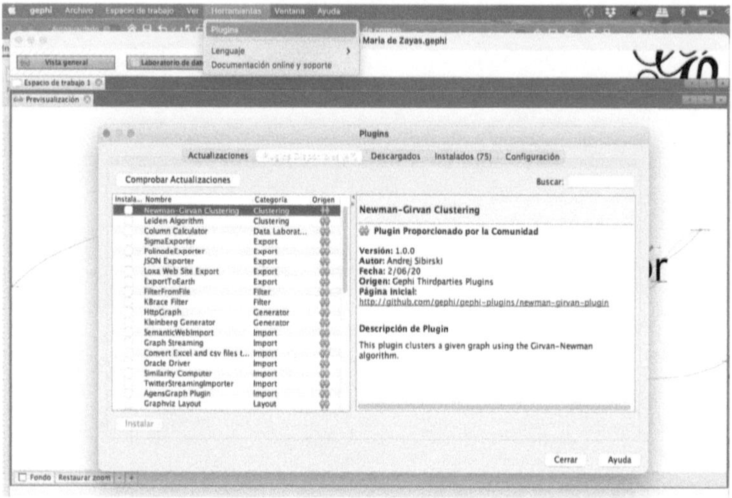

Figura 22. Ampliación de funcionalidades con *plugins* para Gephi

Señalamos algunas que pueden ser interesantes para nuestros casos de estudio. Polygon Shaped Nodes sirve para dar forma de polígonos a los nodos:

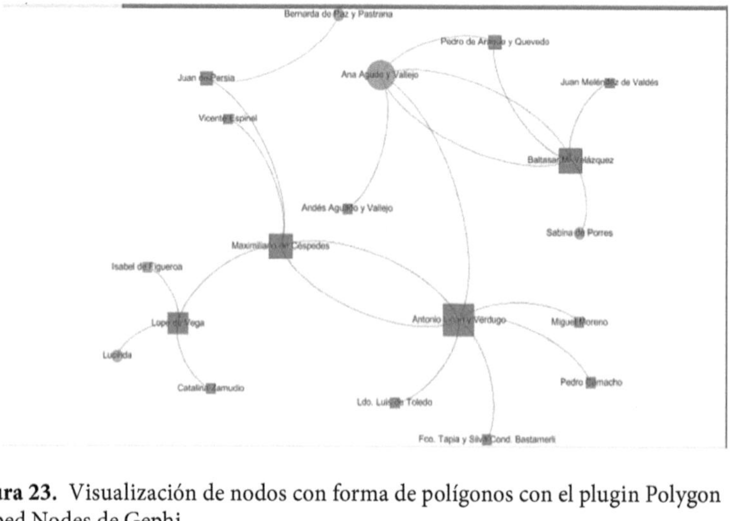

Figura 23. Visualización de nodos con forma de polígonos con el plugin Polygon Shaped Nodes de Gephi

El *plugin* Linkfluence proporciona funciones extra en vista previa y laboratorio de datos.

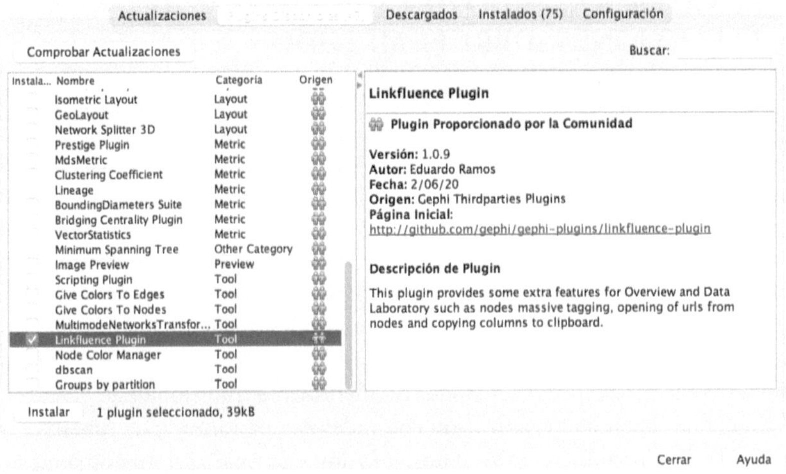

Figura 24. Vista de la instalación del plugin Likfluence para Gephi

MultiMode Projections es un *plugin* que permite realizar transformaciones para pasar de redes de modo 2 a redes de modo 1. Opera mediante productos de matrices, por lo que pueden producirse desbordamientos de memoria en grafos muy grandes.

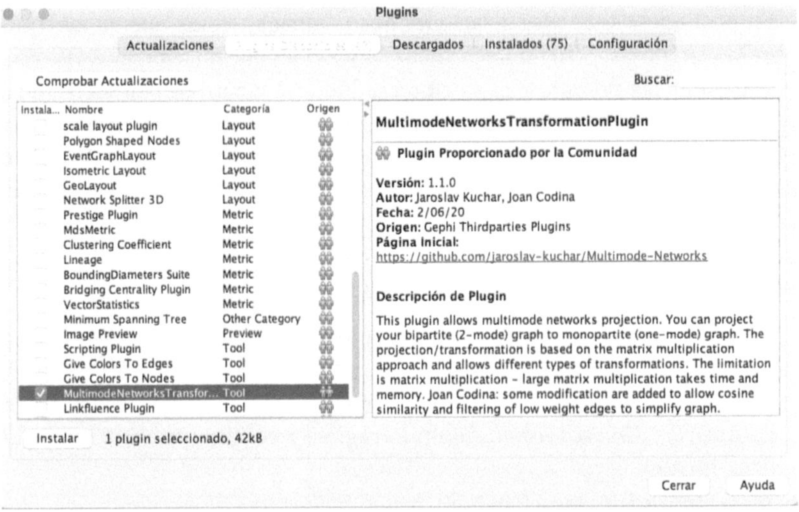

Figura 25. Vista de la instalación del plugin MultiMode Projections para Gephi

6. EL VALOR AÑADIDO DE LA VISUALIZACIÓN. REFLEXIONES SOBRE EL MÉTODO

Es interesante trasladar a los estudiantes una reflexión sobre qué nos aporta la visualización de redes.

Después de iniciarnos, aunque sea en un primer estadio elemental, en estas metodologías digitales es fundamental hacernos esta pregunta con la mayor honradez intelectual. La extracción de datos de los textos para conformar las redes (generalmente tarea filológica) y la formalización de estos en tablas (tarea mixta del filólogo, humanista digital e informático) es una tarea que lleva mucho tiempo y muy exigente en términos intelectuales y materiales. Y nos preguntamos, ¿a dónde llegamos con las visualizaciones y qué nuevas conclusiones obtenemos respecto a métodos hermenéuticos tradicionales?

En primer lugar, la visualización con redes es una forma muy sugestiva de presentar de forma diferente los datos, más aún en visualizaciones dinámicas.

En segundo lugar, la formalización digital y la visualización son procesos absolutamente entrelazados con la lectura detallada de los textos, los datos que descubrimos en ellos y la interpretación que hacemos de los mismos. Ese proceso de formalización de la información nos ayuda a entender de otras formas y con más profundidad nuestro material.

En tercer lugar, las visualizaciones ayudan a entender de forma más sencilla problemas y relaciones complejas, siempre que su interpretación se sustente en un conocimiento profundo de los datos, claro está.

En ocasiones, estas visualizaciones nos confirman cosas que ya sabíamos sobre las escritoras, pero también añade conexiones que no habíamos visto con personas que las ayudaron en su empresa literaria y patrones de sociabilidad que los datos atomizados no nos dejaban ver. Y también nos plantean nuevas preguntas sobre las formas en que interrogamos a nuestros materiales, y esto último, en la investigación, es un logro en sí que siempre debemos transmitir a nuestros estudiantes.

REFERENCIAS BIBLIOGRÁFICAS

Baranda, N., Marín M. C., Martos, M.D., Centenera, P., y García Sánchez-Migallón P. (2019). BIESES. Escritoras de la edad moderna, desde la bibliografía a las redes. En M. L. Sánchez Hernández (Ed.), *Mujeres en la corte de los Austrias. Una red social, cultural, religiosa y política* (pp. 55–82). Ediciones Polifemo.

Bieses Grupo de Investigación. (s. f.). *Bieses. Bibliografía de escritoras españolas.* Bieses. Recuperado el 8 de mayo de 2023, de https://www.bieses.net/

Burt, R. S., Kilduff, M., y Tasselli, S. (2013). Social network analysis: Foundations and frontiers on advantage. *Annual review of psychology*, (64), 527–547.

Choudhury, A., Kaushik, S., y Dutt, V. (2017). Social-Network Analysis for Pain Medications: Influential physicians may not be high-volume prescribers. In Proceedings of the 2017 IEEE/ACM International Conference on Advances in Social Networks Analysis and Mining 2017 (ASONAM '17). Association for Computing Machinery, New York, 881–885. https://doi.org/10.1145/3110025.3110113

Düring, M. (2017). De la hermenéutica a las redes de datos: Extracción de datos y visualización de redes en fuentes históricas. M. J. Afanador-Llach (trad.), *The Programming Historian en español* 1. https://doi.org/10.46430/phes0002.

Fagan, J. (2017). Introduction to GEPHI. https://www.youtube.com/watch?v=S-fneKHgEHNI

Gephi. The Open Graph Viz Platform. (s. f.). https://gephi.org/

Gualda, E. (2018). Big data y análisis de redes sociales (Presentación y materiales docentes). http://rabida.uhu.es/dspace/handle/10272/14670

Guerra-Gomez, J. A., Wilson, A., Liu, J., Davies, D., Jarvis, P., y Bier, E. (2016). Network Explorer: Design, Implementation, and Real World Deployment of a Large Network Visualization Tool. En *Proceedings of the International Working Conference on Advanced Visual Interfaces* (pp. 108–111). ACM.

Jacomy, M., Venturini, T., Heymann, S., y Bastian, M. (2014). ForceAtlas2, a continuous graph layout algorithm for handy network visualization designed for the Gephi software. *PloS one*, *9*(6), https://doi.org/10.1371/journal.pone.0098679

Leifeld, P. (2017). Discourse network analysis. *The Oxford Handbook of Political Networks*, 301.

Lodhi, P., Annapoorna, E., Mishra, O., y Sinha, A. (2018). Proceedings of 3rd International Conference on Internet of Things and Connected Technologies (ICIoTCT), 2018 held at Malaviya National Institute of Technology, Jaipur (India) on March 26–27. http://dx.doi.org/10.2139/ssrn.3170514%20

Maimon, O., y Browarnik, A. (2009). NHECD-Nano health and environmental commented database. En *Data mining and knowledge discovery handbook* (pp. 1221–1241). Springer.

Martos Pérez, M. D. (2018). Redes de sociabilidad y canonización literaria en las obras de escritoras entre España y Portugal en el siglo XVII. En D. Almeida, V. Anastacio, María D. Martos (Coords.), *Mulheres em rede: convergências lusófonas/ mujeres en red: convergencias lusófonas* (pp. 153–176). LIT Ibéricas Verlag 13.

Martos Pérez, M. D. (2021). *Redes y escritoras ibéricas en la esfera cultural de la primera Edad Moderna*. Iberoamericana-Vervuert.

Shah, P. y Mehta, R. (2017). Comparative Analysis of Social Network Analysis and Visualisation Tools. *International journal of scientific research in science, engineering and technology*, (3), 508–513.

Stovel, K., y Shaw, L. (2012). Brokerage. *Annual Review of Sociology*, (38), 139–158.

Yllera, A. (s. f.). María de Zayas y Sotomayor. *Diccionario biográfico español*. https://dbe.rah.es/biografias/6604/maria-de-zayas-y-sotomayor

Wellman, B. (1993). An egocentric network tale: comment on Bien et al. (1991). *Social Networks*, *15*(4), 423–436.

Zayas, M. de (s. a.). *La traición en la amistad* edición a cargo de Teresa Ferrer Valls. Grupo de investigación DICAT. Proyecto TC/12, Digitalizada en: http://www.cervantesvirtual.com/obra-visor/la-traicion-en-amistad/html/98dc3885-fce6-48bd-af31-8e22bb82f729_2.html

Zayas, M. de (1983). *Parte segunda del Sarao y entretenimiento honesto [Desengaños amorosos]*. A. Yllera (Ed.). Cátedra.

Zayas, M. de (2004). *Novelas amorosas y ejemplares*. J. Olivares (Ed.). Cátedra.

Zayas, M. de (2012). *Novelas amorosas y ejemplares*. E. Suárez Figaredo (Ed.). *Lemir*, 16. https://parnaseo.uv.es/Lemir/Rvista/Revista16/Textos/04_Zayas.pdf

¿Quién es el autor de este texto? Solución a problemas de autoría desde la estilometría. Un ejemplo práctico con el *Libro de Alexandre*[1]

José Manuel FRADEJAS RUEDA

Universidad de Valladolid
josemanuel.fradejas@uva.es
https://orcid.org/0000-0001-8603-6765

Resumen: El *Libro de Alexandre*, según los colofones de las dos copias extensas, bien pudo ser escrito por Gonzalo de Berceo (manuscrito P) o por un tal Juan Lorenzo de Astorga. Nelson (1978), y subsecuentemente Willis (1983) dieron por válido que el autor fue Berceo. Sin embargo, Lapesa (1981), basándose en un artículo de Echenique (1979) rechazó esta posibilidad. Uría Maqua (2008) propone que esta obra puede ser el producto de un equipo en el que colaboraron los dos personajes mencionados en ambos colofones: Juan Lorenzo y Gonzalo de Berceo, así como los posibles autores del *Libro de Apolonio* y el *Libro de Fernán González*. Lo que se propone en este trabajo es mostrar cómo se puede establecer la autoría de esta obra haciendo uso de la librería stylo y se mostrará paso a paso a hacer una serie de análisis: análisis de grupo, análisis de componentes principales (PCA) y, posteriormente, a la luz del ensayo de Kestemont (2012) se repetirán los mismos análisis, con la misma librería, para determinar si las palabras portadoras de rima pueden ser buen elemento discriminador de autoría o no. No importa tanto la respuesta de si Berceo es o no el autor del *Libro de Alexandre* cómo el plantear el análisis desde la instalación de R hasta llegar a unos resultados finales y la obtención de los datos.

Palabras clave: Estilometría. Autoría. Edad Media. Estilística computacional. Berceo. Poesía

1 Este trabajo forma parte de los resultados del proyecto *7PartidasDigital* (referencia PID2020-112621GB-I00/AEI/10.13039/501100011033) cuyo objetivo es una edición crítica digital de las *Siete Partidas*. Este proyecto <https://7partidas.hypotheses.org/> se desarrolla en la Universidad de Valladolid, cuenta con la financiación de la Agencia Estatal de Investigación del Reino de España y se integra dentro de la Red de Excelencia 'Cultura escrita medieval hispánica: del manuscrito al soporte digital (CEMH)' (RED2018-102330-T).

1. INTRODUCCIÓN

Con la concesión del Premio Planeta 2021, se desveló el misterio *Carmen Mola*, una supuesta autora tras la cual se escondían tres escritores: Jorge Díaz, Agustín Martínez y Antonio Mercero. Si no hubiera sido por la adjudicación de tan suculento premio, el secreto se habría mantenido durante más de tiempo, como ha sucedido con la identidad real de Elena Ferrante. En otros casos, como el de Robert Galbraith, se reveló por una investigación periodística y académica llevada a cabo por medio de técnicas informáticas. Resultó que, detrás de ese nombre, se ocultaba J. K. Rowling. Hasta que esta no lo reconoció, no se tuvo certeza absoluta, pero sirvió para demostrar, fehacientemente la validez de los métodos estadísticos empleados.

Asimismo, en el año 2019, Rosa Navarro Durán afirmó que María de Zayas, una de las autoras más interesantes del Siglo de Oro, no existió y que era el heterónimo de Alonso Castillo Solórzano. Aunque no se ha llevado a cabo un análisis en profundidad de dicha hipótesis, unas pruebas preliminares básicas, son lo suficientemente elocuentes como para establecer que es una teoría muy poco probable (figura 1). Para ello, se hizo uso de la librería `stylo` (Eder, Rybicki y Kestemont 2016), un potente paquete de funciones escritas en el lenguaje R y fácilmente ejecutables cuya finalidad es ayudar a discriminar autorías.

Aplicar las técnicas ofrecidas en esta librería para averiguar quién puede ser el autor de una obra hoy no es complicado; en realidad, está prácticamente al alcance de cualquiera, aunque la interpretación de los resultados de los análisis no es tan simple y requiere conocimientos de tipo cualitativo. Ahora bien, lo único que hay que tener es, al menos, un texto indubitado del autor cuya identidad se quiere averiguar.

Figura 1. Árbol de consenso que muestra la casi nula probabilidad de que María de Zayas fuera un *heterónimo* de Alonso Castillo Solórzano

En el primer experimento, en el que apliqué técnicas informáticas, partí de un conjunto de obras de cuyos autores no había ninguna duda; es decir, poseía el conocimiento previo necesario para saber, de antemano, cuál debía ser el resultado. Debido a las limitaciones de los derechos de autor, recurrí a un pequeño corpus de dieciocho novelas[2] publicadas a finales del siglo XIX y principios del XX escritas por los siguientes autores:

2 El corpus está disponible en https://github.com/7PartidasDigital/AnaText/tree/master/datos/autoresXML. Para conocer cómo se elaboró, véase Fradejas Rueda (2016).

- Eduardo Acevedo Díaz [3]
- Benito Pérez Galdós [7]
- Juan Valera [3]
- José María de Pereda [4]

Además, añadí un texto que etiqueté `anonimo.xml`. El fichero `anonimo` contenía el primer Episodio Nacional de Benito Pérez Galdós: *Trafalgar*. La idea era comprobar si el algoritmo podía establecer la probable identidad del autor del texto anónimo agrupándolo, naturalmente, con su autor: Pérez Galdós. Con esta intención, adapté un *script* publicado por Jockers (2014, capítulo 11).

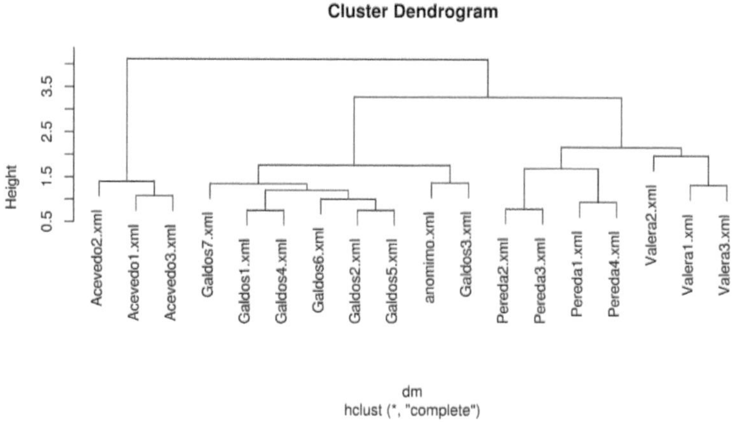

Figura 2. Dendrograma de las novelas españolas según el *script* de Jockers (2014)

El dendrograma de la figura 2 es la representación gráfica del resultado de los cálculos que realizó el *script* y que han servido para detectar la señal de autoría, basándose en las palabras más frecuentes (MFW = *most frequent words*) de cada autor. Estas resultan ser las palabras gramaticales. Como se puede ver en la siguiente figura, el texto `anonimo.xml` se encuentra, lógicamente, entre las novelas de Galdós.

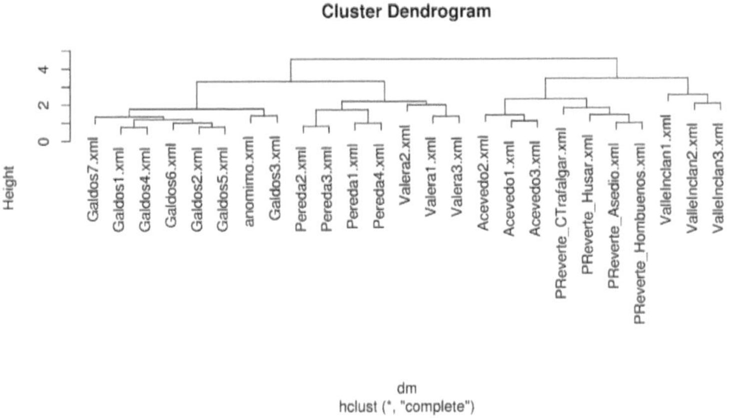

Figura 3. Dendrograma de las novelas españolas del XIX-XX y las de Pérez-Reverte y Valle-Inclán aplicando el *script* de Jockers (2014)

En un ensayo más amplio (Fradejas Rueda 2016), se incluyeron la novela *Cabo de Trafalgar* y otras tres más de Arturo Pérez-Reverte —*El Asedio*, *El Húsar* y *Hombres buenos*—. El objetivo era ver si dos de ellas, una de Pérez-Reverte y otra de Pérez Galdós, sobre el mismo tema: la batalla naval de Trafalgar, podrían provocar un problema de atribución. Sin embargo, no lo hubo, y el dendrograma de la figura 3 lo demuestra. Todas las obras de Pérez-Reverte forman un núcleo compacto y están muy alejadas de las de Pérez Galdós. Posteriormente, se complicó el análisis un poco más al añadir cuatro obras de Valle-Inclán, que se agruparon entre sí sin problema alguno.

2. EL AUTOR DEL *LIBRO DE ALEXANDRE*

Un problema que se viene debatiendo desde hace más de un siglo es quién pudo ser el autor del *Libro de Alexandre*, un poema del mester de clerecía que narra, a lo largo de 2639 estrofas de cuaderna vía (estrofas de cuatro versos alejandrinos monorrimos), las hazañas de Alejandro Magno. Este largo poema (10556 versos) debió de componerse durante el primer tercio del siglo XIII (Gómez Redondo, 2020, p. 311) y se ha preservado en dos copias[3] de distinta extensión (conocidas abreviadamente como P y O), fecha, color lingüístico, cuyos colofones atribuyen la obra a dos personajes diferentes:

3 Hay varios fragmentos, pero, debido a su escasa longitud, no parece pertinente tenerlos en cuenta.

Si queredes saber quién fizo esti ditado,
Gonçalo de Berceo es por nombre clamado

natural de Madrid en Sant Millán criado,
del abat Johan Sánchez notario por nombrado (P)
Se quisierdes saber quién escrivió este ditado,
Johán Lorenço, bon clérigo e hondrado
natural de Astorga, de mañas bien temprado.
¡El día del Juizio Dios sea mio pagado! (O)

(Gómez Redondo, 2020, p. 312)

El testimonio O (Biblioteca Nacional de España, ms. VITR/5/10), de finales del XIII o principios del XIV, está atribuido a un tal Juan Lorenzo de Astorga, y lingüísticamente está coloreado con rasgos leoneses, mientras que el manuscrito P (Bibliothèque nationale de France, ms. espagnol 488) es más moderno, del siglo XV, se atribuye a Gonzalo de Berceo y los rasgos lingüísticos lo sitúan en la zona oriental del iberorrománico central, en la zona limítrofe entre Castilla, La Rioja y Aragón.

Dana Nelson (1978) publicó este texto, dando por buena la idea de que el autor era Gonzalo de Berceo, idea que apoyó Willis (1983), aunque Lapesa (1981, p. 203n23), basándose en un artículo de Echenique (1979), había manifestado cierta reticencia al respecto. Por su parte, Uría Maqua (2008) propone que esta obra puede ser el producto de un equipo en el que colaboraron los dos personajes mencionados en ambos colofones: Juan Lorenzo y Gonzalo de Berceo, así como los posibles autores del *Libro de Apolonio* y el *Libro de Fernán González.*

Llegados a este punto, es interesante comprobar, por medio del paquete `stylo` (Eder, Rybicki y Kestemont, 2016) si Berceo pudo ser el autor del *Libro de Alexandre*, o un colaborador, como sostiene Uría (2008), o bien se trata de un poema totalmente anónimo. No hay manera de saber si el autor fue Juan Lorenzo al no tener ninguna muestra indubitada de él, aunque, por lo que dice el texto, parece que tan solo fue un copista.

Para el análisis usaremos las transcripciones electrónicas semipaleográficas del Hispanic Seminary of Medieval Studies (HSMS)[4]. Estas se produjeron para la redacción del *Dictionary of Old Spanish Language*, por lo que todos los textos que forman parte de este corpus textual se han realizado con las mismas

4 No todos los textos son fácilmente accesibles. Lo cierto es que, aunque se pueden recuperar desde el *Old Spanish Textual Archive* (OSTA), hay que preprocesarlos, ya que se recuperan en un formato de tabla. Los textos procesados, limpios de las etiquetas y demás elementos que incorpora OSTA se encuentran en el repositorio https://github.com/HD-aula-Literatura/III-6-Estilometria.

normas de transcripción y etiquetado para su ulterior procesamiento electrónico (Buelow y Mackenzie, 1977). Hay que resaltar que ya se ha probado con anterioridad que los textos producidos por el HSMS son válidos para el análisis estilométrico y que los resultados, por ejemplo, entre las versiones normalizadas de las obras de don Juan Manuel (Alvar y Finci, 2007) y las semipaleográficas del HSMS (Ayerbe-Chaux, 1986) son prácticamente idénticos (Fradejas Rueda, 2019). Dicho esto, las obras que se van a tener en cuenta son:

Milagros de Nuestra Señora
Vida de Santa Oria
Vida de San Millán de la Cogolla
Vida de Santo Domingo de Silos
Libro de Alexandre
Libro de Apolonio
Poema de Fernán González

Como elementos de distracción, se han elegido las siguientes:

Libro de Buen Amor (las tres copias)
Rimado de Palacio
Libro de la caza de las aves

3. EL SOFTWARE

Para la comparación vamos a usar el lenguaje de programación R, por ser gratuito y muy sencillo de instalar. Dependiendo del sistema operativo del ordenador, selecciona el enlace correspondiente de la tabla 1.

Tabla 1. Enlaces los instaladores de R

SO	Enlace[5]
Windows	`https://cran.r-project.org/bin/windows/base/R-4.2.0-win.exe`
Mac	`https://cran.r-project.org/bin/macosx/base/R-4.2.0.pkg`

5 Los números 2.0. pueden haber variado desde el momento de la redacción de estas páginas, por lo que conviene acudir a la página principal del sitio —https://cran.r-project.org/— y comprobar los números de la versión más reciente.

Se podría trabajar con esto, pero es preferible manejar este lenguaje con otro programa, también gratuito, que simplifica bastante el proceso: RStudio. Como en el caso anterior, selecciona en la tabla 2 el instalador para tu sistema operativo.

Tabla 2. Enlaces los instaladores de RStudio

SO	**Enlace**[6]
Windows	`https://download1.rstudio.org/desktop/windows/RStudio-2022.02.3-492.exe`
Mac	`https://download1.rstudio.org/desktop/macos/RStudio-2022.02.3-492.dmg`

Una vez descargados, hay que instalarlos como cualquier otro programa de ordenador. Tan solo una pequeña precaución. Primero se instala R y después RStudio, pero nunca al revés. Si el ordenador es un Mac, se debe instalar un tercer programa, XQuartz[7].

Los textos que se van a analizar los puedes localizar en esta otra dirección: https://github.com/HD-aula-Literatura/III-6-Estilometria. Una vez en esta página, localiza un botón verde: `Code`. Hay que desplegarlo y hacer clic donde dice `Download ZIP`. En unos segundos se descargará un fichero zip llamado `III-6-Estilometria-main.zip` que estará en la carpeta de descargas del ordenador. La siguiente acción es descomprimirlo y situarlo en el escritorio del ordenador. Se asume que el material está en esa carpeta en el escritorio, con independencia del sistema operativo.

Instalados los programas, se puede iniciar RStudio. Después de unos segundos, aparece una pantalla como la de la figura 4.

---

6 Asimismo, lo dicho anteriormente puede hacerse extensivo a los números 3-492, por lo que es oportuno acudir a la página principal de RStudio— https://www.rstudio.com/products/rstudio/download/#download—.

7 https://github.com/XQuartz/XQuartz/releases/download/XQuartz-2.8.1/XQuartz-2.8.1.dmg.

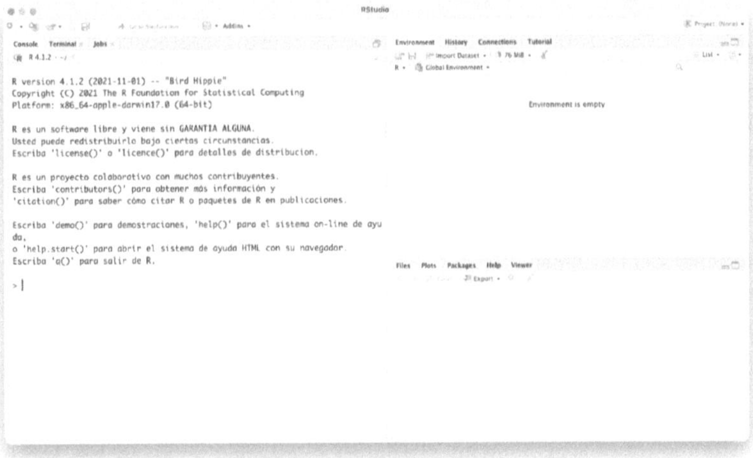

Figura 4. Pantalla de RStudio en un ordenador *Apple*

En el panel con el nombre `Console`, y cuya última línea tiene el signo mayor que >, se escribe `install.packages("stylo")` y se pulsa `intro`. De esta manera se instala la librería `stylo`, con la que se va a comprobar si Gonzalo de Berceo es el autor del *Libro de Alexandre*. No hay que olvidar que para que el sistema funcione debe tener como directorio de trabajo la carpeta descargada `III-6-Estilometria-main`. Aunque hay varias maneras de hacerlo, la más rápida es escribiendo en la consola una de estas dos líneas que se ofrecen en la tabla 3.

Tabla 3. Instrucción para seleccionar el directorio de trabajo

Windows[8]	`setwd("C:/Users/XXXXX/Desktop/III-6-Estilometria-main")`
Apple	`setwd("~/Desktop/III-6-Estilometria-main")`

Así se sabe dónde se pueden localizar los textos. En realidad, hay varias carpetas con distintos nombres: `corpus_1`, `corpus_2`, `corpus_3`, `corpus_4` y `corpus_5`. Ahí están todos los ficheros necesarios para trabajar.

8 El valor de las XXXXX depende de cómo se haya configurado el ordenador, pues corresponden al nombre del usuario.

En `corpus_1` están disponibles todas las obras de Berceo, el *Rimado de Palacio* de López de Ayala, el *Libro de la caza de las aves* del mismo Ayala y las tres copias extensas, por decirlo de alguna manera, del *Libro de Buen Amor.* Lo primero es ver si los distintos ficheros, textos, en definitiva, se agrupan entre sí como cabría de esperar.

La librería `stylo` agrupa varias técnicas estadísticas, tanto supervisadas como sin supervisión. De todas las posibles, utilizo únicamente tres técnicas no supervisadas: el análisis de grupos, los árboles de consenso y el análisis de componentes principales. En las páginas anteriores, ya he mostrado un caso de árboles de consenso (figura 1) y otro de análisis de grupos (figuras 2 y 3), que son las dos primeras técnicas que se mostrarán.

4. ANÁLISIS DE GRUPOS

La estilometría es sencillamente el análisis estadístico de los textos. Los problemas de atribución de autoría son solo una de las muchas posibilidades que ofrece, si bien es una de las más empleadas. Uno de los procedimientos más sencillos son los análisis de grupos o *cluster analysis* (Brezina, 2018, pp. 151–59; Gries, 2013, pp. 336–49).

Dentro de los varios algoritmos que se emplean para este tipo de análisis, se encuentra el análisis jerárquico (HCA). Este comienza considerando cada caso como un grupo separado, es decir, hay tantos grupos como casos. A continuación, calcula las distancias y las combina en una tabla de doble entrada, como las de las distancias entre ciudades que tienen los mapas de carretera impresos; después toma cada uno de los datos individuales en un procedimiento jerárquico (paso a paso) en el que une los más grupos más próximos entre sí, por lo que se van reduciendo en cada paso del análisis hasta que al final queda un único grupo (Brezina, 2018, p. 154). Este tipo de análisis se representa mejor por medio de un diagrama arbóreo que se llama *dendrograma* o árbol binario. La principal ventaja del análisis jerárquico es que ofrece una descripción intuitiva y exhaustiva de las relaciones de proximidad entre los objetos (Moisl, 2015, § 4.2.2.3).

El análisis de grupos es una técnica estadística que sirve para agrupar un conjunto de elementos, observaciones, en dos o más grupos de manera que los que se encuentran en un grupo (*cluster*) son mucho más semejantes entre ellos que los que se encuentran en otros grupos. Este análisis lo que hace es maximizar las semejanzas al tiempo que maximiza las diferencias de los grupos, desconocidos inicialmente.

¿En qué se basa este análisis? Se apoya simplemente en el recuento de un pequeño subconjunto de palabras a las que no solemos prestar atención: las llamadas palabras de función o gramaticales, palabras que son independientes del tema o del género del texto. De hecho, se trata de palabras que ningún autor controla conscientemente, por lo que se resisten a la imitación e incluso a la falsificación, por lo que, como demostraron Mosteller y Wallace (1964), son los elementos idóneos para establecer la huella autorial de un texto.

Para usar la librería, lo primero que hay que hacer es escribir en la consola, tras el signo de mayor que, `library(stylo)` y pulsar `intro`[9]. Casi inmediatamente aparece en la consola esta información:

```
### stylo version: 0.7.4 ###
If you plan to cite this software (please do!), use the
following reference:
Eder, M., Rybicki, J. and Kestemont, M. (2016).
Stylometry with R:
a package for computational text analysis. R Journal
8(1): 107-121.
<https://journal.r-project.org/archive/2016/RJ-2016-007/
index.html>
To get full BibTeX entry, type: citation("stylo")
```

Tras esto, nuevamente, aparece el signo de mayor que.

Hay que advertir de un pequeño problema: `stylo` solo funciona si existe una carpeta llamada `corpus`. Para evitarlo, lo más sencillo es renombrar la carpeta `corpus_1` como `corpus`, es decir, hay que borrar `_1`. En el panel de la derecha (figura 5), hay que hacer clic en la pestaña `Files` y marcar la casilla situada a la izquierda de `corpus_1` para, a continuación, pulsar `Rename`.

9 Es necesario hacer esto todas las veces que se inicie una sesión en RStudio.

Figura 5. Contenido de la carpeta `III-6-Estilometria-main`

Se abre entonces una nueva ventana. Ahí tan solo es necesario borrar `_1`, hacer clic en OK y se renombra el directorio[10].

Lo siguiente es escribir `stylo()` y pulsar `intro`[11], si bien, en la consola, previamente se habrá impreso la advertencia `using current directory...` y se habrá abierto un panel como el de la figura 6, aunque puede que esté escondido tras la ventana de RStudio. Este panel permite interactuar con `stylo` sin necesidad de saber nada de programación, ya que lo único que hay que hacer es clicar en unas cuantas pestañas y seleccionar uno u otro valor y opción.

10 Esta es una acción que debe repetirse varias veces durante este ensayo.

11 No hay que olvidar que cada vez que haya que repetir un análisis es imprescindible escribir en la consola `stylo()` y pulsar `intro`.

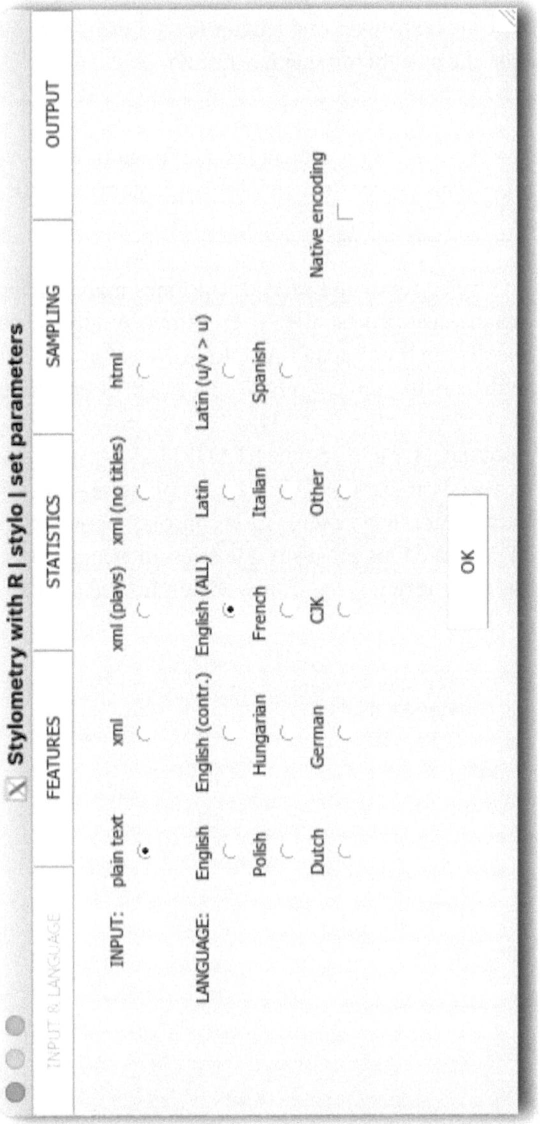

Figura 6. Panel de control de `stylo`

Como puede verse, hay cuatro pestañas. Una es la marcada como INPUT & LANGUAGE (en la figura, las letras están en gris —por cierto, la pestaña activa de este panel de control siempre es la que tiene las letras del nombre en gris—). Es donde se le indica qué tipo de texto y en qué lengua se va a usar. Hay que seleccionar `Spanish` y hacer clic en el botón que hay debajo.

> **ATENCIÓN**
> Una peculiaridad de Microsoft: si se usa un ordenador que funciona con *Windows*, debes marcar la casilla `Native encoding`; de lo contrario, los resultados serán distintos.

Por otra parte, la librería `stylo` tiene una serie de opciones marcadas por defecto. Pueden usarse en esta primera prueba, pero es oportuno comprobar que sean las adecuadas. Cuando se clica en la pestaña FEATURES, debe estar marcado `word`, y en `ngram size` debe haber un `1`. En `MFW SETTINGS` tienen que aparecer las cifras `100`, `100`, `100` y `1`, y en `CULLING` `0`, `0`, `20`, `5000`. Si no es así, hay que cambiarlas por estas cifras. En la pestaña STATISTICS hay que seleccionar `Cluster Analysis` y `Classic Delta`. Para terminar, se pulsa OK.

Si todo se ha hecho correctamente, en la ventana de la consola, aparecerá una variada información que da cuenta de los procesos que se están ejecutando en el ordenador. En unos segundos, tendremos un gráfico en donde estaba el panel `Files`, en el panel llamado `Plots`.

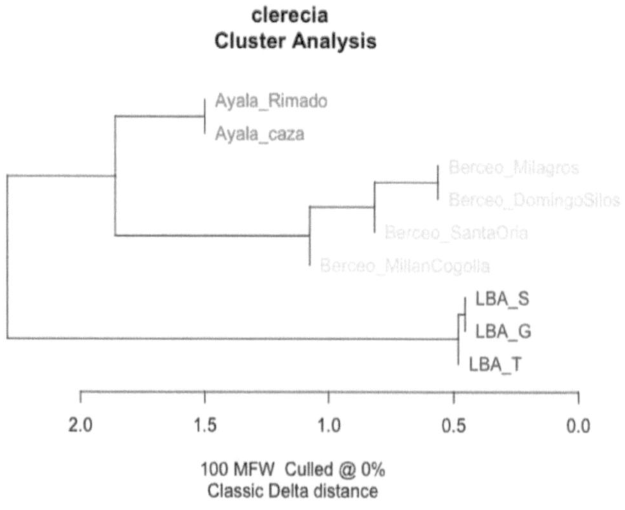

Figura 7. Dendrograma que representa el resultado del análisis

El gráfico de la figura 7 es la representación del análisis. Este tipo de esquema se llama, como ya se ha dicho, dendrograma, e informa de las relaciones que existen entre todos los textos que constituyen el corpus, es decir, en todos los ficheros que hay en la carpeta `corpus`. Lo que nos muestra este es que todas las copias del *Libro de Buen Amor* (`LBA_`) se reúnen en un único grupo. Las que están prefijadas como `Berceo _` constituyen otro grupo, y las que comienzan por `Ayala_` conforman un tercer grupo. La interpretación de estos datos no ofrece ninguna duda, porque partíamos del conocimiento previo de que estos textos los escribieron esos tres autores. Se podría aumentar el número de palabras más frecuentes (`MFW`) y la fórmula para calcularlo, pero lo único que lograríamos sería una ligera reorganización de las ramas. Si se quiere repetir el experimento, hay que escribir en la consola `stylo()` y pulsar `intro`, ya que, como se ha apuntado en la nota 11, hay que hacer esto siempre que se ejecute un nuevo análisis, aunque no se modifique ningún parámetro. Si en la pestaña STATISTICS se cambia el tipo de distancia a `Cosine Delta`, el resultado no varía ni un ápice (figura 8).

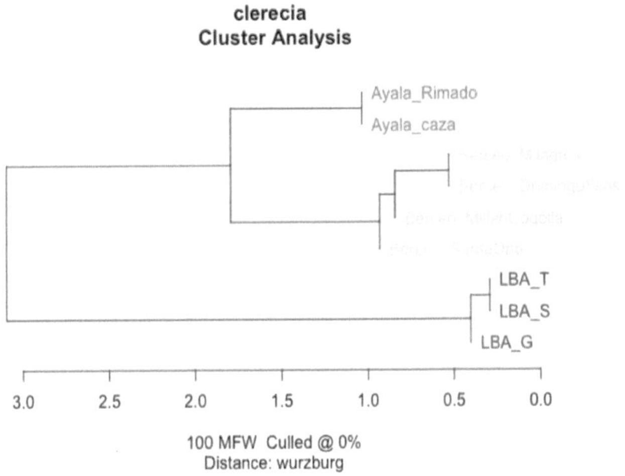

Figura 8. Dendrograma con 100 MFW con la distancia Cosine Delta

Existe la opción de aumentar, en la pestaña FEATURES, la cantidad de palabras que ha de considerar. Así, en vez de 100, se puede aumentar a 500. Para ello, solo hay que cambiar la cantidad de la ventanita Minimum a 500 y pulsar OK.

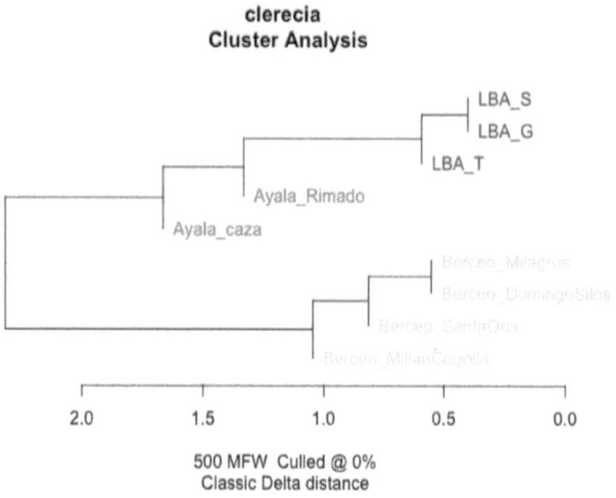

Figura 9. Dendrograma con 500 MFW con la distancia Classic Delta

Como puede observarse en la figura 9, se siguen agrupando, aunque de forma diferente, los tres autores. Si se repite cambiando la fórmula de cálculo a Cosine Delta (figura 10), se mantiene el mismo resultado que cuando se calcula con tan solo 100 palabras.

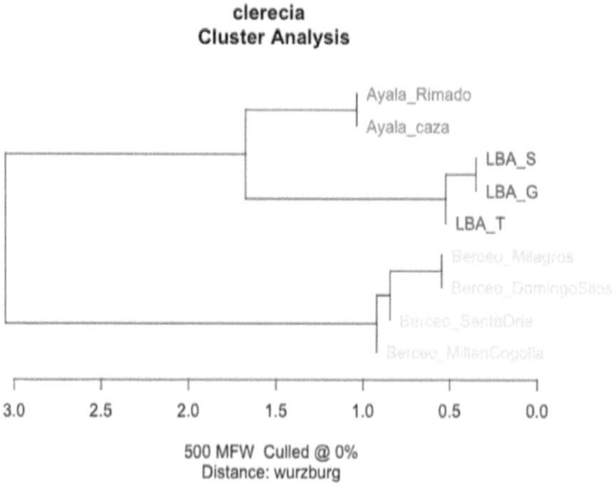

Figura 10. Dendrograma con 500 MFW con la distancia Cosine Delta

Un intento más, pero ahora aumentando a 1000 palabras, tanto con Classic Delta como Cosine Delta. Se comprueba que ambos cálculos ofrecen el mismo resultado. Sin embargo, dado que la disposición de Cosine Delta se ha mantenido estable con 100, 500 y 1000 palabras, es posible que esta sea la mejor fórmula[12].

Por lo tanto, el sistema es muy fiable para ver si un texto puede ser de un autor. Pero ¿qué pasa si excluimos el *Libro de la caza de las aves* de Ayala, las copias S y T del *Libro de Buen Amor* y añadimos los textos del *Libro de Alexandre*, del *Libro de Apolonio* y del *Poema de Fernán González*, es decir, si añadimos el grupo de obras del mester de clerecía y el texto que se sospecha que pudo escribir Berceo? Todos esos textos se encuentran reunidos en la carpeta llamada `corpus_2`, por lo que hay que devolver a `corpus` su viejo nombre de `corpus_1` y renombrar `corpus_2` como `corpus`, lo que se ha explicado un poco antes[13].

Una vez renombrado el directorio lo único que hay que hacer es volver a escribir `stylo()` en la consola y, por supuesto, pulsar `intro`. En la pestaña FEATURES indica a `stylo` que solo vas a usar las 100 palabras más frecuentes. El siguiente paso es ir a la pestaña STATISTIC y marcar la fórmula Cosine Delta. Cuando pulses OK, el resultado que aparecerá en la ventana Plots tiene que ser idéntico al de la figura 11.

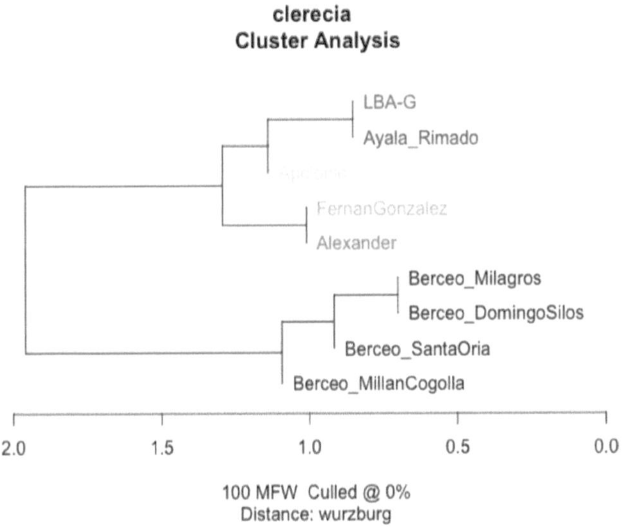

Figura 11. Dendrograma con 100 MFW con la distancia Cosine Delta

12 Se puede intentar hacer esto con las demás, pero los resultados son semejantes y la disposición casi idéntica.

13 A estas alturas, el directorio se habrá llenado de ficheros que comienzan con `clerecia_CA_`. Como no interesan por ahora, los ignoramos.

Está claro que las obras de Berceo constituyen un bloque compacto, mientras que las otras se han agrupado en una segunda gran rama. Sin embargo, no se ha de interpretar que `LBA-G` y `Ayala_Rimado` los escribió el mismo autor, porque el sistema, como tiene que emparejar los textos, lo que hace es buscar el más parecido, lo que recibe el nombre del problema del vecino más próximo (*nearest neighbor*). Si se aumenta el número de palabras más frecuentes a 500, e incluso a 1000, el esquema se mantiene inalterado, aunque se pueden reorganizar ligeramente las ramas dentro de cada grupo.

Podemos eliminar de la ecuación los textos del *Rimado de Palacio* y el *Libro de Buen Amor*, dado que no son obras de la clerecía. Están en la carpeta `corpus_3`. Así pues, hay que renombrar `corpus` como `corpus_2` y al `corpus_3` como `corpus`. Una vez hecho, indica a `stylo` que emplee únicamente las 100 palabras más frecuentes (pestaña FEATURES) y que la fórmula de cálculo (pestaña STATISTICS) sea Cosine Delta. El resultado es sorprendente en cierta medida (figura 12), ya que el *Libro de Apolonio* se ha mezclado con las obras de Berceo, si bien se suponía que era el *Libro de Alexandre* el que podría haber sido escrito por Berceo, y no el *Libro de Apolonio*.

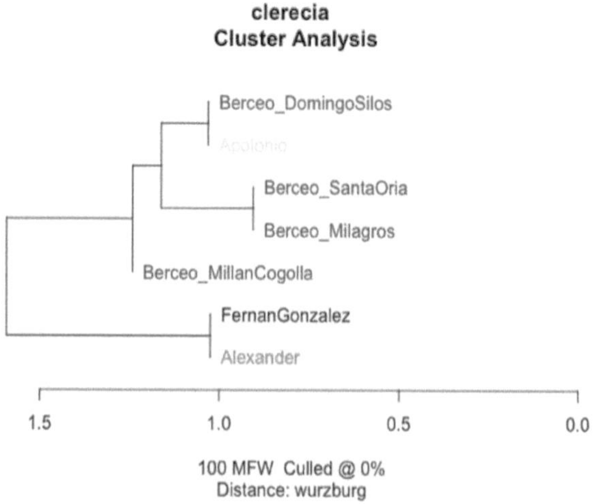

Figura 12. Dendrograma con 100 MFW con la distancia Cosine Delta

Si se repite el análisis aumentando el número de palabras a 500, los resultados (figura 13) parecen indicar que Berceo no fue el autor del *Libro de Apolonio*, y esta es la misma conclusión a la que se llega aumentando a 1000 palabras (figura 14).

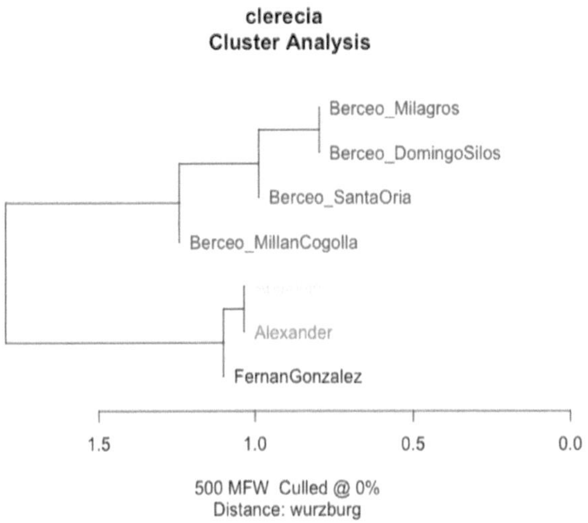

Figura 13. Dendrograma con 500 MFW con la distancia Cosine Delta

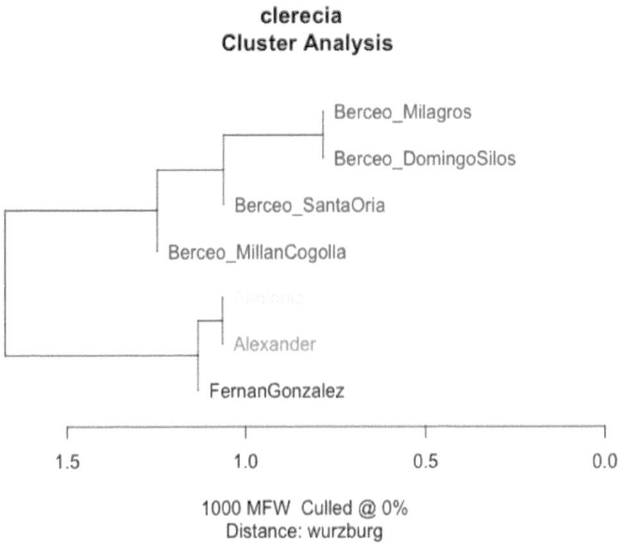

Figura 14. Dendrograma con 1000 MFW con la distancia Cosine Delta

5. ÁRBOLES DE CONSENSO

El gran problema de los análisis de grupos en los que se varía la cantidad de palabras es que el investigador se sienta tentado a elegir el que más se acerque a su teoría. Así, se podría concluir, a la luz del dendrograma de la figura 12, que el *Libro de Apolonio* lo escribió Gonzalo de Berceo porque se asienta entre las obras de este autor. Sin embargo, en los dendrogramas de las figuras 13 y 14, en los que se aumentó a 500 y a 1000 las palabras, se observa que esa posibilidad no tiene validez. Por este motivo, para evitar elegir el dendrograma que más le conviene al investigador, Eder (2013) introdujo un nuevo tipo de análisis basado en los procedimientos estadísticos del Bootstrap para generar un árbol de consenso (*Consensus Tree*) en el que quedan recogidas las relaciones más estables entre los textos del corpus (Hernández Lorenzo, 2019, pp. 324–326).

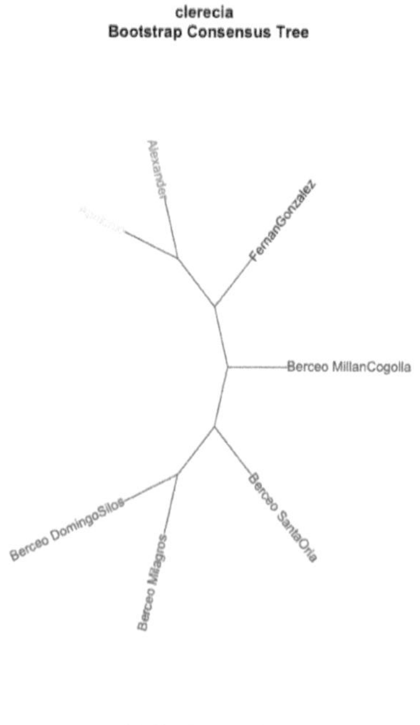

Figura 15. Dendrograma con 1000 MFW con la distancia Cosine Delta

Este análisis también puede hacerse con `stylo`. Basta con indicarle que considere todas las palabras más frecuentes entre las 100 y las 1000 en pasos incrementales de 100 y que ofrezca el resultado en un solo esquema. No obstante, es necesario realizar algunos cambios en los parámetros tanto de FEATURES como en STATISTICS. En FEATURES hay que marcar 100 en la casilla Minimun; 1000, en la de Máximum; y en la de Increment, 100. En este momento, en la pestaña STATISTICS se marca Consensus Tree (árbol de consenso) y, obviamente, para terminar, OK. Tras unos segundos de procesamiento, en el panel Plots aparece un diagrama como el de la figura 15, en el que se observa que la ubicación del *Libro de Apolonio* entre las obras de Berceo fue un espejismo pasajero. Por otra parte, parece confirmarse que Gonzalo de Berceo, a pesar del colofón del manuscrito P, no tuvo nada que ver en la redacción del *Libro de Alexandre*.

6. ANÁLISIS DE COMPONENTES PRINCIPALES (PCA)

Otro tipo de análisis muy interesante y ampliamente utilizado en los problemas de atribución de autoría es el de los componentes principales (PCA), una técnica que empleó por primera vez Burrows (1987) al estudiar el estilo de las novelas de Jane Austen. Se trata de una técnica estadística que reduce las dimensiones de un conjunto de datos con el objetivo de apreciar, en nuestro caso, qué textos se encuentran más cercanos. Lo que hace es transformar un conjunto de datos en unas nuevas variables (los componentes), que se disponen en orden decreciente de acuerdo con la información que se consigue recuperar de las dimensiones originales. El resultado se representa en un gráfico de dispersión cuyo eje horizontal representa el primer componente (PC1) y el vertical, el segundo (PC2), que determinan la posición de cada texto con respecto a los demás analizados, de modo que los textos estilísticamente más cercanos aparecen más próximos, mientras que los que presentan mayores diferencias están más alejados (Hernández Lorenzo, 2019, pp. 342–344). La figura 16 muestra el resultado del análisis de componente principales aplicado a un texto de Berceo, a otro de Ayala y al manuscrito salmantino del *Libro de Buen Amor*. Como se puede ver, cada uno de estos tres textos está en un cuadrante diferente, lo cual demuestra la gran distancia estilística existente entre ellos.

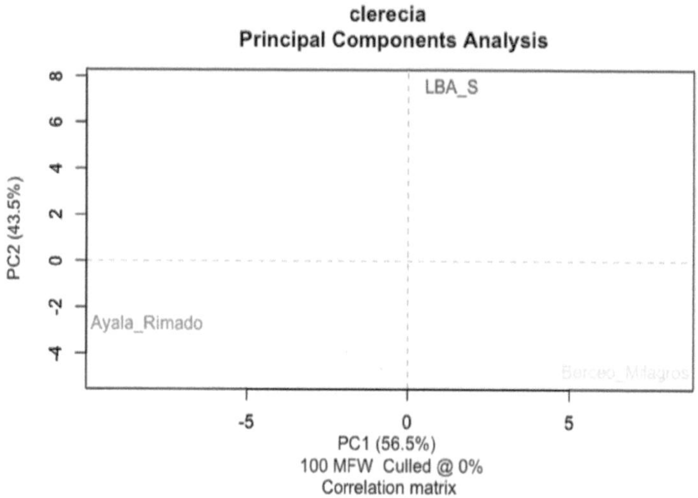

Figura 16. Resultado del PCA sobre el *Rimado de Palacio*, los *Milagros de Nuestra Señora* de Berceo y el *Libro de Buen Amor*

En este punto, es interesante exponer el resultado que ofrece el análisis sobre el corpus de los poemas del mester de clerecía. Para ello, hay que iniciar una nueva sesión de RStudio y cargar la librería `stylo` con la instrucción `library(stylo)`. No hay que olvidar que hay que seleccionar la carpeta `III-6-Estilometria-main` como directorio de trabajo, siguiendo las instrucciones expuestas anteriormente. Como los textos que se van a analizar se encuentran en la carpeta `corpus_3`, es necesario renombrarla como `corpus`.[14] A continuación, escribe `stylo()` en la consola y pulsa `intro`. Si se ha hecho bien, tiene que aparecer un panel de control como el de la figura 5. En la pestaña FEATURES, se marca la cantidad 100 en Minimum;100, en Maximun; y 100, en Increment. Después hay que ir a la pestaña STATISTICS, marcar PCA (corr.) y seleccionar Cosine Delta en las fórmulas para el cálculo de la distancia. Por último, se pulsa OK. Enseguida aparece en el panel Plots una gráfica como la de la figura 17.

14 Es posible que, a resultas de la sesión anterior, quedaran cambiados los nombres de las diversas carpetas. Para asegurarse de usar la correcta se acude a la pestaña Files y se hace clic en cada una de las carpetas hasta encontrar la que ponga `Alexander.txt`, `Apolonio.txt`, `Berceo_DomingoSilos.txt`, `Berceo_MillanCogolla.txt`, `Berceo_SantaOria.txt` y `FernanGonzalez.txt`. Esta es la que debes nombrar como corpus (su nombre original es corpus_3).

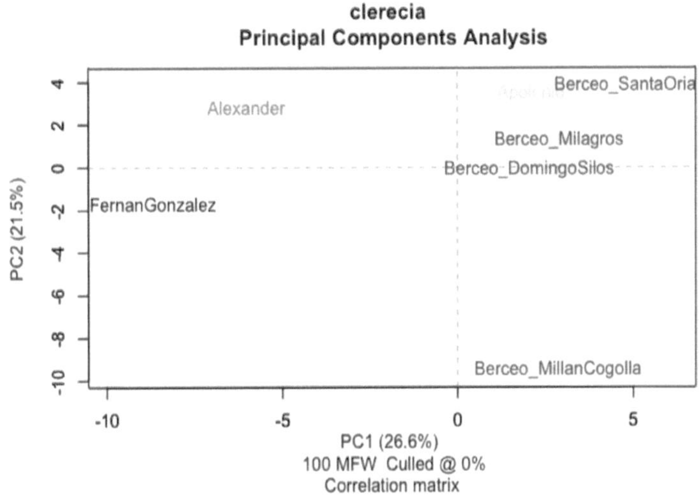

Figura 17. PCA sobre el corpus del mester de clerecía 100 MFW, Cosine Delta

Lo que ha sucedido es lo mismo que en el análisis de grupos de la figura 12. El *Libro de Apolonio* se ha *colado* entre las obras de Berceo, no así el *Libro de Alexandre* ni el *Poema de Fernán González*, que se sitúan en los cuadrantes de la izquierda.

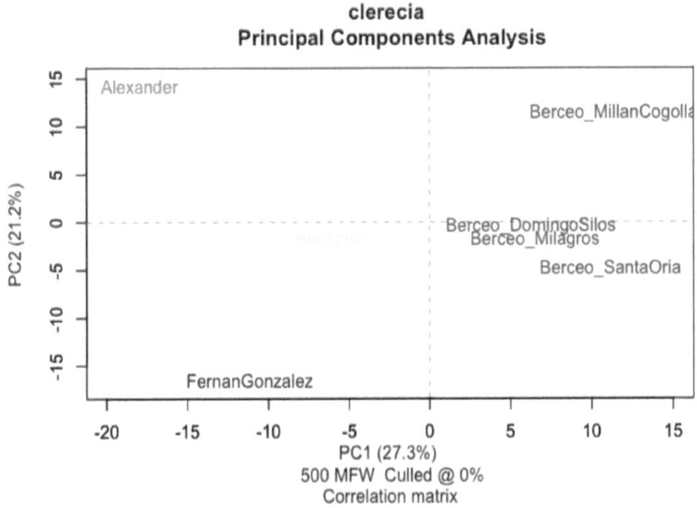

Figura 18. PCA sobre el corpus del mester de clerecía 500 MFW, Cosine Delta

Aun a riesgo de aumentar el número de palabras semánticas, puede aumentarse, asimismo, la cantidad de MFW en la pestaña FEATURES. Con 500 palabras (figura 18), el *Libro de Apolonio* se aleja de las obras de Berceo; pero, con 1000 (figura 19), el *Libro de Apolonio* mantiene la distancia tanto del *Libro de Alexandre* como del *Poema de Fernán González* y de las obras de *Berceo*.

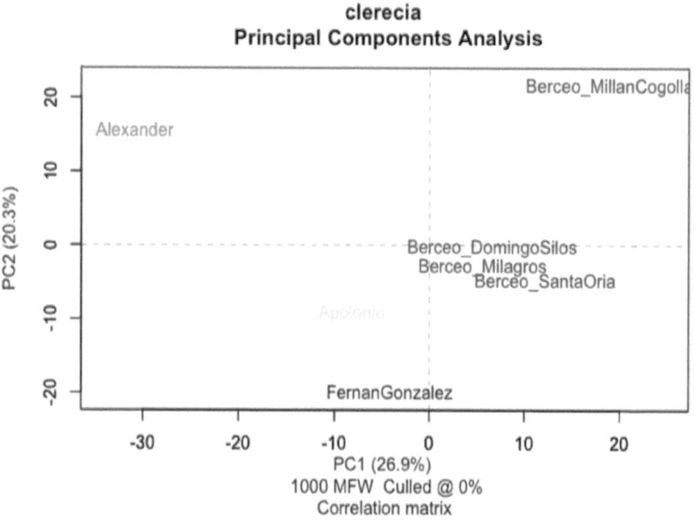

Figura 19. PCA sobre el corpus del mester de clerecía 1000 MFW, Cosine Delta

La conclusión, provisional, es que Gonzalo de Berceo no fue el autor del *Libro de Alexandre*. El *Libro de Apolonio* se acerca a su estilo, pero, cuando se aumenta el número de palabras, desaparece la proximidad.

7. LAS RIMAS EN EL MESTER DE CLERECÍA

Los análisis anteriores se basan en las palabras de función, es decir, artículos, preposiciones, conjunciones y algunos pronombres, y apenas si hay palabras semánticas. En efecto, las 25 palabras más frecuentes de todo el corpus del mester de clerecía son: *que*, *de*, *el*, *non*, *la*, *por*, *en*, *a*, *los*, *lo*, *su*, *mas*, *las*, *con*, *se*, *bien*, *era*, *e*, *al*, *grant*, *fue*, *del*, *todos*, *rey*, *es*, pero tan solo dos, el adjetivo *grant* y el sustantivo *rey*, son palabras semánticas[15]. A la luz de un interesante trabajo de Kestemont (2012) acerca de las palabras portadoras de rima y su valor para la atribución de autoría aplicada a unos textos en neederlandés medieval, surge la idea de comprobar si las palabras portadoras de rima del corpus que constituyen las obras del mester de clerecía pueden ser un elemento discriminador de autoría mucho más fiable que las palabras de función, que son las que se usan en los análisis de atribución de autoría expuestos en las páginas anteriores.

La explicación que Kestemont (2012, p. 48) ofrece para basar sus pruebas en las palabras portadoras de rima y no en las palabras de función es que varios estudios demuestran que las palabras con alta frecuencia de uso son las más proclives a ser modificadas por los escribas, pues «[s]mall and inconspicuous words were apparently easily inserted or deleted while copying texts». Por esta razón, «[t]he analyses … will therefore be restricted to words that seem to have been less sensitive to scribal adaptations: rhyme words». Por otra parte, Kestemont insiste en que una propiedad de las palabras portadoras de rima es su gran estabilidad en la transmisión, tanto oral como escrita, si bien reconoce que es una asunción provisional, no una verdad inapelable.

La Tabla 4 recoge las diez palabras que riman con mayor frecuencia (n) en cada una de las obras del corpus y no se trata, en ningún caso, de palabras que podríamos incluir entre las de función (determinantes, preposiciones, pronombre, conjunciones), que son, precisamente, las palabras utilizadas en los análisis anteriores, puesto que, desde el trabajo seminal de Mosteller y Wallace (1964), se estableció que las palabras de función eran los mejores discriminadores de la huella autorial. En este punto, la pregunta es la siguiente: ¿puede la selección de palabras portadoras de rima ser un elemento discriminador de autoría?

15 Es curioso observar que las palabras de función han cambiado muy poco a lo largo de la historia de la lengua española (Fradejas Rueda, 2021, pp. 233 y 244 tabla 2).

Tabla 4. Palabras más frecuentes portadoras de la rima en el corpus del mester de clerecía

Obra	*Alexandre*		*Apolonio*		*F. González*		*Milagros*		*Millán*		*Sta. Oria*		*Sto. Domingo*	
Rango	palabra	n	palabra	n	palabra	n	palabra	n	palabra	n	palabra	n	palabra	n
1	*nada*	54	*pagado*	25	*poder*	20	*maria*	38	*aspirado*	2	*logar*	8	*sennor*	18
2	*ueer*	34	*nada*	19	*mandado*	16	*dia*	24	*auer*	2	*gloria*	7	*confessor*	16
3	*uentura*	34	*Aguisado*	12	*señor*	14	*sennor*	23	*cauallero*	2	*oria*	6	*logar*	16
4	*morir*	33	*grado*	12	*mejor*	12	*cosa*	20	*çelestial*	2	*ujda*	6	*criador*	15
5	*tornar*	33	*plaçer*	12	*entender*	11	*gloriosa*	20	*dinero*	2	*dia*	5	*nada*	14
6	*dezir*	31	*carrera*	11	*fernando*	11	*logar*	17	*enoyado*	2	*entrar*	5	*grado*	12
7	*matar*	31	*mandado*	11	*Mar*	11	*pagado*	16	*espanna*	2	*lazrada*	5	*maria*	12
8	*grado*	30	*pesar*	11	*Oydo*	11	*peccador*	15	*fazanna*	2	*mal*	5	*lazrada*	11
9	*seer*	29	*prender*	11	*Tornar*	11	*nada*	14	*ganado*	2	*maria*	5	*carrera*	10
10	*sennor*	29	*tornar*	11	*Cryador*	10	*posada*	12	*guysa*	2	*nada*	5	*dia*	10

El corpus de textos electrónicos que se creó para el *Dictionary of the Old Spanish Language* (DOSL) ha tenido un desarrollo ulterior: el *Old Spanish Textual Archivo* (OSTA) (Gago Jover y Pueyo 2020), que ofrece todo el corpus del Hispanic Seminary of Medieval Studies (HSMS) analizado morfológicamente y lematizado.

El manejo de OSTA es bastante sencillo, aunque permite hacer búsquedas muy complejas combinando varios criterios y elementos. Uno de los grandes problemas, si es que se puede calificar así, es el de la variación gráfica que presenta la lengua medieval, por lo que una de las posibilidades es la búsqueda por lemas, es decir, por la forma con la que se consigna en un diccionario. Por ejemplo, para comprobar la variación ortográfica de *mujer*, basta con buscar las formas gráficas del lema *mujer* (`[(lemma='mujer'%c)]`). Esta indagación arroja el resultado de que *mujer* aparece 33 539 veces en 631 textos diferentes. Basta con recorrer la lista, en grupos de 500 elementos, para ver las diferentes formas, tanto en singular como en plural, que se documentan en el corpus. Pero también se puede descargar un fichero con los resultados y, a partir de él, analizar los resultados. Las 33 539 ocurrencias del lema *mujer* ofrecen 65 formas gráficas diferentes, de las que las diez más usadas son las recogidas en la tabla 5.

Tabla 5. Formas gráficas del lema *mujer* en OSTA

rango	forma	frecuencia
1	*muger*	17464
2	*mugeres*	5838
3	*mugier*	3460
4	*muller*	1813
5	*mugieres*	1370
6	*mujer*	764
7	*muyller*	683
8	*mulleres*	483
9	*mujeres*	332
10	*muiller*	287

Otra posibilidad es pedirle al sistema que realice la búsqueda por clases de palabras, es decir, que busque, por ejemplo, todas las ocurrencias de las preposiciones (`[(pos='SP.+'%c)]`). El resultado es 4 614 888 casos en 1875 textos. No es posible descargar todos los resultados porque se limitan a un máximo de 250 000 casos por búsqueda.

Por otra parte, puede hacerse la búsqueda combinando el lema y la información gramatical. Pongamos un ejemplo. En castellano medieval, existe el adverbio *y* procedente de IBI, pero el lema *y* recoge tanto las formas gráficas de la conjunción copulativa (*y*, *e*, *et*, *i*, *&*) como las del adverbio. Así, la búsqueda `[(lemma = y%c)]` arroja como resultado 2 019 553 ocurrencias en 1810 textos, si bien solo pueden interesar las del adverbio. En ese caso, bastaría con hacer una búsqueda por lema y etiqueta gramatical (`[(lemma='y' & pos ='R.+'%c)]`). Entonces el resultado es de 14 197 ocurrencias en tan solo 558 textos, es decir, el 0.70 % de los casos del lema *y* corresponden al adverbio.

Asimismo, estas búsquedas pueden limitarse a una obra, a un autor, a un siglo, al siglo en el que se produjo la obra, al siglo en el que se copió… Las posibilidades son muy amplias y variadas, pero el objetivo de estas páginas no es exponer cómo hacerlas, ya que para eso hay un manual en el que se explican y se muestran varios ejemplos muy ilustrativos. El objetivo, en este momento, es recuperar las palabras portadoras de la rima en el corpus de obras del mester de clerecía y ver si se pueden utilizar como elemento discriminador de la huella autorial, como propone Kestemont (2012).

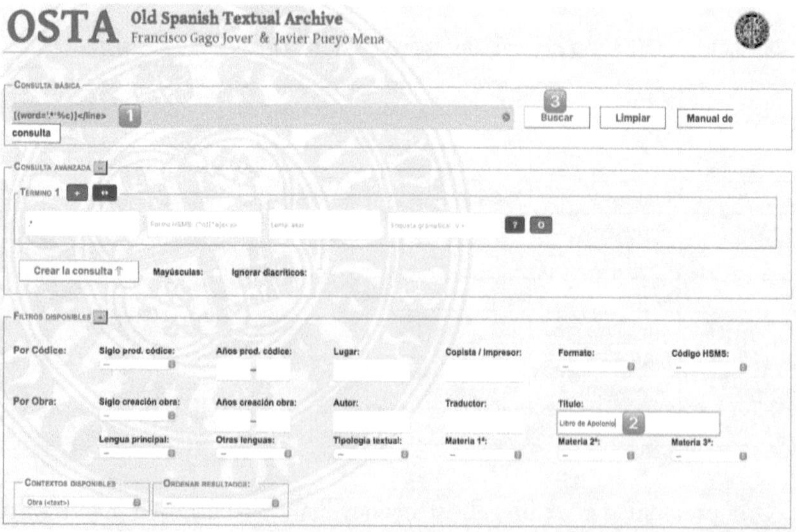

Figura 20. Pantalla de búsqueda rellenada con la expresión de búsqueda en la casilla de Consulta Básica (1) y el título de interés seleccionado (2). Por último, se pulsa Buscar (3)

Se parte de la base de que en las obras de la clerecía la palabra portadora de la rima es la última de cada verso. Se asume, igualmente, que las transcripciones de los manuscritos en los que se conservan las obras se han hecho verso a verso. La búsqueda de todas las palabras, pues no sabemos cuáles son, se hace con los comodines `.*`, en donde el punto indica cualquier letra y el asterisco significa que la secuencia (la palabra) ha de tener uno o más caracteres. Lo complicado, aparentemente, es indicar que ha de ser la última palabra de cada verso. En este sentido, hay que señalar que el sistema de codificación de OSTA marca cada línea física del manuscrito transcrito encerrándola entre las etiquetas `<line>` y `</line>`, por lo que, asumiendo lo dicho anteriormente, se puede concluir que lo que hay entre ambas marcas es un verso. Esta particularidad de la base de datos permite buscar todas aquellas palabras que están junto a la etiqueta `</line>`. La expresión de búsqueda que hay que introducir en la casilla `Consulta básica` es `[(word ='.*'%c)]</line>`. A continuación, se introduce en la casilla `Título` el título de la obra (*Libro de Apolonio*, *Libro de Alexandre* o *Poema de Fernán González*, *Milagros de Nuestra Señora*, *Vida de San Millán de la Cogolla*, *Vida de Santo Domingo de Silos* y *Vida de Santa Oria*), que son con las que se va a trabajar. Tan pronto como se escriban las dos primeras palabras aparecen debajo de la casilla todas las posibilidades. Por último, hay que hacer clic en la casilla `Buscar` (figura 20).

Tras unos segundos, obtenemos el resultado, parecido al de la figura 21. La cajita centrada ofrece las estadísticas básicas de la búsqueda. En el caso del *Libro de Apolonio*, son 2622 casos. En el margen superior, podemos leer *descargar* y, a su derecha, las siglas TSV. Al hacer clic sobre esas siglas, se descarga un fichero cuyo nombre es `OSTA-resultados-XX-XX-XXXX-XX_XX_XX.tsv`, donde las equis corresponden a la fecha y hora en la que se ha generado el fichero de resultados.

RESULTADOS DE LA CONSULTA [DESCARGAR: TSV]

Consulta => [(word='.*'%c)]</line> :: match.text_titulo = "Libro de Apolonio" within text sort by yearcodice

Nº total de ejemplos: **2622** en **1** texto Frecuencia: **81.17** casos por millón de palabras

Mostrando del 1-500 Siguientes

Nº	Copiado/impreso	*Obra* [creación]	Folio	Contexto anterior	Búsqueda	Contexto posterior
1	1301-1400	*Libro de Apolonio* [1240-1260]	1r-a[1]	Apolonio. E (e)n el nombre de dios & de santa Marja Si ellos me guiassen	estudiar	querria / Libre d(')appollonio Conponer hun romançe de nueua Maestria Del buen Rey apolonjo &
2	1301-1400	*Libro de Apolonio* [1240-1260]	1r-a[2]	nombre de dios & de santa Marja Si ellos me guiassen estudiar querria / Libre	d(')appollonio	Conponer hun romançe de nueua Maestria Del buen Rey apolonjo & de su cortesia El
3	1301-1400	*Libro de Apolonio* [1240-1260]	1r-a[3]	Marja Si ellos me guiassen estudiar querria / Libre d(')appollonio Conponer hun romançe de nueua	Maestria	Del buen Rey apolonjo & de su cortesia El Rey apolonio de tiro natural Que
4	1301-1400	*Libro de Apolonio* [1240-1260]	1r-a[4]	Libre d(')appollonio Conponer hun romançe de nueua Maestria Del buen Rey apolonjo & de su	cortesia	El Rey apolonio de tiro natural Que por las auenturas visco grant tenporal Commo perdio
5	1301-1400	*Libro de Apolonio* [1240-1260]	1r-a[5]	nueua Maestria Del buen Rey apolonjo & de su cortesia El Rey apolonio de tiro	natural	Que por las auenturas visco grant tenporal Commo perdio la fija & la muger capdal
6	1301-1400	*Libro de Apolonio* [1240-1260]	1r-a[6]	de su cortesia El Rey apolonio de tiro natural Que por las auenturas visco grant	tenporal	Commo perdio la fija & la muger capdal Como las cobro amas ca les fue
7	1301-1400	*Libro de Apolonio* [1240-1260]	1r-a[7]	natural Que por las auenturas visco grant tenporal Commo perdio la fija & la muger	capdal	Como las cobro amas ca les fue muy leyal En el Rey antioco vos quiero
8	1301-1400	*Libro de Apolonio* [1240-1260]	1r-a[8]	perdio la fija & la muger capdal Como las cobro amas ca les fue muy	leyal	En el Rey antioco vos quiero començar Que poblo antiocha en el puerto dela Mar
9	1301-1400	*Libro de Apolonio* [1240-1260]	1r-a[9]	Como las cobro amas ca les fue muy leyal En el Rey antioco vos quiero	començar	Que poblo antiocha en el puerto dela Mar Del su nombre mismo fizola titolar Si
10	1301-1400	*Libro de Apolonio* [1240-1260]	1r-a[10]	leyal En el Rey antioco vos quiero començar Que poblo antiocha en el puerto dela	Mar	Del su nombre mismo fizola titolar Si estonçe fuesse muerto nol deujera pesar Ca muriosele
11	1301-1400	*Libro de Apolonio* [1240-1260]	1r-a[11]	quiero començar Que poblo antiocha en el puerto dela Mar Del su nombre mismo fizola	titolar	Si estonçe fuesse muerto nol deujera pesar Ca muriosele la muger con qui casado era
12	1301-1400	*Libro de Apolonio* [1240-1260]	1r-a[12]	puerto dela Mar Del su nombre mismo fizola titolar Si estonçe fuesse muerto nol deujera	pesar	Ca muriosele la muger con qui casado era Dexole huna fija genta de grant manera

Figura 21. Pantalla de los resultados

Si se repite la búsqueda cambiando el título de la obra, en unos minutos se descargan en el ordenador los resultados. Dado que la parte del nombre que hay después `OSTA-` es muy poco informativa, lo recomendable es cambiar los nombres por una forma abreviada del título (por ejemplo, `OSTA-Apolonio.tsv`, `OSTA-Alexandre.tsv`, `OSTA-FGonzalez.tsv`, etc.[16]).

Los ficheros TSV son semejantes a las tablas de Excel, si bien las diversas columnas están separadas por caracteres de tabulador, lo que es mucho más cómodo cuando hay que usar ficheros con información textual en los que la coma es un elemento textual más. Además, los ficheros que se descargan desde OSTA con los resultados contienen una tabla con 17 variables (columnas) de las que solo interesa una: la columna 16, que es la que recoge la forma gráfica, el lema y la etiqueta morfológica de las palabras portadoras de la rima. En la tabla 6 se reproducen las rimas de las cuatro primeras estrofas de los *Milagros de Nuestra Señora*.

16 No se ha puesto tilde en Gonzalez porque el comportamiento de las tildes en los nombres de los ficheros, especialmente en los ordenadores Windows, es muy particular.

Tabla 6. Palabras portadoras de rima de las cuatro primeras estrofas de los *Milagros de Nuestras Señora*

palabra	**lema**	**análisis**
deuemos	<deber>	[VMIP1P0]
buscaremos	<buscar>	[VMIF1P0]
saluaremos	<salvar>	[VMIF1P0]
resçibremos	<recibir>	[VMIF1P0]
esperar	<esperar>	[VMN0000]
contar	<contar>	[VMN0000]
demostrar	<demostrar>	[VMN0000]
marcar	<marcar>	[VMN0000]
mongia	<monjía>	[NCFS000]
sabria	<saber>	[VMIC3S0]
maria	<María>	[NP000P0]
dia	<día>	[NCMS000]
maria	<LAT>	[LANG]
sacristania	<sacristanía>	[NCFS000]
folia	<folía>	[NCFS000]
dia	<día>	[NCMS000]

En la primera columna, tenemos la forma gráfica de la palabra portadora de la rima. En la segunda, encerrada entre signos de mayor y menor que, el lema. En la tercera, encerrada entre corchetes, la etiqueta que resume la información morfológica de la palabra de la primera columna. Así, *deuemos* está etiquetada como VMIP1P0[17] y se ha de interpretar como verbo (V), principal (M), indicativo (I), presente (P), primera persona (1), del singular (S); mientras que la última palabra, *día*, se analiza como NCMS000, esto es, nombre (N), común (P), masculino (M), singular (S)[18].

Extraer la información de las tablas es relativamente sencillo en R, pero, para aligerar el trabajo, en la carpeta `corpus_4` se consignan las palabras que riman en cada una de las obras. Hay que iniciar una nueva sesión de RStudio, seleccionar `III-6-Estilometria-main` como el directorio de trabajo (véase la instrucción en la tabla 3), escribir en la consola `library(stylo)`

17 Las etiquetas se basan en la propuesta del grupo EAGLES para la anotación morfosintáctica de lexicones y corpus para todas las lenguas europeas (Leech y Wilson, 1996). El manual de OSTA las explica y explicita detalladamente.

18 Los ceros se ponen para rellenar posiciones que no tienen valor en el análisis manteniendo siempre una misma estructura.

y pulsar `intro`. Puesto que `stylo` solo trabaja con un directorio llamado `corpus`, lo que hay que hacer es renombrar el directorio `corpus_4` como `corpus`[19]. Hecho esto, se escribe en la consola `stylo()` y, por supuesto, se pulsa `intro`, tras lo cual aparece el panel de control de `stylo`.

En primer lugar, se puede hacer un análisis de grupos con las 100 palabras más frecuentes y la distancia de cálculo Cosine Delta, que es la que se ha mostrado como más eficiente en los ensayos anteriores. Ahora bien, hay que asegurarse de que en la pestaña INPUT & LANGUAGE están seleccionados *plain text* y *Spanish* (si usas un ordenador Windows, obligatoriamente hay que marcar la casilla *Native encoding*). En la pestaña FEATURES, se establece en 100 los valores de Minimun, Maximum e Increment, asegurándonos de que se ha seleccionado *words* y de que haya un 1 en *ngram size*. Por otra parte, en la pestaña STATISTICS, se elige *Cluster Analysis* y *Cosine Delta*. El resultado (figura 22) parece confirmar que las palabras de rima pueden ser un buen elemento para determinar la huella autorial en obras poéticas medievales, pues ha reunido en un mismo grupo las obras de Berceo, y en otro las otras tres obras del mester de clerecía que se están considerando.

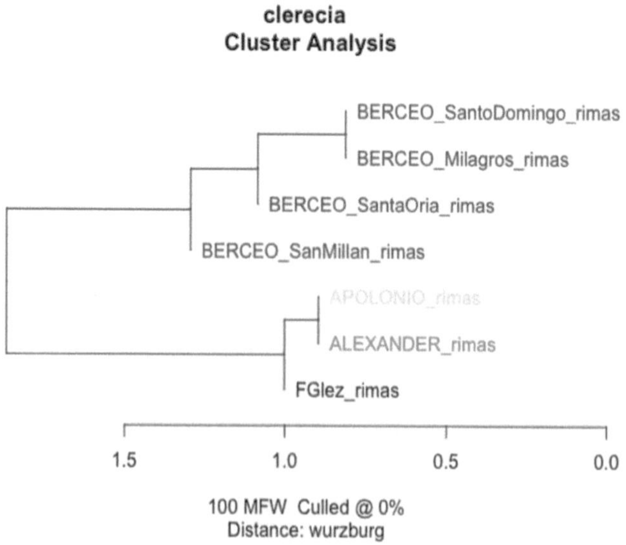

Figura 22. Dendrograma de las palabras portadoras de rima. 100 MFW y Cosine Delta

19 Las instrucciones ya se han proporcionado anteriormente.

Si se aumenta a 500 palabras, aunque se reorganizan las ramas de Berceo, el esquema sigue siendo el mismo (figura 23).

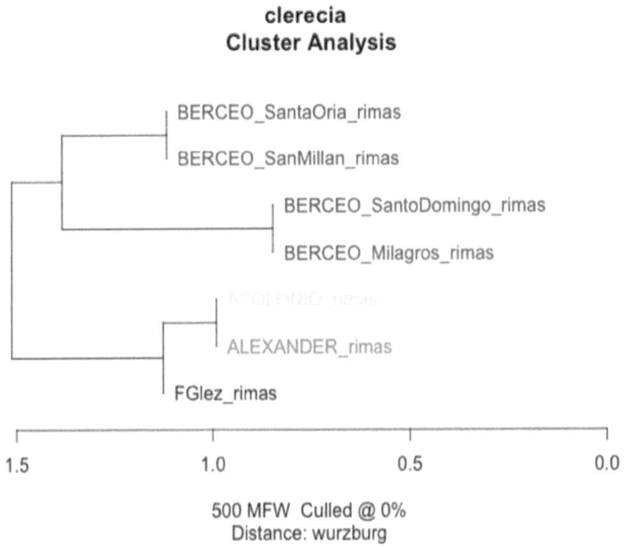

Figura 23. Dendrograma de las palabras portadoras de rima. 500 MFW y Cosine Delta

Se observa que es una agrupación fuerte trazando el árbol de consenso. Ahora hay que escribir en la consola `stylo()` y pulsar `intro`. En la pestaña FEATURES hay que indicar 100 en Minimum y 1000 en Maximum y el valor de Increment debe ser 100, y seleccionar, en la pestaña STATISTICS, Consensus Tree. Por último, se hace clic en OK. La figura 24, parece confirmar que el *Libro de Alexandre* no es de Berceo. En consecuencia, parece confirmarse que las rimas son válidas para discriminar la autoría, puesto que agrupa las obras de Berceo, que son el único grupo de obras de cuyo autor tenemos certeza.

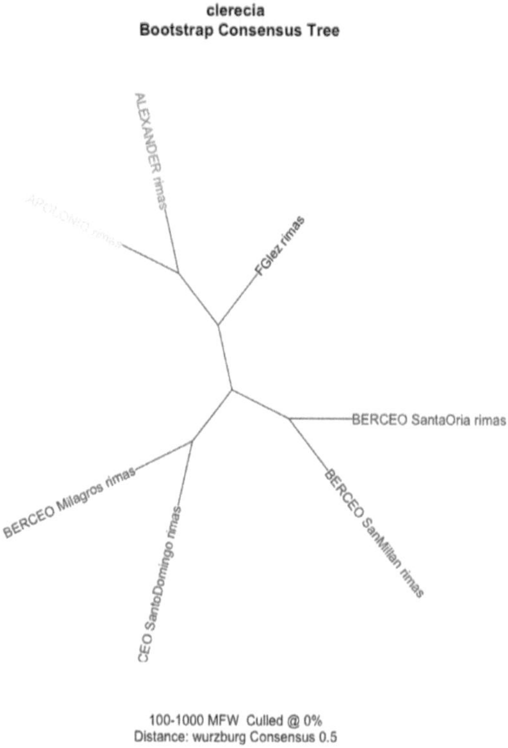

Figura 24. Árbol de consenso de las palabras portadoras de rima. 100–1000 MFW, Cosine Delta

Una última prueba para confirmar que Berceo no es el autor del *Libro de Alexandre* es un análisis de componentes principales (PCA). Para llevarlo a cabo, hay que escribir nuevamente en la consola `stylo()` y pulsar `intro`. En la pestaña FEATURES, se indica 100 en Minimum, Maximum e Increment, y en la pestaña STATISTICS se selecciona PCA (corr.). Por último, se hace clic en OK.

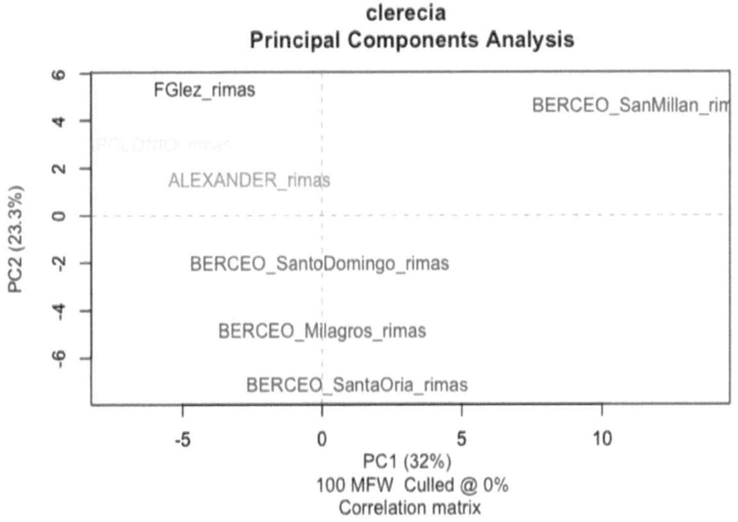

Figura 25. PCA de las palabras portadoras de rima. 100 MFW, Cosine Delta

El resultado del PCA (figura 25) muestra que las rimas del *Poema de Fernán González*, del *Libro de Apolonio* y del *Libro de Alexandre* están más cerca entre sí que las de Berceo, aunque las de la *Vida de San Millán de la Cogolla* están alejadas de las restantes obras de Berceo, algo que ya se vio en los resultados de las PCA de las palabras más frecuente (figuras 17-19) y en los dendrogramas (figuras 11-14), en los que la *Vida de San Millán de la Cogolla* era el texto que se unía, en último lugar, al grupo de obras de *Gonzalo de Berceo.*

8. CONCLUSIONES

La conclusión es que, a la luz de estas pruebas, que no son exhaustivas, Gonzalo de Berceo no intervino en la redacción del *Libro de Alexandre* y que su mención en el colofón del manuscrito P debió de ser un intento de elevar la reputación del texto del *Libro de Alexandre* equiparándolo a las otras obras de Gonzalo de Berceo.

Asímismo, el utilizar transcripciones semipaleográficas de textos medievales castellanos no ocasiona problemas a la hora de aplicar el criterio de las palabras de función para realizar análisis de grupo, árboles de consenso y análisis de componente principales (PCA).

Por otra parte, las palabras portadoras de rimas, como propone Kestemont (2012), permiten detectar la huella autorial de una obra, pues los análisis de grupo, árboles de consenso y los PCA realizados con las palabras más frecuentes y los llevados a cabo con las palabras portadoras de rimas establecen las mismas agrupaciones.

REFERENCIAS BIBLIOGRÁFICAS

Alvar, C., y Finci, S. (Eds.) (2007). Juan Manuel, *Obras completas*. Fundación José Antonio de Castro.

Ayerbe-Chaux, R. (1986). *Textos y concordancia de la obra completa de Juan Manuel*. Hispanic Seminary of Medieval Studies

Brezina, V. (2018). *Statistics in Corpus Linguistics: A Practical Guide*. Cambridge University Press.

Buelow, K., y Mackenzie, D. (1977). *A Manual of Manuscript Transcription for the Dictionary of the Old Spanish Language*.

Burrows, J. (1987). *Computation into Criticism: A Study of Jane Austen's Novels*. Oxford UP.

Echenique Elizondo, M. T. (1979). Relaciones entre Berceo y el *Libro de Alexandre*: el empleo de los pronombres átonos de tercera persona. *Cuadernos de Investigación Filológica*, (4), 123–129.

Eder, M. (2013). Computational Stylistics and Biblical Translation: How Reliable a Dendrogram Can Be? En T. Piotrowski y L. Grabowski (Eds.), *The Translator and the Computer* (pp. 155–170). Wydawnictwo Wyższej Szkoły Filologicznej.

Fradejas Rueda, J. M. (2016). El análisis estilométrico aplicado a la literatura española: las novelas policiacas e históricas. *Caracteres, 5*(2), 196–245.

Fradejas Rueda, J. M. (2019). Estilometría y la Edad Media castellana. En N. Rissler-Pipka (Ed.), *Theorien von Autorschaft und Stil in Bewegung: Stilistik und Stilometrie in der Romania* (Romanische Studien, Beiheft 6, pp. 49–74). AVM. edition.

Fradejas Rueda, J. M. (2021). Las *Siete Partidas*: del pergamino a la red. En *Conceptualización y normalización del poder y el señorío en la era de Alfonso X: Las Siete Partidas y su contribución a la constitución teórica de la monarquía* (pp. 223–264). Universität Bonn.

Gago Jover, F., y Pueyo Mena J. (2020). *Old Spanish Textual Archive*. Recuperado el 8 de mayo de 2023, de https://osta.oldspanishtextualarchive.org/

Gómez Redondo, F. (2020). *Historia de la poesía medieval castellana. La trama de las materias*. Cátedra.

Gries, S. T. (2013). *Statistics for Linguistics with R: A Practical Introduction.* De Gruyter.

Hernández Lorenzo, L. (2019). *Los textos poéticos de Fernando de Herrera: Aproximaciones desde la estilística de corpus y la estilometría.* [Tesis doctoral]. Universidad de Sevilla.

Jockers, M. L. (2014). *Text Analysis with R for Students of Literature.* Springer.

Kestemont, M. (2012). Stylometry for Medieval Authorship Studies: An Application to Rhyme Words. *Digital Philology: A Journal of Medieval Cultures, 1*(1), 42–72.

Lapesa, R. (1981). *Historia de la lengua española.* Gredos.

Leech, G., y Wilson, A. (1996). *Recommendations for the Morphosyntactic Annotation of Corpora.* EAGLES Document EAG-TCWG-MAC/R, marzo de 1996. Disponible en http://www.ilc.cnr.it/EAGLES96/annotate/annotate.html.

Maciej Eder, J. R, y Kestemont, M. (2016). Stylometry with R: a package for computational text analysis. *R Journal, 8*(1), 107–121. https://doi.org/10.32614/RJ-2016-007

Moisl, H. (2015). *Cluster Analysis for Corpus Linguistics.* De Gruyter Mouton.

Mosteller, F., y Wallace, D. L. (1964). *Inference and Disputed Authorship: The Federalist.* Addison-Wesley.

Navarro Durán, R. (2019). *María de Zayas y otros heterónimos de Castillo Solórzano.* Universitat de Barcelona.

Nelson, D. (1978). Gonzalo de Berceo, *El Libro de Alixandre.* Gredos.

Uría Maqua, I. (2008). Gonzalo de Berceo estudiante en Palencia y colaborador en el *Libro de Alexandre. Berceo,* (155), 27–54.

Willis, R. S. (1983), In Search of the Lost *Libro de Alexandre* and its Author (review article). *Hispanic Review,* (5), 63–88.

¿Cómo puedo encontrar temas y estructuras narrativas recurrentes en un corpus de textos literarios en prosa? Topic modelling con novelas cortas mexicanas del siglo XIX

Ulrike HENNY-KRAHMER

Universidad de Rostock
ulrike.henny-krahmer@uni-rostock.de
https://orcid.org/0000-0003-2852-065X

Resumen: Este capítulo muestra cómo se pueden identificar automáticamente los temas y las estructuras narrativas en grandes colecciones digitales de textos literarios en prosa. Para ello, se utiliza el procedimiento *topic modelling*, un método cuantitativo de análisis de textos que no requiere una definición previa de los temas. Se presentan herramientas con las que se puede llevar a cabo la modelización temática de forma sencilla, y se utiliza el ejemplo de las novelas cortas mexicanas del siglo XIX para mostrar cómo se pueden examinar las tesis literarias con la ayuda de la minería de textos. También se discutirá cómo se debe preparar y preprocesar un corpus de texto digital para el *topic modelling*, ya que este paso es un requisito previo importante para aplicar con éxito el método en la investigación literaria. El *topic modelling* ofrece la posibilidad de examinar sistemáticamente incluso colecciones muy extensas de textos literarios en función de los temas y las estructuras que contienen.

Palabras clave: Topic modelling. Minería de textos. Siglo XIX. Narrativa. Novelas cortas. Literatura mexicana

1. INTRODUCCIÓN

A medida que el patrimonio cultural, incluidas las fuentes históricas y los textos literarios, está cada vez más disponible en forma digitalizada y en formato electrónico, las posibilidades de analizarlo también están cambiando. Los análisis asistidos por ordenador permiten analizar sistemáticamente corpus mucho más amplios que antes, haciendo posible, por ejemplo, análisis empíricos a gran escala relevantes para la historia literaria, conocidos como *lectura a distancia* (Moretti, 2000) o *macroanálisis* (Jockers, 2013a). Esto incluye también el análisis de las estructuras temáticas en grandes corpus textuales, que tratamos en este capítulo. El método en cuestión es *topic modelling*, una familia de algoritmos que tiene su origen en la Búsqueda y Recuperación de Información y se utiliza para identificar automáticamente temas en grandes colecciones de textos[1]. El modelado de temas ya se ha utilizado mucho en las humanidades digitales y también en los estudios literarios digitales, especialmente para los estudios de historia literaria a gran escala, y esto también con textos de diferentes géneros, culturas e idiomas: véanse por ejemplo el estudio de Schöch (2017) sobre el teatro clásico francés, el de Rhody (2012) sobre poemas ecfrásticos en inglés o el de Schöch et al. (2016) sobre novelas españolas e hispanoamericanas del siglo XIX.

Desde un punto de vista metodológico, la pregunta que nos hacemos aquí es la siguiente: ¿Cómo puedo encontrar temas y estructuras narrativas recurrentes en un corpus de textos literarios en prosa? Esta cuestión especifica la aplicación general del *topic modelling* a las colecciones de textos: la pregunta se refiere a un género de texto específico, el de textos literarios en prosa. En general, el método de *topic modelling* se puede aplicar a cualquier género de texto y también a cualquier tipo de texto literario, pero, como veremos, el género del texto desempeña un papel importante a la hora de preparar el corpus y también para la naturaleza de los resultados del proceso. Cuando se analizan textos narrativos, por ejemplo, el *topic modelling* no solo encuentra temas en sentido estricto sino también estructuras narrativas en un sentido más amplio, como campos de palabras que se refieren a acciones, descripciones, caracterizaciones o diálogos. Si se analizara otro género de texto, se descubrirían otros tipos de estructuras.

En el estudio de la literatura, la cuestión planteada sobre los temas en un corpus de textos puede ser relevante en dos situaciones en particular. En primer lugar, cuando se dispone de un gran corpus de textos literarios, pero se conoce poco su contenido y se quiere explorarlo. Entonces puede haber preguntas como las siguientes: "¿qué temas dominan la narrativa breve española del siglo XX?" o "¿sobre qué temas ha escrito la autora Emilia Pardo Bazán?". En segundo lugar, cuando se tiene una pregunta de investigación específica relacionada con el contenido de la literatura de un período, género, autor/a, país, etc., y se quiere probar una determinada hipótesis, por ejemplo: "En la novela histórica del periodo romántico, los escenarios históricos se combinaban muy a menudo con las historias de amor". Por lo tanto, puede ser un enfoque inductivo, partiendo del material y sin prejuicios, utilizando métodos asistidos por

1 Véase Blei (2012) para un texto introductorio central.

ordenador para analizar el contenido de un corpus de textos literarios, o bien un enfoque deductivo, partiendo de una tesis específica. Muy a menudo, ambos enfoques se combinan en la práctica.

Aquí nos preguntamos qué temas y estructuras narrativas se encuentran en la novela corta mexicana en el siglo XIX. Es decir, nos centramos en una época, un país y un género concretos. A partir de las afirmaciones hechas en la literatura secundaria sobre la novela corta mexicana formularemos tesis sobre los temas que cabe esperar en las novelas cortas y las cotejaremos con los resultados del *topic modelling*. Para que la investigación realizada aquí sea reproducible, todos los datos que pueden ser publicados y todos los *scripts* relativos a este capítulo están disponibles en GitHub en un repositorio propio: https://github.com/HD-aula-Literatura/III-7-Topic-modelling. Pero antes de entrar en los detalles técnicos, empecemos con nuestra pregunta de investigación y el corpus de textos que constituirá la base del estudio.

2. PREGUNTA DE INVESTIGACIÓN Y CORPUS: LA NOVELA CORTA MEXICANA DEL SIGLO XIX

Las novelas cortas jugaron un papel importante en el desarrollo de la literatura narrativa nacional en México en el siglo XIX. Con la consecución de la independencia en 1821, también desaparecieron las restricciones coloniales a la producción, publicación y difusión de la literatura. Los autores experimentaron con la prosa narrativa, al principio principalmente en textos relativamente cortos (Miranda, 1999, p. 43). Aunque en el transcurso del siglo XIX se escribieron cada vez más novelas largas, las novelas cortas siguieron siendo un género importante y continuaron desarrollándose. Muchos autores destacados también escribieron novelas cortas, como Manuel Payno, José López Portillo y Rojas, Ignacio Manuel Altamirano o Amado Nervo (Mata, 1999, pp. 29–36). En la literatura de México, la mayor parte del siglo XIX estuvo marcada por la corriente romántica, pero hacia 1880 se impusieron simultáneamente varias corrientes que siguieron desarrollándose: la romántica, la realista, la naturalista y la modernista (Chaves, 2011, pp. 109–110; Mata, 1999, p. 103). En cuanto a los temas y estructuras narrativas de las novelas cortas mexicanas, planteamos aquí dos tesis, que serán examinadas con la ayuda del *topic modelling*:

1. A lo largo del siglo XIX, el amor es el tema central de las novelas cortas.
2. Después de 1880, hay una mayor variedad de temas y estructuras narrativas en las novelas cortas que antes.

Basamos la primera tesis principalmente en afirmaciones de Mata (1999, p. 143): "En la base de la novela corta mexicana del siglo XIX, como en la base de cualquier novela, de toda la novelística, está el amor, el conflicto amoroso, que hace al género novelesco tan apto para el folletín". La segunda tesis surge del hecho de que a partir de 1880 se superponen diferentes corrientes literarias, que además tienen preferencias temáticas y estéticas diferentes, y del hecho de que las novelas cortas están artísticamente más desarrolladas que antes. Para poder poner a prueba las tesis con la ayuda del *topic modelling*, todavía tenemos que operacionalizarlas, es decir, formalizarlas de manera que puedan ser examinadas con el método. Para ello, reformulamos las tesis para que se relacionen con el *topic modelling*:

1. El *topic* más importante de nuestro corpus de novelas cortas mexicanas del siglo XIX que puede interpretarse en términos de contenido, gira en torno al amor.
2. Después de 1800, el número relativo de los topics más relevantes y diferentes en los documentos es mayor que antes.

El siguiente paso es recopilar un corpus de textos digitales a partir del cual se pueda realizar el *topic modelling* y responder a las preguntas. En general, hay varias formas de crear corpus digitales de textos literarios. En el mejor de los casos, existen grandes corpus de referencia que ya están disponibles y de los que se pueden seleccionar textos para el propio corpus. Un ejemplo de ello es la European Literary Text Collection (Odebrecht et al., 2021), un conjunto de repositorios que contienen selecciones equilibradas de novelas en varios idiomas del periodo comprendido entre 1840 y 1920, creada por la acción COST Distant Reading for European Literary History[2]. Bajo el nombre de CLiGS Textbox (Schöch et al., 2019) hay una serie de colecciones de textos más pequeñas en lenguas románicas[3]. Estos son sólo algunos ejemplos de corpus literarios digitales que pueden utilizarse con fines de investigación.

Sin embargo, aún no existe un corpus adecuado de ficción corta mexicana, por lo que tenemos que recopilarlo nosotros mismos. Una posibilidad sería buscar específicamente los textos pertinentes y, si fuera necesario, digitalizarlos nosotros mismos para obtener un corpus representativo. En su lugar, aquí optamos por un enfoque pragmático y compilamos el corpus a partir de copias

---

2 Todos los textos están disponibles a través de GitHub: https://github.com/COST-ELTeC.

3 Estos textos también están disponibles en la plataforma GitHub: https://github.com/cligs/textbox.

digitales existentes. Para ello, hemos accedido a dos fuentes: el portal "La novela corta. Una biblioteca virtual" (Universidad Nacional Autónoma de México, 2022) y el volumen "Novela corta mexicana. De la Independencia a la Revolución" (Consejo Nacional para la Cultura y las Artes, 2014), disponible a través del portal MEXICANA[4]. Ambas fuentes tienen la ventaja de reunir ya colecciones de ficción corta mexicana en formato digital, por lo que no hay que buscar los textos individualmente ni digitalizarlos antes. Además, los textos también se presentan con una ortografía moderna, lo que resulta ventajoso para su análisis. Al proceder de forma pragmática, surge un corpus oportunista, lo que significa que la selección de textos se hizo por razones de disponibilidad y no sobre la base de una selección representativa o equilibrada que pudiera representar adecuadamente a la novela corta mexicana en su conjunto. Sin embargo, un corpus digital de 30 textos de 25 diferentes autores y de diferentes décadas del siglo XIX pudo ser compilado de esta manera con medios relativamente fáciles. De la distribución de los textos a lo largo del siglo XIX resulta evidente que la mayoría de los textos datan de la segunda mitad del siglo (véase la figura 1)[5].

Para obtener los textos completos digitales de las novelas cortas, los archivos PDF se abrieron con el programa Adobe Acrobat Reader y se exportaron en formato XML[6]. El texto completo se extrajo de los archivos XML con un sencillo *script* XSLT[7] y se creó un archivo .txt para cada texto. Posteriormente, los textos completos se procesaron a mano, eliminando los textos de las páginas de los títulos, los detalles de la publicación, los prefijos y sufijos, los índices, las posibles bibliografías, las marcas de las notas a pie de página y los textos de las notas a pie de página. De este modo, sólo queda el texto principal puro, que es relevante para el *topic modelling*.

4 Véase https://mexicana.cultura.gob.mx/.

5 El gráfico fue creado con la ayuda de un script XSLT y utilizando la biblioteca plotly.js. El script está disponible en https://github.com/HD-aula-Literatura/III-7-Topic-modelling/blob/main/scripts/TEI-to-textsbydecade-plot.xsl.

6 En la exportación XML, la silabación de los textos se resuelve automáticamente de modo que ya no hay que hacerlo posteriormente, y los encabezados y pies de página también están ya eliminados.

7 Accesible desde https://github.com/HD-aula-Literatura/III-7-Topic-modelling/blob/main/scripts/extract-text.xsl.

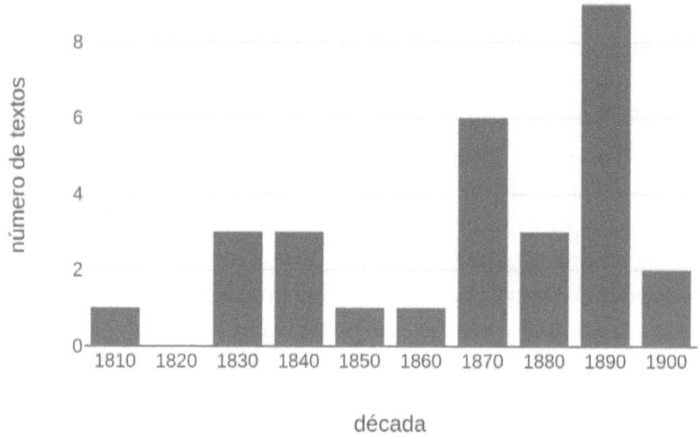

Figura 1. Textos en el corpus por década. Elaboración propia

Los textos de las novelas cortas decimonónicas ya no están sujetos a derechos de autor, pero las ediciones utilizadas son tan recientes que pueden estar sujetas a derechos relacionados, por lo que los textos completos del corpus no pueden publicarse en su totalidad. Sin embargo, es posible publicar los textos en formatos derivados y reducidos y, por supuesto, poner a disposición los metadatos del corpus[8]. Los metadatos se crearon en forma de tabla CSV y tienen el objetivo de hacer transparente el corpus. Además proporcionan información adicional sobre los textos a la hora de interpretar los resultados del *topic modelling*. La tabla de metadatos contiene los identificadores de los textos (por ejemplo "mx0001_Payno_AventuraVeterano"), que también se utilizan como nombres de archivo para los ficheros de texto completo ("mx0001_Payno_AventuraVeterano.txt"), información sobre los autores y los títulos de los textos, el género del texto, la fuente utilizada y el año y la década de la primera publicación. Esta información se recogió manualmente.

Tras el tratamiento lingüístico de los textos con la ayuda del programa TreeTagger (Schmid, s. f.; Schmid, 1994)[9], también se añadió a la tabla de metadatos la información sobre el tamaño de cada texto en tokens porque una característica que define a las novelas cortas es obviamente que son cortas y es útil tener

8 Véase la tabla de metadatos en https://github.com/HD-aula-Literatura/III-7-Topic-modelling/blob/main/corpus/metadata.csv.

9 La siguiente sección sobre el método y las herramientas digitales explica con más detalle cómo y por qué se anotaron los textos con TreeTagger.

una visión general de las diferentes longitudes de los textos y ver en qué medida varían (véase la figura 2)[10].

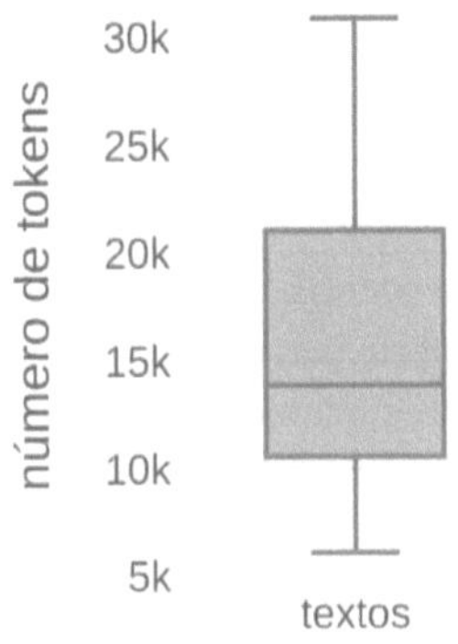

Figura 2. Longitud de los textos en el corpus. Elaboración propia

En total, el corpus tiene un tamaño de aproximadamente 490.000 tokens. La novela más corta en nuestro corpus tiene 6.113 tokens, la novela más larga 30.899 tokens y la mediana de las longitudes de los textos es de 13.880 tokens. Debido a las diferentes longitudes de los textos, tiene sentido segmentar las novelas cortas en secciones más pequeñas antes de llevar a cabo el *topic modelling*. En la siguiente sección, se presentará el método en sí y después se explica cómo se preprocesaron los textos concretamente.

3. MÉTODO Y HERRAMIENTAS DIGITALES: TOPIC MODELLING

El proceso de *topic modelling*, que identifica automáticamente temas en grandes colecciones de textos, puede implementarse matemática y técnicamente de varias maneras. El algoritmo más utilizado y al que también nos referimos aquí cuando explicamos el *topic modelling* es el LDA (Latent Dirichlet Allocation, véase Blei et al., 2003; Steyvers y Griffiths, 2007 para los detalles técnicos del

10 El script utilizado para crear el gráfico está disponible en https://github.com/HD-aula-Literatura/III-7-Topic-modelling/blob/main/scripts/TEI-to-textlength-plot.xsl.

algoritmo). El método se basa en la idea de que cada texto de un corpus está compuesto por una serie de *topics*. Cada *topic*, a su vez, está formado por un grupo de palabras, por lo que puede entenderse como una especie de campo de palabras. La base para interpretar los campos de palabras como temas es la llamada hipótesis distributiva: se supone que las palabras que aparecen en el mismo contexto en un documento también están relacionadas semánticamente entre sí. Esta hipótesis tiene su origen en la lingüística y, especialmente, en la semántica distributiva, y se formuló ya a mediados del siglo XX (Firth, 1957). Así, el *topic modelling* permite identificar campos semánticos de las colecciones de textos sin tener que definir previamente listas de palabras o temas. Lo que surge son dos tipos de distribuciones de probabilidad: (1) las probabilidades que tienen las palabras de pertenecer a un *topic* y (2) las probabilidades con las que se distribuyen los temas en los documentos del corpus. La figura 3 abajo muestra un ejemplo de cómo se asocian las palabras con los *topics* y como varios *topics* se distribuyen en diferentes textos de un corpus[11].

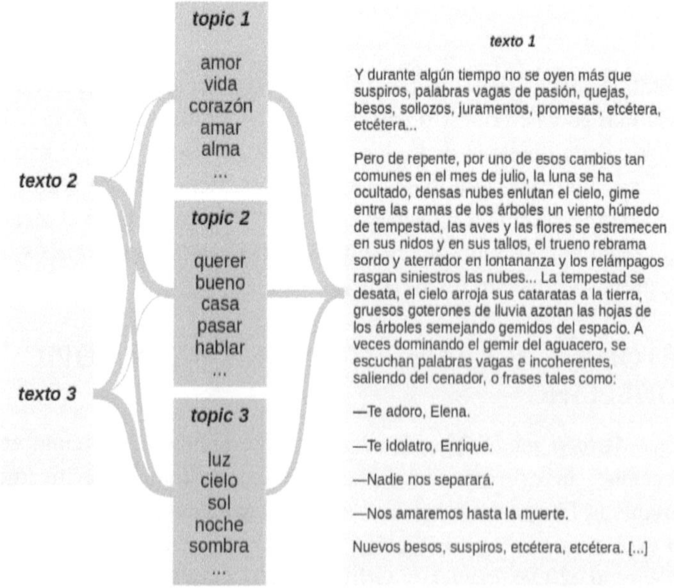

Figura 3. Interrelación entre palabras, *topics* y textos. Elaboración propia

11 El ejemplo de texto de la ilustración está tomado de la novela corta "El diablo en México" de Juan Díaz Covarrubias, publicada en 1858.

En el ejemplo se muestran tres *topics*. Las palabras de los *topics* están ordenadas de tal manera que la palabra más importante está en la parte superior y las palabras de abajo son de importancia decreciente para el *topic* respectivo. El grosor de las líneas pretende mostrar la importancia de cada uno de los *topics* en cada texto.

Para llevar a cabo el *topic modelling*, existen varias herramientas, que difieren en si se centran en el proceso de modelización o si también apoyan la preparación y el posprocesamiento de textos y datos. Las herramientas más comunes para el *topic modelling* en sí son MALLET (McCallum, 2002) y Gensim (Řehůřek y Sojka, 2010; Řehůřek, 2009–2022), pero su uso requiere conocimientos de programación o al menos el uso de una línea de comandos. Además, el usuario debe preparar el corpus de texto para su modelización y también ocuparse del resumen y la visualización de los resultados del análisis[12]. Por otro lado, existen herramientas para el *topic modelling* que también incluyen la evaluación posterior y la representación gráfica de los resultados, como el software DARIAH Topics Explorer (Simmler et al., 2018; Simmler et al. 2019) o la herramienta basada en navegador jsLDA (Mimno, s. f.). Este tipo de herramientas son muy adecuadas para los principiantes y sólo tienen la desventaja de que se limitan a las funciones que ofrece el programa. Aquí trabajaremos con el DARIAH Topics Explorer, un programa que está disponible para varios sistemas operativos (Windows, Mac, Linux) y que debe ser instalado localmente[13].

4. PREPROCESAMIENTO DE LOS TEXTOS

Antes de empezar a modelar los *topics*, es sin embargo recomendable seguir preprocesando el corpus. En principio, es posible llevar a cabo el *topic modelling* directamente en los archivos de texto completo que no se procesan más (si no desea realizar ningún otro preprocesamiento de los textos, puede ir directamente desde aquí a la próxima sección "Análisis y resultados"). Dependiendo del tipo de texto, el *topic modelling* sin preprocesamiento también puede dar buenos resultados. Lo mínimo que se necesita es una lista de *stop words* que contenga las palabras que se deben ignorar al modelar. Esto se recomienda porque las palabras más comunes en los textos suelen ser palabras de función, como

12 Sin embargo, también se pueden conseguir buenos resultados con relativa facilidad con estas herramientas. Véase, por ejemplo, el tutorial de Graham et al. (2018) en la traducción al español para el uso de MALLET.

13 Las instrucciones de instalación se encuentran en https://dariah-de.github.io/TopicsExplorer/#getting%20started.

pronombres, conjunciones o artículos, y no palabras léxicas, o bien palabras léxicas con sentidos muy generales. Si no se dejan fuera, se obtienen *topics* que difícilmente pueden ser interpretados en términos de contenido. Listas generales de *stop words* para el español son relativamente fáciles de encontrar en Internet y pueden adoptarse directamente[14]. Además de la eliminación de *stop words*, pueden ser útiles los siguientes pasos de preprocesamiento, en función del corpus de texto y de la pregunta a la que se quiere dar respuesta: La normalización de una ortografía histórica, la eliminación de nombres propios o la retención de solo ciertos tipos de palabras. Estos pasos sirven para homogeneizar los textos y seleccionar sólo el material textual que sea útil para la identificación de temas.

En nuestro corpus textual de novelas cortas mexicanas, la ortografía ya es moderna, por lo que no es necesario ningún paso de trabajo especial en este caso. La eliminación de nombres propios y la selección de ciertos tipos de palabras es siempre una buena idea si los temas pueden estar fuertemente influenciados por estas palabras. En los corpus de cartas, por ejemplo, puede darse el caso de que los nombres de los remitentes y destinatarios dominen los *topics*. En los corpus de textos narrativos, los nombres de los personajes mencionados con frecuencia pueden imponerse a los *topics*. Si el objetivo es obtener *topics* que representen temas en un sentido más estricto, puede tener sentido lematizar los textos y conservar sólo los sustantivos léxicos[15]. Para nuestro corpus, queremos descubrir las estructuras narrativas además de los temas en un sentido muy estricto. Por lo tanto, los adjetivos y los verbos se mantendrán, además de los sustantivos.

Si los textos del corpus tienen una longitud diferente o son especialmente extensos, también puede ser útil dividir los textos en segmentos más pequeños y, a continuación, realizar el *topic modelling* con estos segmentos en lugar de los textos completos. Es fácil imaginar por qué esto puede conducir a mejores resultados. Por ejemplo, una novela de varios centenares de páginas tratará muchos subtemas en el transcurso del texto y no continuamente el mismo tema[16]. En el caso de las novelas cortas que tratamos aquí, la segmentación del texto también tiene sentido para identificar los *topics* de las subsecciones de los textos.

---

14 Véase por ejemplo la lista en https://raw.githubusercontent.com/stopwords-iso/stopwords-es/master/stopwords-es.txt.

15 Esto es lo que sugiere Jockers (2013b), por ejemplo, en su entrada de blog sobre el *topic modelling* de las novelas.

16 La necesidad de segmentar los textos largos también se comenta por Jockers (2013b).

¿Con qué herramientas digitales se pueden realizar ahora esos preprocesamientos? La eliminación de los nombres propios y la selección de ciertos tipos de palabras requieren el uso de un procedimiento de PLN para determinar estos tipos de palabras en primer lugar. Existe toda una serie de herramientas y bibliotecas para ello en diversos lenguajes de programación, como spaCy (Honnibal et al., 2020), FreeLing (Padró y Stanilovsky, 2012; Padró 2020) o TreeTagger (Schmidt, 1994; Schmid, s. f.), por citar sólo algunos ejemplos. Ahora bien, su uso requiere conocimientos de programación, no tanto para realizar el etiquetado de los textos en sí, sino para procesar los resultados de forma que puedan ser tratados por un programa de *topic modelling* después. Para segmentar los textos en secciones más pequeñas, no existe ninguna herramienta estándar, así que tenemos que encontrar nuestra propia solución en este caso.

Aquí se sugiere utilizar la herramienta TXM (Heiden et al., 2010; Équipe TXM, 2022) para el preprocesamiento. Está claro que ésta es sólo una de las muchas opciones posibles para el tratamiento previo de los textos. Se sugiere aquí principalmente porque no requiere ninguna programación propia. La plataforma TXM tiene su origen en el proyecto Textométrie y combina técnicas potentes para el análisis de corpus textuales estructurados y anotados. El programa apoya las tecnologías actuales de corpus y estadísticas (entre otros XML y PLN) y cuenta con una interfaz gráfica de usuario. Esto lo hace muy adecuado para preprocesar nuestro corpus para el *topic modelling*. TXM es de código abierto y está disponible para Windows, Mac y Linux. Para instalar el software, siga las instrucciones de instalación en el sitio web de TXM[17] y también instale TreeTagger como se describe en la sección A de la página correspondiente[18]. Por defecto, se instalan los modelos lingüísticos para el inglés y el francés. Ahora necesitamos adicionalmente el modelo de lenguaje TreeTagger para el español. La forma de añadirlo se explica en la página web de TXM en las instrucciones de instalación de TreeTagger[19].

Inicie el programa TXM. El primer paso es importar el corpus de texto y los metadatos del corpus a TXM. TXM tiene diferentes opciones de importación según el formato de los textos. En nuestro caso, utilizamos el formato TXT + CSV, ya que disponemos de archivos simples de texto completo y hemos

17 Accesible desde: https://txm.gitpages.huma-num.fr/textometrie/files/software/TXM/0.8.2/en/.

18 Véase https://txm.gitpages.huma-num.fr/textometrie/en/InstallTreeTagger/.

19 Para el análisis mostrado aquí, se instaló la versión 0.8.2 de TXM en Ubuntu 22.

registrado los metadatos del corpus en forma de tabla. Los archivos deben estar juntos en una carpeta (que aquí llamamos "corpus_TXM"), como se muestra en la figura 4 y los metadatos deben tener una estructura como la que se presenta en la figura 5.

Figura 4. Archivos en la carpeta del corpus (selección). Captura de pantalla propia

	A	B	C	D
1	id	idno	author-short	author-full
2	mx0001_Payno_AventuraVeterano	mx0001	Payno	Payno, Manuel
3	mx0002_RodriguezGalvan_Procesion	mx0002	RodriguezGalvan	Rodríguez Galván, Ignacio
4	mx0003_FriasSoto_Vulcano	mx0003	FriasSoto	Frías y Soto, Hilarión
5	mx0004_DiazCovarrubias_DiabloMexico	mx0004	DiazCovarrubias	Díaz Covarrubias, Juan
6	mx0005_Delgado_HistoriaVulgar	mx0005	Delgado	Delgado, Rafael
7	mx0006_Zentella_Perico	mx0006	Zentella	Zentella, Arcadio
8	mx0007_Rabasa_GuerraTresAnos	mx0007	Rabasa	Rabasa, Emilio
9	mx0008_Cuellar_Fuerenos	mx0008	Cuellar	Cuéllar, José Tomás de
10	mx0009_Othon_Corydon	mx0009	Othon	Othón, Manuel José

Figura 5. Tabla de metadatos (selección). Captura de pantalla propia

En la tabla de metadatos, hay una fila para cada texto del corpus. En el caso de TXM, la columna "id" es obligatoria y debe contener los nombres de archivo de los textos (sin la extensión de archivo ".txt"). Todas las demás columnas son opcionales. La tabla debe guardarse en formato CSV, es decir, con la extensión de archivo ".csv" y de forma que los valores de las columnas estén separados por comas y cada fila por un salto de línea. Si una entrada de la tabla contiene espacios, el texto también debe ir entre comillas. La figura 6 muestra el aspecto interno del formato de los metadatos.

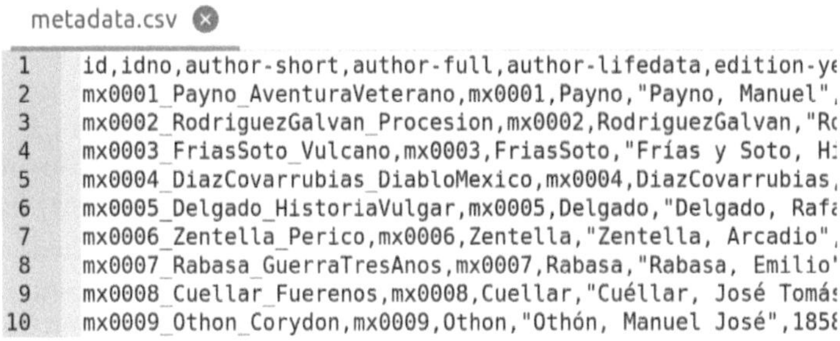

```
metadata.csv
1  id,idno,author-short,author-full,author-lifedata,edition-ye
2  mx0001_Payno_AventuraVeterano,mx0001,Payno,"Payno, Manuel",
3  mx0002_RodriguezGalvan_Procesion,mx0002,RodriguezGalvan,"Rc
4  mx0003_FriasSoto_Vulcano,mx0003,FriasSoto,"Frías y Soto, H:
5  mx0004_DiazCovarrubias_DiabloMexico,mx0004,DiazCovarrubias,
6  mx0005_Delgado_HistoriaVulgar,mx0005,Delgado,"Delgado, Rafa
7  mx0006_Zentella_Perico,mx0006,Zentella,"Zentella, Arcadio",
8  mx0007_Rabasa_GuerraTresAnos,mx0007,Rabasa,"Rabasa, Emilio'
9  mx0008_Cuellar_Fuerenos,mx0008,Cuellar,"Cuéllar, José Tomás
10 mx0009_Othon_Corydon,mx0009,Othon,"Othón, Manuel José",1858
```

Figura 6. Tabla de metadatos en formato CSV (selección). Captura de pantalla propia

Antes de importar el corpus a TXM, hay que hacer un cambio en los archivos de texto. Concretamente, en las novelas, el discurso directo de los personajes suele estar marcado con un trazo largo seguido de la primera palabra del discurso, por ejemplo: "—¡Hola, patrona!". Se debe insertar un espacio en todas partes antes y después de estos trazos largos, de lo contrario TreeTagger no reconocerá que se trata de un signo de puntuación: " — ¡Hola, patrona!". Este paso de la preparación del corpus puede realizarse, por ejemplo, con la función "Buscar – Reemplazar" de cualquier programa de texto común. A continuación, el corpus puede importarse a TXM. Para ello, hay que seleccionar "File→Import → TXT + CSV" en el menú. Se abre una ventana de opciones de importación (véase la figura 7).

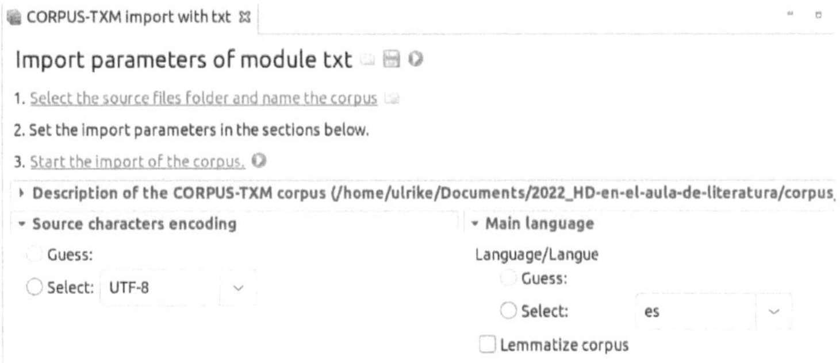

Figura 7. Ventana de opciones de importación en TXM. Captura de pantalla propia

Aquí introducimos la siguiente información: en "1. Select the source files folder and name of the corpus", seleccionamos nuestra carpeta de corpus a importar y le damos el nombre "CORPUS-TXM", en "Main language → Language/Langue → Select" introducimos "es" para el español y allí también seleccionamos la opción "Lemmatize corpus". El resto de la información puede permanecer sin cambios y podemos iniciar el proceso de importación en "3. Start the import of the corpus". Ahora TXM importa el corpus y realiza simultáneamente el etiquetado de partes del habla con TreeTagger, lo que puede llevar un tiempo.

TXM ofrece muchas funciones para analizar un corpus de texto, pero no queremos entrar en ellas aquí, ya que nuestro objetivo es el *topic modelling.* Por lo tanto, nos concentraremos en cómo podemos seguir procesando el texto anotado de TXM. Internamente, TXM guarda los archivos anotados con el TreeTagger en formato XML/TEI. Nuestro corpus se puede encontrar en la siguiente ruta: [Ruta-de-acceso-a-TXM-en-su-ordenador]/TXM-0.8.2/corpora/[Nombre-de-su-corpus]/txm/[Nombre-de-su-corpus]. La figura 8 muestra una sección de un archivo anotado.

```
<txm:form>I</txm:form><txm:ana resp="#txm" type="#espos">ALFS</txm:ana><txm:ana resp="#txm" type="#eslemma">I</txm:
<txm:form>Era</txm:form><txm:ana resp="#txm" type="#espos">VSfin</txm:ana><txm:ana resp="#txm" type="#eslemma">ser<,
<txm:form>una</txm:form><txm:ana resp="#txm" type="#espos">ART</txm:ana><txm:ana resp="#txm" type="#eslemma">un</tx
<txm:form>noche</txm:form><txm:ana resp="#txm" type="#espos">NC</txm:ana><txm:ana resp="#txm" type="#eslemma">noche
<txm:form>del</txm:form><txm:ana resp="#txm" type="#espos">PDEL</txm:ana><txm:ana resp="#txm" type="#eslemma">del</
<txm:form>mes</txm:form><txm:ana resp="#txm" type="#espos">NC</txm:ana><txm:ana resp="#txm" type="#eslemma">mes</tx
<txm:form>de</txm:form><txm:ana resp="#txm" type="#espos">PREP</txm:ana><txm:ana resp="#txm" type="#eslemma">de</tx
<txm:form>diciembre</txm:form><txm:ana resp="#txm" type="#espos">NMON</txm:ana><txm:ana resp="#txm" type="#eslemma":
<txm:form>de</txm:form><txm:ana resp="#txm" type="#espos">PREP</txm:ana><txm:ana resp="#txm" type="#eslemma">de</tx
"><txm:form>18</txm:form><txm:ana resp="#txm" type="#espos">CARD</txm:ana><txm:ana resp="#txm" type="#eslemma">@car
."><txm:form>...</txm:form><txm:ana resp="#txm" type="#espos">DOTS</txm:ana><txm:ana resp="#txm" type="#eslemma">...
```

Figura 8. Sección de un texto anotado lingüísticamente con TXM y TreeTagger. Captura de pantalla propia

Para cada palabra tenemos ahora la información de qué tipo de palabra es y qué lema tiene. Ahora podemos utilizar esta estructura para producir un texto que sólo contiene ciertos tipos de palabras y que podemos utilizar como formato de entrada para el *topic modelling.* Por ejemplo, si mantenemos sólo los sustantivos, la frase de ejemplo "Era una noche del mes de diciembre de 18…" se convierte en "noche mes diciembre". TXM apoya esta tarea porque le permite aplicar sus propios *scripts* de transformación a los corpus. Para convertir los archivos XML anotados en nuevos archivos de texto completo, utilizamos un *script* XSLT preparado para ello ("TEI-to-preprocessed-text.xsl")[20] que

20 El *script* XSLT puede descargarse de GitHub: https://github.com/HD-aula-Literatura/III-7-Topic-modelling/blob/main/scripts/TEI-to-textlength-plot.xsl.

descargamos y guardamos en cualquier lugar de nuestro ordenador. El *script* puede utilizarse para realizar varias formas de preprocesamiento: segmentar los textos en secciones más cortas (que se guardan individualmente como archivos de texto) o no segmentarlos, seleccionar ciertos tipos de palabras o mantener todos los tipos de palabras y seleccionar lemas o bien las formas originales de las palabras.

Antes de poder ejecutar el *script* XSLT en TXM, necesitamos cambiar una configuración que nos permita pasar parámetros al *script*. Este paso sólo tiene que hacerse una vez. Hay que abrir el siguiente archivo (por ejemplo, con un simple editor de texto): [Ruta-de-acceso-a-TXM-en-su-ordenador]/TXM-0.8.2/scripts/groovy/user/org/txm/macro/xml/ExecXSLMacro.groovy. En la línea 19, hay que eliminar las dos barras al principio de la línea y guardar el fichero para que el *script* Groovy se parezca a la siguiente ilustración en este punto (figura 9):

```
19  @Field @Option(name="parameters", usage="an example folder", widget="Text"
20  def parameters = ""
```

Figura 9. Adaptar la macro ExecXSL de TXM. Captura de pantalla propia

Ahora podemos ejecutar *scripts* XSLT en TXM para convertir los ficheros de nuestro corpus y pasar parámetros al *script* para indicar los tipos de palabras que deben seleccionarse y la longitud de los segmentos de texto. Para ello, hay que seleccionar en el menú: "Utilities → xml → ExecXSL". Se abre una nueva ventana donde podemos especificar la ruta del *script*, la carpeta de entrada, la carpeta de salida y varios parámetros (véase la figura 10).

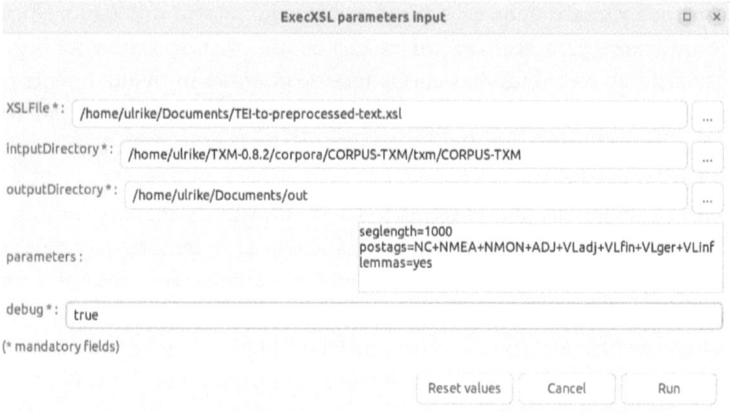

Figura 10. Ejecución de un *script* XSLT en TXM. Captura de pantalla propia

En el primer campo se especifica la ruta del *script* XSLT descargado y el segundo campo contiene la ruta de nuestro corpus en TXM – que siempre tiene este patrón: [Ruta-de-acceso-a-TXM-en-su-ordenador]/TXM-0.8.2/corpora/[Nombre-de-su-corpus]/txm/[Nombre-de-su-corpus]. En el tercer campo se especifica un directorio en el que se almacenan unos archivos de salida. Además, el *script* genera archivos de salida que se almacenan en la misma carpeta que el *script* XSLT, en una subcarpeta "txt_preprocessed". Estos últimos son los que nos van a interesar, los archivos de la carpeta "out" pueden ser ignorados. Por último, hay que establecer los parámetros del *script* en el campo "parameters". El primer parámetro especifica la longitud de los segmentos en *tokens*. El valor por defecto es "seglength =1000". Con "seglength = all" es posible especificar que los textos no deben ser segmentados. El segundo parámetro determina los tipos de palabras que se seleccionan. Las abreviaturas de los tipos de palabras provienen del conjunto de etiquetas que TreeTagger utiliza para el español y se pueden combinar con un signo más (por ejemplo: "postags = NC+NMEA+NMON+ADJ+VLadj+VLfin+VLger+VLinf")[21]. Si se deben conservar todos los tipos de palabras, se indica con "postags = all". En nuestro caso, seleccionamos sustantivos, adjetivos y verbos léxicos y omitimos todas las demás partes de la oración. Como tercer parámetro, se puede seguir especificando si se deben seleccionar los lemas ("lemmas = yes", el valor por defecto) o las formas

21 Véase la lista en https://www.cis.uni-muenchen.de/~schmid/tools/TreeTagger/data/spanish-tagset.txt.

originales de las palabras ("lemmas = no"). Ahora podemos ejecutar el *script* en TXM y luego ver los archivos resultantes en la carpeta "txt_preprocessed". Cada archivo contiene un segmento de una novela corta, con sólo los tipos de palabras seleccionados aún incluidos y una palabra por línea (ver figura 11).

```
noche
mes
diciembre
viento
azotar
rama
seco
árbol
monte
brillo
```

Figura 11. Texto lematizado del fichero "mx0001_Payno_AventuraVeterano§ 001. txt". Captura de pantalla propia

Con la lematización, la selección de los tipos de palabras y la segmentación en secciones más cortas, los textos se han preparado para el proceso de *topic modelling* de tal manera que se pueden esperar *topics* que cubran tanto los temas como las estructuras narrativas del corpus. Estos archivos se pueden procesar ahora directamente con la propia herramienta de *topic modelling*, el DARIAH Topics Explorer, como se describe en la siguiente sección. Como veremos, el propio *topic modelling* suele ser menos laborioso que la recopilación del corpus y el preprocesamiento de los textos.

5. ANÁLISIS Y RESULTADOS

Para que el corpus sea analizado en el DARIAH Topics Explorer, primero hay que iniciar el programa. Para ello, haga doble clic en el archivo "DARIAH Topics Explorer", que se encuentra en la carpeta principal del programa. Vemos la pantalla de inicio del programa y podemos hacer ajustes en las áreas "1 Preprocessing" y "2 Modeling".

En cuanto al preprocesamiento, en comparación con el tratamiento más elaborado que hicimos en la sección anterior, las posibilidades de DARIAH Topics Explorer son mucho más limitadas. En el ámbito del preprocesamiento la herramienta ofrece dos opciones: la selección de los archivos del corpus y la definición de los *stop words* que se deben ignorar (véase la figura 12).

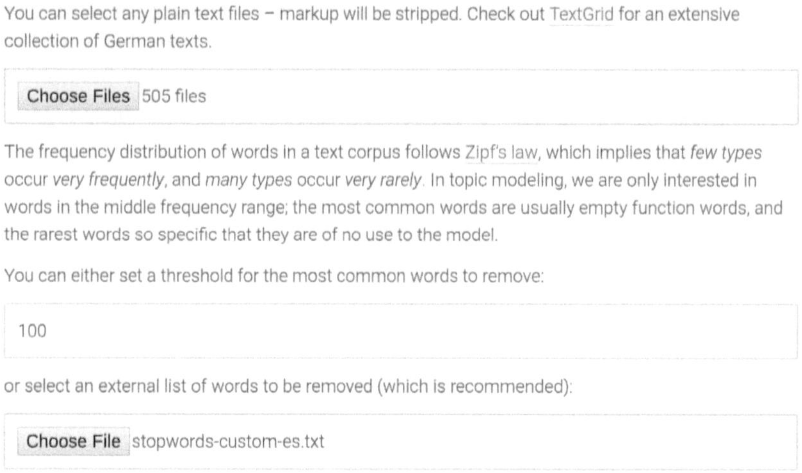

Figura 12. Opciones de entrada para el preprocesamiento en el DARIAH Topics Explorer. Captura de pantalla propia

Seleccionamos nuestro corpus preprocesado (todos los ficheros de la carpeta "txt_preprocessed"[22]) así como un archivo ".txt" con una lista de *stop words*. Por ejemplo, se podría utilizar para ello el archivo "stopwords-es.txt", que contiene una lista general de números, palabras de función y verbos muy generales en español[23]. El uso de este archivo sería especialmente útil si los textos no han sido lematizados. Otra opción que ofrece Topics Explorer es la de especificar un número de palabras más frecuentes del corpus para ser eliminadas (por ejemplo, las 100 palabras más frecuentes) en lugar de una lista de *stop words*. Es posible elegir esta opción general si no puede o no quiere crear su propia lista. En nuestro caso, tras el preprocesamiento, los textos están formados por lemas de sustantivos, verbos y adjetivos, por lo que los *stop words* generales ya han sido eliminadas por la lematización. Por lo tanto, creamos un archivo vacío "stopwords-es-custom.txt" y lo seleccionamos en el Topics Explorer. Aquí, esta

22 Si no ha preparado su propio corpus y quiere trabajar directamente con los archivos utilizados aquí, puede descargar los textos ya preprocesados desde GitHub: https://github.com/HD-aula-Literatura/III-7-Topic-modelling/tree/main/corpus/txt_preprocessed.

23 Véase https://github.com/HD-aula-Literatura/III-7-Topic-modelling/blob/main/stopwords/stopwords-es.txt.

lista se ha ido rellenando poco a poco en el curso del *topic modelling*, cada vez que observamos palabras que parecían superfluas para los *topics* o que reducían la calidad de los mismos[24]. Seguimos con las opciones que podemos elegir para el *topic modelling* en sí (véase la figura 13).

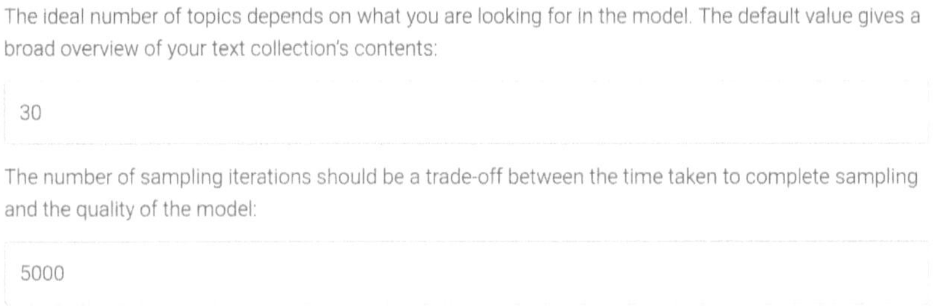

Figura 13. Opciones de entrada para el modelaje en el DARIAH Topics Explorer. Captura de pantalla propia

Un parámetro muy importante para el *topic modelling* es el número de *topics* que hay que encontrar. Esto debe definirse en cualquier caso si se utiliza el procedimiento LDA, como es el caso de DARIAH Topics Explorer. Elegimos aquí el número 30, que corresponde al número de textos de nuestro corpus. La regla general es que cuanto menos *topics* elija, más general será el contenido de los mismos y cuanto más *topics* elija, más específicos serán. En cualquier caso, debería experimentar con el número de *topics* y hacer varias ejecuciones, también porque *topic modelling* es un método que no es determinista. Esto significa que cada ejecución producirá resultados ligeramente diferentes, ya que existe un elemento aleatorio. Una vez que haya hecho varias pasadas e interpretado los resultados, tendrá una idea de un número razonable de *topics*. Y, por supuesto, el número adecuado también depende de la pregunta de investigación que se quiera responder con el *topic modelling*.

Más fácil de definir que el número de *topics* es el parámetro del número de iteraciones. Determina la frecuencia con la que se comparan los *topics* y sus palabras con el corpus de texto subyacente. La regla aquí es que un número mayor de iteraciones produce *topics* más cercanos a los textos reales que un

24 Consulte la lista propia de *stop words* en https://github.com/HD-aula-Literatura/III-7-Topic-modelling/blob/main/stopwords/stopwords-es-custom.txt.

número menor de iteraciones. Por lo tanto, tiene sentido elegir un número alto, por ejemplo, 5000. Por supuesto, el proceso tarda más tiempo cuantas más iteraciones se elijan. Ahora hemos configurado todos los parámetros y podemos iniciar el proceso de *topic modelling* haciendo clic en el botón "Train Topic Model" en la parte inferior de la página. Se puede seguir la cuenta de cuántas iteraciones se han llevado a cabo hasta que Topics Explorer haya completado el modelo y se muestren los resultados. El software ofrece algunas visualizaciones y evaluaciones del modelo e incluso se pueden descargar los datos de los resultados. En primer lugar, obtenemos una visión general de todos los *topics* del corpus (véase la figura 14). Cada *topic* está representado por una barra cuya longitud indica su probabilidad en el corpus: cuanto más larga es la barra, más importante es el *topic*.

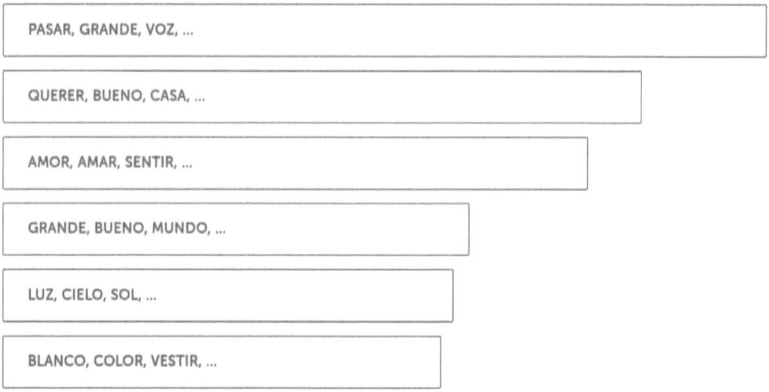

Figura 14. Visión general de los *topics* del corpus en el DARIAH Topics Explorer. Captura de pantalla propia

Si nos fijamos sólo en los seis primeros *topics*, se ve inmediatamente que son de distintos tipos. El primero ("pasar, grande, voz"), el segundo ("querer, bueno, casa") y el cuarto *topic* ("grande, bueno, mundo") no pueden interpretarse inmediatamente en términos de contenido basándose en las tres palabras más importantes. Cabe suponer que se trata de *topics* narrativos muy generales que intervienen en muchos textos y que no son temáticos en sentido estricto. Sin embargo, deberíamos comprobarlo examinando más detenidamente estos *topics*, lo que haremos más adelante. El tercer *topic* ("amor", "amar", "sentir") apunta directamente al tema del "amor" o que las relaciones amorosas y los sentimientos juegan un papel importante en las tramas de las novelas cortas mexicanas del siglo XIX. Si consideramos que se trata del primer *topic* interpretable en términos de contenido, es el más importante *topic* temático del corpus. Esto confirma nuestra primera tesis, que el amor es el tema más importante u omnipresente en las novelas cortas mexicanas del siglo XIX. Pero, de nuevo, las tres primeras palabras sólo dan una primera indicación de cómo se puede interpretar el *topic*. Los *topics* en quinto ("luz, cielo, sol") y sexto lugar ("blanco, color, vestir") son a primera vista descriptivos e indican la descripción del escenario (clima o naturaleza) y de los personajes (vestimenta). Aquí ya queda claro que los *topics* de los textos narrativos también tienen que ver con los procedimientos narrativos y que no todos son temas en un sentido estricto.

Al hacer clic en una de las barras se accede a una vista detallada de un *topic* individual. El Topics Explorer ahora no sólo muestra las tres palabras más importantes, sino las 15 palabras principales del *topic*. Analizaremos de nuevo los tres *topics* que a primera vista no parecían *topics* de contenido. El primero tiene las siguientes 15 palabras más importantes: "pasar", "grande", "voz", "cabeza", "volver", "tiempo", "salir", "puerta", "mirar", "caer", "entrar", "momento", "lado", "seguir", "oír". Este *topic* tiene verbos de movimiento, expresiones temporales y parece tener referencias a las figuras que se mueven y se comunican. Podemos confirmar que se puede clasificar como un *topic* que se refiere a las estructuras narrativas y no a un tema propiamente. Esto también puede confirmarse para el segundo *topic*, que también es muy general en términos semánticos y también tiene muchos verbos entre las palabras más importantes: "querer", "bueno", "casa", "venir", "hablar", "conocer", "pasar", "poner", "muchacho", "malo", "dejar", "volver", "andar", "grande", "perder". El tercer *topic* es entonces el primero que puede interpretarse más en términos de contenido y que está relacionado a historias de amor: "amor", "amar", "sentir", "vida", "alma", "corazón", "querer", "vivir", "hablar", "encontrar", "idea", "mismo", "triste", "placer", "espíritu".

En la vista detallada de un *topic*, además de las 15 palabras más importantes, también obtenemos una lista de tres *topics* que son estadísticamente similares al actual y la lista de los diez documentos en los que el *topic* seleccionado es más probable que en los otros documentos (véase la figura 15).

Figura 15. Documentos principales para el *topic* "luz, cielo, sol". Captura de pantalla propia

El ejemplo muestra que el *topic* "luz, cielo, sol" tiene la mayor probabilidad en el segmento n.º 22 del texto "Noches tristes y día alegre" de José Joaquín Fernández de Lizardi. Si ahora hace clic en la barra de un solo segmento de texto, cambiará de la perspectiva del *topic* a la del documento, es decir, podrá ver qué *topics* son más relevantes para un solo documento (véase la figura 16).

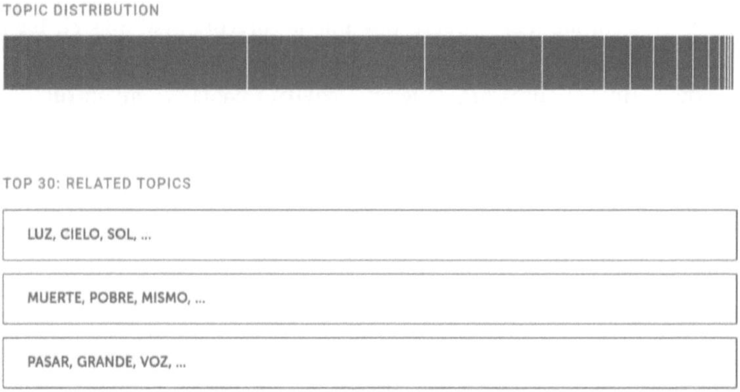

Figura 16. *Topics* principales para el documento "MX0026_FERNANDEZLIZARDI_NOCHESTRISTES022". Captura de pantalla propia

En esta vista, una barra muestra la proporción de los *topics* en el documento, ordenados por importancia de la izquierda a la derecha. Justo debajo, los *topics* se enumeran en el mismo orden y el segmento de texto se muestra a la derecha o abajo de estos *topics*. Ahora podemos utilizar esta información para probar nuestra segunda tesis. ¿Hay más *topics* diferentes en primera posición después de 1880 que antes, es decir, está aumentando la diversidad de *topics*? Para garantizar que el número de segmentos de texto no influye aquí, dividimos el número de *topics* principales diferentes por el número de segmentos en el período respectivo (1810–1879 frente a 1880–1900). Para ello debemos incluir nuestro conocimiento de los textos, es decir, en cuál de las dos subépocas se publicaron por primera vez. Esto significa que conectamos la información de la tabla de metadatos con los resultados de la *topic modelling* y la evaluamos. Los resultados son los siguientes: En el corpus hay 240 segmentos de texto asignados a la época anterior a 1880. Estos contienen 18 *topics* principales diferentes, lo que resulta en una proporción de 0,075. Por otro lado, hay 265 segmentos de texto pertenecientes al periodo de 1880 en adelante, que tienen 22 *topics* principales diferentes. En el segundo grupo, la proporción de *topics* principales diferentes es de 0,083, un poco pero no mucho mayor que para la subépoca anterior. En cuanto a nuestra segunda tesis, podemos concluir que la diversidad de los temas y estructuras narrativas principales es algo mayor después de 1880 que antes, pero no de forma significativa, por lo que nuestra segunda hipótesis queda refutada.[25]

Además de la visión general de todos los *topics* y de las pantallas de *topics* o de documentos individuales, el DARIAH Topics Explorer también ofrece la opción de mostrar un mapa de calor con una visualización general de las proporciones de todos los *topics* en todos los documentos haciendo clic en

25 El cálculo puede seguirse en el siguiente *script* de Python: https://github.com/HD-aula-Literatura/III-7-Topic-modelling/blob/main/scripts/top_topics.py. El cálculo se ha realizado a partir de los datos exportados desde DARIAH TopicsExplorer (lo relevante aquí es el archivo "document-topic-distribution.csv"), junto con la tabla de metadatos del corpus. Por razones de espacio, este *script* no puede explicarse en detalle aquí; el cálculo pretende sobre todo dejar claro cómo se pueden establecer y probar las hipótesis sobre el *topic modelling*. En principio, también podría contar manualmente cuántos *topics* más importantes diferentes hay en los segmentos de texto antes y después de 1800, pero esto llevaría mucho tiempo con más de 500 segmentos. Para comprobar la significación del resultado, se realizó una prueba Z, que arrojó el resultado -0,33, que no es una diferencia significativa.

"Document-Topic Distribución" en el menú. En la figura 17 se muestra una sección del mapa de calor.

Figura 17. Resumen de todos los *topics* en todos los segmentos del texto (selección). Captura de pantalla propia

Además, también puede exportar los datos de la ejecución del *topic modelling* actual, lo que resulta muy útil si quiere guardar los resultados o seguir trabajando con ellos fuera de la herramienta.

6. REFLEXIÓN Y CONCLUSIONES

En este capítulo del libro, hemos analizado qué cuestiones de los estudios literarios pueden investigarse con la ayuda del método *topic modelling*. Hemos aprendido el funcionamiento básico del método y qué herramientas se pueden utilizar para aplicarlo. Un requisito previo muy importante para el uso del *topic modelling* con fines de investigación literaria es contar con un corpus digital adecuado que se ajuste a la pregunta de investigación. La recopilación y preparación de este corpus es la parte que más tiempo requiere de la investigación, mientras que el *topic modelling* en sí puede realizarse con relativa facilidad con la ayuda de las herramientas existentes.

De nuestras dos tesis iniciales sobre la novela corta mexicana en el siglo XIX, pudimos confirmar la primera y tuvimos que rechazar la segunda. De acuerdo con el *topic modelling*, el amor es el tema dominante de las novelas cortas. Por otra parte, según nuestros resultados, no es cierto que la diversidad de temas y estructuras narrativas aumente fuertemente hacia el final del siglo XIX. Sin embargo, hay que tener cuidado al interpretar estos resultados. Por un lado, hay que comprobar si nuestro corpus permite llegar a esas conclusiones generales.

Este no es el caso, ya que el corpus es relativamente pequeño. En segundo lugar, hay que volver a analizar la formalización de las tesis, ya que podrían haberse puesto a prueba de otras maneras.

En este capítulo nos hemos centrado en un corpus de textos narrativos. Sin embargo, también es posible examinar poemas, textos teatrales u otros tipos de textos literarios con *topic modelling*, para lo cual hay que tener en cuenta las respectivas características estructurales y lingüísticas de los textos a la hora de su preprocesamiento y de la interpretación de los resultados. En definitiva, puede decirse que el *topic modelling* es un método que puede utilizarse para investigar sistemática y cuantitativamente los temas y las estructuras narrativas de las colecciones de textos literarios, y con el que se hace posible una lectura distanciada de los textos, que abre nuevas perspectivas sobre los mismos.

REFERENCIAS BIBLIOGRÁFICAS

Blei, D. M. (2012). Probabilistic Topic Models. *Communications of the ACM, 55*(4), 77–84. https://doi.org/10.1145/2133806.2133826

Blei, D. M., Ng, A. Y., y Jordan, M. I. (2003). Latent Dirichlet Allocation. *The Journal of Machine Learning Research*, (3), 993–1022. https://dl.acm.org/doi/10.5555/944919.944937

Chaves, J. R. (2011). Huellas y enigmas de la novela corta en el siglo XIX. En G. Jiménez Aguirre, G. M. Enríquez Hernández, E. M. Luna, S. Tovar Mendoza, y R. Velasco (Eds.), *Una selva tan infinita. La novela corta en México (1872–2011). Tomo I* (pp. 113–131). Fundación para las Letras Mexicanas. https://www.lanovelacorta.com/estudios/una-selva-tan-infinita-1.pdf

Consejo Nacional para la Cultura y las Artes. (Ed.). (2014). *Novela corta mexicana. De la Independencia a la Revolución.* Clásicos para Hoy, CONACULTA.

Équipe TXM. (2022). *TXM* (Version 0.8.2) [Computer software]. https://txm.gitpages.huma-num.fr/textometrie/

Firth, J. R. (1957). A synopsis of linguistic theory 1930–1955. En J. R. Firth (Ed.), *Studies in Linguistic Analysis* (pp. 1–31). Philological Society.

Graham, S., Weingart, S., y Milligan, I. (2018). Introducción a Topic Modeling y MALLET (U. Henny-Krahmer, Transl.). En *The Programming Historian en español* 2. https://programminghistorian.org/es/lecciones/topic-modeling-y-mallet.

Heiden, S., Magué, J.-P., y Pincemin, B. (2010). TXM: Une plateforme logicielle open-source pour la textométrie – conception et développement. En *JADT 2010: 10th International Conference on the Statistical Analysis of Textual*

Data. http://halshs.archives-ouvertes.fr/docs/00/54/97/79/PDF/Heiden_al_jadt2010.pdf

Honnibal, M., Montani, I., Van Landeghem, S., y Boyd, A. (2020). *spaCy: Industrial-strength Natural Language Processing in Python* [Computer software]. https://github.com/explosion/spaCy

Jockers, M. L. (2013a). *Macroanalysis. Digital Methods y Literary History.* University of Illinois Press.

Jockers, M. L. (2013b, Abril 12). Secret' Recipe for Topic Modeling Themes. *Matthew L. Jockers.* https://www.matthewjockers.net/2013/04/12/secret-recipe-for-topic-modeling-themes/

Mata, Ó. (1999). *La novela corta mexicana en el siglo XIX.* Universidad Nacional Autónoma de México.

McCallum, A. (2002). *MALLET: A Machine Learning for Language Toolkit* [Computer software]. http://mallet.cs.umass.edu

Mimno, D. (s. f.). *jsLDA: In-browser topic modeling* [Computer software]. https://mimno.infosci.cornell.edu/jsLDA/

Miranda, C. (Ed.). (1999). *La novela corta en el primer romanticismo mexicano.* Universidad Nacional Autónoma de México.

Moretti, F. (2000). Conjectures on World Literature. *New Left Review*, (1), 54–68. https://newleftreview.org/issues/ii1/articles/franco-moretti-conjectures-on-world-literature

Odebrecht, C., Burnard, L., y Schöch, C. (Eds.). (2021). *European Literary Text Collection (ELTeC)* (Version 1.1.0). COST Action Distant Reading for European Literary History (CA16204). https://doi.org/10.5281/zenodo.4662444

Padró, L. (2020). *FreeLing* [Computer software]. https://github.com/TALP-UPC/FreeLing

Padró, L., y Stanilovsky, E. (2012). FreeLing 3.0. Towards Wider Multilinguality. En *Proceedings of the Language Resources and Evaluation Conference (LREC 2012)*, European Language Resources Association. http://nlp.lsi.upc.edu/publications/papers/padro12.pdf

Řehůřek, R. (2009–2022). *Gensim. Topic modelling for humans* [Computer software]. https://radimrehurek.com/gensim/

Řehůřek, R., y Soika, P. (2010). Software Framework for Topic Modelling with Large Corpora. En *Proceedings of the LREC 2010 Workshop on New Challenges for NLP Frameworks* (pp. 45–50). European Language Resources Association. http://is.muni.cz/publication/884893/en

Rhody, L. M. (2012). Topic Modeling and Figurative Language. *Journal of Digital Humanities*, *2*(1). http://journalofdigitalhumanities.org/2-1/topic-modeling-and-figurative-language-by-lisa-m-rhody/

Schmid, H. (s. f.). *TreeTagger - a part-of-speech tagger for many languages.* [Computer software]. https://www.cis.uni-muenchen.de/~schmid/tools/TreeTagger/

Schmid, H. (1994). Probabilistic Part-of-Speech Tagging Using Decision Trees. En *Proceedings of International Conference on New Methods in Language Processing.* https://www.cis.uni-muenchen.de/~schmid/tools/TreeTagger/data/tree-tagger1.pdf

Schöch, C. (2017). Topic Modeling Genre: An Exploration of French Classical and Enlightenment Drama. *Digital Humanities Quarterly*, *11*(2). http://www.digitalhumanities.org/dhq/vol/11/2/000291/000291.html

Schöch, C., Henny, U., Calvo, J., Schlör, D., y Popp, S. (2016). Topic, Genre, Text. Topics im Textverlauf von Untergattungen des spanischen und hispanoamerikanischen Romans (1880–1930). En *DHd2016. Konferenzabstracts.* https://doi.org/10.5281/zenodo.4645380

Schöch, C., Calvo Tello, J., Henny-Krahmer, U., y Popp, S. (2019). The CLiGS Textbox: Building and Using Collections of Literary Texts in Romance Languages Encoded in TEI XML. *Journal of the Text Encoding Initiative (jTEI).* https://doi.org/10.4000/jtei.2085

Simmler, S., Vitt, T., y Pielström, S. (2019). Topic Modeling with Interactive Visualizations in a GUI Tool. En *DH2019. Conference Abstracts.* http://web.archive.org/web/20220307082745/https://dev.clariah.nl/files/dh2019/boa/0637.html

Simmler, S., Vitt, T., y Pielström, S. (2018). *DARIAH-DE TopicsExplorer* (Version 2.0.1) [Computer software]. https://github.com/DARIAH-DE/TopicsExplorer

Steyvers, M., y Griffiths, T. (2007). Probabilistic Topic Models. En T. K. Landauer, D. S. McNamara, S. Dennis y W. Kintsch (Eds.), *Handbook of Latent Semantic Analysis* (pp. 427–448). https://cocosci.princeton.edu/tom/papers/SteyversGriffiths.pdf

Universidad Nacional Autónoma de Mexico. (Ed.). (2022). *La novela corta. Una biblioteca virtual.* https://www.lanovelacorta.com/

¿Cómo puedo extraer información métrica de un corpus en verso? Herramientas de análisis métrico y rimático. La experiencia de DISCO

Pablo RUIZ FABO

Université de Strasbourg
ruizfabo@unistra.fr
https://orcid.org/0000-0002-4349-4835

Clara I. MARTÍNEZ CANTÓN

UNED
cimartinez@flog.uned.es
https://orcid.org/0000-0003-0781-2418

Resumen: Los textos en verso presentan, además de la información de contenido que podemos encontrar en un texto cualquiera, una información adicional ligada a su forma y ritmo. Es lo que se ha estudiado tradicionalmente desde la métrica. Las herramientas digitales son de gran ayuda para extraer información métrica de textos en verso. El análisis métrico y rimático automático por medio de herramientas digitales da acceso a una información muy valiosa en el análisis literario de un autor, época, escuela, etc., que, aplicada a grandes corpus, resultaba prácticamente inaprensible de manera manual. Además, el uso de estas herramientas exige una reflexión sobre la teoría métrica que queremos utilizar en nuestro corpus y suponen una formalización y una puesta en práctica de la teoría a gran escala, lo que puede implicar un replanteamiento de ciertas categorías. En este capítulo se presentan distintas herramientas para estos fines y se proponen ejercicios prácticos para abordar la silabificación, el análisis acentual, el rimático y el de encabalgamiento en textos en verso.

Palabras clave: Verso. Métrica. Escansión silábica. Rima. Análisis métrico. Encabalgamiento. Acento

NOTA: Python funciona con indentación, que debe preservarse siempre tal y como aparece en este capítulo y como puede comprobarse en los ejemplos dados para este capítulo en el GitHub.

1. VERSO Y HUMANIDADES DIGITALES, UNA RELACIÓN PRIVILEGIADA

Los estudios literarios han llegado relativamente tarde al giro computacional que se ha ido dando en todas las ciencias. Esto puede ser justificado por diferentes causas circunstanciales, pero quizás una de las principales sea su propia naturaleza. Si bien la investigación en ciencia se basa en datos, y las herramientas ayudan a recogerlos, clasificarlos, analizarlos, etc.; la investigación en Humanidades se ha caracterizado tradicionalmente por ser crítica y hermenéutica, es decir, hay una labor de interpretación, de reflexión y una argumentación basada en conceptos aportados por otros estudios. Juega una labor fundamental la tradición histórica de una disciplina.

Sin embargo, hay ciertas disciplinas humanísticas en las que los métodos han estado desde el principio más cerca de lo que llamamos humanidades digitales. Es el caso de la lingüística o incluso la geografía, que ya trabajaban desde antes de la digitalización con unos métodos mucho más científicos.

La propia naturaleza del verso —"Conjunto de palabras sujetas a medida y cadencia, o solo a cadencia"— según la RAE, hace que tradicionalmente, desde la métrica, se haya cuantificado esa medida y se hayan realizado estudios estadísticos sobre ella. El verso exige una recurrencia periódica de elementos como el número de sílabas, posición de acentos o, al menos, de pausas en el discurso[1]. Podríamos decir que la métrica es una disciplina que ya maneja datos formales, por lo que la utilidad de herramientas que nos ayuden en el análisis del verso es clara (punto de vista también recogido en Bories et al., 2022, p. 5).

Quizás este sea el motivo por el que los análisis automáticos de la métrica del verso comienzan en épocas muy tempranas (por ejemplo, Newman, 1986). Logan (1988) recoge ya en la década de 1980 algunos de los primeros programas realizados para el inglés. Estos tipos de análisis son más dificultosos de lo que pueden parecer, en parte porque dependen profundamente de la lengua que se esté analizando y su prosodia. Además, se debe tener en cuenta la tradición métrica y los tipos de versificación utilizados en ella, así como la historia de esa tradición, ya que no será lo mismo un poema acentual en inglés, una *nursery rhyme*, por ejemplo, que un poema en verso libre de Walt Whitman, aunque los

---

1 Jakobson, hablaba de que la función poética proyecta "el principio de la equivalencia del eje de selección al eje de combinación" (Jakobson, 1975, p. 360), haciendo de esta recurrencia lo más significativo del lenguaje literario. El verso sería el lugar donde más fácilmente se ve esta recurrencia.

dos ellos estén escritos en la misma lengua. Incluso dentro de una misma lengua habrá tipos de verso en los que ciertos rasgos sean relevantes y para otros no lo será (el acento en español es relevante para el endecasílabo, pero no lo es —no de la misma manera— en el octosílabo).

Esto hace que, al contrario de lo que sucede con otros tipos de herramientas de análisis literario, las dedicadas al verso sean específicas para cada idioma. Aunque las tecnologías y soluciones para este análisis sean las mismas o semejantes, exigen una aplicación específica para cada idioma y para cada tipo de versificación.

El análisis métrico de corpus poéticos se ha utilizado tradicionalmente para responder preguntas literarias relacionadas con el estilo poético de un autor (Domínguez Caparrós, 1990, 2002; Martínez Cantón, 2011), de una escuela, de una época, etc (Gómez Bravo, 1998; Hrushovski, 1960; Utrera Torremocha, 2001). También incluso para responder a preguntas lingüísticas sobre evolución en la pronunciación de ciertos fonemas, la variación lingüística, etc. (Bermúdez Sabel, 2019, pp. 110–111) Las posibilidades que brinda el rápido análisis automático han hecho que se aplique también al reconocimiento de autoría (Plecháč, 2021), asociación entre forma poética y motivos temáticos (Šeļa, Plecháč, y Lassche, 2022) y otros campos. Todo esto sugiere una gran utilidad del análisis automático del verso (ver también Plecháč, Scherr, Skulacheva, Bermúdez-Sabel y Kolár, 2019).

2. ANÁLISIS AUTOMÁTICO DEL VERSO EN ESPAÑOL. SÍLABAS Y ACENTOS

Como adelantábamos en el epígrafe anterior el análisis métrico es dependiente de la lengua y del tipo de verso utilizado Por ello, si nos enfrentamos a un corpus en verso deberemos primero ser conscientes de qué tipo de métrica va a utilizar y si las herramientas que vamos a utilizar nos van a ser útiles.

En español los elementos métricos aceptados unánimemente como fundamentales son el número de sílabas en el verso, la posición de los acentos (sobre todo para el endecasílabo), la pausa y la rima.

En español, las tareas de automatizar el cómputo de sílabas y de asignar sílaba tónica y átona a esas sílabas se han realizado normalmente de manera conjunta, dado que no hay una métrica puramente acentual (muy raras excepciones).

Aunque las particularidades de cada lengua hacen que los programas no puedan ser los mismos sí lo son los métodos. Se suele distinguir entre dos enfoques:

- Escansión basada en reglas lingüístico-prosódicas. Se basan, normalmente, en programas ya existentes de Procesamiento del Lenguaje Natural (PLN) que realizan la división en sílabas gramaticales y otros análisis relacionados como el etiquetado de funciones sintácticas o la asignación de acentos.
- Escansión basada en datos, es decir, con base estadística y aprendizaje automático (mediante redes neuronales u otros métodos de *machine learning*). Estas técnicas no tienen por qué basarse en reglas o realizar la división en sílabas (aunque pueden también utilizar estos métodos).

En el caso del español se ha propuesto también un enfoque (descrito más abajo) que realiza escansión sin silabificación automática previa, mediante la detección directa de los acentos (Marco y Gonzalo, 2021). Según el resultado que queramos utilizaremos un tipo de herramientas u otro. Es decir, si por ejemplo queremos que sea visible la escansión silábica de cada verso no podremos elegir un programa que no efectúa una silabación previa a la escansión.

Los análisis automáticos serios de número de sílabas para cada verso comienzan en español en la década de los 2000. En esa fecha Pablo Gervás (2000) propuso un enfoque de programación lógica (con reglas) para el análisis de poemas españoles y evaluó dicho enfoque en un conjunto de sonetos del Siglo de Oro español. No hubo mucha continuidad para estas funciones de análisis de verso en esa época, pero los últimos años han traído un renovado interés que hace que nos encontremos con varias propuestas. En 2017 Borja Navarro-Colorado (2017) propone un programa de análisis silábico acentual de endecasílabos. Poco después, Agirrezabal, Alegria y Hulden (2017) propusieron un modelo de redes neuronales para predecir el patrón métrico De los versos que analizaba número de sílabas y acento. Dos de los sistemas más recientes de análisis de verso se han ofrecido desde la UNED. El primero es un sistema basado en reglas lingüísticas, llamado Rantanplan (De la Rosa, Pérez, Hernández, Ros, y González-Blanco, 2020). Primero efectúa un análisis morfológico con la librería spaCy (Honnibal et al., 2020) utilizando un modelo para español. Después silabifica, asigna tonicidad y posteriormente ajusta métricamente según las reglas dadas por conocimiento experto (a partir de teorías métricas). El programa tiene en cuenta el contexto del poema para cada verso. Así, en cada análisis de un verso se calculan sus posibilidades de análisis y posteriormente se contrasta con la longitud métrica esperada y las posiciones de acentos más comunes.

El segundo programa de análisis de verso es Jumper (Marco y Gonzalo, 2021). Este sistema se basa en la premisa de que, en español, la vocal es el núcleo de la sílaba e identifica su unidad; con ello se determina el número de sílabas. El acento se determina por las reglas ortográficas del español. Calcula posibles hemistiquios y sus equivalencias de finales en versos mayores de 11 sílabas (Marco et al., 2021, p. 51739). Jumper no efectúa una silabificación léxica previa a la escansión, y tampoco realiza un etiquetado gramatical; no depende entonces de ninguna librería de procesamiento del lenguaje natural. Se ha mostrado (Marco y Gonzalo, 2021) que Jumper obtiene mejores resultados que las otras herramientas con el verso compuesto (en español, muy común en todo verso de más de 11 sílabas). Por esta razón, si nuestro corpus comporta verso compuesto, es conveniente aplicar esta herramienta para obtener los patrones métricos. Jumper ofrece una interfaz de fácil uso para análisis de poemas concretos, pero no para corpus extensos ya que el número de versos que acepta la interfaz es limitado; para analizar un volumen elevado de versos se debe utilizar a través de código en Python.

Por otra parte, muy recientemente, se ha presentado una nueva herramienta de escansión automática para verso castellano, LibEscansión (Sanz-Lázaro, 2022). Ha sido diseñada originalmente para el análisis de versos en obras de teatro áureo, pero funciona para todo tipo de poesía de metro regular. LibEscansión es capaz de escandir versos de metro variable aplicando ajustes silábicos y localizando acentos métricos. Proporciona el recuento silábico, núcleos silábicos, transcripción fonológica de las sílabas, rimas consonante y asonante, y ritmo acentual (Sanz-Lázaro, 2023, p. 239)[2].

En el momento en el que se publica este libro, ninguno de los programas señalados cuenta con una interfaz gráfica de uso sencillo en la que podamos cargar un corpus amplio para obtener su análisis métrico. Para usar los programas nombrados sin limitaciones es necesario dar instrucciones a través de código o de línea de comandos.

Esto es lo que aprenderemos a hacer aquí en la sección 3. Hemos seleccionado para ello dos programas. Primeramente Rantanplan, que presenta una documentación más completa que otros programas y que da resultados de silabificación léxica, métrica y escansión (además el programa también permite detectar la rima, ver la sección 5.1). En segundo lugar, Jumper, cuya instalación es inmediata al no tener dependencias y cuyos resultados con verso compuesto son los mejores hoy en día.

Antes de comenzar el ejercicio, cabe mencionar nuestra experiencia de uso de analizadores de escansión. El corpus de sonetos DISCO (Ruiz Fabo et al.,

2 Por el momento no está todavía públicamente disponible. Otro software relacionado sí permite ya su uso y se encuentra en: https://github.com/fsanzl/libEscansion.

2021) se etiquetó hasta su versión 3 con la herramienta de Navarro-Colorado (2017), que era la mejor disponible en el momento de comenzar el corpus. Los nuevos sonetos añadidos en la versión 4 se etiquetaron originalmente con la más reciente Rantanplan. Sin embargo, las versiones 4 y 5 del corpus añaden un buen número de sonetos modernistas, que incluyen una gran proporción de metros complejos. Dada la adecuación para estos metros de Jumper, el material añadido en la versión 5 se etiquetó con Jumper, con el que también se reetiquetaron los sonetos añadidos en la versión 4.

3. EJERCICIO PRÁCTICO DE ANÁLISIS SILÁBICO Y ACENTUAL

El ejercicio consiste en obtener la escansión primero para un sólo poema y después para una serie de poemas en un directorio. Se usan las herramientas Rantanplan y Jumper. Se hará con el lenguaje Python mediante la herramienta Jupyter Notebooks, que permite mezclar instrucciones en Python con texto (o con imágenes), lo cual es muy útil para compartir los resultados y explicar el código. Para usar el lenguaje Python, si no está ya instalado (versión ≥ 3.7), proponemos instalar la distribución Anaconda siguiendo su documentación[3].

3.1. Primeros pasos

Una vez instalado Anaconda, se puede acceder a los notebooks Jupyter desde los menús del sistema correspondiente. Por ejemplo, en Windows, en el grupo de Anaconda desde el menú de inicio (figura 1a), se puede abrir directamente la aplicación Jupyter Notebook (figura 1b). Otra opción es abrir Anaconda Navigator y una vez abierto arrancar Jupyter Notebook. Un notebook con el ejercicio práctico resuelto se encuentra en el repositorio GitHub del capítulo[4].

---

3 Se encuentra el modo de instalar en Windows, Mac o Linux a partir de la página siguiente: https://docs.anaconda.com/anaconda/install/.

4 Accesible desde: https://github.com/HD-aula-Literatura/III-8-Verso/blob/main/etiquetado-escansion-rantanplan.ipynb.

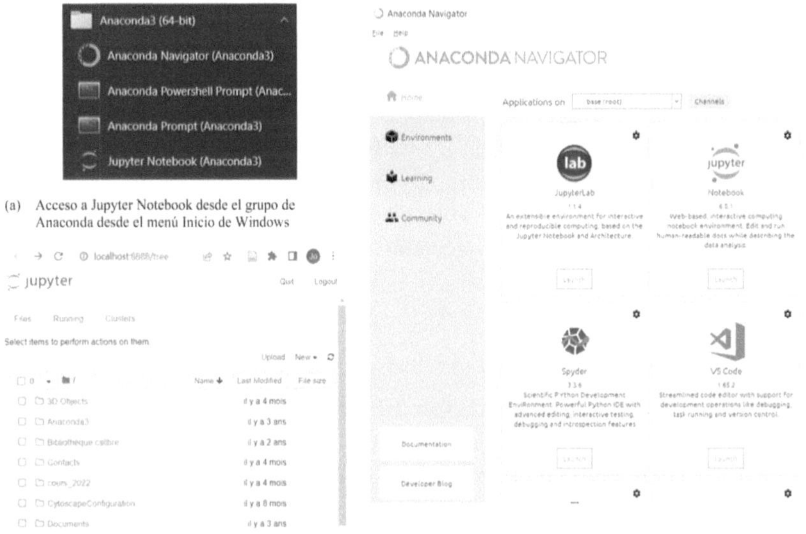

(a) Acceso a Jupyter Notebook desde el grupo de Anaconda desde el menú Inicio de Windows

(c) Árbol de directorios una vez arrancado Jupyter

(b) Acceso a Jupyter Notebooks desde Anaconda Navigator

Figura 1. Acceder o crear un notebook con Jupyter Notebooks

Desde Jupyter Notebook, podemos acceder a notebooks existentes. Por ejemplo, si hemos bajado desde GitHub el repositorio correspondiente a esta actividad[3] y lo hemos guardado dentro de la carpeta *Documentos* (usando Windows), en un subdirectorio llamado *III-8-Verso*, tendremos acceso al *notebook* desde el árbol de acceso (similar al que se muestra en la figura 1c). El notebook en GitHub da detalles omitidos aquí por espacio[5].

3.2. Instalar las herramientas y sus dependencias

Los **notebooks Jupyter** se han usado ya en el capítulo 3 de la parte II, sobre extracción de datos a partir de fuentes web[6]. En resumen, estos *notebook* se dividen en celdas. Las celdas pueden ser ejecutables (con código Python o

5 Las instrucciones siguientes se han ejecutado con la versión 3.7 de Python, que es la que figura en la documentación de Rantanplan (https://rantanplan.readthedocs.io/). El notebook muestra cómo crear un entorno Python 3.7 con Anaconda.

6 Unas líneas sobre su uso están en https://github.com/HD-aula-Literatura/II-2-scraping/tree/main/02-extraccion-con-python#c%C3%B3mo-usar-los-materiales.

código de la línea de comandos del sistema) o de texto (incluido imágenes); el texto se puede dejar sin formatear o formateado con un lenguaje de etiquetado ligero intuitivo llamado markdown[7].

Para instalar **Rantanplan**, instalaremos primero spaCy, librería de la que depende y que efectúa el análisis gramatical sobre el que se basa la detección de sílabas tónicas y átonas realizada por Rantanplan dentro del proceso de escansión. Rantanplan requiere la version 2.2.4 de spaCy, que instalaremos con la instrucción (1) en una celda ejecutable de un notebook Jupyter. El signo de exclamación se debe a que es una instrucción no del lenguaje Python, sino de la línea de comandos del sistema.

(1) `!pip install spacy==2.2.4`

SpaCy tiene recursos lingüísticos específicos a cada lengua soportada para ciertas tareas. Deberemos instalar un modelo (conjunto de recursos) para español que sea compatible con la versión 2.2.4. Cabe advertir que el modelo más actualizado no es compatible con esta versión de spaCy, y que utilizaremos una instrucción específica, reflejada en (2), para descargar un modelo anterior dado su número de versión.

(2) `!pip install -U https://github.com/explosion/spacy-models/releases/download/es_core_news_md-2.2.5/es_core_news_md-2.2.5.tar.gz`

Instalamos también un módulo adicional relacionado con el análisis gramatical:

(3a) `!pip install spacy_affixes`
(3b) `!python -m spacy_affixes download es`

Después de lo anterior podemos finalmente instalar Rantanplan:

(4) `!pip install rantanplan`

En cuanto a **Jumper**, no requiere la instalación de dependencias, lo descargaremos y lo usaremos (ver 3.4) desde cualquier entorno Python, como p. ej. desde

7 https://docs.github.com/es/get-started/writing-on-github/getting-started-with-writing-and-formatting-on-github/basic-writing-and-formatting-syntax.

un *notebook* Jupyter, como hacemos en este capítulo. Jumper no se ha añadido al repositorio de módulos de Python (*Python Package Index*), con lo que en vez de instalarlo con `pip`, lo descargaremos directamente desde GitHub. Para esto, las personas que usan la herramienta `git` (cuya descripción queda fuera del perímetro de este capítulo) lo pueden hacer del modo habitual con `git clone`. En caso contrario, se puede descargar el código con un navegador web, desde el repositorio en GitHub[8]. Como se ve en la figura 2, con el botón *Code* tendremos acceso a una opción *Download ZIP* para descargar un archivo comprimido con el código. Una vez descomprimido este archivo, se verán los contenidos de la figura 3.

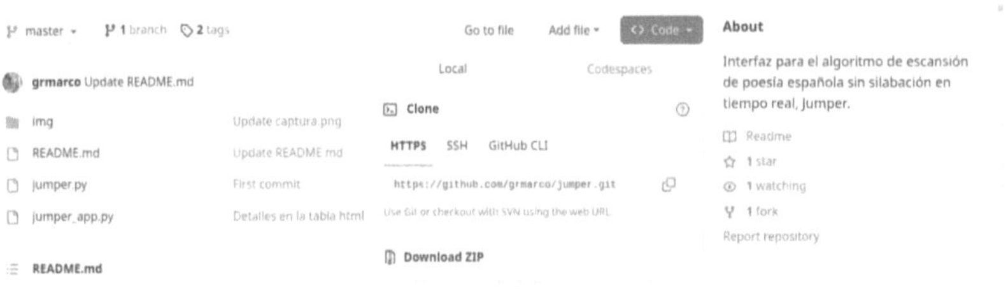

Figura 2. Interfaz web de GitHub mostrando el repositorio de Jumper. Con los botones *Code* y después *Download ZIP* se descarga el código

Figura 3. Contenido de la aplicación Jumper tal como se ve en el explorador de Windows

8 https://github.com/grmarco/jumper.

3.3. Escansión con Rantanplan

3.3.1. Escansión de un solo poema

Esta sección presupone que se han seguido los pasos en 3.1 y 3.2 para instalar la distribución Anaconda de Python así como la herramienta Rantanplan y sus dependencias.

Para poder usar Rantanplan, debemos importar la librería y la función que lanza la escansión (5):

(5)
```
import rantanplan
from rantanplan.core import get_scansion
```

Declaramos después una variable, aquí llamada `texto_poema`, y le asignamos como valor, con el signo igual (=), el texto del poema a analizar (6). Como el valor es una cadena de texto (tipo `str` en Python), hay que escribir este texto entre comillas; se han usado triples comillas porque permiten expresar un texto dentro del cual hay saltos de línea, como es el caso después de cada verso de un poema. Se ha usado un poema de Evangelina Guerrero, poeta filipina presente en el corpus DISCO[9].

(6)
```
texto_poema = """Rosas sangrantes sobre el mar desflora
el sol que dice adioses en la tarde,
riman las aguas su canción sonora,
bajo nubes de fuego el poniente arde.

Vibran las cañas al chocar del viento,
formando extraña y triste sinfonía,
y la palmera altiva en vaivén lento
es una glauca nota de armonía.

Una barca se aleja lentamente,
una estela de luz, un vago canto,
sombras que pasan sobre el quieto mar;

Y las horas se van pausadamente,
mientras vierte la luz su último encanto
en un intenso, pálido llamear. """
```

9 https://github.com/pruizf/disco/blob/v4/txt/20th/per-sonnet/disco004t_0090.txt.

Para la escansión, usamos la función `get_scansion()`, que toma como argumento (dentro de los paréntesis) el nombre de la variable que contiene el texto del poema (7). Se asigna el resultado de la escansión a una variable, que aquí se ha llamado `resultado` pero que se podría llamar de cualquier otra forma permitida en Python:

(7) `resultado = get_scansion(texto_poema)`

El resultado de la escansión (asignado a `resultado`) contiene varios tipos de información. Vemos aquí los contenidos más importantes del resultado y cómo explotarlos. El resultado contiene una lista de valores (un valor por verso) con una estructura concreta, este tipo de estructura se conoce como *diccionario* en Python (tipo `dict`). Un diccionario está estructurado según pares de clave-valor. Describimos las claves que nos interesan más directamente:

- `tokens`: contiene a su vez una lista de diccionarios, cada uno de los cuales tienen una clave `word`. El valor de `word` es a su vez una lista de diccionarios, uno por sílaba. Dentro de éstos, el valor de la clave `syllable` nos da la secuencia ortográfica para cada sílaba léxica del poema. P. ej. en el verso 4, veremos que los valores de `syllable` dentro de cada diccionario `word` son (separados con un guion): *ba-jo, nu-bes, de, fue-go, el, po-nien-te, ar-de.*
- `phonological_groups`: Representa la silabificación métrica mediante una lista de diccionarios. La clave `syllable` de cada diccionario permite acceder a las sílabas métricas. Por ejemplo, en el verso 4, los valores de estas claves `syllable` son (separados con guion): *ba-jo-nu-bes-de-fue-**goel**-po-nien-**tear**-de* (sinalefas destacadas en negrita)
- `rhythm`: Es también un diccionario. Nos interesan sus claves `stress` y `length`.
    - `stress`: El patrón métrico, con un signo más (+) para sílabas métricas tónicas y un signo menos (-) para las átonas. En el verso 4 el patrón es `--+--+--++-`, con acentos en las sílabas 3 y 6, el acento obligatorio en la 10 y un acento antirrítmico en la 9.
    - `length`: Número de sílabas métricas del verso (en este poema siempre 11).

La forma de extraer los patrones métricos y otras informaciones de la respuesta de Rantanplan se describe más en detalle en el notebook del capítulo. Aquí introducimos las instrucciones básicas para extraer los patrones.

(8a)	(8b)
`for verso in resultado:`	`+--+---+-+-`
`    escansion = verso["rhythm"]["stress"]`	`-+-+-+---+-`
`    print(escansion)`	`+--+---+-+-`
	`--+--+--++-`
	`+--+---+-+-`
	`-+-+-+---+-`
	`---+-+--++-`
	`++-+-+---+-`
	`+-+--+-+-+-`
	`+-+--+++-+-`
	`+--+---+-+-`
	`--+--+-+-+-`
	`--+--++--+-`
	`-+-+-+---+-`

El código en (8a) contiene un bucle (conjunto de instrucciones que se repiten para cada elemento de una serie). El bucle se introduce con la palabra `for` y usa una variable, en este caso `verso`, para recorrer la serie (contenida en `resultado`). El valor de `verso` corresponde a los resultados de Rantanplan para cada verso. Por eso, con la instrucción `verso["rhythm"]["stress"]` se extraen los valores de escansión para cada verso, que se asignan a una variable, aquí llamada `escansion`. Para mostrar los resultados de escansión en pantalla, se puede hacer con la instrucción `print` en la última línea del bucle, que toma como argumentos (entre paréntesis, separados por comas) los valores a mostrar en pantalla. El resultado del código se ve en (8b).

La legibilidad del resultado se puede mejorar de varias formas. Podemos numerar los resultados de cada verso, como en (9a), cuyo resultado está en (9b). La diferencia consiste en la introducción de `enumerate` e `indice`. La instrucción `enumerate` numera cada elemento de la serie, es decir, aquí numera los resultados de Rantanplan para cada verso. El número creado por `enumerate` se debe asignar a una variable, en este caso `indice`. El valor de `indice` para cada verso corresponde al número creado por `enumerate` para él. Como se empieza a contar por cero (no por 1), al mostrar el número en pantalla se suma 1, con la expresión `indice+1`, que es el primer argumento de `print` en la línea final del bucle.

(9a)	(9b)

`for indice, verso in enumerate(resultado):`
`    escansion = verso["rhythm"]["stress"]`
`    print(indice+1, escansion)`
	`1 +--+---+-+-`
	`2 -+-+-+---+-`
	`3 +--+---+-+-`
	`4 --+--+--++-`
	`5 +--+---+-+-`
	`6 -+-+-+---+-`
	`7 ---+-+--++-`
	`8 ++-+-+---+-`
	`9 +-+--+-+-+-`
	`10 +-+--+++-+-`
	`11 +--+---+-+-`
	`12 --+--+-+-+-`
	`13 --+--++--+-`
	`14 -+-+-+---+-`

Otra forma de mejorar la salida consiste en representar los patrones con cifras en vez de con signos *más* y *menos*, con el código en (10a), cuyo resultado está en (10b). Se han separado los números de verso del patrón métrico con una tabulación, `\t`. El código nuevo para asignar los números de verso se explica en el repositorio.

(10a)

```
for indice, verso in enumerate(resultado):
    escansion = verso["rhythm"]["stress"]
    escansion_cifras = " ".join(
        [str(i+1) for i, sig
         in enumerate(escansion)
         if sig == "+"])
    print(f"{indice+1}\t{escansion_cifras}")
```

(10b)

```
1    1 4 8 10
2    2 4 6 10
3    1 4 8 10
4    3 6 9 10
5    1 4 8 10
6    2 4 6 10
7    4 6 9 10
8    1 2 4 6 10
9    1 3 6 8 10
10   1 3 6 7 8  10
11   1 4 8 10
12   3 6 8 10
13   3 6 7 10
14   2 4 6 10
```

3.3.2. Escansión de un corpus de poemas

Podemos reproducir la misma operación sobre los diferentes archivos de un directorio, cada uno de los cuales contendrá un poema. La figura 4 muestra los resultados que se pueden obtener; se ha optado por asignar un identificador a cada poema y mostrar también el número de verso, así como el incipit y los resultados de escansión. El código para hacerlo está en el notebook ya citado para este ejercicio.

	A	B	C	D	E	F
1	numPoema	incipit	numVerso	verso	escanSig	escanNum
2	1	Rosas sangrantes sobre el mar desflora	1	Rosas sangrantes sobre el mar desflora	+--+---+-+-	1 4 8 10
3	1	Rosas sangrantes sobre el mar desflora	2	el sol que dice adioses en la tarde,	-+-+-+---+-	2 4 6 10
4	1	Rosas sangrantes sobre el mar desflora	3	riman las aguas su canción sonora,	+--+---+-+-	1 4 8 10
5	1	Rosas sangrantes sobre el mar desflora	4	bajo nubes de fuego el poniente arde.	--+--+--++-	3 6 9 10
6	1	Rosas sangrantes sobre el mar desflora	5	Vibran las cañas al chocar del viento,	+--+---+-+-	1 4 8 10
7	1	Rosas sangrantes sobre el mar desflora	6	formando extraña y triste sinfonía,	-+-+-+---+-	2 4 6 10
8	1	Rosas sangrantes sobre el mar desflora	7	y la palmera altiva en vaivén lento	---+-+--++-	4 6 9 10
9	1	Rosas sangrantes sobre el mar desflora	8	es una glauca nota de armonía.	++-+-+---+-	1 2 4 6 10
10	1	Rosas sangrantes sobre el mar desflora	9	Una barca se aleja lentamente,	+-+--+-+-+-	1 3 6 8 10
11	1	Rosas sangrantes sobre el mar desflora	10	una estela de luz, un vago canto,	+-+--+++-+-	1 3 6 7 8 10
12	1	Rosas sangrantes sobre el mar desflora	11	sombras que pasan sobre el quieto mar;	+--+---+-+-	1 4 8 10
13	1	Rosas sangrantes sobre el mar desflora	12	Y las horas se van pausadamente,	--+--+-+-+-	3 6 8 10
14	1	Rosas sangrantes sobre el mar desflora	13	mientras vierte la luz su último encanto	--+--++--+-	3 6 7 10
15	1	Rosas sangrantes sobre el mar desflora	14	en un intenso, pálido llamear.	-+-+-+---+-	2 4 6 10
16	2	Como un vigía que en la noche vela	1	Como un vigía que en la noche vela	-+-+---+-+-	2 4 8 10
17	2	Como un vigía que en la noche vela	2	las almas el perdón tu amor enlaza,	-+---+-+-+-	2 6 8 10
18	2	Como un vigía que en la noche vela	3	y allí a tus plantas fugitiva estela	-+-+---+-+-	2 4 8 10
19	2	Como un vigía que en la noche vela	4	de lágrimas, la ignota angustia traza.	-+---+-+-+-	2 6 8 10

Figura 4: Resultados de escansión para un corpus de varios poemas. Se muestra el principio del archivo de datos (dataframe) correspondiente, abierto con LibreOffice

3.4. Escansión con Jumper

Esta sección presupone que se han seguido los pasos en 3.1 y 3.2 para instalar la distribución Anaconda de Python y descargar la herramienta Jumper.

3.4.1. Escansión con la interfaz gráfica

Una forma de acceder a esta interfaz gráfica es a partir de una línea de comandos (también conocida como consola o terminal) del sistema de explotación que se use. Aquí hemos tomado Windows como ejemplo, y usaremos la consola Anaconda Prompt que forma parte de la distribución Anaconda (un entorno para programas de Python). Al abrir esta consola, un entorno de Python estará accesible automáticamente. En Mac o Linux se puede usar el terminal y activar el entorno por defecto de Python dentro de Anaconda, con el comando `conda activate base`. En Windows, Anaconda Prompt está disponible a partir del menú de inicio, como en la figura 5 (Windows 10).

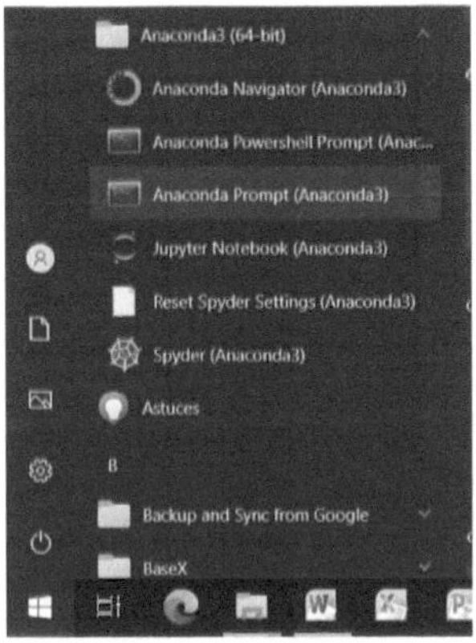

Figura 5. Localización de la consola *Anaconda Prompt* en el menú de inicio de Windows (10)

Con la consola de Anaconda Prompt, debemos desplazarnos al directorio (carpeta) donde está Jumper. Por ejemplo, si Jumper está en `C:\tests\jumper`, como es el caso en la figura 6, donde la barra de direcciones de Windows muestra la ruta `C:\tests\jumper`, deberemos ir a esta carpeta con la consola. Para esto, introducimos el comando `cd /d c:\tests\jumper`, como se ve en la figura 7.

Describimos en detalle el contenido de lo que se muestra en la consola. La línea **`(base) C:\Users\utiltest>cd /d c:\tests\jumper`** tiene el siguiente significado.

- `(base)`: Muestra el entorno de Python en el que estamos trabajando, que, por defecto, al abrir una consola de Anaconda, es el entorno llamado `base`
- `C:\Users\utiltest`: Directorio en el que la consola se abre. Corresponde al directorio personal del usuario que ha ejecutado Anaconda Prompt. En el ordenador utilizado, el nombre de usuario es `utiltest`, por eso la ruta que la consola muestra para el directorio personal o *home* del usuario es `C:\Users\utiltest`.
- >: Separador que indica que la ruta del directorio actual termina, en una consola de Windows (así como en una consola de Mac o Linux típicamente el separador es el signo dólar `$`). Después de este separador podemos introducir nuestras instrucciones o comandos.
- `cd /d c:\tests\jumper`: Comando `cd` (*change directory* o cambiar directorio), seguido del directorio que se quiere alcanzar, es decir `C:\`

tests\jumper (las rutas en Windows, contrariamente a Mac o Linux, no son sensibles a la diferencia entre mayúscula y minúscula, con lo que da igual c: o C:). Se ha añadido la opción /d (que no sería obligatoria en este caso) por la razón siguiente: Con la opción /d, podemos desplazarnos directamente a directorios que están en otra unidad de disco (p. ej. un directorio que estuviera en la unidad F). Aquí partimos de un directorio que está dentro de la unidad C para ir a otro directorio de la misma unidad, con lo que la opción /d no sería necesaria.

Después de confirmar con la tecla Enter el comando cd c:\tests\jumper, la parte que precede al separador > en la consola cambia. Ahora esta parte muestra (base) C:\tests\jumper, como se ve en la figura 8. Esto quiere decir que ya estamos dentro del directorio deseado, a partir de la consola.

En este directorio se encuentra el módulo de la interfaz gráfica de Jumper, que se llama jumper_app.py. Para poder usar la interfaz, introducimos en la consola el comando siguiente: python jumper_app.py (ver figura 8). Esto abrirá la interfaz, que se muestra en la figura 9.

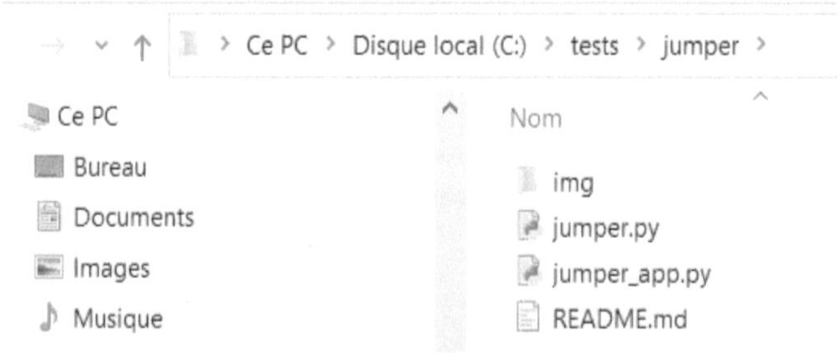

Figura 6. Aplicación Jumper, en este caso guardada en la ruta C:\tests\jumper, como se ve en la barra de direcciones

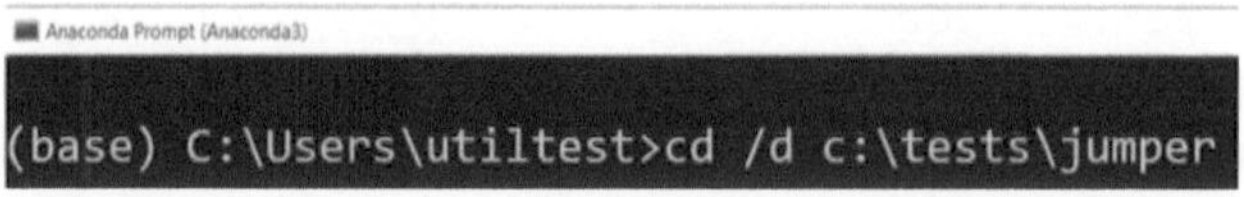

Figura 7. Comando cd para ir al directorio donde está la aplicación Jumper

Figura 8. Comando para lanzar la aplicación Jumper

Figura 9. Interfaz de Jumper tal y como se muestra al abrir la aplicación

La interfaz cuenta con menús intuitivos. Después de introducir un texto en la caja de texto *Poema*, activamos su análisis métrico desde el menú *Análisis*, y el resultado se mostrará en la caja *Análisis* de la parte inferior. En el menú *Ayuda* hay información sobre el funcionamiento de la interfaz. Desde el menú *Archivo* podemos guardar los resultados de análisis.

En cuanto a los resultados que da la interfaz, se ve un ejemplo en la figura 10; el texto es el mismo que se ha usado en el resto del capítulo. Los resultados incluyen el número de sílabas métricas para cada verso, las posiciones acentuadas, las posiciones acentuadas pero ignorando los acentos extrarrítmicos y una clasificación de cada verso según su patrón métrico, usando, como se indica en Marco y Gonzalo (2021), la tipología de Jauralde (2020). La última columna muestra la ratio de coincidencia entre el tipo métrico de la antepenúltima columna y el patrón de posiciones acentuadas propuesto por Jumper. Cuando la coincidencia en un verso es 100, la línea que corresponde al verso dentro de la tabla de resultados se muestra en color verde.

Análisis

N	Verso	Etiquetada	Sílabas	Acentos	Sin extrarrítmicos	Tipo	Coincidencia
1	Rosas sangrantes sobre el mar desflora	Rosas sangrantes sobre el mar desflora	11	[1, 4, 8, 10]	[1, 4, 8, 10]	Endecasílabo sáfico puro pleno	100
2	el sol que dice adioses en la tarde,	el sol que dice adioses en la tarde,	11	[2, 4, 6, 10]	[2, 4, 6, 10]	Endecasílabo heroico corto	100
3	riman las aguas su canción sonora,	riman las aguas su canción sonora,	11	[1, 4, 8, 10]	[1, 4, 8, 10]	Endecasílabo sáfico puro pleno	100
4	**bajo nubes de fuego el poniente arde.**	**bajo nubes de fuego el poniente arde.**	**11**	**[3, 6, 9, 10]**	**[3, 6, 10]**	**Endecasílabo melódico puro**	**90**
5	Vibran las cañas al chocar del viento,	Vibran las cañas al chocar del viento,	11	[1, 4, 8, 10]	[1, 4, 8, 10]	Endecasílabo sáfico puro pleno	100
6	formando extraña y triste sinfonía,	formando extraña y triste sinfonía,	11	[2, 4, 6, 10]	[2, 4, 6, 10]	Endecasílabo heroico corto	100
7	**y la palmera altiva en vaivén lento**	**y la palmera altiva en vaivén lento**	**11**	**[4, 6, 9, 10]**	**[4, 6, 10]**	**Endecasílabo sáfico corto**	**90**
8	**es una glauca nota de armonía.**	**es una glauca nota de armonía.**	**11**	**[1, 2, 4, 6, 10]**	**[2, 4, 6, 10]**	**Endecasílabo heroico corto**	**90**
9	Una barca se aleja lentamente,	Una barca se aleja lentamente,	11	[1, 3, 6, 8, 10]	[1, 3, 6, 8, 10]	Endecasílabo melódico pleno	100
10	**una estela de luz, un vago canto,**	**una estela de luz, un vago canto,**	**11**	**[1, 3, 6, 7, 8, 10]**	**[1, 3, 6, 8, 10]**	**Endecasílabo melódico pleno**	**90**
11	sombras que pasan sobre el quieto mar;	sombras que pasan sobre el quieto mar;	11	[1, 4, 8, 10]	[1, 4, 8, 10]	Endecasílabo sáfico puro pleno	100
12	Y las horas se van pausadamente,	Y las horas se van pausadamente,	11	[3, 6, 8, 10]	[3, 6, 8, 10]	Endecasílabo melódico largo	100
13	**mientras vierte la luz su último encanto**	**mientras vierte la luz su último encanto**	**11**	**[3, 6, 7, 10]**	**[3, 6, 10]**	**Endecasílabo melódico puro**	**90**
14	en un intenso, pálido llamear."""	en un intenso pálido llamar"""	11	[2, 4, 6, 10]	[2, 4, 6, 10]	Endecasílabo heroico corto	100

Figura 10. Resultados de análisis de Jumper

Para obtener los resultados de un gran número de poemas, en vez de utilizar la interfaz gráfica, utilizaremos, de forma similar a lo que se ha visto para Rantanplan, código en Python. Esto es el objeto de las secciones 3.4.2 y 3.4.3.

3.4.2. Escansión con código Python para un solo poema

Podemos darle a Jumper el contenido de un solo poema o de varios, en una sola cadena de texto, y la herramienta gestionará la escansión de cada uno. Esta cadena de texto puede darse dentro de una variable en el propio código o bien hacer que Python lea el texto a partir de un archivo. Vamos a ver un ejemplo con un notebook Jupyter, que crearemos en el mismo directorio en el que está Jumper (como en los ejemplos anteriores, usamos `c:\tests\jumper`). Podemos arrancar el entorno Jupyter Notebook desde la consola, abierta en el directorio deseado como se ha visto en 3.4.1, con el comando `jupyter notebook` (figura 11).

```
(base) c:\tests\jumper>jupyter notebook
```

Figura 11. Arrancar el entorno Jupyter Notebook en el directorio de Jumper

Esto abrirá, en el navegador web, una interfaz que nos da acceso al entorno Jupyter Notebook. Podemos ver los contenidos del directorio en que se ha abierto el entorno y podemos crear ahí un notebook, como se ve en la figura 12. El notebook completo está disponible en GitHub y contiene detalles omitidos aquí por razones de espacio[10].

10 https://github.com/HD-aula-Literatura/III-8-Verso/blob/main/etiquetado-escansion-jumper.ipynb.

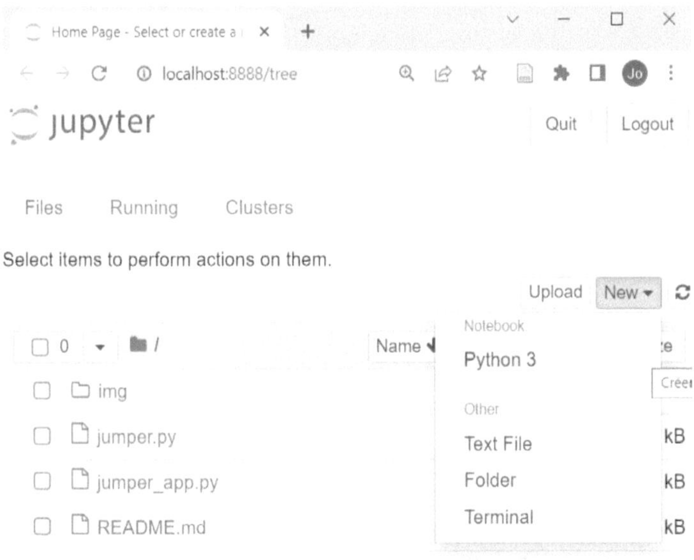

Figura 12. Interfaz del entorno Jupyter Notebook tras abrirlo en el directorio donde está Jumper. Con el botón *New* y *Python 3* creamos un nuevo notebook

En el notebook, en una celda de código vamos a introducir las instrucciones de (11). Primero, con `import jumper`, importamos el módulo que contiene el algoritmo de Jumper; el módulo se llama `jumper.py`. Esto funciona porque el notebook y el módulo están en el mismo directorio. Declaramos después una variable, aquí llamada `texto_poema`, que contiene el texto del poema en una cadena de caracteres; se dieron más detalles sobre esto en (6). Después aplicamos la escansión de Jumper con la función `escandir_texto()`, que está definida en el módulo `jumper`. Al aplicar la función se le ha pasado como argumento la variable `texto_poema`, que contiene el texto del poema: `escandir_texto(texto_poema)`. El resultado de la escansión se ha asignado a la variable `resultado`.

(11)

```
import jumper

texto_poema = """Rosas sangrantes sobre el mar desflora
el sol que dice adioses en la tarde,
riman las aguas su canción sonora,
bajo nubes de fuego el poniente arde.

Vibran las cañas al chocar del viento,
formando extraña y triste sinfonía,
y la palmera altiva en vaivén lento
es una glauca nota de armonía.

Una barca se aleja lentamente,
una estela de luz, un vago canto,
sombras que pasan sobre el quieto mar;

Y las horas se van pausadamente,
mientras vierte la luz su último encanto
en un intenso, pálido llamear. """

resultado = jumper.escandir_texto(texto_poema)
```

Los resultados de escansión, asignados a la variable `resultado` en el código de (11), consisten en una lista de listas de valores, una lista de valores para cada verso. Si mostramos la lista de valores que corresponde al primer verso, con la instrucción `print(resultado[0])` en una celda del notebook, veremos la información en (12). Los elementos de la lista están separados por comas (si bien algunos de los elementos son a su vez listas, como el cuarto y quinto elemento, cuyo valor es en los dos casos `[1, 4, 8, 10]`; este valor corresponde a las posiciones de las sílabas acentuadas con y sin acentos extrarrítmicos (en este verso no hay diferencia entre los dos patrones)). Como se puede observar, el orden de los elementos corresponde al orden de las columnas de resultados que se veía en la interfaz de Jumper (figura 10). Los campos de resultados son el tercero de la lista, que contiene el número de sílabas métricas (aquí, 11), el cuarto y quinto ya citados, el sexto, con el patrón métrico clasificado como se ha descrito en 3.4.1, y un último campo con un valor entre 0 y 1, que significa la ratio de coincidencia de las posiciones acentuadas con el tipo métrico propuesto por la herramienta (en la interfaz este valor se multiplica por 100 con lo que la coincidencia plena se representa con 100 en vez de con 1).

(12)

```
['Rosas sangrantes sobre el mar desflora',
 'Rosas sangrantes sobre el mar desflora',
 11,
 [1, 4, 8, 10],
 [1, 4, 8, 10],
 'Endecasílabo sáfico puro pleno',
 1.0]
```

Podemos crear un bucle de código para mostrar los resultados en forma de tabla, con las informaciones para cada verso en una línea diferente, como en (13). Aquí se muestra el código para destacar que con poco trabajo se pueden obtener resultados listos a analizar, pero las explicaciones de su funcionamiento se encuentran en el notebook completo en GitHub.[10] El resultado del código en (13) se muestra en la figura 13. En el notebook completo en GitHub se muestra código para hacer esta salida más legible.

(13)

```
for infos in resultado:
    print("\t".join([str(x) for x in infos[1:]]))
```

```
Rosas sangrantes sobre el mar desflora  11      [1, 4, 8, 10]   [1, 4, 8, 10]   Endecasílabo sáfico puro pleno  1.0
el sol que dice adioses en la tarde,    11      [2, 4, 6, 10]   [2, 4, 6, 10]   Endecasílabo heroico corto      1.0
riman las aguas su canción sonora,      11      [1, 4, 8, 10]   [1, 4, 8, 10]   Endecasílabo sáfico puro pleno  1.0
bajo nubes de fuego el poniente arde.   11      [3, 6, 9, 10]   [3, 6, 10]      Endecasílabo melódico puro      0.9
Vibran las cañas al chocar del viento,  11      [1, 4, 8, 10]   [1, 4, 8, 10]   Endecasílabo sáfico puro pleno  1.0
formando extraña y triste sinfonía,     11      [2, 4, 6, 10]   [2, 4, 6, 10]   Endecasílabo heroico corto      1.0
y la palmera altiva en vaivén lento     11      [4, 6, 9, 10]   [4, 6, 10]      Endecasílabo sáfico corto       0.9
es una glauca nota de armonía.  11      [1, 2, 4, 6, 10]        [2, 4, 6, 10]   Endecasílabo heroico corto      0.9
Una barca se aleja lentamente,  11      [1, 3, 6, 8, 10]        [1, 3, 6, 8, 10]        Endecasílabo melódico pleno     1.0
una estela de luz, un vago canto,       11      [1, 3, 6, 7, 8, 10]     [1, 3, 6, 8, 10]        Endecasílabo melódico pleno
0.9
sombras que pasan sobre el quieto mar;  11      [1, 4, 8, 10]   [1, 4, 8, 10]   Endecasílabo sáfico puro pleno  1.0
Y las horas se van pausadamente,        11      [3, 6, 8, 10]   [3, 6, 8, 10]   Endecasílabo melódico largo     1.0
mientras vierte la luz su último encanto        11      [3, 6, 7, 10]   [3, 6, 10]      Endecasílabo melódico puro      0.9
en un intenso pálido llamar     11      [2, 4, 6, 10]   [2, 4, 6, 10]   Endecasílabo heroico corto      1.0
```

Figura 13. Salida de Jumper obtenida con Python en un Notebook Jupyter

3.4.3. Escansión con código Python de un corpus de poemas

Usando la misma función, `jumper.escandir_texto()`, podemos aplicar Jumper sobre el texto de poemas contenidos en archivos diferentes, escribiendo los resultados por ejemplo en un único fichero delimitado, para facilitar el análisis de los datos con un programa de tipo hoja de cálculo. El código para hacerlo se muestra no aquí sino en el notebook sobre Jumper en el repositorio GitHub del capítulo. La figura 14 muestra el resultado que se obtiene con ese código, abriendo el fichero de salida con LibreOffice Calc. Se ha usado el mismo corpus de poemas que se usó para Rantanplan en 3.3.2. En el archivo de salida se ha guardado un identificador para el poema (*numPoema*), el número de verso para cada verso, el número de sílabas métricas, la escansión, la escansión sin acentos antirrítmicos, el tipo métrico asignado y la tasa de coincidencia de los acentos métricos detectados con el tipo métrico. Es decir, se han reproducido la mayor parte de las columnas que se muestran en la interfaz gráfica de Jumper.

A	B	C	D	E	F	G	H
numPoema	**numVerso**	**verso**	**numSil**	**escansion**	**escansionSinAnti**	**tipoVerso**	**coincidencia**
1	1	Envuelto en sombras duerme en el misterio	11	2 4 6 10	2 4 6 10	Endecasílabo heroico corto	100
1	2	de la noche plateada el olvidado	11	3 6 10	3 6 10	Endecasílabo melódico puro	100
1	3	parque; glosa la brisa en el salterio	11	1 3 6 10	1 3 6 10	Endecasílabo melódico corto	100
1	4	mágico del frondaje desmayado	11	1 6 10	1 6 10	Endecasílabo enfático puro	100
1	5	leve cantata de sutil pesar.	11	1 4 8 10	1 4 8 10	Endecasílabo sáfico puro pleno	100
1	6	Surco las ondas una azul estela	11	1 4 6 8 10	1 4 6 8 10	Endecasílabo sáfico pleno	100
1	7	que un barco deja sobre el glauco mar.	11	1 2 4 8 10	1 4 8 10	Endecasílabo sáfico puro pleno	90
1	8	Un ave pía con fugaz cautela...	11	1 2 4 8 10	1 4 8 10	Endecasílabo sáfico puro pleno	90
1	9	Es una queja el canto de la fuente	11	1 2 4 6 10	2 4 6 10	Endecasílabo heroico corto	90
1	10	que va evocando mil recuerdos viejos,	11	2 4 6 8 10	2 4 6 8 10	Endecasílabo heroico pleno	100
1	11	mientras sus aguas hacia el cielo miran.	11	4 8 10	4 8 10	Endecasílabo sáfico puro	100
1	12	Y en un espasmo de ansiedad ardiente,	11	2 4 8 10	2 4 8 10	Endecasílabo sáfico largo pleno	100
1	13	se alzan hasta los astros que allá lejos,	11	1 6 9 10	1 6 10	Endecasílabo enfático puro	90
1	14	plenos de amor por su pasión suspiran.	11	1 4 8 10	1 4 8 10	Endecasílabo sáfico puro pleno	100
2	1	Rosas sangrantes sobre el mar desflora	11	1 4 8 10	1 4 8 10	Endecasílabo sáfico puro pleno	100
2	2	el sol que dice adioses en la tarde,	11	2 4 6 10	2 4 6 10	Endecasílabo heroico corto	100
2	3	riman las aguas su canción sonora,	11	1 4 8 10	1 4 8 10	Endecasílabo sáfico puro pleno	100
2	4	bajo nubes de fuego el poniente arde.	11	3 6 9 10	3 6 10	Endecasílabo melódico puro	90
2	5	Vibran las cañas al chocar del viento,	11	1 4 8 10	1 4 8 10	Endecasílabo sáfico puro pleno	100
2	6	formando extraña y triste sinfonía,	11	2 4 6 10	2 4 6 10	Endecasílabo heroico corto	100
2	7	y la palmera altiva en vaivén lento	11	4 6 9 10	4 6 10	Endecasílabo sáfico corto	90

Figura 14. Salida de Jumper para un corpus de poemas obtenida con Python, guardada en formato delimitado y abierta con LibreOffice Calc

4. ANÁLISIS AUTOMÁTICO DE OTRAS CARACTERÍSTICAS MÉTRICAS

4.1. Análisis automático de pausa y encabalgamiento

La existencia de verso presupone la de un discurso fragmentado por pausas. La crítica se ha interesado, aunque más como elemento estilístico que como métrico, por la coincidencia o no entre la pausa versal y la pausa de sentido.

Basándose en los experimentos de Quilis y su definición de encabalgamiento se crea la herramienta ANJA[11] (Martínez Cantón, Ruiz Fabo, González-Blanco y Poibeau, 2017; Martínez Cantón y Ruiz Fabo, 2018; Ruiz Fabo, Martínez Cantón, Poibeau y González-Blanco, 2017), que analiza entre qué versos hay

11 El código está disponible en https://github.com/pruizf/anja , https://doi.org/10.5281/zenodo.10578321

encabalgamiento y de qué tipo son[12], sobre la base de anotaciones gramaticales obtenidas con la librería IXA Pipes (Agerri y Rigau, 2014). Esto permite saber, por inferencia, qué versos son esticomíticos. La herramienta se ha usado para anotar con encabalgamiento el corpus DISCO.

Para esta herramienta se creó un prototipo de interfaz. Esta permite el análisis de poemas sueltos simplemente pegando los versos en una ventana, como puede verse en la figura 15:

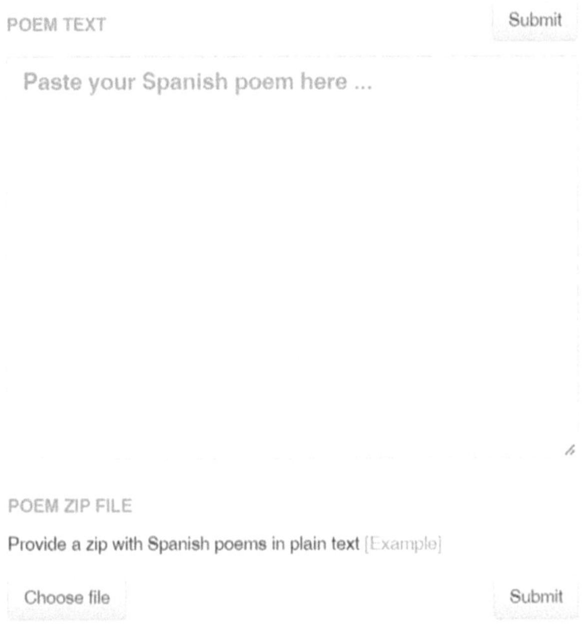

Figura 15. Captura de la herramienta ANJA

La interfaz también permite el análisis de un corpus de varios poemas en texto plano cargando un zip con el corpus y enviándolo[13]. La herramienta

12 Aquí se recoge toda la información sobre este sistema y el acceso a su interfaz: https://sites.google.com/site/spanishenjambment/.

13 En el servidor se ha limitado el número máximo de poemas a 50 (no es una limitación de la herramienta en sí, que en línea de comandos acepta un corpus de tamaño arbitrario, sino de los recursos del servidor de la interfaz).

devuelve resultados en formato delimitado, indicando para cada poema los pares de versos con encabalgamiento y su tipo.

4.2. Análisis automático de la rima

Existen herramientas capaces de detectar y clasificar la rima, tarea sencilla para la rima consonante y que, quizás por este motivo, no ha recibido mucha atención. La tarea en español, sin embargo, es algo más compleja, ya que las particularidades de la rima asonante la complican. En inglés tampoco es una tarea sencilla. No obstante, se ha trabajado en modelos para diferentes lenguas. Con muy buenos resultados encontramos la herramienta RhymeTagger (Plecháč, 2018), que exige, asimismo, el uso de línea de comandos. Este sistema se basa en un algoritmo que aprende automáticamente (sobre una base estadística) a partir de pares de rimas comunes en un corpus, pudiendo usar como entrada la representación ortográfica del texto o una transcripción fonética. Es decir, no funciona por reglas, sino que aprende a determinar si dos palabras riman a partir de las rimas disponibles en un corpus. Su algoritmo, en lugar de buscar coincidencias precisas de sonidos, trabaja con las probabilidades de que dos palabras rimen juntas derivadas de los propios textos analizados. Esto es lo que le permite funcionar para distintas lenguas, sin aplicar un análisis lingüístico específico a cada una de ellas. El método se ha probado en corpus de poesía en siete lenguas diferentes, entre ellos el checo, español, inglés, francés y alemán. Veremos cómo usar la herramienta en la sección 3.3.2.

Para textos en español, Rantanplan también permite anotar rimas, con un método a base de reglas. Como salida, ofrece el esquema rimático (p. ej. *abab*), la rima en sí (la parte de la palabra final que rima) y una indicación sobre el tipo de rima (consonante o asonante). Veremos cómo usar la herramienta en la sección 5.1.

Para el etiquetado de rima en el corpus DISCO, usamos RhymeTagger (el modelo español de RhymeTagger se obtuvo a partir de ese ese corpus además del corpus de Navarro-Colorado et al., 2016). Los resultados de anotación automática de rima han sido útiles para obtener datos cuantitativos sobre la distribución de esquemas rimáticos (Ruiz Fabo et al., 2021, p. i73). La aplicación de la anotación automática también fue útil en el trabajo editorial sobre el corpus, para detectar problemas textuales. Se observaron casos en que RhymeTagger no detecta una rima, no porque esta no exista, sino porque había un error en la fuente que imposibilitaba su detección (p. ej. *corales* transcrito como *colores*, con lo que la herramienta no detecta su rima con *maternales*).

5. EJERCICIO PRÁCTICO DE ANOTACIÓN DE RIMA

5.1. Anotación de rima con Rantanplan

Proponemos la utilización de las herramientas Rantanplan y RhymeTagger para la anotación de la rima.

La herramienta Rantanplan ya he ha visto en el ejercicio 3.3, sobre sus funciones de escansión automática. Usamos aquí la función de análisis de rima. La instalación de Rantanplan y de sus dependencias se ha explicado en 3.3. Damos aquí un ejemplo básico de anotación de rimas. Un notebook[14] con explicaciones adicionales está disponible en el repositorio del capítulo.

Asumiendo que el texto del poema está asignado a un variable `texto_poema`, como se vio para la escansión, el código en (14) proporciona las informaciones de rima:

(14)

```
resultado = get_scansion(texto_poema, rhyme_analysis= True)
for verso in resultado:
    try:
        identificador_rima = verso["rhyme"]
        rima = verso["ending"]
        tipo_rima = verso["rhyme_type"]
        # para sacar la palabra rima
        verso_sin_puntuacion = [token for token in verso["tokens"]
                                if "word" in token]
        palabra_rima = "".join([silaba["syllable"] for silaba
                                 in verso_sin_puntuacion[-1]
                                 ["word"]])
        # mostrar los resultados
        print(f"{identificador_rima}\t{rima}\t" +
              f"{palabra_rima}\t {tipo_rima}")
    except Exception as e:
        print(f"Error: {e}")
```

14 https://github.com/HD-aula-Literatura/III-8-Verso/blob/main/etiquetado-rima-rantanplan.ipynb.

La salida para el código en (14) se ve en (15). Aparte de esta salida básica, el notebook describe cómo formatear la salida de maneras diferentes (p. ej. para añadir el número de verso o mostrar el texto de cada verso).

(15)
```
a ora desflora consonant
b arde tarde consonant
a ora sonora consonant
b arde arde consonant
c ento viento consonant
d ia sinfonía consonant
c ento lento consonant
d ia armonía consonant
e ente lentamente consonant
f anto canto consonant
g ar mar consonant
e ente pausadamente consonant
f anto encanto consonant
g ar llamear consonant
```

La diferencia con respecto al código para escansión es que para obtener la información de rima debemos añadir la opción `rhyme_analysis= True` al aplicar la función `get_scansion()`. Esto va a añadir claves relacionadas con la rima al diccionario de datos devuelto por Rantanplan para cada verso. El código de (14) aprovecha estas claves para mostrar la información de rima, concretamente:

- `rhyme`: Posición del verso dentro del esquema rimático, expresada con una letra minúscula. P. ej. la primera posición se expresa como *a*, la segunda como *b* etc. Para un serventesio, como el del ejemplo, esto daría el esquema *abab*; en la aplicación el esquema rimático de los versos de arte mayor también se expresa con letras minúsculas.
- `ending`: Secuencia ortográfica que expresa la rima.
- `rhyme_type`: Consonante o asonante

La palabra rima no está directamente disponible en los resultados de Rantanplan, pero se puede obtener a partir de estos. El código para hacerlo se ve en (14) y se explica en el repositorio.

5.2. Anotación de rima con RhymeTagger

RhymeTagger tiene un uso sencillo y dos ventajas con respecto a Rantanplan: En primer lugar, es multilingüe. En segundo lugar, no requiere una librería de análisis lingüístico como spaCy. Por el contrario, la salida es más sencilla que la de Rantanplan: RhymeTagger da el esquema rimático pero no las rimas en sí (no las secuencias que constituyen la rima). Explicamos en detalle su funcionamiento en un notebook[15], tanto para etiquetar un poema como un corpus completo. Reproducimos aquí el código básico para usarlo y la salida obtenida; las explicaciones están en el notebook.

Después de instalar la librería con `!pip install rhymetagger` (desde un notebook Jupyter), podemos aplicarla con el código en (16), que asume que el texto del poema ya ha sido asignado como cadena de texto a una variable llamada `texto_poema`, como en los ejemplos anteriores del capítulo. El código se explica en el repositorio, pero el ejemplo (16) muestra que con poco código se pueden obtener resultados con esta herramienta. La salida se da en (17).

(16)
```
from rhymetagger import RhymeTagger
from string import ascii_lowercase

rt = RhymeTagger()
rt.load_model(model ='es')

texto_poema_lista = [linea for linea in texto_poema.split("\n")
                     if linea!= ""]

rimas = rt.tag(texto_poema_lista, output_format= 3)

rimas_letras = [ascii_lowercase[posicion_esquema-1]
                if posicion_esquema is not None
                else "-" for posicion_esquema in rimas]

for indice, verso in enumerate(texto_poema_lista):
    print(f"{indice+1}\t{verso:<40}\t" +
          f"{rimas_letras[indice]}")
```

15 https://github.com/HD-aula-Literatura/III-8-Verso/blob/main/etiquetado-rima-rhymetagger.ipynb.

(17)

```
1 Rosas sangrantes sobre el mar desflora a
2 el sol que dice adioses en la tarde, b
3 riman las aguas su canción sonora, a
4 bajo nubes de fuego el poniente arde. b
5 Vibran las cañas al chocar del viento, c
6 formando extraña y triste sinfonía, d
7 y la palmera altiva en vaivén lento c
8 es una glauca nota de armonía. d
9 Una barca se aleja lentamente, e
10 una estela de luz, un vago canto, f
11 sombras que pasan sobre el quieto mar; g
12 Y las horas se van pausadamente, e
13 mientras vierte la luz su último encanto f
14 en un intenso, pálido llamear. g
```

6. ÚLTIMAS REFLEXIONES

Toda herramienta se basa en unos presupuestos teóricos que determinarán sus resultados. El uso de estos programas puede, además, hacernos cuestionar la teoría métrica que queremos utilizar en nuestro corpus. Así, el camino entre el análisis automático y la métrica teórica es de ida y vuelta, ya que suponen una formalización y una puesta en práctica de la teoría a gran escala, lo que puede implicar un replanteamiento de ciertas categorías.

Además, el análisis automático del verso sirve, en muchas ocasiones, como procedimiento de preparación y corrección del corpus (si encontramos inconsistencias métricas), o incluso para detectar errores en la transmisión de un poema.

En todo caso, de manera general, el análisis métrico automático por medio de estas herramientas nos da acceso en el análisis literario de un autor, época, escuela, etc., a una información muy valiosa que antes era prácticamente inaprensible.

Es posible que dentro de un tiempo contemos con interfaces gráficas sencillas que permitan utilizar este tipo de programas sin tener ningún conocimiento de programación. Mientras esto sucede conviene saber implementar las instrucciones de uso de este tipo de programas con código y línea de comandos. Ello nos abrirá el camino a otros muchos programas que nos interesen.

REFERENCIAS BIBLIOGRÁFICAS

Agerri, R., y Rigau, G. (2014). IXA pipeline: Efficient and Ready to Use Multilingual NLP tools. LREC 2014. Language Resources and Evaluation Conference, 3823–3828

Agirrezabal, M., Alegria, I., y Hulden, M. (2017). A Comparison of Feature-Based and Neural Scansion of Poetry. *RANLP 2017 - Recent Advances in Natural Language Processing Meet Deep Learning*, 18–23. https://doi.org/10.26615/978-954-452-049-6_003

Bermúdez Sabel, H. (2019). As humanidades dixitais e a súa aplicación á variación lingüística na lírica galego-portuguesa. Tesis doctoral, Universidade de Santiago de Compostela. https://dialnet.unirioja.es/servlet/tesis?codigo=221036

Bories, A. S., Ruiz Fabo, P., y Plecháč, P. (2022). The Polite Revolution of Computational Literary Studies. Computational Stylistics in Poetry, Prose, and Drama, 1–18.

De la Rosa, J., Pérez, Á., Hernández, L., Ros, S., y González-Blanco, E. (2020). Rantanplan, fast and accurate syllabification and scansion of spanish poetry. *Procesamiento Del Lenguaje Natural*, (65), 83–90.

Domínguez Caparrós, J. (1990). Métrica y poética en Rubén Darío. In T. Albaladejo, F. J. Blasco Pascual, y R. de la Fuente Ballesteros, *El modernismo: La renovación de los lenguajes poéticos* (pp. 31–46). Universidad de Valladolid. Retrieved from https://dialnet.unirioja.es/servlet/articulo?codigo=553672

Domínguez Caparrós, J. (2002). *Métrica de Cervantes.* Centro Estudios Cervantinos.

Gervás, P. (2000). A Logic Programming Application for the Analysis of Spanish Verse. In J. Lloyd, V. Dahl, U. Furbach, M. Kerber, K.-K. Lau, C. Palamidessi, … P. J. Stuckey (Eds.), *Computational Logic—CL 2000* (pp. 1330–1344). Springer. https://doi.org/10.1007/3-540-44957-4_89

Gómez Bravo, A. M. (1998). *Repertorio métrico de la poesía cancioneril del siglo XV.* Universidad de Alcalá. Retrieved from https://dialnet.unirioja.es/servlet/libro?codigo=195165

Honnibal, M., Montani, I., Van Landeghem, S., y Boyd, A. (2020). spaCy: Industrial-strength Natural Language Processing in Python. 10.5281/zenodo.1212303

Hrushovski, B. (1960). On free rhythms in modern poetry. En T. A. Sebeok (Ed.), *Style in language* (pp. 173–190).

Jakobson, R. (1975). *Ensayos de lingüística general.* Seix Barral.

Jauralde Pou, P. (2020). *Métrica española.* Cátedra.

Logan, H. M. (1988). Computer Analysis of Sound and Meter in Poetry. *College Literature, 15*(1), 19–24.

Marco, G., De La Rosa, J., Gonzalo, J., Ros, S., y González-Blanco, E. (2021). Automated Metric Analysis of Spanish Poetry: Two Complementary Approaches. *IEEE Access*, (9), 51734–51746. https://doi.org/10.1109/ACCESS.2021.3069635

Marco, G., y Gonzalo, J. (2021). Escansión automática de poesía española sin silabación. *Procesamiento del lenguaje natural*, (66), 77–87.

Martínez Cantón, C., Ruiz Fabo, P., González-Blanco, E., y Poibeau, T. (2017, October). *Automatic Enjambment Detection as a New Source of Evidence in Spanish Versification*. Presented at the Plotting Poetry / Machiner la poésie, Basel. Retrieved from https://zenodo.org/record/1006765

Martínez Cantón, Clara I., y Ruiz Fabo, P. (2018). *ANJA, ¿dónde están los encabalgamientos?* Presented at the DH-2018, Ciudad de México, México.

Martínez Cantón, Clara Isabel. (2011). *Métrica y poética de Antonio Colinas.* Padilla Libros Editores & Libreros.

Navarro-Colorado, B., Ribes Lafoz, M., y Sánchez, N. (2016). Metrical annotation of a large corpus of Spanish sonnets: Representation, scansion and evaluation. *Proceedings of the Tenth International Conference on Language Resources and Evaluation (LREC'16)*, 4360–4364. https://aclanthology.org/L16-1691/

Navarro-Colorado, B. (2017). A metrical scansion system for fixed-metre Spanish poetry. *Digital Scholarship in the Humanities.* https://doi.org/10.1093/llc/fqx009

Newman, M. (1986). Poetry processing. *Byte Mag, 11*(2), 224–225.

Plecháč, P. (2018). A Collocation-Driven Method of Discovering Rhymes (in Czech, English, and French Poetry). En M. Fidler y V. Cvrček (Eds.), *Taming the Corpus: From Inflection and Lexis to Interpretation* (pp. 79–95). Springer International Publishing. https://doi.org/10.1007/978-3-319-98017-1_5

Plecháč, P. (2021). *Versification and Authorship Attribution.* Charles University in Prague, Karolinum Press.

Plecháč, P., Scherr, B. P., Skulacheva, T., Bermúdez-Sabel, H., y Kolár, R. (2019). *Quantitative Approaches to Versification.* Institute of Czech Literature of the Czech Academy of Sciences.

Ruiz Fabo, P., Martínez Cantón, C., Poibeau, T., y González-Blanco, E. (2017). Enjambment Detection in a Large Diachronic Corpus of Spanish Sonnets. *Proceedings of the Joint SIGHUM Workshop on Computational Linguistics for Cultural Heritage, Social Sciences, Humanities and Literature*, 27–32. Retrieved from http://www.aclweb.org/anthology/W17-2204

Ruiz Fabo, P., Bermúdez Sabel, H., Martínez Cantón, C., y González-Blanco, E. (2021). The Diachronic Spanish Sonnet Corpus: TEI y linked open data encoding, data distribution, y metrical findings. *Digital Scholarship in the Humanities, 36*(Supplement_1), i68–i80. https://doi.org/10.1093/llc/fqaa035

Sanz-Lázaro, F. (2022). *LibEscansión* (version 1.0.0). https://github.com/fsanzl/libescansion

Sanz-Lázaro, F. (2023). Del fonema al verso: Caja de herramientas digital para el análisis del metro. En *XXIII. Deutscher Hispanistentag: Tagungsband / Libro de resúmenes* (Version of record, pp. 238–239). University of Graz. https://unipub.uni-graz.at/obvugrveroeff/content/titleinfo/8389514

Šeļa, A., Plecháč, P., y Lassche, A. (2022). Semantics of European poetry is shaped by conservative forces: The relationship between poetic meter and meaning in accentual-syllabic verse. *PloS One, 17*(4), e0266556.

Utrera Torremocha, M. V. (2001). *Historia y teoría del verso libre.* Padilla Libros.

Ideas prácticas para la aplicación de HD en la enseñanza de la literatura

Autonomía y control: Minimal Computing como propuesta pedagógica para las humanidades digitales

Susanna ALLÉS TORRENT

University of Miami
susanna_alles@miami.edu
https://orcid.org/0000-0002-3616-2285

Gimena DEL RIO RIANDE

CONICET
gdelrio.riande@gmail.com
https://orcid.org/0000-0002-8997-5415

Resumen: En este capítulo ofrecemos una propuesta pedagógica basada en nuestra experiencia con tecnologías digitales comúnmente denominadas como *Minimal Computing*. En este caso, ilustraremos este abordaje en la enseñanza de la edición filológica digital. Desde nuestro punto de vista, el uso de una infraestructura informática basada en la instalación de paquetes y dependencias, manejo de línea de comandos y trabajo con repositorios y construcción de sitios web estáticos, exhortan a los estudiantes e investigadores en cualquier lugar del mundo a pensar su quehacer como humanistas digitales de forma completa y autónoma, sin depender de plataformas ajenas o servidores a la hora de comenzar sus proyectos de investigación. Nuestro desafío es, por un lado, acompañar efectivamente a los estudiantes en sus proyectos con Minimal Computing, ya que la curva de aprendizaje es alta, así como proponerles de manera efectiva la construcción de unas humanidades digitales más abiertas, equitativas y globales que se basan en el uso de tecnologías de código abierto, para promover el control o gobernanza sobre los datos, la autonomía de trabajo sobre desarrollos prediseñados y la replicabilidad de la investigación.

Palabras clave: Minimal Computing. Edición filológica digital. Tecnología *open source*. Estándares. Autonomía

"What I cannot create, I do not understand."
Richard Feynman

1. INTRODUCCIÓN A LA MINIMAL COMPUTING EN LAS HUMANIDADES DIGITALES[1]

En el año 2015 se formó el grupo de trabajo sobre Minimal Computing (Minimal Computing Working Group) como parte de las iniciativas de Global Outlook Digital Humanities (GO:: DH)[2]. La conformación de este grupo de trabajo resultó en un giro pragmático fundamental para los objetivos teóricos de GO:: DH, que había planteado desde su fundación, en el año 2013, el debate sobre unas humanidades digitales (HD) globales y más equitativas en el seno de la Alliance for the Digital Humanities Organizations (ADHO), consorcio que nuclea a diferentes asociaciones de humanidades digitales, en su mayoría, del Norte Global[3] (O'Donnell et al., 2016).

Este grupo de GO:: DH estaba compuesto por investigadores, profesores y bibliotecarios radicados principalmente en los Estados Unidos de Norteamérica y su discurso y propuestas eran la consecuencia esperable al contexto de ese entonces en las HD, caracterizado por el surgimiento de proyectos que desarrollaban contenido e infraestructuras digitales y luego las ponían en abierto para uso de la comunidad. Tapor[4], Omeka[5], o los extintos Juxta Commons[6],

1 Aunque recientemente el término *Minimal Computing* ha sido trasladado al español con la traducción literal *computación mínima* (Fernández et al., 2022), en nuestro capítulo usaremos el término en inglés ya que creemos que, por el momento, no existe una etiqueta en español que dé cabal cuenta de este abordaje. Como se verá en este apartado, preferimos explicar y describir el abordaje de Minimal Computing desde su historia y sus componentes y, más adelante, con algunos ejemplos de uso en el aula.

2 Sitio web del grupo de trabajo Minimal Computing de Global Outlook Digital Humanities (GO:: DH): http://go-dh.github.io/mincomp/about/.

3 Sitio web de la ADHO: https://adho.org/.

4 Sitio web de Tapor: https://tapor.ca/.

5 Sitio web de Omeka: https://omeka.org/.

6 Juxta Commons es un software para la colación de variantes textuales, desarrollado en el marco del grupo NINES (Nineteenth-century Scholarship Online). Algunos datos sobre este están disponibles en: http://pedagogy-toolkit.org/tools/Juxta.html.

Bamboo/DiRT[7]o DH Press[8] son buen ejemplo de este tipo de infraestructuras que necesitaban de grandes equipos de investigación y desarrollo, abultada financiación, espacio físico en servidores, constante mantenimiento y adopción y uso por parte de la comunidad de humanistas digitales. En este sentido, algunos años antes investigadores como Joris Van Zundert (2012) habían ya publicado algunas reflexiones sobre las infraestructuras a gran escala de las HD.

En abierta contraposición a estas grandes infraestructuras, complejas y difíciles de sostener en el tiempo, el grupo sobre Minimal Computing definió entonces su propuesta como la de la "computación realizada bajo algunas limitaciones tecnológicas"[9]. Estas limitaciones tecnológicas se relacionaron, en primera instancia, con la dificultad en el acceso a internet o a hardware, de parte de investigadores en países con menor desarrollo tecnológico o con una economía débil. Sin embargo, rápidamente estudiantes y pequeños grupos de investigación que habían desarrollado un proyecto digital pero se encontraban sin forma de seguir financiando sus sitios web, o de mantener un desarrollo tecnológico puntual, comenzaron a sentirse interpelados por las ventajas en el uso de infraestructuras digitales más acotadas, personalizadas y de fácil mantenimiento y bajo costo. Así, la pregunta "¿Qué se necesita?", formulada por Gil y Ortega (2016) a la hora de concebir y empezar un proyecto de HD, alteró la idea de limitación tecnológica hacia otra aproximación que fuera aplicable en múltiples contextos, siempre con un mismo común denominador: un enfoque plausible de ser compartido a escala global, aunque adaptable localmente en términos de elección o necesidad (Viglianti et al., 2022).

Por nombrar unos poquísimos ejemplos que se definen como Minimal Computing, más allá de los que más adelante referiremos, nos gustaría mencionar el proyecto *DH in Prison*, desarrollado por Sabina Pringle en el marco de su tesis de maestría, para trabajar con estudiantes en contextos de encierro[10], la edición

7 Información sobre Bamboo/DiRT: https://digitalresearchtools.pbworks.com/w/page/17801672/FrontPage. A este propósito, su desarrolladora, Quinn Dombrowski (2014), escribió una pieza fundamental que reflexiona sobre los problemas de sostenibilidad de las infraestructuras de humanidades digitales.

8 Sitio web de DHPress: https://digitalinnovation.web.unc.edu/projects/dhpress.

9 La definición en inglés lee así: "Computing done under some set of significant constraints of hardware, software, education, network capacity, power, or other factors" (http://go-dh.github.io/mincomp/about/). Véase también sobre el tema la introducción al número especial sobre Minimal Computing de Risam y Gil (2022).

10 Sitio web del proyecto *DH in Prison*: https://binipringle.github.io/dh-in-prison/. Esta iniciativa pedagógica, tal y como se indica en el sitio, tuvo un doble propósito. Por

digital de las obras de la filósofa Margaret Cavendish, desarrollada en un editatón colaborativo en la Universidad de Kansas[11], o el *Archivo Crítico Digital de la Dama Boba*, de Celio Hernández Tornero[12], también como parte esencial de su trabajo doctoral. A pesar de ser proyectos muy diferentes, los dos primeros usaron el entorno para ediciones mínimas Ed[13], basado en el generador de sitios web estáticos Jekyll[14], del que más adelante hablaremos, mientras que el tercero presenta una colección digital en el entorno Wax[15]. En todos los casos, la publicación de los sitios se hizo vía GitHub[16] y GitHub pages[17].

Quienes escribimos estas líneas creemos que la Minimal Computing puede entenderse como un conjunto de principios y tecnologías de código abierto que permiten capacitar a los estudiantes e investigadores para trabajar de manera autónoma y tener más control sobre el futuro de sus propios proyectos. Por ello, antes de continuar con la propuesta pedagógica de este capítulo, juzgamos importante

---

un lado, proporcionar a los estudiantes encarcelados herramientas para participar en proyectos de Humanidades y, por otro lado, aprender habilidades digitales que ayudarían a los alumnos a encontrar empleo en un futuro en libertad. La parte técnica del curso cubrió una introducción al uso de la línea de comandos, el control de versiones, los lenguajes de marcado HTML y CSS, el montado del entorno Jekyll, y el uso del lenguaje de programación Python.

11 Sitio web del proyecto: https://cavendish-ppo.ku.edu/.

12 Sitio web del proyecto: https://celioht.github.io/damaboba/.

13 Sitio web de Ed: https://minicomp.github.io/ed/.

14 Sitio web de Jekyll: https://jekyllrb.com/.

15 Sitio web de Wax: https://minicomp.github.io/wax/

16 Cabe decir que GitHub es uno de los recursos más usados en los proyectos de Minimal Computing para oficiar de repositorio de datos y documentación de un proyecto. En pocas palabras, GitHub es una plataforma de código abierto que aloja repositorios de código, donde se pueden crear proyectos abiertos. La plataforma nació como un espacio para que los desarrolladores compartieran el código de sus aplicaciones y herramientas, pero rápidamente se extendió a espacios académicos o a su uso como repositorio personal. El código de los proyectos que se pone en abierto puede ser descargado y revisado por cualquier usuario de la plataforma, lo que ayuda a mejorarlos y reproducirlos, al poder ejecutar operaciones de ramificación o clonación de los repositorios. GitHub se caracteriza también por permitir el trabajo colaborativo.

17 GitHub Pages, https://pages.github.com/, es un servicio de GitHub que permite alojar proyectos y mostrarlos en una página web estática sin necesidad de pagar por hosting o tener conocimientos sobre servidores. Sobre el funcionamiento de los sitios web estáticos, hablaremos más adelante.

no buscar traducciones literales del inglés al español[18], sino una definición extendida de la etiqueta Minimal Computing[19].

Por un lado, es importante resaltar que el término *minimal* no hace referencia a lo pequeño, poco o a lo simple en el aprendizaje o la destreza técnica, sino a las características de arquitectura de software, la infraestructura de hardware, y el mantenimiento a largo plazo de los proyectos de investigación. En un proyecto de Minimal Computing no necesitamos un ordenador de alta gama, tampoco de acceso constante a internet o a hosting y servidores[20]. Asimismo, la gestión de los datos puede realizarse desde un repositorio local o en la nube, como veremos más adelante, y este puede tener las características de un pequeño repositorio de carácter personal o compartido, como los que ofrece GitHub o, en menor medida, GitLab. En definitiva, para crear un proyecto digital con Minimal Computing no se requiere de una gran cantidad de recursos. Esta escasa necesidad de recursos materiales y de procesamiento y almacenamiento redunda en una mejor accesibilidad y una mayor estabilidad para conexiones con acceso limitado, además, de favorecer la autogestión de todos los elementos de un proyecto HD, en tanto que datos contenidos en un repositorio y su formato web. En segundo lugar, *minimal* atiende a la posibilidad de generar una publicación en formato web de tipo estático[21], con un diseño simple, donde se dispone de forma concisa de la información que allí se aloja. En tercer lugar, *minimal* se relaciona con el uso de tecnologías de código abierto u *open source*, es decir, con software que da acceso a su código fuente para promover la

---

18 Isasi y Rojas (2021) han publicado un interesante trabajo sobre la dificultad de la traducción del inglés a otras lenguas en el campo de las HD.

19 Una pieza interesante que dialoga con nuestra definición, son las "Minimal definitions" de Jentery Sayers, accesibles desde: https://jntry.work/mindefinitions/.

20 Sumariamente, en un servidor intervienen hardware y software para el almacenamiento y procesamiento de datos que conforman un sitio web. Dicho servidor establece comunicación a través de diversos protocolos de Internet con un cliente, comúnmente conocido como navegador, para hacer posible la consulta de la página.

21 En un sitio web estático el código fuente y las páginas del sitio se encuentran fijas, es decir, tal como fue diseñada y almacenada en un repositorio, y así las recibe el navegador y las ve el usuario. Una página web estática está compuesta por archivos HTML individuales por cada página que son pregenerados y presentados al usuario a través del navegador de la misma forma. En un sitio estático las páginas existen como archivos individuales, mientras que en un sitio dinámico se generan en función de la demanda del usuario.

colaboración abierta en beneficio de una comunidad (Levine y Prietula, 2014). Finalmente, la noción de *minimal* puede aplicarse al aprendizaje de estándares de código abierto que sirven para interactuar con la mayor parte de los objetos web, como los lenguajes de marcado TEI-XML[22], markdown[23], HTML[24], CSS[25], y a la comunicación directa con el ordenador a partir de la línea de comandos[26]. Es decir, se trata, en algún punto, de un retorno a las tecnologías de base ("going back to the basics"; Pop, 2017, p. 84), de trabajar con lenguajes de marcado y de comunicación directa con el ordenador a través de la línea de comandos, en un alejamiento consciente de la llamada *plataformización*, o el uso de plataformas prediseñadas, en este caso, para la investigación y la enseñanza[27]. En esta última definición, *minimal* no hace referencia a los contenidos que deben asimilarse antes de trabajar con toda esta serie de tecnologías y recursos abiertos[28]. La curva de aprendizaje inicial de uso de estos es algo elevada, pero resulta

22 TEI, o Text Encoding Initiative, es un sistema de marcado para textos de Humanidades y Ciencias Sociales. Este marcado es de naturaleza modular y se expresa a través del lenguaje estándar web XML, o Extensible Markup Language. Nos referiremos a este y especificaremos su uso más adelante. El sitio web de la TEI con información sobre el consorcio, herramientas, proyectos y novedades se encuentra en: https://tei-c.org/.

23 Markdown es un lenguaje de marcado ligero creado por el desaparecido activista de Internet y el Acceso Abierto Aaron Swartz y John Gruber que busca la máxima legibilidad y facilidad de publicación. Nótese el juego de palabras entre markup y markdown que, de alguna manera, apela a su simplicidad.

24 HTML, o Hypertext Markup Language (lenguaje de marcado hipertextual), se utiliza para estructurar y desplegar una página web y sus contenidos en el navegador.

25 CSS, o Cascading Style Sheets (hojas de estilo en cascada) es el lenguaje que da y estructura el diseño y la presentación de una página web.

26 La línea de comandos (en inglés, command-line interface, o, por sus siglas, CLI) es un tipo de interfaz de usuario que, en cualquier sistema operativo, permite a los usuarios dar instrucciones a algún programa informático o al mismo sistema operativo por medio de una línea de texto simple.

27 Plataformización o *cajanegrización* son términos que se han acuñado para dar cuenta de la opacidad de gran parte de los objetos web con los que interactuamos. En palabras de Bruno Latour, esta *cajanegrización* es: "el camino mediante el cual el trabajo científico o técnico se vuelve invisible a causa de su propio éxito. Cuando una máquina funciona eficientemente o un hecho está establecido con firmeza, uno sólo necesita concentrarse en los beneficios que genere y no en su complejidad interior. Así, paradójicamente, sucede que la ciencia y la tecnología cuanto más éxito obtienen más opacas se vuelven" (Latour, 2001, p. 362).

28 Una justificación de la relación entre Minimal Computing y Ciencia Abierta en Viglianti et al. (2022).

un insumo básico que puede replicarse más tarde en diferentes contextos de investigación. Por ejemplo, el conocimiento de lenguajes de marcado es aplicable no a una plataforma o software específico sino a la mayoría de los objetos web. Además, un entorno de Minimal Computing puede funcionar no solo a los fines de un proyecto particular, sino que su estructura puede, en parte, copiarse, replicarse —mejor dicho, clonarse— en un proyecto de características similares[29].

En lo que sigue, nos centraremos en las características de la Minimal Computing en entornos de aprendizaje de edición filológica digital.

2. MINIMAL COMPUTING: ¿UNA SOLUCIÓN PARA LA ENSEÑANZA DE LA EDICIÓN FILOLÓGICA DIGITAL?

No es errado afirmar que, si la edición de textos es "without doubt one of the oldest scholarly activities within the Humanities" (Pierazzo, 2016, p. 41), las ediciones digitales filológicas están en el canon o núcleo duro de las HD (Earhart, 2012)[30]. Aunque no todos los filólogos, editores o expertos en crítica textual coinciden en una única definición de edición filológica digital, la mayoría reconoce sus características y objetivos (Allés Torrent, 2020; Sahle, 2016; Bleier et al., 2018). Entre estos se encuentra el uso de recomendaciones específicas (MLA, 2011) y estándares abiertos, como el desarrollado por la Text Encoding Initiative (TEI) para la codificación de textos de las Humanidades y las Ciencias Sociales basado en el eXtensible Markup Language (XML), así como otros utilizados para la transformación y publicación de textos, como XQuery o XSLT[31], o los ya mencionados HTML y CSS (Allés Torrent, 2015).

29 Remitimos aquí a su definición en GitHub: https://docs.github.com/es/repositories/creating-and-managing-repositories/cloning-a-repository.

30 Notamos aquí que la traducción literal del inglés *Digital Scholarly Edition* al español como *edición digital académica* es confusa para el campo, ya que en América Latina esta etiqueta sirve para nombrar la edición científica de revistas de investigación. Juzgamos más acertado traducir la voz *scholarly* como *filológica*, entendiendo la labor que se realiza sobre el texto en el campo de la edición de textos, que casi siempre está ligada bien a los estudios de Crítica Textual o Ecdótica, o a los abordajes de la Crítica Genética.

31 La documentación sobre estos dos lenguajes se encuentra en línea: para XQuery, véase https://www.w3.org/XML/Query/, para eXtensible Stylesheet Language Transformations (XSLT), https://www.w3.org/Style/XSL/.

Sin embargo, y en primer lugar, hemos de destacar que las ediciones filológicas digitales no siempre han sido entendidas como objetos abiertos. Aunque es una práctica común poner en abierto a partir de repositorios como GitHub las fichas codificadas en TEI, el debate sobre cómo deben estructurarse las ediciones filológicas digitales para que sean verdaderamente abiertas apenas ha comenzado. Bodard y Garcés (2009) plantearon esta cuestión cuando afirmaron que, de forma análoga al movimiento del software de código abierto, las ediciones académicas digitales —que ellos denominan "Open Source Critical Editions"— deberían tener licencia para su reutilización, incluyendo todas las fuentes, datos, métodos y software, algo que Hannesschläger (2019) también ha estudiado recientemente, al revisar las posibles licencias Creative Commons apropiadas para las ediciones filológicas digitales con TEI. En segundo lugar, no es un dato menor el hecho de que dominar con precisión cada uno de los pasos que conforman el flujo de trabajo completo para crear ediciones digitales —desde la codificación hasta la publicación— es dificultoso y muchas veces frustrante, especialmente cuando el editor trabaja solo o no tiene acceso a un apoyo informático. Este reto en la producción de ediciones filológicas digitales ha llevado a la creación y la adopción de herramientas específicas que hacen que el producto final se ajuste a modelos prediseñados, muchas veces imposibles de personalizar[32] (Allés Torrent, 2020, pp. 78–81; Burnard et al., 2006; Pierazzo, 2015), que pueden bien dialogar con el problema de la *plataformización* antes mencionado. Asimismo, la mayor parte de estas soluciones dan por sentado que quien está trabajando en una edición digital tiene acceso a servidores de forma permanente, y sin embargo esta situación no es la más habitual en el mundo académico, donde además del elemento presupuestario se suman cuestiones de seguridad informática en servidores institucionales o externos. Finalmente, cabe mencionar que el software más utilizado para la creación de una edición digital de textos es de tipo propietario y se adquiere mediante el pago de una licencia anual que no siempre es costeable por estudiantes o investigadores de países con menor desarrollo económico. En este sentido es que queremos subrayar que toda decisión técnica, especialmente en cuanto a la selección de plataformas, también posee implicaciones que van más allá de los resultados

32 Algunos ejemplos son TEI Boilerplate, Edition Visualization Technology (EVT), Versioning Machine, TextGrid, Ediarium, eLaborate. Aún así, como decíamos, estas infraestructuras no siempre son lo suficientemente flexibles y muchas veces resultan imposibles de utilizar por parte de estudiantes o investigadores con pocos conocimientos técnicos.

de investigación. Se trata de implicaciones técnicas, tecnológicas y éticas. Por ello, la selección, justificación y documentación de la tecnología en su sentido más amplio (desde lenguajes de codificación y programación, infraestructura y arquitectura, diseño, etc.) constituyen una cuestión central de la reflexión académica en la investigación y enseñanza de las HD.

En España, y a consecuencia de la importancia del campo de la edición filológica de textos y la Crítica Textual[33], encontramos un temprano interés en la producción de ediciones filológicas digitales por parte de estudiosos interesados en textos hispánicos medievales y del Siglo de Oro[34], que hoy en día siguen dominando el escenario[35] (Allés Torrent, 2017). Desde la perspectiva latinoamericana, el campo de la edición filológica digital se percibe como dominado por normas y tecnologías que aún no son familiares o costeables para los investigadores[36]; por ende, no es sorprendente que estos métodos se describan típicamente en el contexto de proyectos anglófonos (Allés Torrent y Del Rio Riande, 2020). De hecho, más allá de algunos proyectos e iniciativas muy específicos, los recursos multilingües relacionados con las ediciones académicas digitales, como los tutoriales, el software, los libros y los artículos, suelen ser difíciles de encontrar en otros idiomas que no sean el inglés[37]. Aún así, en los últimos años han surgido iniciativas de enseñanza de edición filológica digital en el ámbito hispanoamericano de posgrado. El Laboratorio de Innovación en

33 Como es sabido, la publicación del *Manual de Crítica Textual* de Alberto Blecua en 1983 marcó un antes y un después en el campo de la edición de textos en España. Véase, para el estudio de la relación de la edición crítica en España con las HD, Allés Torrent (2020).

34 El *Quijote Interactivo* de la Biblioteca Nacional de España (consulta realizada desde: https://www.bne.es/es/colecciones/cervantes), es un buen ejemplo de este temprano interés por el formato digital para las obras fundamentales de la Literatura Española. Véase Allés Torrent (2017) sobre edición digital y Siglo de Oro.

35 Grandes proyectos como *Prolope* (http://prolope.uab.cat/) o *ArteLope* (https://artelope.uv.es/) dan buena cuenta de ello por su largo recorrido y su sólida financiación estatal.

36 El uso extendido de software propietario para la mayor parte del trabajo editorial se percibe como una barrera para extender la práctica editorial digital (Del Rio Riande, 2017).

37 Para superar esta barrera, las autoras de este trabajo inauguraron el proyecto TThub o Text Technologies Hub, un espacio colaborativo donde pueden consultarse materiales educativos y recursos de investigación sobre tecnologías del texto y edición digital en español, con especial atención a la Text Encoding Initiative (TEI). Véase: https://tthub.io/.

Humanidades Digitales (LINHD), de la Universidad Nacional de Educación a Distancia (UNED), es desde 2014 la única institución con una oferta académica continua de cursos de HD en la que se destaca el Máster Universitario en Humanidades Digitales que ofrece una formación completa en edición digital con XML-TEI[38]. La Universidad Internacional de La Rioja (UNIR) inauguró, en 2020, una maestría en humanidades digitales, que incluye un módulo en edición digital[39]. Y finalmente, la Diplomatura en Humanidades Digitales de la Universidad de Ciencias Empresariales y Sociales (UCES) de Argentina también ofrece una asignatura dedicada a la codificación digital con XML-TEI[40].

En nuestro rol de profesoras de la Maestría de la UNED y la Diplomatura de la UCES hemos experimentado cómo los alumnos muchas veces se sienten frustrados a la hora de trabajar con plataformas o infraestructuras prediseñadas, encontrar barreras monetarias y administrativas para acceder a espacio en servidores comerciales o institucionales, o a la hora de no poder renovar las costosas licencias que al cabo de un año no les permiten seguir elaborando un proyecto de edición digital. Es desde este lugar, complejo y lleno de contradicciones, que nos preguntamos ¿cómo enseñar entonces las metodologías y prácticas de la edición filológica digital en el aula?[41].

Como se verá en los casos de uso que traemos para este capítulo, nos hemos centrado en la creación de sitios o ediciones llevadas a cabo con los principios de Minimal Computing o *ediciones mínimas* donde pueden intervenir todos o

38 Esta formación forma parte del título propio "Máster universitario en Humanidades Digitales" ofrecido por la UNED; los módulos que conciernen XML-TEI son, por un lado, "Módulo de introducción a la edición digital de textos: Marcado y etiquetado TEI I", https://linhd.uned.es/marcado-etiquetado-tei-i/ y "Marcado y Etiquetado TEI II: XSLT, XPATH, XQUERY (Transformaciones)".

39 Más información sobre esta maestría y la asignatura "Edición Digital de Textos" puede encontrarse en: https://www.unir.net/humanidades/master-humanidades-digitales/.

40 La Diplomatura en Humanidades Digitales de la UCES se dicta desde el año 2020 y brinda un módulo de un mes dedicado por completo a la codificación de textos en TEI. Más información en: https://www.uces.edu.ar/carreras-escuela-negocios/gestion-del-talento-humano/diplomatura-humanidades-digitales.

41 Avanzamos otras reflexiones sobre el tema en Allés Torrent y Del Rio Riande (2018).

algunos de los lenguajes de marcado y recursos: TEI, Markdown, HTML, CSS, JavaScript[42], YAML[43], Liquid[44], GitHub y GitHub Pages.

Estas tecnologías son las que utiliza precisamente Jekyll[45], un generador de páginas estáticas, cuya lógica consiste en transformar los documentos escritos en Markdown en documentos HTML a partir de una serie de plantillas (CSS, Javascript). La gran ventaja de Jekyll es que no necesita ninguna base de datos que genere las páginas (a diferencia de los CMS más conocidos como Wordpress) y que estas son almacenables en un servidor básico compatible con GitHub y el servicio de GitHub Pages[46].

Pues bien, el uso extendido que se empezó a hacer de Jekyll, llevó a la idea de crear una plantilla que respondiera a un modelo sencillo de edición digital. Fue así, que, en 2015, un equipo encabezado por Alex Gil creó Ed[47], una plantilla concebida para proyectos editoriales simples y con un claro componente pedagógico. Así pues, en el contexto de enseñanza, una de las grandes ventajas de Ed es que los alumnos aprenden a trabajar de manera colaborativa en un repositorio de GitHub y que utilizan GitHub Pages como servidor, pudiendo así publicar digitalmente y en abierto los resultados de su edición digital.

La curva de aprendizaje relacionada con la instalación de dependencias, manejo de la línea de comandos y uso de lenguajes de marcado puede ser

---

42 JavaScript es un lenguaje de secuencias de comandos que permite crear contenido dinámico en la web.

43 YAML (http://www.yaml.de/) es un formato de datos legible por humanos inspirado en lenguajes como XML, C, Python o Perl.

44 Liquid es el lenguaje para el procesamiento de plantillas que usa Jekyll.

45 Toda la documentación sobre este, https://jekyllrb.com/.

46 De hecho, Jekyll es la tecnología utilizada por GitHub Pages para generar y hospedar los sitios web a partir de los repositorios de GitHub. Jekyll ofrece una plantilla simple por defecto que puede ser modificada según las necesidades de cada proyecto. A modo de ejemplo, véase, https://susannalles.github.io/JekyllDemo/. Existen múltiples sitios que ofrecen temas o plantillas diferentes, tales como: http://jekyllthemes.org/.

47 Ed es una plantilla libre y gratuita que permite la elaboración de ediciones digitales con GitHub y GitHub Pages y que favorece la manipulación y creación de diferentes tipologías textuales como prosa, teatro, poesía. La plantilla viene acompañada de una detallada documentación, disponible en: https://minicomp.github.io/ed/, que explica todos los pasos de instalación y de personalización del sitio. Un tutorial detallado del funcionamiento de Jekyll se tradujo desde el HD Lab de CONICET y se publicó en el *Programming Historian en español*, https://programminghistorian.org/es/lecciones/sitios-estaticos-con-jekyll-y-github-pages.

desalentadora para los estudiantes o investigadores completamente neófitos. Este pico de dificultad es justamente en la fase inicial, cuando se instalan los requerimientos necesarios en las máquinas personales. No obstante, una vez configurado el entorno de trabajo, su funcionamiento es realmente simple. La Minimal Computing requiere de una inversión inicial de tiempo alta para conseguir comprender el armado del sitio web y sus componentes, dominar lenguajes de comando y de marcado, y poner todos estos elementos en diálogo, pero ofrece a cambio la posibilidad de controlar de principio a fin el derrotero de los datos con los que trabajamos (por ejemplo, archivos en marcado XML-TEI, archivos XSL, etc.) y autonomizar el trabajo de edición sin depender de plataformas o servidores.

3. DOS EJEMPLOS DE APLICACIÓN DIDÁCTICA DE LA MINIMAL COMPUTING EN EL AULA DE HUMANIDADES DIGITALES

En esta sección ilustraremos lo hasta aquí explicado con dos casos prácticos de proyectos que hemos llevado a cabo en el aula de humanidades digitales. Por un lado, una experiencia docente realizada de forma presencial en la Universidad de Columbia en el año 2016, que dio lugar a una edición colaborativa del *Lazarillo de Tormes*[48] y, por otro lado, las producciones de los estudiantes del curso "Humanidades Digitales: Ediciones digitales con Minimal Computing", llevado a cabo como parte del programa Global Classrooms (Universidad de Maryland-Universidad del Salvador-CONICET) en su edición del año 2020[49].

3.1. El Minilazarillo

Uno de los primeros experimentos en el aula basados en principios mínimos que llevamos a cabo tuvo lugar durante un curso de grado en la Universidad de Columbia titulado "Creación de una edición mínima: del manuscrito a la web", liderado por una de las autoras de este capítulo, Susanna Allés Torrent, y Alex Gil[50]. A lo largo de 27 sesiones de una hora y media cada una se abordó la

48 Sitio del Minilazarillo: http://minilazarillo.github.io/. Una reseña del proyecto en: Del Rio Riande (2020).

49 Sitio del curso con acceso a las ediciones digitales de los alumnos: https://mith.umd.edu/minimaldigipub/es/.

50 El programa concebido para este curso puede encontrarse en: https://github.com/susannalles/MinimalEditions/blob/master/README.md.

edición filológica digital de un texto central para la literatura española en una universidad estadounidense y con alumnos, en su mayoría, anglófonos.

El objetivo principal del curso consistió en introducir a los estudiantes a la Crítica Textual, en general, y a la edición filológica digital, en particular (Fraistat y Flanders, 2013). Como objetivos generales de aprendizaje, buscamos que nuestros estudiantes pudieran participar en un auténtico proyecto de investigación y edición, siendo parte de todos los pasos del proceso y tomando conciencia de los desafíos y oportunidades del medio digital para la investigación y edición académica. La idea principal, pues, consistió en aplicar diferentes métodos y tecnologías, comprender el valor de los estándares así como el modelado y la transformación de datos desde una perspectiva tanto teórica como práctica (Rehbein y Fritze, 2012). Como resultado "técnico", se buscó ofrecer las habilidades básicas para trabajar de forma independiente en varios lenguajes (XML-TEI, HTML y CSS, XSLT, Markdown, Liquid, JavaScript), y conocimientos básicos de infraestructura (Jekyll, GitHub, GitHub pages). Además, debido a que este curso también estaba destinado a estudiantes de español, este programa les permitió mejorar sus habilidades en español mientras aprendían sobre HD y edición digital.

Para llevar a cabo el proyecto, pues, se utilizó Ed, la plantilla para ediciones mínimas que presentamos anteriormente y nos propusimos llevar a cabo una edición académica digital a pequeña escala del *Lazarillo de Tormes* (siglo XVI). El curso se concibió como una combinación entre investigación colaborativa y diseño en humanidades digitales. En todos los pasos del proceso, los instructores y los estudiantes trabajaron juntos para completar la edición digital. El curso se dividió en sesiones teóricas y prácticas y fue una oportunidad para que los estudiantes se familiarizaran con las ideas centrales de la crítica textual, mientras se enfocaban en la tradición textual del *Lazarillo*; y al mismo tiempo les permitió poner en práctica la creación de una edición digital con tecnologías de Minimal Computing.

El curso se dividió en tres etapas fundamentales, en la primera de las cuales se ofreció una introducción general a la crítica textual y la edición de textos, prestando atención a las tendencias de edición académica desde el siglo XIX hasta el presente a través de una selección de lecturas fundamentales en el campo. A continuación, se brindó un marco teórico para las ediciones digitales, específicamente para ayudar a los estudiantes a comprender dónde radican las diferencias principales de las ediciones digitales de sus contrapartes tradicionales. Posteriormente, los estudiantes se familiarizaron con GitHub y adquirieron la metodología necesaria para trabajar en colaboración en dicha plataforma. El objetivo de estas primeras sesiones consistió en crear un entorno de trabajo colaborativo y sólido y garantizar que todos los estudiantes adquirieran las habilidades básicas para participar plenamente. En ese momento, y en tanto que proyecto colaborativo, cada estudiante estaba a cargo de un capítulo principal de la obra literaria.

En una segunda etapa el interés se centró en la fuente primaria: el contexto histórico, el argumento, la relevancia literaria y el texto de *La vida de Lazarillo de Tormes y de sus fortunas y adversidades*, publicada en 1554. Luego se comenzó a planificar la edición académica digital y su flujo de trabajo. Los estudiantes paulatinamente empezaron a comprender los conceptos básicos del modelado de datos y a conceptualizar el texto como un objeto digital, a partir del análisis de la fuente primaria. A continuación, se abordó el marcado de textos, el lenguaje de marcado XML y las Directrices de la TEI. Este proceso de codificación en XML-TEI servía a su vez como actividad hermenéutica para la mejor comprensión del texto, obligando a los alumnos a llevar a cabo una lectura cercana del texto y reflexionar sobre todos los elementos presentes en la obra. También brindamos una descripción general de los esquemas (RelaxNG) y del papel del documento ODD[51]. Cada estudiante se encargó de realizar la codificación textual de un capítulo, marcando las características principales: partes estructurales, características tipográficas, fechas, lugares y nombres de personas.

La tercera etapa del curso consistió, por un lado, en introducir a los estudiantes en los principios de Markdown, HTML y CSS, dándoles la oportunidad de pensar en la transformación de los datos y participar en el diseño y el formato de presentación final de la edición mínima. Por otro lado, nos centramos en los inputs y outputs y las migraciones textuales. El nodo central consistió en la transformación XSLT y las conversiones de la codificación del texto (XML-TEI) a la web (Markdown/HTML) (Allés Torrent, 2015)[52]. La última parte del curso estuvo dedicada a la infraestructura y publicación web. Los estudiantes fueron los últimos responsables de la creación del sitio web estático con Jekyll, manejando las diferentes tecnologías necesarias (HTML, CSS, Liquid, Markdown) y transfiriendo su trabajo de GitHub a GitHub Pages. Concluimos el curso con una introducción mínima a JavaScript, destinada a introducir a los

51 Para todos estos conceptos recomendamos los tutoriales de nuestra plataforma TTHub (Allés Torrent et al., 2018).

52 Conviene señalar que tanto Jekyll como Ed trabajan con archivos de markdown que se transforman en HTML. Este comportamiento nos llevó, a los docentes, a elaborar un pequeño script en XSLT que proporcionamos a los estudiante para que pudieran transformarse los documentos XML-TEI codificados por los estudiantes en markdown y de ahí en HTML.

estudiantes en la interfaz de documentos simples: en este caso, la manipulación de las fechas, lugares y nombres de personas marcados en TEI y la creación de un motor simple de búsqueda.

El resultado obtenido fue un sitio web estático con diferentes secciones. Por un lado, se incluyó una parte descriptiva sobre la obra y su contexto, así como un índice de personajes y un apartado de bibliografía y otros recursos web. Por otro, la edición, además de ofrecer los criterios ecdóticos pertinentes, ofrecía una edición facsimilar que reproducía la edición de 1554 y otras dos versiones modernas: una especialmente concebida para una lectura agradable y continua, sin ningún tipo de anotación, y otra anotada donde cada uno de los personajes, nombres de lugar y ciertos fragmentos fueron anotados por los mismos estudiantes. Además, se creó un mapa que reflejaba el itinerario seguido por el Lazarillo y que se llevó a cabo con la aplicación Odyssey.js[53].

3.2. Humanidades digitales: ediciones digitales con Minimal Computing

En diciembre de 2019, una de las autoras de este trabajo, Gimena del Rio Riande, y Raffaele Viglianti, de la Universidad de Maryland (UMD, Estados Unidos de Norteamérica) propusieron, mediante un convenio internacional firmado con la Universidad del Salvador (USAL, Argentina) dentro del programa Global Classroom Initiative (GCI) de la Universidad de Maryland, el primer curso bilingüe en línea sobre el tema que ocupa a este capítulo: "Humanidades Digitales: Ediciones digitales con Minimal Computing"[54]. El objetivo principal de este curso fue la elaboración de diferentes ediciones digitales bilingües (español e inglés) de un texto multilingüe de la época colonial, la *Relación de un viaje al Río de la Plata*, de Acarete du Biscay[55], al mismo tiempo que se enseñaban

53 El mapa es consultable aquí: https://minilazarillo.github.io/public/mapa.html, y el software utilizado en: https://cartodb.github.io/odyssey.js/.

54 El sitio web público bilingüe del curso está disponible en https://mith.umd.edu/minimaldigipub/.

55 Este texto es una relación de viaje escrito por un comerciante vasco llamado Acarette Du Biscay y su historia editorial es realmente multilingüe. Los viajes de Acarete se publicaron en su lengua materna, el francés, en la *Relation des voyages du Sr... dans la rivière de la Plata, et de-là par terre au Pérou* en 1672, como parte del volumen IV de la *Collection of Relations De Divers Voyages Curieux* de Thevenot, y en 1696, de forma independiente, en la *Relation des voyages dans la rivière de la Plate*. Dos años más tarde, la edición londinense de 1698 salió a la luz en una colección titulada *Voyages and Discoveries in South America*, y posteriormente como libro individual

nociones básicas sobre HD, edición crítica, edición digital y Minimal Computing. El curso se desarrolló durante doce semanas entre los meses de septiembre y diciembre de 2020 y 2021. En el año 2022 fue su última iteración. Por una cuestión de espacio, solo nos referiremos a las experiencias del año 2020.

En cuanto a su organización y metodología, el curso se estableció en una sesión de clase teórico-práctica de dos horas cada miércoles y una sesión práctica de laboratorio de una hora, los miércoles para el grupo de la USAL y los viernes para el grupo de la UMD[56]. Todas las clases se completaban con lecturas semanales y tutoriales bilingües que se discutían en el foro de la asignatura. Los alumnos de USAL y UMD debieron así trabajar en conjunto y también divididos en pequeños grupos. La elección del trabajo en grupo fue de la mano del mismo concepto de HD (Clement, 2012), dado que buscábamos acercar a los estudiantes a este tipo de investigación que tiende a ser andamiada a través de un trabajo colaborativo con el fin de desarrollar artefactos digitales (Burdick et al., 2012, p. 124).

Los alumnos se adentraron en el campo de las HD, concebidas como disciplina académica, así como en el desarrollo de proyectos, el funcionamiento de la World Wide Web, la teoría sobre crítica textual y edición filológica, edición y publicación digital. Asimismo, se iniciaron en nociones básicas sobre lenguajes web como HTML, CSS y el estándar TEI, la base sobre la que se construyeron las ediciones digitales. Además aprendieron a instalar las dependencias del entorno estático Jekyll y una adaptación de la plantilla Ed, realizada por el Dr. Viglianti. El trabajo de edición y publicación se realizó mediante el uso del sistema de control de versiones Git[57] y el entorno

---

por la imprenta de Samuel Buckley como *An Account of a Voyage up the River de la Plata, and Thence over Land to Peru: With Observations on the Inhabitants, as Well as Indians and Spaniards, the Cities, Commerce, Fertility, and Riches of That Part of America*. Posteriormente fue traducido del inglés al español por Daniel Maxwell, y publicado en *La Revista de Buenos Aires*, en mayo y junio de 1867, con el título *Relación de los viajes de Monsieur Ascarate du Biscay al Rio de la Plata, y desde aquí por tierra hasta el Perú, con observaciones sobre estos paises.*

56 Las técnicas Nidia Hernández y Romina De León, del laboratorio de Humanidades Digitales de CAICYT (CONICET), dictaron las clases de la hora de laboratorio.

57 Git es un sistema de control de versiones gratuito de código abierto, por lo que permite registrar "los cambios realizados en un archivo o conjunto de archivos a lo largo del tiempo, de modo que puedas recuperar versiones específicas más adelante" (Chacon y Straub, 2014, p. 9). Git nació en 2005 impulsado por Linus Torvalds cuando el sistema de control de versiones que utilizaba la comunidad de desarrollo de Linux, BitKeeper, dejó de ser gratuito.

GitLab[58]. Se trabajó en la creación del sitio web, que fue publicado gracias al servicio gratuito de hosting que ofrece GitLab para sitios estáticos generados con Jekyll. En el espacio de laboratorio —sobre todo una vez iniciados los proyectos grupales— dedicamos un tiempo para poner en práctica aquellas cuestiones tecnológicas o técnicas que se avanzaban en clase: crear el repositorio de trabajo en GitLab, hacer algunas pruebas con HTML o CSS o probar un nuevo elemento XML-TEI. En cuanto a este último, se hizo hincapié en la codificación de personas y lugares, y también de fenómenos relacionados con las características materiales del impreso antiguo. No obstante, cada grupo podía elegir las etiquetas TEI con las que quería trabajar y la profundidad semántica del marcado.

El trabajo de codificación en TEI, HTML y CSS fue realizado con un editor *open source*, Visual Studio Code (VS Code). El Dr. Viglianti desarrolló además el plugin Scholarly XML[59], que permite trabajar con un esquema RelaxNG básico para TEI y proporciona funcionalidades esenciales para su aprendizaje, como la validación del XML y las sugerencias para completar el código que se escribe. VS Code permite integrarse localmente con los repositorios locales y en la nube, a través del control de versiones Git, con lo que el trabajo se hacía de un modo acompasado y, a la vez, visual.

Para desarrollar el trabajo práctico del curso, el profesorado formó cinco grupos de cuatro personas y uno de tres, de tal manera que no hubiese más de dos integrantes provenientes de la misma universidad por cada equipo. Una vez establecidos los grupos, estos se dedicaron a pensar su organización interna, a través de la elaboración de lo que en inglés se conoce como *team charter*[60], un estatuto o reglas de equipo. La función de este documento era establecer unos acuerdos mínimos para el correcto desarrollo del trabajo colaborativo. Dos fueron los medios de comunicación más utilizados para el desarrollo del curso, la plataforma de trabajo en equipos Slack[61] para el contacto con el profesorado y al

58 GitLab es un repositorio web de código abierto, de control de versiones y DevOps basado en Git. La principal diferencia entre GitLab y GitHub es que puede instalarse en cualquier servidor, pues es software libre.

59 Disponible en este enlace: https://marketplace.visualstudio.com/items?itemName=raffazizzi.sxml.

60 Para la realización de los *charters* se tomaron como ejemplo los del proyecto del Scholars' Lab de la University of Virginia Library: https://praxis.scholarslab.org/charter/.

61 Slack es una herramienta para el trabajo en equipo que permite la creación de canales organizados por temáticas, chats privados con los integrantes del equipo, compartir documentos, y permite la integración con otros servicios como Doodle, Google Drive, Zoom, GitHub, etc.

interior de los equipos, la plataforma Moodle de UMD para las lecturas, tareas, recursos y lecturas, y el servicio de videollamadas Zoom para las clases sincrónicas y el espacio del laboratorio (Calarco et al., 2021).

Desde la óptica de la Minimal Computing se exhortó a los estudiantes a pensar tanto global como localmente, reconociendo las posibilidades y limitaciones tecnológicas, ya sea en el hardware, software, red, y también las limitaciones en los conocimientos informáticos. En otras palabras, entrenamos a los estudiantes para que reconocieran los privilegios de tener acceso a recursos digitales de última generación, así como para que idearan estrategias para sortear las limitaciones que pudieran encontrar adoptando técnicas informáticas mínimas. En concreto, destacamos la Minimal Computing como un conjunto de valores compartidos, como el uso de tecnologías de código abierto, el control sobre los datos y el código, y la reducción y autonomía de la infraestructura informática. También proporcionamos alternativas claras a las herramientas y recursos de edición digital que prácticamente sólo son accesibles en el Norte Global.

4. Conclusiones

Gran parte de los proyectos de HD se conciben en términos de publicación digital y es en este tipo de trabajo donde entran en juego diferentes variables: tiempo, conocimiento técnico, financiación y recursos institucionales relacionados con infraestructuras sostenibles y software (Barats et al., 2020). En una situación ideal, podrían reunirse todas estas variables y llevarse a cabo un proyecto de HD colaborativo con apoyo técnico, financiación e infraestructuras. Pero este escenario no siempre es habitual y estas inequidades en el acceso a bienes tecnológicos y soporte transforman muchas veces a las HD en un campo elitista, sólo accesible a aquellos que tienen los medios para hacer HD. Evidentemente, no existe una solución tecnológica que satisfaga todos los escenarios, y además, siguiendo a Baldatti y Boido (2012), las soluciones técnicas o tecnológicas constituyen aproximaciones limitadas frente a problemáticas sociales complejas y no necesariamente resuelven los problemas de desigualdad en el seno de las sociedades. Sin embargo, como afirmamos más arriba, una de las grandes ventajas de la Minimal Computing consiste en su alcance, puesto que permite dar voz a grupos subrepresentados, o simplemente a interesados en las HD que no cuentan con una infraestructura propia para el desarrollo de sus proyectos. Así, la idea que subyace a este trabajo es que muchos proyectos de HD de pequeña y mediana envergadura podrían llevarse a cabo con tecnologías simples, abiertas y estables: lenguajes de marcado como el XML-TEI, HTML, CSS, para la edición digital de textos, junto con la publicación web vía entornos web estáticos, puede ser una solución para los proyectos de edición filológica digital o que impliquen edición y publicación web. Claro que no nos olvidamos de las limitaciones que podemos encontrar en el proceso de integración de la Minimal Computing en el campo de la edición filológica digital, en particular, o de las HD, en general: cuestiones relativas a la recuperación de la información codificada, a la estética de un sitio web, o a la desafiante curva de aprendizaje inicial. Aún así, una vez evaluados los beneficios y superadas las barreras de aprendizaje y puesta en práctica, las ventajas con las que contamos son muchas: la consecución de los objetivos utilizando un mínimo indispensable de recursos tecnológicos, la disponibilidad de herramientas de código abierto en entornos de este tipo, y la autonomía y el control sobre el objeto de estudio y la tecnología en uso.

REFERENCIAS BIBLIOGRÁFICAS

Allés Torrent, S. (2015). Edición digital y algunas tecnologías aliadas. *Ínsula*, (812), 18–21. https://doi.org/10.7916/D89S1QFN

Allés Torrent, S. (2017). Tiempos hay de acometer y tiempos de retirar: literatura áurea y edición digital. *Studia Aurea*, (11), 13–30. https://doi.org/10.5565/rev/studiaaurea.261

Alles Torrent, Susanna, Calarco, G. y Del Rio Riande, G. (2018–.) *TTHub. Text Technologies Hub. Recursos sobre tecnologías del texto y edición digital.* https:// tthub. io/.https://tthub.io/aprende/introduccion-a-tei/

Allés Torrent, S. (2020). Crítica textual y edición digital o ¿dónde está la crítica en las ediciones digitales? *Studia Aurea*, (14), 63–98. https://doi.org/10.5565/rev/studiaaurea.395

Allés Torrent, S., y Del Rio Riande, G. (2018). Enseñar edición digital con TEI en español. Aprendizaje situado y transculturación. En G. Del Rio Riande, G. Calarco, G. Striker y R. de León (Eds.), *Humanidades Digitales: construcciones locales en contextos globales*. Editorial de la Facultad de Filosofía y Letras Universidad de Buenos Aires. https://www.aacademica.org/aahd2016/36.pdf

Allés Torrent, S., y Del Rio Riande, G. (2020). The Switchover: Teaching and Learning the Text Encoding Initiative in Spanish. *Journal of the Text Encoding Initiative*, (12). https://doi.org/10.4000/jtei.2994

Baldatti, C. T., y Boido, G. (2012). Nuevas tecnologías: ¿para quiénes? El caso de la nanotecnología. *Revista Iberoamericana de Ciencia, Tecnología y Sociedad*, *7*(21), 11–21. https://www.redalyc.org/articulo.oa?id=92424175002

Barats, C., Schafer, y V., Fickers, A. (2020). Fading Away… The challenge of sustainability in digital studies. *Digital Humanities Quarterly*, *14*(3). http://www.digitalhumanities.org/dhq/vol/14/3/000484/000484.html

Blecua. A. (1983). *Manual de Crítica Textual.* Castalia.

Bleier, R., Bürgermeister, M., Klug, H. W., Neuber, F., y Schneider, G. (Eds.) (2018). *Digital Scholarly Editions as Interfaces.* Books on Demand.

Bodard, G., y Garcés, J. (2009). Open Source Critical Editions: A Rationale. En M. Deegan y K. Sutherland (Eds.), *Text Editing, Print and the Digital World* (pp. 83–98). Ashgate.

Burdick, A., Drucker, J., Lunenfeld, P. Presner, T., y Schnapp, J. (2012). *Digital_Humanities.* MIT Press.

Burnard, L., O'Brien O'Keeffe, K., y Unsworth, J. (2006). *Electronic Textual Editing.* Modern Language Association of America.

Calarco, G. A., Gionco, P., Méndez, R., Merino Recalde, D., Striker, G., y Suárez-Giraldo, C. (2021). Digital Publishing with Minimal Computing (UMD-USAL, 2020): Nuestra experiencia como estudiantes. *Publicaciones de la Asociación Argentina de Humanidades Digitales*, (2). https://revistas.unlp.edu.ar/publicaahd/article/view/13742

Clement, T. (2012). Multiliteracies in the Undergraduate Digital Humanities Curriculum: Skills, Principles, and Habits of Mind. En B. Hirsch (Ed.), *Digital Humanities Pedagogy: Practices, Principles and Politics* (pp. 365–88). Open Book Publishers. http://www.openbookpublishers.com/htmlreader/DHP/chap15.html

Chacon, S., y Straub, B. (2014). *Pro Git.* Apress. https://doi.org/10.1007/978-1-4302-1834-0

Del Rio Riande, G. (2017). Humanidades Digitales: Life on the other side. Plenaria del cierre del congreso de la Text Encoding Initiative. Victoria, British Columbia, Canada. https://www.slideshare.net/GimenaDelRioRiande/humanidades-digitales-life-on-the-other-side

Del Rio Riande, G. (2020). Mini Lazarillo, a minimal digital edition of Lazarillo de Tormes, created by Susanna Allés-Torrent, Alex Gil, Armando León, Falls Kennedy, Fiona Kibblewhite, and Taewan Shim. *Reviews in DH*, *1*(4/5). https://doi.org/10.21428/3e88f64f.de565313

Dombrowski, Q. (2014). What Ever Happened to Project Bamboo? *Literary and Linguistic Computing*, *29*(3), 326–339. https://doi.org/10.1093/llc/fqu026

Earhart, A. E. (2012). The Digital Edition and the Digital Humanities. *Textual Cultures*, *7*(1), 18–28. https://doi.org/10.2979/textcult.7.1.18

Engel, D., y Thain, M. (2015). Textual Artifacts and their Digital Representations: Teaching Graduate Students to Build Online Archives. *Digital Humanities Quarterly*, *9*(1). http://www.digitalhumanities.org/dhq/vol/9/1/000199/000199.html

Fernández, S., Rocha de Luna, R., y Zapata, A. M. (2022). *United Fronteras* como tercer espacio: Modelo transfronterizo a través de las humanidades digitales poscoloniales y la computación mínima. *Digital Humanities Quarterly, 16*(2). http://www.digitalhumanities.org/dhq/vol/16/2/000608/000608.html

Fraistat, N., y Flanders, J. (Eds.) (2013). *The Cambridge Companion to Textual Scholarship*. Cambridge University Press.

Gil, A., y Ortega, É. (2016). Global Outlooks in Digital Humanities: Multilingual Practices and Minimal Computing. En C. Crompton, R. J. Lane y R. Siemens (Eds.), *Doing Digital Humanities. Practice, Training, Research* (pp. 22–34). Routledge.

Hannesschläger, V. (2019). Common Creativity International: CC-licensing and Other Options for TEI-based Digital Editions in an International Context. *Journal of the Text Encoding Initiative*, (11). https://doi.org/10.4000/jtei.2610

Isasi, J., y Rojas Castro, A. (2021). ¿Sin equivalencia? Una reflexión sobre la traducción al español de recursos educativos abiertos. *Hispania, 104*(4), 613–624. https://doi.org/10.1353/hpn.2021.0130

Latour, B. (2001). *La esperanza de Pandora: ensayos sobre la realidad de los estudios de la ciencia*. Gedisa.

Levine, S. S., y Prietula, M. J. (2014). Open Collaboration for Innovation: Principles and Performance. *Organization Science, 25*(5), 1414–1433. https://doi.org/10.1287/orsc.2013.0872

Modern Language Association (MLA) (2011). *Guidelines for Editors of Scholarly Editions*. https://www.mla.org/Resources/Guidelines-and-Data/Reports-and-Professional-Guidelines/Publishing-and-Scholarship/Guidelines-for-Editors-of-Scholarly-Editions

O'Donnell, D., Bordalejo, B., Murray Ray, P., Del Rio Riande, G., González-Blanco, E. (2016). Boundary Land: Diversity as a defining feature of the Digital Humanities. En *Digital Humanities 2016: Conference Abstracts* (pp. 76–82). Jagiellonian University and Pedagogical University. http://dh2016.adho.org/abstracts/406.

Pierazzo, E. (2015). *Digital Scholarly Editing. Theories, Models and Methods*. Ashgate.

Pierazzo, E. (2016). Modelling Digital Scholarly Editing: From Plato to Heraclitus. En E. Pierazzo y M. Driscoll, *Digital Scholarly Editing: Theories and Practices*, (pp. 41–58). Open Book Publishers. https://jstor.org/stable/j.ctt1fzhh6v.7.

Pop, L. (2017). A low te(a)ch approach to digital humanities. *Studia UBB Digitalia, 62*(1), 83–88.

Rehbein, M., y Fritze, Ch. (2012). Hands-on Teaching Digital Humanities: A Didactic Analysis of a Summer School Course on Digital Editing. En B. D. Hirsch (Ed.), *Digital Humanities Pedagogy. Practices, Principles and Politics* (pp. 47–78). Open Book Publishers.

Risam, R., y Gil, A. (2022). Introduction: The Questions of Minimal Computing. *Digital Humanities Quarterly, 16*(2). http://www.digitalhumanities.org/dhq/vol/16/2/000646/000646.html

Sahle, P. (2016). What is a Scholarly Digital Edition? En M. Driscoll y E. Pierazzo (Eds.). *Digital Scholarly Editing: Theories and Practices* (pp. 19–40). Open Book. www.jstor.org/stable/j.ctt1fzhh6v.6

Van Zundert, J. (2012). If you build it, will we come? Large scale digital infrastructures as a dead end for digital humanities. *Historical Social Research, 37*(3), 165–186. https://www.jstor.org/stable/41636603

Viglianti, R., Del Rio Riande, G., Hernández, N., y De León, R. (2022). Open, Equitable, and Minimal: Teaching Digital Scholarly Editing North and South. *Digital Humanities Quarterly, 16*(2). http://www.digitalhumanities.org/dhq/vol/16/2/000591/000591.html

¿Qué necesitamos para desarrollar el aprendizaje colaborativo por proyectos interdisciplinares? Antecedentes, definición de objetivos y requisitos de la plataforma Cooperaedulab

Josefa BADÍA HERRERA

Universitat de València
josefa.badia@uv.es
https://orcid.org/0000-0002-5174-7652

Resumen: El objetivo de este capítulo es presentar los resultados del proyecto de innovación docente *Voces y letras contra la violencia: imaginarios literarios y creación en videoarte*, enfocado desde la perspectiva de la aplicación de la metodología del Aprendizaje/Servicio al ámbito de la Literatura Española, así como las características y posibilidades de uso que presenta la plataforma digital http://vylnoviolencia.uv.es que ha permitido la transformación en servicio digital en tiempos del COVID. El análisis de la experiencia en dicho proyecto permite sentar las bases para crear la plataforma Cooperaedulab, orientada a favorecer el aprendizaje cooperativo por proyectos interdisciplinares. Se expondrán los objetivos específicos y los requisitos de usuario, al tiempo que se detallarán las experiencias piloto que se han llevado a cabo.

Palabras clave: Enseñanza-Aprendizaje. Aprendizaje-Servicio. Aprendizaje colaborativo. Plataformas colaborativas. Educación superior

1. PUNTO DE PARTIDA. LA INNOVACIÓN DOCENTE LIGADA AL PROYECTO «*VOCES Y LETRAS CONTRA LA VIOLENCIA*: IMAGINARIOS LITERARIOS Y CREACIÓN EN VIDEOARTE»

En 2019, un equipo de profesores de la Universitat de Barcelona, la Universidad de Castilla-La Mancha, la Universidad de La Rioja y la Universitat de València, que asumió la función de coordinación, emprendieron «*Voces y letras contra la violencia*: imaginarios literarios y creación en videoarte»[1]. El proyecto, que implicó a veinte profesores y a más de mil estudiantes, pretendía generar dinámicas de apropiación patrimonial que fomentasen el compromiso con nuestra tradición literaria y cultural, y aspiraba a contribuir al aprendizaje holístico, asumiendo un planteamiento competencial, epistemológicamente abierto e integrador, que ponía en el centro la construcción identitaria, cultural y social de los estudiantes.

El proyecto planteaba la aplicación de la metodología Aprendizaje-Servicio (*ApS*) (Mayor y Granero, 2021; Furco, 1996; Martínez, 2008; Puig et al., 2007; Rubio y Escofet, 2017; Sigmon, 1979; Triviño, 2016) al ámbito de las Humanidades desde la consideración de la importancia que está llamada a jugar la disciplina en un contexto de progresiva conversión de la educación en un adiestramiento profesional en detrimento de una preparación más amplia. Frente a la dictadura de la racionalidad puramente instrumental, frente a la tiranía de la lógica mercantilista que atomiza la sociedad y fragmenta sus vínculos comunitarios, el proyecto apostaba por la defensa de la versatilidad que aporta el estudio de las creaciones literarias como pilar fundamental para la sociedad contemporánea. Frente a la intolerancia y el reduccionismo, el proyecto reivindicaba el protagonismo de un conocimiento sólido y riguroso de lo verbal como medio necesario para el discernimiento crítico y la apuesta por fundar la convivencia sobre un impulso ético, universal y solidario.

Nuestro objetivo era evaluar en qué medida el modelo de innovación docente implementado contribuía al desarrollo de la dimensión democrática del aprendizaje (aprender a convivir) de acuerdo con el modelo competencial definido por Leyva et al. (2018). Al mismo tiempo, desde la perspectiva de la didáctica patrimonial, pretendíamos evaluar si el proyecto favorecía la adquisición de la competencia literaria integral y de la competencia digital.

Metodológicamente, optamos por un enfoque por tareas con un producto final (creación de muestras de videoarte), sustentado en seis ejes clave: investigar, analizar, debatir, crear, compartir y concienciar. En función del contenido propio de cada una de las asignaturas implicadas, se planteó una secuencia de actividades que partía de la necesidad de leer con el fin de seleccionar una muestra literaria que permitiera la reflexión sobre la violencia. A partir de ahí, los estudiantes debían documentarse y desarrollar una investigación orientada a la comprensión del texto en su contexto original de emisión y recepción. En

1 El proyecto ha contado con el patrocinio del Vicerrectorado de Ocupación y Programas Formativos (UV-SFPIES_PID19-1098163).

este sentido, cumplía un papel fundamental la autonomía del alumnado en la selección de los textos literarios, así como los intercambios de lecturas en los grupos constituidos, que debían consensuar, de entre las propuestas de cada uno de los integrantes, el texto literario sobre el que iban a trabajar. Con posterioridad, llevaban a cabo una serie de tareas orientadas al análisis crítico, en las que el debate y la negociación de significados resultaban claves. Constituía la tarea final la relectura de dicho texto literario a través de la creación de una muestra de videoarte. Para ello, reflexionaban y exploraban las posibilidades interpretativas del texto libres y contextualizadas; elaboraban un guion; grababan y editaban el vídeo, y lo subían al repositorio institucional MMedia (https://mmedia.uv.es/).

Sirviéndonos de la metodología *ApS* concebimos las muestras de videoarte elaboradas no solo como producto final del enfoque por tareas, sino como objeto desencadenante de la acción de servicio. En ese punto entraban en juego los dos últimos ejes de la propuesta a los que aludíamos anteriormente: compartir y concienciar. Los estudiantes debían diseñar un marcapáginas, que contenía un código QR enlazado al vídeo que habían creado y subido al repositorio MMedia, que estaba destinado a favorecer el debate con los estudiantes de la ESO sobre las distintas formas de violencia que amenazan, limitan o suprimen la libertad del ser humano y sobre su importancia en la configuración de los imaginarios literarios. En este sentido, desde una perspectiva de conceptualización teórica, la creación en videoarte no solo cumplía una función pragmática como medio de fomento de la lectura, adquisición de destrezas digitales y difusión de la cultura en la sociedad, sino que funcionaba en el desarrollo de la acción de servicio para activar la reflexión crítica sobre los usos de la literatura en los procesos de interpretación humana del pasado y el presente colectivos y, con ello, favorecíamos que la lectura se convirtiera en un proceso de autocrítica y liberación (Said, 2006). La acción de servicio contribuía al empoderamiento porque aumentaba no solo la fortaleza subjetiva de los individuos, sino también la fortaleza social de la comunidad (Querejazu Leyton, 2003).

Entre los resultados del proyecto destacan:

- Hemos diseñado rúbricas de evaluación de las muestras de videoarte, aplicables a las distintas asignaturas y adaptables a los procesos de evaluación que se llevaban a cabo en el seno del proyecto. Las rúbricas se utilizaron también para llevar a cabo tareas de evaluación *inter pares* por parte de estudiantes de la Universitat de València que no participaban en el proyecto. Así, por ejemplo, los estudiantes de *Leer los clásicos españoles* (curso 2020–2021), optativa para Estudios Ingleses, Filologia Catalana, Filología Clásica y Lenguas

Modernas en el itinerario Minor desarrollaron tareas de peritaje de los recursos creados en la asignatura *La invención de un lenguaje poético en los Siglos de Oro* (curso 2019–2020). La capacidad crítico-analítica que pusieron de manifiesto los participantes en la actividad fue muy destacada y los resultados de evaluación de la tarea de coevaluación llevada a cabo fueron excelentes.

La observación y evaluación de las muestras de videoarte permite afirmar que la densidad retórica de una tarea que se construía jugando con una directa apelación a la función emotiva mediante la utilización distintos códigos sígnicos y distintos discursos (verbales, visuales, musicales…) servía para afianzar las dinámicas de apropiación del patrimonio. La implicación activa de los participantes y su valoración posterior sobre el proceso de aprendizaje fue muy positiva. Un 93,6 % de los estudiantes encuestados manifestaba estar de acuerdo o muy de acuerdo con la capacidad motivadora de la actividad y un 91,5 % señalaba que estaba "de acuerdo o muy de acuerdo" en la consideración de que la actividad favorecía las dinámicas de cooperación.

- El proyecto ha favorecido la adquisición de competencias digitales por parte de los estudiantes de Filología tomando en consideración los Estándares de Tecnologías de la Información y la Comunicación (NETS), desarrollados por la International Society for Technology in Education (ISTE, 2008) y que especifica los siguientes estándares para estudiantes:
  1) Creatividad e innovación.
  2) Comunicación y colaboración.
  3) Investigación y manejo de la información.
  4) Pensamiento crítico, solución de problemas y toma de decisiones.
  5) Ciudadanía digital.
  6) Operaciones y conceptos de las TIC.

  La evaluación de los recursos creados muestra que la secuencia de actividades resulta útil para la consecución de resultados de aprendizaje vinculados con la competencia digital previstos en las asignaturas de los planes de estudios de Humanidades implicadas en el proyecto. Por otro lado, la percepción subjetiva de los estudiantes participantes es positiva en este sentido, con un 89,4 % de los encuestados que se muestra "de acuerdo" o "muy de acuerdo" en que el proyecto le ha ayudado en la adquisición de competencias digitales.
- Hemos configurado actividades modulares, adaptables a las distintas asignaturas, que atendían a las necesidades específicas de la materia, pero se integraban dinámicamente en el desarrollo del proyecto, de modo que conformaban una unidad a través del objetivo final planteado.

- Hemos establecido una taxonomía para la clasificación de las muestras de videoarte en función del tipo de violencia con la que se asocian: violencia contra la mujer (física, emocional, moral), violencia y maternidad, violencia LGTBI, violencia e infancia, violencia y guerra civil, violencia y dictadura, violencia cultural, violencia intelectual, violencia y letras, violencia de clases, violencia económica, violencia y urbanismo, violencia e identidad, violencia informática, violencia y enfermedad.

  El aspecto que consideramos más relevante de la práctica docente innovadora que hemos llevado a cabo está relacionado con el hecho de que ha fortalecido la adquisición de competencias transversales y ha reforzado la adquisición de competencias correspondientes a categorías de orden mayor: Análisis, Síntesis y Evaluación (Bloom, 1956). Preguntados por la utilidad del proyecto para fomentar la reflexión crítica un 90,4 % de los estudiantes encuestados declaraban estar "de acuerdo o muy de acuerdo", y preguntados sobre si la secuencia de actividades ha servido para profundizar en el análisis de los textos literarios un 86,2 % afirmaba que estaba "de acuerdo o muy de acuerdo". En concreto, hemos favorecido la adquisición de las siguientes competencias de los Grados Filológicos:
  - Que los estudiantes tengan la capacidad de reunir e interpretar datos relevantes (normalmente dentro de su área de estudio) para emitir juicios que incluyan una reflexión sobre temas relevantes de índole social, científica o ética.
  - Que los estudiantes puedan transmitir información, ideas, problemas y soluciones a un público tanto especializado como no especializado.
  - Demostrar un compromiso ético en el ámbito filológico, centrándose en aspectos tales como la igualdad de géneros, la igualdad de oportunidades, los valores de la cultura de la paz y los valores democráticos y los problemas medioambientales y de sostenibilidad, así como el conocimiento y la apreciación de la diversidad lingüística y la multiculturalidad.
- Trabajar en equipo en entornos relacionados con la filología y desarrollar relaciones interpersonales.
- Trabajar y aprender de modo autónomo y de planificar y gestionar el tiempo de trabajo.

En síntesis, el proyecto demuestra que la historia de la literatura debe jugar un papel esencial en la formación integral del ser humano para la conformación de verdaderos ciudadanos, con sentido crítico, responsables y comprometidos éticamente con la realidad social que les rodea. Planteado de este modo, la literatura adquiere valor no solo como objeto o artefacto. No se trata de ofrecer un repertorio cerrado y acumulativo de informaciones, sino de ayudar a descubrir a los estudiantes panoramas abiertos a la reflexión, mutables y críticos; de estimular el esfuerzo de comprensión del pasado y la reflexión sobre las tensiones y dinámicas creadoras; de tomar conciencia de un pasado que puede configurar el presente y proyectarse hacia el futuro. Esa perspectiva desde la que hemos afrontado disciplinarmente el proyecto ha favorecido, sin duda, la motivación de los estudiantes; ha mejorado sus capacidades críticas de orden superior; ha servido para mejorar la competencia digital de los estudiantes de las áreas filológicas y ha permitido establecer diálogos entre los distintos niveles educativos en torno a un problema que nos compete como sociedad: la necesidad de erradicar las distintas formas de violencia y de construir un espacio que favorezca dinámicas de cooperación y concordia.

2. UN NUEVO CONTEXTO, UNAS NECESIDADES NUEVAS. LA TRANSFORMACIÓN DEL *APS* EN TIEMPOS DE PANDEMIA

En marzo de 2020 la situación derivada de la pandemia truncó nuestro concepto de *ApS*, que se configuraba como elemento motor en la propuesta de «*Voces y letras contra la violencia*: imaginarios literarios y creación en videoarte», y nos exigió adaptar el proyecto a las necesidades de "virtualidad" exigidas. La muestra de videoarte pasó a jugar un papel nuclear en el nuevo contexto como objeto digital susceptible de propiciar experiencias de servicio en un marco digital. Sin embargo, para que pudiera prestarse un servicio digital efectivo, necesitábamos contar con una herramienta adecuada. Es este el contexto en el que surgió la plataforma digital distribuida desarrollada por Danilo Salaz Pulla, estudiante del Máster Universitario en Tecnologías Web, Computación en la Nube y Aplicaciones Móviles de la Universitat de València, en el marco de su Trabajo Fin de Máster, que dirigió Raúl Peña Ortiz.

La plataforma está integrada por una aplicación web privada (http://vylnoviolencia.uv.es/admin), que es la que se utiliza para la administración y el trabajo de introducción de datos, y otra pública desde la que se accede a la publicación de los resultados (http://vylnoviolencia.uv.es). Tal como está definida en estos momentos la plataforma, corresponde a los docentes implicados en el proyecto la tarea de introducción de los datos vinculados a las creaciones en videoarte que realiza el conjunto del estudiantado participante en el proyecto.

Se han definido tres perfiles de usuario para la administración de la web privada en función de las distintas tareas de administración sobre las que se tiene privilegios de acceso: docente creador; docente administrador y administrador.

En todos los casos se exige autenticación y está previsto el cambio de contraseña.

El rol de docente creador está pensado específicamente para la incorporación correlacionada de los textos literarios y de las muestras de videoarte creadas por los estudiantes de la asignatura que imparte. Por ello, puede:

1. Añadir y modificar datos al campo "Autor imaginarios" en el que se recoge la información sobre los autores literarios de las obras seleccionadas por los estudiantes para el trabajo. Se desglosan los datos en campo nombre, apellidos, fecha de nacimiento, fecha de muerte y se ofrece la posibilidad de enlazar mediante url a su biografía.
2. Añadir y modificar datos al campo "Autor vídeos", en el que se incluye el nombre, apellidos y se selecciona la institución a la que pertenece cada uno de los estudiantes que han realizado la muestra de videoarte.
3. Añadir y modificar datos al campo "Imaginarios", en el que se incluyen los siguientes datos desglosados: Título de la composición literaria seleccionada; descripción (previsto para incorporar los datos específicos de localización en aquellos casos en los que se selecciona únicamente un fragmento); la transcripción del texto utilizado para la creación de la muestra de videoarte; datos completos de la edición crítica manejada para la transcripción del texto.
4. Crear y editar los datos del campo "vídeo", en el que se recoge la información correspondiente a las muestras de videoarte. En dicho apartado, se incluye un campo "título del vídeo"; un campo "url" en el que se ha de insertar el enlace a la muestra de videoarte cargada en MMdia; el campo fecha de publicación que permite gestionar la fecha en la que se desea que el vídeo sea público; el campo "tiempo de portada" que permite seleccionar el fotograma que se desea que figure como imagen de portada del vídeo en la web; el campo "tag", pensado para priorizar la clasificación en función de la taxonomía definida por el grupo según el tipo de violencia con la que se asocia la muestra de videoarte; el campo "Keywords" mediante el que se incluyen las palabras claves definitorias de la muestra de videoarte; el campo "descripción", en el que se incluye una breve síntesis del enfoque desde el que se ha afrontado la creación de la muestra de videoarte; el campo "referencias" en el que se incorpora el conjunto de referencias artísticas que aparecen en la muestra de videoarte: imágenes pictóricas, escultóricas, arquitectónicas, referencias a elementos musicales, elementos audiovisuales, así como referencias espacio-temporales, con un sistemático vaciado mediante topónimos. Por último, se ha de seleccionar el "imaginario", es decir, el texto literario sobre el que se ha construido la muestra de videoarte y se han de

elegir los autores que lo han realizado. En estos dos campos (que recogen la información volcada desde los apartados correspondientes a los que se ha hecho referencia anteriormente) se incluye un filtro para facilitar la selección de los datos.

En todos los casos está prevista, además, la funcionalidad de eliminar los registros creados. El docente administrador, además de las tareas descritas, tiene privilegios para poder:

1. Crear y editar los registros de colaboradores. Para ello, incorpora los datos correspondientes a nombre, apellidos, correo electrónico y bionota. Tiene, asimismo, potestad para determinar el orden de priorización de los colaboradores en la web introduciendo el valor numérico correspondiente en el campo "prioridad".
2. Crear y editar los datos correspondientes a las instituciones académicas y las asignaturas que participan en el proyecto.

Tanto para el docente creador, como para el docente administrador, la página principal de administración distingue las siguientes áreas:

Panel de administración de toda la información almacenada del proyecto. Aquí se pueden realizar las acciones de listar, crear, editar y eliminar la información de acuerdo con los permisos.

- Visor de las acciones recientes realizadas por el usuario que ha iniciado sesión.
- Nombre del usuario.
- Ir a la aplicación web de acceso público.
- Cambiar la contraseña del usuario que ha iniciado sesión.
- Finalizar sesión.

Cuando el usuario autenticado es administrador, a las funcionalidades anteriores se unen la gestión de usuarios y roles de la plataforma, así como la gestión de metadatos de vídeos.

Durante los cursos 2019 a 2021 se elaboraron un total de sesenta y siete muestras de videoarte que contaban, en su conjunto, con más de 11 000 reproducciones. En la plataforma digital distribuida http://vylnoviolencia.uv.es/ se ha volcado una muestra de las producciones para realizar un testeo previo al volcado masivo y poder evaluar el impacto en la difusión de resultados. Hemos observado que la plataforma tiene como puntos fuertes el hecho de que favorece la reproductibilidad y aumenta la capacidad de incidencia en contextos más amplios. En la comparativa sobre número de reproducciones sobre una muestra de 28 vídeos correspondientes al Siglo de Oro, seleccionados cronológicamente para minimizar el sesgo, observamos lo siguiente. Los catorce que están volcados en http://vylnoviolencia.uv.es arrojan una media de 244,9 reproducciones, frente a la media de 95,3 reproducciones que ofrecen las catorce muestras no volcadas.

Por otro lado, el proceso de etiquetado de las muestras de videoarte creadas por estudiantes está orientado a posibilitar búsquedas más complejas que las que se ofrecen en estos momentos en la web pública. Se trata de explorar las conexiones que los estudiantes han establecido entre las manifestaciones literarias y el contexto actual en relación con la problemática de la violencia. Por ello, se procede a la identificación de palabras clave, a la categorización de las distintas formas de violencia y a la marcación de los diferentes elementos artísticos convocados en los vídeos: imágenes pictóricas, escultóricas, arquitectónicas, elementos musicales, películas, series, topónimos, antropónimos…

La reflexión y análisis de la experiencia nos ha llevado a identificar dos necesidades fundamentales:

1. Si los objetos digitales creados por los estudiantes tienen que funcionar como desencadenantes de una acción de servicio digital, necesitamos que cumplan con unas garantías de calidad contrastada y, por tanto, los procesos de diseño, grabación y edición no pueden afrontarse desde una perspectiva disciplinar, vinculada a la asignatura concreta que cursa el alumnado. Se hace necesario replantear la realización de las muestras audiovisuales desde un enfoque basado en el trabajo cooperativo interdisciplinar. En el proyecto, la interdisciplinariedad nosotros la habíamos planteado a un nivel general (entre los distintos profesores implicados en el proyecto que se encargaban de definir la función que debían desempeñar sus estudiantes en la acción de servicio en función de los aprendizajes específicos ligados a la asignatura que impartían), pero consideramos que la experiencia mejora si la interdisciplinariedad se traslada también al modo en el que se construyen los objetos digitales que forman parte de la acción de servicio. Se trataría de construir cooperativamente esas muestras de videoarte, contando con la colaboración de estudiantes de distintas ramas de conocimiento que dialogan en torno a los usos de la literatura en la acción social y que participan, con sus conocimientos propios de especialidad, en la selección de los textos, la definición del guion, el diseño, grabación y edición del vídeo, la caracterización de los personajes, el recitado y dramatización de las obras literarias…
2. Para poder dar respuesta al reto anterior, necesitamos contar con un espacio colaborativo que favorezca el trabajo interdisciplinar. Encontramos en el

formato de laboratorio de innovación social (Medialab Prado, 2019; Ricaurte y Brussa, 2017; Romero Frías y Robinson-García, 2017) un modelo susceptible de proporcionar una solución eficaz a nuestras necesidades. En un contexto como el actual, además, ese espacio debe configurarse no únicamente en base a un lugar físico, sino que necesitamos que funcione como espacio virtual facilitador de las relaciones interpersonales. Y es precisamente en ese punto en el que nos planteamos la necesidad de crear la plataforma Cooperaedulab para poder avanzar en la consecución de los nuevos objetivos que nos planteábamos[2].

3. EL APRENDIZAJE POR PROYECTOS INTERDISCIPLINARES: COOPERAEDULAB

La transformación del sistema universitario español en su proceso de convergencia con el Espacio Europeo de Educación Superior ha favorecido el cambio en las metodologías docentes, que queda explícitamente referenciado en el preámbulo del Real Decreto 1393/2007, de 29 de octubre. Uno de los aspectos más destacados es el paso de un enfoque conductista a un enfoque cognitivo-constructivista.

Buena parte de las teorías pedagógicas contemporáneas rechazan el aprendizaje mecánico y repetitivo, dado que no relaciona la nueva información incorporada a la estructura cognitiva previa. Una educación que tenga como objetivo el desarrollo humano pleno de los estudiantes deberá partir del análisis de las posibilidades cognitivas de dichos estudiantes, es decir, del modo en que se relacionan e interactúan conceptos e imágenes mentales y el modo en que a esa estructura podrían incorporarse saberes nuevos. La pedagogía moderna ha tratado de dar una respuesta a esos interrogantes y de desarrollar estrategias para la docencia y el aprendizaje que potencien la significatividad en la adquisición de los contenidos y desarrollen la capacidad crítica de los estudiantes ante los saberes y ante el propio proceso de aprendizaje (Ausubel, 1976).

En este modelo de educación liberadora y crítica, el alumno se convierte en actor principal de su propio aprendizaje. Interioriza su responsabilidad como participante en los procesos de construcción del conocimiento y en la toma de decisiones en el aula, elementos fundamentales para la construcción de una

2 El Vicerrectorado de Participación y Programas Formativos seleccionó el proyecto, que ha contado con la subvención en el marco de los Proyectos de Innovación Docente durante el curso 2021–2022 (UV-SFPIE_PID-1640935).

ciudadanía democrática (Sánchez-Enciso, 2009, pp. 52–59). Se alinea, por tanto, con el modelo de aprendizaje por descubrimiento (Beltrán Llera, 1993), que favorece el desarrollo de estrategias de aprendizaje que les permitan enfrentarse a situaciones nuevas y a solucionar problemas tanto en el ámbito de la universidad como, fundamentalmente, fuera de él.

Junto a la dimensión cognitiva del aprendizaje, desde las teorías de Vigotsky (1981) se reivindica la importancia de su dimensión social. En la dimensión social de la educación, como construcción intersubjetiva, las ciencias humanas cobran una importancia fundamental. La cultura dota de significado a los mundos de la vida y nos ayuda no solo a comprender las complejas relaciones que se establecen, sino también a actuar consecuentemente en función de la interpretación crítica generada (Vila Merino, 2005, p. 88).

Una de las líneas que ha cobrado fuerza para transformar la dimensión teórica de esta filosofía educativa en acciones pedagógicas precisas, adecuadas y significativas al contexto concreto en el que se ha de desarrollar el proceso de enseñanza-aprendizaje es el modelo del aprendizaje por proyectos (Belda-Medina, 2018; Bellver et al., 2020; Kokotsaki et al., 2016; Maldonado, 2008; Morales Bueno, 2018). Nos hemos propuesto apoyarnos en la metodología del aprendizaje por proyectos y en el proceso de resolución de problemas complejos que se dan en situaciones concretas de la contemporaneidad inmediata, a los que no se puede dar respuesta eficaz desde un enfoque estrictamente disciplinar, para favorecer que los estudiantes actúen utilizando la reflexión sobre lo que deben hacer y lo que hacen. Para ello, nos hemos propuesto crear Cooperaedulab y dotarlo de significado en el marco docente como un espacio de experimentación idóneo para el trabajo colaborativo de carácter interdisciplinar que posibilite nuevas respuestas a los retos actuales de nuestra sociedad desde una dimensión humanista.

Pretendemos fomentar el conocimiento como bien socialmente compartido y, para poder hacerlo en las actuales condiciones en las que las consecuencias de la situación pandémica continúan limitando de manera intermitente la interacción real, nos hemos planteado acometer el desarrollo de una infraestructura digital que facilite el intercambio entre estudiantes que cursan asignaturas distintas, que conforman comunidades de aprendizaje diferenciadas y que no siempre están ligados por una relación de contigüidad espacial. Aspiramos a trasladar al ámbito docente experiencias colaborativas que se han mostrado eficaces como ComunidadBNE (Sánchez Nogales, 2019; 2020) y a incorporar, en este sentido, dinámicas que favorezcan la dimensión horizontal de la coordinación, con implicación directa del estudiantado en las distintas fases y con distintos roles posibles en las acciones que se promuevan en el marco del laboratorio. Perseguimos no la presentación de ideas, sino el desarrollo de acciones materializables que den respuesta a necesidades concretas desde la dimensión social y la vocación de servicio que está en la base de Cooperaedulab.

En concreto, los objetivos específicos que perseguimos son:

- **OE1.** Dotar al laboratorio de la infraestructura tecnológica necesaria para convertirlo en un espacio físico y virtual idóneo para el trabajo colaborativo por proyectos interdisciplinares.
- **OE2.** Definir las estrategias para abrir Cooperaedulab al conjunto de la comunidad educativa y establecer los mecanismos para promover nuevos proyectos de carácter interdisciplinar orientados a la acción social.
- **OE3.** Validar la utilidad de la plataforma digital distribuida para dar respuesta a proyectos ApS en un contexto digital o "híbrido".
- **OE4.** Testear la aplicación de dinámicas de aprendizaje basados en resolución de problemas mediante trabajo cooperativo de carácter interdisciplinar y *peer tutoring* para estudiantes de TFG y TFM. Analizar las implicaciones y resultados obtenidos en la experiencia piloto.

Para alcanzarlos, definimos una serie de acciones, que se detallan de manera esquemática a continuación:

Acción 1: Definición de los requisitos de usuario para la infraestructura web	
Objetivo específico	**OE1, OE4**
Descripción	Los estudiantes de TFG y TFM del área humanística y los del área tecnológica, junto con sus tutores, llevan a cabo un estudio panorámico de las herramientas disponibles, de los proyectos en curso o finalizados para definir con precisión cuál es el estado del arte y cuáles son las necesidades concretas a las que debería dar respuesta la plataforma digital distribuida Cooperaedulab para favorecer el trabajo cooperativo por proyectos interdisciplinares.
Metodología	Aprendizaje basado en proyectos. Aprendizaje cooperativo.

Acción 1: Definición de los requisitos de usuario para la infraestructura web

Originalidad	Aplicamos las dinámicas de trabajo cooperativo de carácter interdisciplinar y *peer tutoring* al caso concreto de estudiantes de TFG y TFM. Tratamos de favorecer la diversificación de las acciones tutoriales y perseguimos coordinación horizontal y vertical.
Impacto esperado	• Definir la situación previa en relación con el uso de plataformas de *coworking*, documentar experiencias previas semejantes e identificar las necesidades específicas de nuestro proyecto. • Desarrollar estrategias que permitan afrontar el TFG/TFM como parte de un proyecto con fases diferenciadas que combina aprendizajes individuales de carácter disciplinar como respuesta a un problema concreto desde acciones basadas en la cooperación.
Fórmula para la autoevaluación de la acción	Evaluación interna de proceso por parte de los estudiantes y profesores implicados.

Acción 2: Diseño de la plataforma digital distribuida para el trabajo cooperativo interdisciplinar

Objetivo específico	**OE1, OE3, OE4**
Descripción	Los estudiantes de TFG del Grado en Ingeniería Multimedia llevan a cabo del desarrollo de la plataforma en base a los requisitos de usuario definidos cooperativamente y debaten en el grupo de trabajo sobre la necesidad de implementar mejoras resultantes del testeo y validación.
Metodología	La propia de la elaboración de TFG del área disciplinar, pero manteniendo las dinámicas del aprendizaje por proyectos interdisciplinares.

Acción 2: Diseño de la plataforma digital distribuida para el trabajo cooperativo interdisciplinar	
Originalidad	Aplicamos las dinámicas de trabajo cooperativo de carácter interdisciplinar y *peer tutoring* al caso concreto de estudiantes de TFG y TFM. Tratamos de favorecer la diversificación de las acciones tutoriales y perseguimos coordinación horizontal y vertical.
Impacto esperado	• Dotar al laboratorio de una infraestructura tecnológica que facilite todo el proceso de gestión de iniciativas, con creación de distintos roles y posibilidad de asignar tareas en distintos niveles. • Convertir a los estudiantes en protagonistas del desarrollo de las distintas tareas que confluyen para dar respuesta a una necesidad concreta del entorno, en nuestro caso, relacionada con la creación de la infraestructura tecnológica necesaria para el desarrollo proyectos futuros en el LAB.
Fórmula para la autoevaluación de la acción	Evaluación interna de proceso por parte de los estudiantes y profesores implicados. Evaluación externa del impacto esperable con la plataforma digital distribuida. Se solicitará la participación de especialistas que evalúen mediante encuesta

Acción 3: Definición de proyectos piloto, testeo y validación de la plataforma digital distribuida

Objetivo específico	**OE2, OE3, OE4**
Descripción	Los estudiantes del área de Humanidades definen y ejecutan, en el marco de sus TFG y TFM proyectos piloto que permiten validar el desarrollo de acciones futuras en el LAB. Por otro lado, los estudiantes del área de Humanidades, junto a sus tutores, son los encargados de testear y validar la plataforma digital distribuida creada por los estudiantes de TFG del Grado en Ingeniería Multimedia.
Metodología	La propia de la elaboración de TFG / TFM del área disciplinar, pero manteniendo las dinámicas del aprendizaje por proyectos interdisciplinares
Originalidad	Aplicamos las dinámicas de trabajo cooperativo de carácter interdisciplinar y *peer tutoring* al caso concreto de estudiantes de TFG y TFM. Tratamos de favorecer la diversificación de las acciones tutoriales y perseguimos coordinación horizontal y vertical.
Impacto esperado	• Convertir a los estudiantes en protagonistas del desarrollo de las distintas tareas que confluyen para dar respuesta a una necesidad concreta del entorno, en nuestro caso, relacionada con la definición y validación de la infraestructura tecnológica necesaria para el desarrollo proyectos futuros en el LAB. • Obtener información que permita analizar los beneficios y las limitaciones de aplicar dinámicas de aprendizaje basados en resolución de problemas mediante trabajo cooperativo de carácter interdisciplinar y *peer tutoring* para estudiantes de TFG y TFM en las áreas filológicas.
Fórmula para la autoevaluación de la acción	Evaluación interna de proceso por parte de los estudiantes y profesores implicados.

Mostraré, de manera sintética, los resultados más relevantes de las acciones que hemos llevado a cabo a lo largo del curso 2021–2022.

En el proceso de definición de los requisitos de usuario de Cooperaedulab, resultó clave la revisión sistemática de las características y funcionalidades que ofrecían las herramientas tecnológicas y de entornos disponibles. Ya en 2010, López García y Sánchez Molano publicaron un estudio comparativo de los sitios web que ofrecían plataformas de trabajo colaborativo: ePals, iEarn, Escuela Virtual de Colombia, Red Escolar de México, KidLink, Fe y Alegría, con un balance de los resultados de evaluación de los mismos en base a diez categorías de análisis: la audiencia a la que iban dirigidas las distintas plataformas, el tipo de interacción que soportaban, los sistemas de inscripción y registro, los proyectos institucionales que alojaban, las posibilidades que se ofrecían en algunos casos para el desarrollo de proyectos promovidos por usuarios, las herramientas disponibles para la colaboración, las áreas curriculares con las que se conectaban los proyectos ofrecidos, la usabilidad y las evidencias del carácter colaborativo en los proyectos y productos. En fechas recientes, Hernández-Sellés (2021) estudia las herramientas que facilitan el aprendizaje colaborativo en entornos virtuales y García-Chitiva (2021) plantea un balance sobre el aprendizaje colaborativo, mediado por internet, en procesos de Educación Superior.

Metodológicamente, el análisis de las posibilidades que ofrecen las aplicaciones diseñadas específicamente para el *coworking* ha revelado la necesidad de contar con desarrollos específicos para afrontar la fase de planificación de los proyectos colaborativos en el marco universitario, desde la filosofía competencial y tomando en consideración que los objetivos definidos en los proyectos que se desean activar deben ligarse a resultados de aprendizaje específicos de asignaturas para pueda ser evaluado el aprendizaje adquirido en el desarrollo de la acción. En este sentido, una de las principales limitaciones que observamos en las herramientas disponibles tiene que ver con el enfoque desde el que se define la relación de colaboración en la conformación de los equipos interdisciplinares. En la situación actual, las plataformas revisadas priman una concepción subjetiva para la configuración de equipos de trabajo. Buscamos sujetos colaboradores. Desde la perspectiva docente, deberíamos poner el foco de interés en el aprendizaje y deberíamos buscar espacios (asignaturas) en las que tiene sentido la colaboración en un determinado proyecto porque implica directamente competencias y resultados de aprendizaje esperables en el marco de la asignatura (nivel 1) o de la materia (nivel 2), según RUCT. En cada caso, hay que definir resultados específicos de aprendizaje que se alcanzan mediante la consecución del proyecto y que deben estar lógicamente alineados con los resultados de aprendizaje y con los criterios de evaluación legalmente establecidos en las asignaturas que se dan de alta. En este sentido, nuestro objetivo es que Cooperaedulab permita al usuario consultar de manera dinámica y recuperar información sobre asignaturas y su vinculación con las correspondientes titulaciones en las que es esperable que se alcance un resultado de aprendizaje directamente vinculado con los resultados específicos del proyecto colaborativo.

Las universidades ofrecen en acceso abierto las guías docentes, en las que es preceptivo que queden detallados competencias y resultados de aprendizaje. Por tanto, si un usuario de nuestra plataforma en el periodo de planificación desea buscar colaboradores, junto a una búsqueda por perfil sujeto, debería poder efectuar una búsqueda para cursar invitación a responsables de asignaturas en las que se espera que se alcancen resultados de aprendizaje compatibles con los objetivos del proyecto. La plataforma funcionará como facilitadora de la tarea de búsqueda y como herramienta exploratoria para el análisis correlacionado de los resultados de aprendizaje entre universidades. Al implementar el sistema de búsqueda sobre resultados de aprendizaje, Cooperaedulab favorecerá el contacto con los profesores responsables de las asignaturas y permitirá crear un sistema de mensajería para invitarlos a participar en un determinado proyecto. En estos momentos, la plataforma se encuentra en desarrollo como parte de la asignatura de Trabajo Fin de Grado en Ingeniería Multimedia de la Universitat de València.

En relación con la promoción de proyectos piloto, durante el curso 2021–2022 hemos conformado un equipo interdisciplinar para afrontar la edición digital multilingüe y multimedia de *La Azucena de Etiopía*, un drama barroco que adapta y reelabora, en códigos cristianos, el mito de Andrómeda y Perseo. La pieza se compuso a instancias del Virrey y Capitán General de Valencia, Antonio Pedro Álvarez de Osorio, Marqués de Astorga y de San Román, en el contexto de la concesión de la Octava a la Inmaculada Concepción que otorgó Alejandro VII a finales de 1664. La compañía de José de Garcerán representó la obra, con escenografía de José Caudí, el 7 de febrero de 1665 en la Casa de Comedias de la Olivera de Valencia. Francisco de la Torre y José Arnal de Bolea compusieron *La Azucena de Etiopía* en colaboración y el primero de ellos incluyó la publicación de la pieza en la relación de las fiestas que publicó en 1665 con el título *Luces de Aurora*. Además, en la BNE (signatura MSS/16844) se conserva una copia manuscrita fechada en 1696, que presenta variables significativas con respecto a la versión impresa, editada por Giovanni Cara (2006).

El trabajo en torno a esta obra nos proporciona un contexto óptimo para desarrollar estrategias que permiten afrontar el proceso formativo mediante un proyecto que da respuesta a un problema concreto, y en el que se combinan aprendizajes específicos de carácter disciplinar y acciones basadas en la cooperación. Para ello, se ha conformado un equipo de estudiantes de distintas áreas que construirán de manera colaborativa una edición digital multimedia de la obra en la que tengan cabida todos aquellos elementos que permitan explorar y analizar la obra tanto desde la perspectiva contextual de su producción, como desde su recepción e interpretación en nuestro horizonte actual. En el diseño del proyecto, hemos tomado en consideración el componente verbal, musical, visual y auditivo, y nos hemos propuesto poner en práctica, ejecutar y evaluar la metodología del aprendizaje colaborativo por proyectos interdisciplinares en un marco internacional. Participan estudiantes de Filología, Musicología, Ingeniería Informática, Diseño, Arte Dramático y Traducción.

Los objetivos didácticos específicos que perseguimos son:

- OE1. Reunir, analizar y evaluar los distintos modelos de ediciones digitales disponibles.
- OE2. Aplicar los conocimientos propios de cada especialidad para definir el conjunto de requisitos que debe tener el objeto digital que se pretende crear colaborativamente.
- OE3. Seleccionar y discriminar bibliografía crítica pertinente para compartir en los equipos de trabajo multidisciplinares.
- OE4. Establecer dinámicas de trabajo cooperativo, con asignación y distribución de roles.
- OE5. Formular preguntas de investigación concretas sobre aspectos de la obra que se va a editar, a las que se ha de dar respuesta desde áreas de especialidad distintas.
- OE6. Exponer resultados de investigación de cada área y preparar materiales de trabajo en un contexto de debate interdisciplinar que fomente el *peer tutoring*.
- OE7. Participar activamente en la elaboración de los materiales finales que se han de ofrecer como resultados del proyecto en la edición digital multimedia y multilingüe.

En estos momentos, el equipo ha presentado los primeros resultados de esta edición que se encuentra en desarrollo y cuya publicación está prevista para diciembre de 2023. La experiencia nos ha permitido identificar necesidades específicas a las que debe dar respuesta la plataforma Cooperaedulab para mejorar el reconocimiento de los resultados de aprendizaje y fortalecer las dinámicas de cooperación entre instituciones de educación superior de distintos países. Así sucede, en nuestro caso, cuando nos hemos planteado tareas paralelas como la edición y traducción del texto, por parte de las distintas universidades participantes en el proyecto. Asimismo, el proyecto nos ayuda a definir los requisitos que sería esperable que cumpliera la plataforma Cooperaedulab para contribuir a mejorar la coordinación en todas las fases del desarrollo del modelo de aprendizaje colaborativo por proyectos interdisciplinares.

REFERENCIAS BIBLIOGRÁFICAS

Ausubel, D. (1976). *Psicología educativa: un punto de vista cognoscitivo*. Trillas.

Belda-Medina, J. (2018). El impacto del aprendizaje basado en proyecto (PBL) sobre las destrezas lingüísticas y digitales de los estudiantes de Educación en ESL y CLIL. En R. Roig-Vila (Ed.), *El compromiso académico y social a través de la investigación e innovación educativas en la Enseñanza Superior* (pp. 1033–1042). Octaedro. http://hdl.handle.net/10045/84990

Bellver Moreno, M. C., Bakieva, M., y De Ramón Felguera, D. (2020). El Proyect3ES como metodología transdisciplinar de aprendizaje por proyectos en el Grado de Educació Social. Plan de evaluación y valoración del alumnado. En *Libro de actas. VI Congreso de Innovación Educativa y Docencia en Red. In-Red* (pp. 449–463). UPV. http://dx.doi.org/10.4995/INRED2020.2020.11990

Beltrán Llera, J. (1993). *Procesos, estrategias y técnicas de aprendizaje*. Síntesis.

Bloom, B. (1956). *Taxonomy of Educational Objectives*. Longmans.

Cara, G. (Ed.) (2006). *La Azucena de Etiopía*, de Francisco de la Torre y José Arnal de Bolea. Alinea.

Furco, A. (1996). Service-learning: A balanced approach to experiential education. *Expanding Boundaries: Serving and Learning*, (1), 1–6.

García-Chitiva, M. P. (2021). Aprendizaje colaborativo, mediado por internet, en procesos de educación superior. *Revista Electrónica Educare (Educare Electronic Journal)*, *25*(2), 1–19. https://doi.org/10.15359/ree.25-2.23

Hernández-Sellés (2021). Herramientas que facilitan el aprendizaje colaborativo en entornos virtuales: nuevas oportunidades para el desarrollo de las ecologías digitales de aprendizaje. *Educatio Siglo XXI*, *39* (2), 81–100. https://doi.org/10.6018/educatio.465741

ISTE (2008). *National educational technology standards for students*. International Society for Technology in Education.

Kokotsaki, D, Menzies, V., y Wiggins, A. (2016). Project-Based Learning: A review of the literatura. *Improving Schools 19*(3), 267–277.

Leyva Cordero, O., Ganga Contreras, F., Tejada Fernández, J., y Hernández Paz, A. A. (2018). *La formación por competencias en la Educación Superior: Alcances y limitaciones desde referentes de México, España y Chile*. Tirant lo Blanch.

López García, J. C., y Sánchez Molano, B. (2010). Herramientas de trabajo para proyectos colaborativos, https://eduteka.icesi.edu.co/modulos/10/305/1121/1

Maldonado Pérez, M. (2008). Aprendizaje basado en proyectos colaborativos. Una experiencia en Educación Superior. *Laurus. Revista de Educación, 14*(28), 158–180.

Martínez, M. (Coord.) (2008). *Aprendizaje servicio y reponsabilidad social de las universidades.* MEC-Octaedro.

Mayor Paredes, D., y Granero Andújar, A. (2021). *Aprendizaje-servicio en la universidad.* Editorial Octaedro.

Medialab Prado (2019). *Democracias Futuras. Laboratorio de inteligencia colectiva para la participación democrática.* https://archive.org/details/DemocraciasFuturasLICPD

Morales Bueno, P. (2018). Aprendizaje basado en problemas (ABP) y habilidades de pensamiento crítico, ¿una relación vinculante? *Revista Electrónica Interuniversitaria de Formación del Profesorado, 21*(2), 91–108. http://dx.doi.org/10.6018/reifop.21.2.323371

Puig, J. M., Battle, R., Bosch, C., y Palos, J. (2007). *Aprendizaje servicio: Educar para la ciudadanía.* Octaedro.

Querejazu Leyton, P. (2003). La apropiación social del patrimonio. Antecedentes y contexto histórico. *Patrimonio Cultural y Turismo*, (20), 42–53. www.cultura.gob.mx/turismocultural/cuadernos/pdf20/articulo2.pdf

Ricaurte, P., y Brussa, V. (2017). Laboratorios ciudadanos, laboratorios comunes: repertorios para la pensar la universidad y las Humanidades Digitales. *Liinc em Revista, 13*(1), 29–49. https://doi.org/10.18617/liinc.v13i1.3758

Romero-Frías, E., y Robinson-García, N. (2017). Laboratorios sociales en universidades: Innovación e impacto en Medialab UGR. *Comunicar*, (51), 29–38. https://doi.org/10.3916/C51-2017-03

Rubio, L., y Escofet, A. (Coords.) (2017). *Aprendizaje-servicio (ApS): claves para su desarrollo en la universidad.* Octaedro-Universitat de Barcelona.

Said, E. (2006). *Humanismo y crítica democrática. La responsabilidad pública de escritores e intelectuales.* Random House Mondadori.

Sánchez Nogales, E. (2019). ComunidadBNE: crowdsourcing at the National Library of Spain. Paper presented at IFLA WLIC 2019 - Athens, Greece - Libraries: dialogue for change in Session 181. http://library.ifla.org/id/eprint/2560

Sánchez Nogales, E. (2020). ComunidadBNE, la plataforma colaborativa de la Biblioteca Nacional de España. *Intensiu digital* https://www.recercat.cat/bitstream/handle/2072/376485/ICD5_BNE_ESanchez.pdf?sequence=1

Sánchez-Enciso, J. (2009). El derecho a la palabra y el gozo de compartirla. *Cuadernos de pedagogía*, (391), 52–55.

Sigmon, R. L. (1979). Service-learning: three Principles. Synergist. National Center for Service-Learning. *Action 8*(1), 9–11.

Triviño Cabrera, L. (2016). Propuestas desde la metodología aprendizaje/servicio para fomentar el interés por la educación patrimonial en la formación del profesorado. *International Journal of Educational Research and Innovation*, (5), 1–13.

Vigotsky, L. (1981). *Pensamiento y Lenguaje*. La Pléyade.

Vila Merino, E. S. (2005). Mundo de la vida y cultura la educación como acción ética e intercultural. *Teoría de la educación*, (17), 81–96.

La disponibilidad léxica en la creación de los Lexicones Emocionales, aplicaciones en el diseño de clases con las HD

Pedro SALCEDO LAGOS

Universidad de Concepción
psalcedo@udec.cl
https://orcid.org/0000-0002-1741-714X

Gabriela KOTZ GRABOLE

Universidad de Concepción
gkotz@udec.cl
https://orcid.org/0000-0001-5300-7669

Óscar BLANCO CORREA

Universidad de Concepción
oscareliablanco@udec.cl
https://orcid.org/ 0000-0002-9342-2741

Resumen: El presente trabajo explica cómo utilizar el léxico emocional en el aula de clases. Luego de presentar una descripción de cómo las emociones se relacionan con la educación, de la influencia que tienen las tecnologías en la generación de emociones y de la técnica de disponibilidad léxica, presentamos un caso de estudio, donde explicamos cómo se ha aplicado el test de disponibilidad a un grupo de estudiantes universitarios y cómo se han realizado los análisis correspondientes para determinar las emociones del grupo. Finalizamos con la propuesta de la creación de un diseño instruccional que incorpore las emociones en el aula de clases.

Palabras clave: Disponibilidad léxica. Emociones. Educación. Humanidades digitales. Diseño instruccional

1. EDUCACIÓN Y EMOCIONES

Diversos autores han reportado la importancia de los factores afectivos en la construcción de conocimientos (Rokeach, 1968; Green, 1971; McLeod, 1992; Chacón, 1997; Grootenboer y Marshman, 2016). Este hecho ha despertado un mayor interés por el estudio de la emoción en la educación (Hargreaves, 1998) y la necesidad de integrar la dimensión emocional en los procesos de enseñanza-aprendizaje.

Para la articulación de estos aspectos es clave que se definan brevemente las emociones. Chacón (1997) ha indicado que estas pueden ser entendidas como respuestas afectivas temporales e inestables que emergen en una situación específica. Fernández-Berrocal y Ruiz (2008) añaden que es necesario de que las personas tengan la capacidad para atender y entender sus emociones. Hacerlo significaría que pueden experimentar de manera clara sus sentimientos, así como comprender sus propios estados de ánimo, tanto negativos como positivos. Estas acciones influirían de manera decisiva sobre la salud mental del individuo y, por ende, su rendimiento académico.

Estas propuestas sugieren que las emociones poseen un valor, hasta hace poco desestimado en la vida de un individuo. Y en el proceso de enseñanza-aprendizaje no es la excepción, tal como lo ha indicado Pekrun (2006), quien afirma que el vínculo entre las emociones y el aprendizaje se debe a su carácter motivador, orientador, promotor y sostén de cambios. Esta aseveración ha sido corroborada en el estudio de Bisquerra (2009), quien declara que las emociones generan una predisposición a una respuesta organizada de las personas ante una situación particular, por ejemplo cuando se aprende algún tópico, oficio o lengua.

En esta misma línea, García (2012) afirma que las emociones no actúan de manera independiente, ya que implican una resignificación de eventos o sucesos. Por lo tanto, es posible comprender que tanto emoción como cognición son recíprocas. Así, el autor indica que la formación del carácter humano como un ser integral requiere que la educación considere ambos componentes.

Lo anterior adquiere sentido si se toma en cuenta que el aprendizaje no se constituye en un constructo exclusivamente individual y racional. Al contrario, posee un componente social y afectivo (Bisquerra, 2009) que se ve influenciado por las apreciaciones y valores que maneja un grupo determinado. En estos elementos, las emociones juegan un papel relevante debido a que se conjugan con la cultura y el contexto.

De esta forma, la educación ha de considerar los aspectos antes señalados, puesto que las emociones tienen una rol relevante en todas las dimensiones de la existencia humana (Dueñas, 2002). Evidentemente, esta situación implica una mayor complejidad en la educación. No obstante, se debe tener presente que no hay aprendizaje o pensamiento fuera del umbral de lo emocional (Casassus, 2006).

Huertas y Montero (2003), de algún modo, constatan lo esgrimido en el párrafo anterior al señalar que si la persona determina la causa de una dificultad percibida ante una situación dada, sea esta interna o externa, permanente o pasajera, se desencadenan dos procesos en paralelo, uno cognitivo y otro emocional. De hecho, las emociones y sentimientos influyen en la adquisición de los conocimientos según la necesidad o interés que despierten en la persona, evidenciando, de esta manera, que todo lo que se hace, se piensa, se imagina o se recuerda, es posible por cuanto razón y emoción trabajan conjuntamente, mostrando una interdependencia entre ambas (Martínez, 2009). Una prueba de ello se puede ver a través de la disponibilidad léxica. Sobre este ítem se detalla a continuación.

2. DISPONIBILIDAD LÉXICA Y EMOCIONES

Las unidades léxicas revelan el entramado e imaginario psicosocial de un grupo de hablantes. Estas pueden servir como un instrumento para la comprensión intelectual, moral y emocional de un grupo de hablantes en un espacio y tiempo determinados. En ese sentido, un hablante competente tendría la capacidad de reconocer, aprender, recuperar y relacionar distintas lexías a nivel oral y escrito. Esto implica la conjunción de aspectos relacionados con la riqueza de vocabulario, el grado de dominio léxico de un sujeto o grupo y el entendimiento del contexto social que debe ser considerado para lograr el éxito en la comunicación. (Álvarez de Miranda, 2009; Jiménez-Catalán, 2002; Gómez, 2002).

Así, la competencia léxica de un individuo ha sido catalogada como un proceso mental de ordenamiento en la que intervienen categorías cognitivas como los conceptos mentales que se encuentran almacenados en el cerebro. En este espacio se almacenan, ordenan y recuperan las piezas léxicas en el momento y contextos necesarios y a los que se les ha llamado lexicón mental (Aitchison, 1994; Hernández Muñoz, 2006).

De igual modo, se ha entendido la competencia léxica como la capacidad para recuperar de manera eficiente estas piezas léxicas y como la habilidad de acceder a una red de conexiones entre unas y otras lexías, así como expresiones lingüísticas. Asimismo, mediante esta el hablante es capaz de proyectar su conocimiento léxico en el mundo real cuando es capaz de nombrar con una lexía adecuada un objeto o circunstancia. También, se observa cuando puede aplicar una unidad léxica ante una circunstancia adecuada.

Ahora bien, una de las formas para observar cómo se organiza el lexicón mental es a través de la disponibilidad léxica, teoría y metodología que les ha permitido a diversos investigadores exponer las relaciones semánticas entre las unidades léxicas obtenidas mediante una prueba o test para acceder al léxico latente de un grupo de informantes. Estos estudios han logrado que se elaboren perspectivas e interpretaciones de los resultados obtenidos desde las parcelas psicolingüísticas, cognitivas, sociolingüísticas, lexicológicas, pedagógicas, entre otras. (Paredes, 2012; Hernández, Izura y Ellis, 2006; Urzúa, Sáez y Echeverría, 2006; Ávila y Villena, 2010; Ferreira y Echeverría, 2010).

Para comprender cómo se llega a estas miradas, se debe entender que la disponibilidad léxica asevera que el hablante tiene a su disposición un sinnúmero de palabras (lexías) que utiliza en sus discursos tanto orales como escritos. Estas se constituyen en el léxico disponible a nivel mental que pueden realizar de manera concreta solo cuando las circunstancias lo requieren.

Para obtener este léxico disponible, se recurre a pruebas asociativas o tests confeccionados con estímulos conocidos como "centros de interés". Estos incentivan a los hablantes a proporcionar la mayor cantidad de unidades léxicas disponibles sobre los tópicos que se les pide. De esta forma, se consigue el lexicón mental de los informantes. Cabe aclarar que estas lexías disponibles solo aparecen cuando las circunstancias comunicativas lo exigen.

En el caso de la presente investigación, que ahonda en la relación entre educación y emociones, se ha pensado que a través de la disponibilidad léxica se puede establecer ese vínculo. Esta premisa encuentra asidero en lo dicho en los párrafos anteriores, además de ser un método idóneo para la recopilación de las unidades léxicas que muestre cómo los estudiantes verbalizan sus emociones y con ello las experiencias que están relacionadas con estas.

Para ello, en esta propuesta se han utilizado los test de disponibilidad léxica con centros de interés asociados a las emociones. Las respuestas que se obtengan se pueden explicar a través de la estadística que posee este método. Al mismo tiempo, con las lexías disponibles se puede observar cómo se establecen las redes de conocimiento en la mente de los hablantes. Asimismo, se espera saber cuáles son las palabras más latentes que emergen del grupo y se relacionan con el contexto y el tiempo actual. Por último, los resultados obtenidos permitirán proponer estrategias didácticas que incorporen las emociones del estudiantado con la tecnología y apuntar así a una mayor efectividad en el aprendizaje.

3. TECNOLOGÍA Y EMOCIONES

El advenimiento de la tecnología actual ha propiciado en muchos casos admiración, y en otros temor. Este último se ha percibido en la educación, particularmente cuando se sugiere el empleo de las llamadas Tecnologías de información y Comunicación (TIC), las cuales son percibidas con cierta reticencia. Es importante aclarar que no son un sustituto del docente, sino una herramienta con diversas características con la que se puede contar y que permiten personalizar la enseñanza y con ello el logro de aprendizajes significativos. De igual modo, se ha pensado que mediante el uso de las TIC se puede motivar y emocionar al estudiante de acuerdo a sus necesidades y características personales.

Lo anterior cobra valor cuando se piensa que el profesor se enfrenta en el aula de clases a gran variedad de estudiantes, cada uno con un cúmulo de conocimientos previos sobre el mundo, con características psicológicas y sociales que los hacen únicos y a lo que se le añade las emociones experimentadas en su ámbito personal, así como al escolar. Esta diversidad hace imposible una personalización de la enseñanza, pues al profesor le resulta inmanejable esta gran cantidad de variables para generar secuencias de aprendizaje adecuadas a las necesidades de cada estudiante en particular.

Para aminorar esta problemática, las TIC han sido una herramienta que ha demostrado su eficiencia en la personalización. Un ejemplo de ello se puede ver a través de la reproducción de un simple video que es posible mirarlo tantas veces como se necesite, hasta sistemas complejos que llevan registros de los tiempos de estudio. Este recurso tiene diversas contribuciones: desde la evaluación de los conocimientos previos hasta pruebas de diagnósticas. Asimismo, se puede indagar en los logros y estilos de aprendizaje, los tipos de inteligencia y las emociones presentes en los estudiantes.

Además, las TIC pueden vincular de forma eficiente diversos medios en una actividad con una repercusión en las emociones y en el léxico. Para ello, los últimos avances como la realidad virtual, la realidad aumentada o la gamificación tienen un papel importante, ya que permiten generar motivación y emociones adecuadas a las necesidades de cada individuo y, así, eliminar aprehensiones y cambiar las creencias o prejuicios que se tienen con respecto a un objeto de estudio en particular.

Todo lo explicitado en los párrafos anteriores permite indicar que en el presente trabajo se estudia la creación de lexicones emocionales a través de la disponibilidad léxica y la articulación con las TIC. Con los resultados obtenidos se pretende generar una estrategia que posibilite la personalización de las TIC a las necesidades emocionales de cada individuo. Para tal fin se ha apelado al método de disponibilidad léxica que se explica a continuación.

4. CASO DE ESTUDIO: METODOLOGÍA PARA LA RECOLECCIÓN Y ANÁLISIS DEL LEXICO EMOCIONAL DE ESTUDIANTES UNIVERSITARIOS

En este apartado se procede a detallar los aspectos metodológicos de la investigación. Entre ellos se destacan cómo se han confeccionado los centros de interés, los sujetos de estudio, los criterios que se han seguido para la depuración de los datos una vez obtenidos, así como los elementos de análisis.

4.1. La confección de los centros de interés

Se ha indicado que el método seleccionado ha sido la disponibilidad léxica. Este comprende pruebas asociativas o test con centros de interés. Ejes temáticos y/o semánticos que permiten a los sujetos de estudios producir la mayor cantidad de lexías posibles. En el caso de la presente investigación se recopila el léxico de las emociones. Para tal fin, se han seleccionado siete emociones: rabia, alegría, tristeza, miedo, sorpresa, amor y asco.

La elección de estas emociones para la confección de los centros de interés se ha debido a que son las más frecuentes y recurrentes. Además, pueden aportar mayor riqueza al estudio, de acuerdo con Maureria y Sánchez (2011), Bisquerra et al. (2015), Morgado (2010) y Bourdin (2015). Una vez que se ha construido el test de disponibilidad léxica, se ha aplicado a estudiantes de las Facultad de Educación y Facultad de Humanidades y Arte de la Universidad de Concepción de las carreras mencionadas más arriba.

4.2. Sujetos de estudio y muestra

Los sujetos del estudio son estudiantes de la Universidad de Concepción, específicamente de la Facultad de Educación y Faculta de Humanidades y Arte. Las carreras han sido diversas. Estas son Pedagogía en Educación Diferencial, Pedagogía en Historia y Geografía, Pedagogía en Matemáticas, Traducción/Interpretación en Idiomas Extranjeros y Artes Visuales.

La muestra ha estado compuesta por 117 personas entre mujeres y hombres. La edad va entre los 17 y los 24 años. Debido la contingencia de *toma* de las facultades[1], El test ha sido enviado por correo electrónico. Este ha consistido en un *link* que cuenta con un temporizador. Así los sujetos de estudios disponen de 2 minutos para responder cada centro de interés. El total de tiempo de duración del test ha sido de 14 minutos.

4.3. Tiempo en que ha estado abierta la encuesta, recopilación y procesamiento de los datos

El test de disponibilidad léxica ha permanecido abierto durante el mes de junio de 2019. Pasado este tiempo se ha cerrado y los datos recogidos se han vaciado de manera automática en una hoja de formato Excel. Posteriormente, se han ordenado en un bloc de notas para su análisis con el software Dispogen II. Antes, se ha procedido a la edición de datos establecida según el protocolo del Proyecto Panhispánico de Disponibilidad Léxica, que ha sido replicado por autores como Hernández Muñoz (2006) y López González (2014).

4.4. Criterios de la edición de datos

1) Eliminación de unidades léxicas repetidas: se han suprimido las lexías repetidas de un mismo campo léxico (centro de interés). En el caso de las lexías abreviadas, se han reemplazado por la unidad léxica completa.
2) Corrección ortográfica: se han reparado las unidades léxicas que presentaban errores ortográficos. Estas se han adecuado según las normas de la Real Academia Española (RAE).
3) Unificación ortográfica: se han adoptado una sola entrada para aquellas lexías con doble grafía.
4) Neutralización de las variantes flexivas (lematización): se ha optado por la forma no marcada (verbos en infinitivo, sustantivos en masc./fem. sing.). De igual modo, se ha conservado el plural de las lexías que así lo ameritaban. También se han respetado los usos dialectales y sociolectales.
5) Unificación de los derivados regulares: se han suprimido los diminutivos o aumentativos, al menos que estuviesen lexicalizados.

1 Las tomas son una suerte de paro estudiantil. Esta se produce debido a que los estudiantes demandan una serie de derechos. Para lograrlo, deciden en muchos casos irse a huelga y tomar las instalaciones para evitar el desenvolvimiento de las actividades académicas.

Aunado a estos criterios, se ha tomado lo señalado por Hernández Muñoz (2006) "mantener la mayor cantidad posible de información aportada por los hablantes" (p. 274). Esta premisa permite conservar de forma íntegra el corpus. Aplicadas estas directrices, se han examinado los elementos para el análisis cuantitativo y cualitativo.

4.5. Elementos para el análisis cuantitativo

Se ha señalado que la metodología de la disponibilidad léxica cuenta con elementos de tipo cuantitativo y cualitativo para el análisis del corpus recopilado. Para el primero, se han tomado estadígrafos con los que cuenta método entre los que se cuentan:

a) Índice de disponibilidad léxica: se entiende como la cuantificación de las unidades léxicas que primero llegan a la memoria. Explica la relación entre conocimiento y producción del léxico.
b) Promedio de respuesta: consiste en la medición de la riqueza léxica de los distintos centros de interés y de los hablantes de forma individual.
c) Número total de palabras: se refiere a la cantidad total de lexías que conoce el grupo de hablantes consultado.
d) Número de vocablos: son las unidades léxicas distintas y que se han generado en los centros de interés. Asimismo, muestra las divergencias entre estos, lo que permite observar las características sociológicas de los hablantes.
e) Índice de cohesión: refleja la coherencia semántica existente entre los centros interés y la coincidencia de las respuestas entre los informantes.

4.6. Elementos para el análisis cualitativo

La disponibilidad léxica no solo da cuenta de los aspectos estadísticos. También, contribuye con el análisis cualitativo. Particularmente, en esta investigación se ha optado por hacerlo desde la lexicología. Un elemento que se debe tomar en cuenta ha sido clasificar las lexías emocionales de acuerdo con la clasificación de Pottier (1976). Dicha clasificación comprende las lexías simples, lexías compuestas y lexías complejas.

Otro aspecto que se puede observar y analizar desde la disponibilidad léxica es la categorización de las unidades léxicas emocionales en a) expresivas, b) descriptivas y c) figurativas, de acuerdo los fundamentos de Kövecses, Palmer y Dirven (1999) citados por Grünewald Soto y Osorio (2010). Se ha pensado que desde esta mirada se pueden explicar el objeto de estudio planteado. Para observarlos, se ha dispuesto de un apartado con los resultados obtenidos.

5. RESULTADOS

Los resultados de esta investigación poseen una doble vertiente: cuantitativa y cualitativa. La primera da cuenta de los aspectos estadísticos de la metodología de la disponibilidad léxica y la segunda de la estructuración del léxico de acuerdo a la lexicología. A continuación se presenta en primer lugar el aspecto cuantitativo.

5.1. Aspectos cuantitativos del léxico de las emociones

Mediante el test de disponibilidad léxica, se ha obtenido un total de 11 592 unidades léxicas. Esta metodología ha evidenciado la riqueza léxica que poseen los estudiantes de la UdeC. Dicha riqueza se puede evidenciar en el siguiente cuadro en que se encuentran los principales estadígrafos:

Cuadro 1. Índices generales

Centro de Interés	**Rabia**	**Sorpresa**	**Amor**	**Alegría**	**Miedo**	**Tristeza**	**Asco**
Total de Palabras	781	617	963	758	721	695	564
Número de Vocablos	395	326	427	414	391	365	341
Promedio de Palabras	6,563	5,184	8,092	6,369	6,058	5,840	4,739
Índice de Cohesión	0,016	0,016	0,019	0,015	0,015	0,016	0,013

Se puede ver en el cuadro 1 lo productivos que han sido los centros de interés construidos a partir de las emociones. Cobra mucho valor este hecho, ya que las emociones suelen ser abstractas. No obstante, los centros de interés han propiciado que se tangibilice y sirva de estímulo para que los hablantes, estudiantes de la UdeC, se refieran a ellas a través de las unidades léxicas. Esto significa que las emociones pueden verbalizarse y que el léxico es un vehículo para ello.

Particularmente, el centro de interés "amor" ha sido el eje semántico que más aporta lexías con un total de 963 unidades léxicas. Se interpreta de este dato que esta emoción positiva (Bisquerra et al., 2015) propicia, aparentemente, en los hablantes la posibilidad de emplear más lexías. De igual modo, por tratarse de una emoción que se encuentra asentada en la cultura occidental, posiblemente resulta más sencillo para los hablantes disponer de unidades léxicas para nombrar o calificar la experiencia emocional "amor".

Otro centro de interés que también ha sido productivo en el ítem total de palabras ha sido "rabia". Este ha aportado 781 unidades léxicas. Llama la atención que sea el segundo centro de interés más productivo si se toma en cuenta que "amor" es el primero. Posiblemente, esto se debe a lo dicho por Maureria y Sánchez (2011), Morgado (2010) y Bisquerra et al. (2015), que la definen como una emoción básica e innata en los seres humanos. Asimismo, se puede pensar que las unidades léxicas de las que disponen los hablantes les permite exteriorizar y mostrar su enojo ante una situación.

El tercer centro de interés con mayor productividad es "alegría", otra emoción positiva de acuerdo a la teoría consultada. Este centro de interés ha aportado un total 758 palabras. También resulta interesante la cantidad de unidades léxicas de que los hablantes disponen para evidenciar esta emoción, ya que suele exteriorizarse a través de los gestos faciales.

Por su parte, el centro de interés "asco" ha aportado un total de 564 palabras. Al comparársele con los otros centros de interés se puede ver que es el menos productivo, ya que "miedo", con 721; "tristeza", con 695, y "sorpresa", con 617 palabras totales, han tenido una constante de por lo menos 600 palabras. Es probable que la poca cantidad de lexías en el centro de interés "asco" se ha debido a que como emoción se experimenta más desde la corporeidad y la gestualidad.

Pese a lo dicho anteriormente, se puede destacar la cantidad lexías de las que los hablantes disponen para dar cuenta de esta emoción, así como la capacidad léxica que poseen para referirse a esta. Una vez que se han revisado el total de palabras conviene que se observe otro dato importante: el número de vocablos. El centro de interés que tiene la mayor cantidad de vocablos nuevamente es "amor", con 427. Este dato puede ser una muestra del entramado sociocultural que presentan los hablantes y la forma de cómo perciben una emoción como el amor.

El segundo centro de interés que posee una cantidad interesante de vocablos es "alegría", con 414. Llama la atención que sea esta emoción la que sigue después de "amor" si se toma en cuenta que en el anterior ítem, "rabia", es la tercera. Se puede interpretar de estos datos que ambas emociones, al ser positivas, probablemente generen mayores opciones para los hablantes al momento de referirse a ellas. Asimismo, el número de vocablos indica la riqueza existente en estos centros de interés.

Por otra parte, los centros de interés "rabia" y "miedo" poseen 395 y 391 vocablos respectivamente. No es casual que al ser emociones negativas presenten un número de vocablos cercano y pocas diferencias entre sí. Es probable que esta cercanía se deba a la relación existente, puesto que el temor puede llevar al enojo y viceversa.

Es llamativo que, en el número de vocablos, el centro de interés "asco" (341) aporte más vocablos que "sorpresa" (326) y se encuentre cercano a "tristeza" (365). Este hecho contrasta con el número de total de palabras que ha arrojado, lo que evidencia su diversidad y la capacidad que tienen los hablantes para referirse a esta emoción con lexías distintas. Esto demuestra que este segundo ítem de disponibilidad léxica muestra el caudal léxico para referirse a un tema determinado, en este caso, el de las emociones.

En cuanto al ítem promedio de palabras, una vez más el centro de interés "amor" presenta un número alto, con 8,092, sin duda alguna el que mayor profusión léxica posee con respecto a los otros centros de interés. Asimismo, evidencia que los hablantes están más dispuestos a emplear los distintos recursos léxicos de los que disponen para referirse a esta emoción en las distintas situaciones en que se encuentren.

El segundo centro interés con un promedio de respuesta alto es "rabia", con 6,563. También se compagina con el ítem número total de palabras, aunque la diferencia es mínima con respecto a "alegría" (6,369), que ocupa el tercer lugar, y "miedo" (6,058), en el cuarto lugar. Ahora bien, se desprende también de la lectura del cuadro 1 la cercanía en el promedio de respuestas que existe entre los distintos centros de interés.

Así, "tristeza" (5,840) y "sorpresa" (5,184) también presentan un promedio respuesta cercano, lo que sugiere que están relacionados entre sí. Se puede inferir que las unidades léxicas disponibles por los hablantes pueden ser compartidas por ambos centros de interés y muestran una fertilidad léxica similar. Por su parte, el centro de interés "asco" (4,739) ha sido el que menos promedio ha tenido. Esta particularidad se puede deber, posiblemente, a la naturaleza de esta emoción, que más fácil exteriorizarla desde lo corporal y lo gestual que verbalizarla.

Para finalizar este análisis de los índices generales, es necesario revisar el índice de cohesión. Nuevamente, el caso del centro de interés "amor", como ha sido habitual en los otros ítems, es el que ocupa el primer lugar, con el 0,19, mientras que los otros centros interés presentan números similares. Así, "rabia", "sorpresa" y "tristeza" presentan el mismo dato: 0,16.

Por su parte, "alegría" y "miedo" poseen 0,15, y "asco" con 0,13 ocupa el último lugar. Este índice cohesión muestra que las relaciones de significados existente entre cada centro de interés, es decir, hay una relación de cercanía semántica entre algunos de ellos. De igual modo, es un reflejo de cómo los hablantes coinciden con sus respuestas para referirse a cada una de estas emociones.

5.1.1. Las unidades léxicas más disponibles por cada centro de interés

En este subapartado se detallan las unidades léxicas que se encuentran más disponibles por cada centro interés. En el siguiente cuadro se pueden observar las primeras diez unidades léxicas disponibles para los hablantes, las cuales indican que son las más pensadas y potencialmente pueden emplearse en una situación comunicativa.

Cuadro 2. Las palabras más disponibles por cada centro de interés

Rabia	Sorpresa	Amor	Alegría	Miedo	Tristeza	Asco
enojo	alegría	cariño	felicidad	terror	pena	vómito
frustración	asombro	felicidad	risa	angustia	soledad	repulsión
impotencia	inesperado	alegría	sonrisa	ansiedad	llanto	disgusto
injusticia	emoción	tranquilidad	amigo	temor	dolor	rechazo
ira	felicidad	abrazo	familia	soledad	llorar	repugnante
pena	miedo	ternura	emoción	oscuridad	angustia	suciedad
furia	regalo	comprensión	amor	pánico	lágrima	desagrado
estrés	susto	respeto	satisfacción	inseguridad	depresión	náusea
molestia	impacto	familia	tranquilidad	frío	decepción	desagradable
llanto	ansiedad	papá	contento	incertidumbre	perdido	repugnancia

En el cuadro 2 pueden observarse las primeras diez lexías disponibles que potencialmente pueden utilizarse en una situación comunicativa. Asimismo, se puede pensar que este ítem de la disponibilidad léxica evidencia la capacidad creativa y de asociación que una comunidad de habla establece de acuerdo al tema y hecho comunicativo. En este caso, los estudiantes de la UdeC verbalizan su experiencia emocional y para ello se pueden valer del léxico.

Ahora bien, de este cuadro se desprende cómo algunas lexías se repiten en varios centros de interés. Esto supone una vinculación entre las distintas emociones, lo que sugiere que comparten semas. La primera vinculación existente es entre los centros de interés "amor" y "alegría". No es de extrañar esta relación, puesto que son emociones positivas que, probablemente, compartan rasgos semánticos afines.

Así, se observa que ambos centros poseen las lexías 'felicidad' y 'familia'. Una posible interpretación sobre la aparición de estas unidades léxicas en ambos centros de interés es que ambas denotan afecto y al mismo tiempo el goce. De esta forma, los hablantes, aparentemente, disponen de estas unidades léxicas para asociar estas emociones y a la vez mostrar su imaginario.

La misma situación ocurre con los centros de interés "rabia" y "tristeza". Estos también comparten unidades léxicas: 'pena' y 'llanto'. Ambas emociones negativas se encuentran estrechamente relacionadas. Por lo tanto, se puede pasar de la primera a la segunda y viceversa según la situación en que se encuentre la persona. De este modo, la lexía 'pena' alude a dolor, aflicción y pesadumbre. Estas originan 'llanto' e impotencia, lo que podría provocarle a un hablante una "montaña rusa de emociones" que va desde el enojo a la desolación o desesperación.

Se ha podido ver que las distintas lexías que se encuentran en los centros de interés comparten relaciones semánticas. Esto significa que cada eje semántico comparte unidades léxicas que pueden evocar e implicar una relación de significado. Una evidencia de esta presuposición son los centros interés "sorpresa" y "amor". Dichos centros comparten lexías comunes como 'alegría' y 'felicidad'. Estas unidades léxicas poseen rasgos semánticos comunes como lo son el regocijo el júbilo o la exaltación.

Lo anterior supone que en ambos centros de interés concurren unidades léxicas que evidencian su relación en lo sémico. Otro ejemplo son los centros de interés "alegría" y "sorpresa", que tienen en común la unidad léxica 'felicidad'. Esta lexía supone una experiencia emocional en la que un hablante experimenta el júbilo ("alegría"). Este puede conjugarse con el asombro ("sorpresa") que se experimenta ante un hecho poco común.

Para finalizar este subapartado, se puede señalar que estas primeras unidades léxicas en cada centro de interés muestran la experiencia y conocimiento de los hablantes, los cuales se constituyen en los elementos para verbalizar las emociones. De igual modo, puede pensarse que estas lexías son las más representativas y con las que posiblemente se sienten más identificados.

5.2. Análisis de los resultados: Aspectos lexicológicos (Cualitativos)

Ya se ha dicho que le disponibilidad léxica permite un análisis cualitativo. Para efectos de este trabajo se ha pensado en los fundamentos lexicológicos, específicamente observar y explicar la tipología de lexías que se presentan en el corpus. Para tal fin, se ha recurrido a la clasificación de Pottier (1976), a saber, lexías simples, lexías compuestas y lexías complejas. En el siguiente cuadro se muestran algunas de las encontradas en el presente estudio.

Cuadro 3. Tipología de las lexías emocionales

Lexías simples	**Lexías compuestas**	**Lexías complejas**
Temblores (Miedo)	Escalofrío (Miedo)	Falta de conocimiento (Miedo)
Tolerancia (Amor)	Reojo (Amor)	Aprender lo que me apasiona (Amor)
Oculto (Sorpresa)	Sobresalto (Sorpresa)	Me dejái pa' dentro (Sorpresa)
Impotencia (Rabia)	Homofobia (Rabia)	Falta de comunicación (Rabia)
Soledad (Tristeza)	Sobreestimar (Tristeza)	Necesidad de apañe (Tristeza)
Regalos (Alegría)	Sobreestímulo (Alegría)	Comer sopaipillas (Alegría)
Machismo (Asco)	Antihigiénico (Asco)	Fruta cocida (Asco)

El cuadro 3 es una muestra pequeña de cómo los hablantes apelan a diferentes tipos de unidades léxicas para referirse a las emociones. Con ello se pueden observar varios aspectos: 1) la creatividad y originalidad para denominar o calificar una experiencia emocional, 2) el empleo de unidades léxicas de su cotidianidad para referirse a una emoción y 3) la presencia de lexías que se acerquen semánticamente al centro de interés determinado.

Una muestra de dicha creatividad son las lexías complejas *Me dejai pa dentro, Comer sopaipilla* y *Necesidad de apañe*. Estas se refieren a las emociones "sorpresa", "alegría" y "tristeza" respectivamente. Se observa claramente que estas unidades léxicas muestran la cotidianidad de los hablantes y para ello apelan a los usos propios del español de Chile como *apañe* para referirse a acompañar o apoyar, o *sopaipilla,* parte de la comida típica para dar cuenta del regocijo o alegría.

Por su parte *Me dejai pa dentro* funciona como un sociolecto que evidencia la mirada y forma de asumir y transparentar un hecho inesperado. Estas lexías complejas disponibles evidencian la cosmovisión de los hablantes y la asociación que realizan con una emoción determinada.

En cuanto a las lexías compuestas encontradas en el corpus, se puede observar que apelan a los recursos que les provee la lengua para construirla. Hecho esto, le permite formularla y relacionarla con la emoción determinada. Así, las lexías compuestas *homofobia* o *antihigiénico,* para referirse a "rabia" y "asco" respectivamente, permiten nombrar y calificar dichas emociones. De esta forma, esta tipología muestra el dinamismo del léxico y al mismo tiempo el carácter social de este componente, puesto que se apela a construcciones de uso diario para transparentar las emociones.

En cuanto a las lexías simples, las más numerosas, se observan *machismo, regalo* o *tolerancia.* Estas funcionan como sustantivos para nombrar las emociones "asco", "alegría" y "amor", respectivamente. Se ha podido ver en todo el corpus que estas tipologías léxicas son, potencialmente, fórmulas de denominación. Probablemente se deba a un recurso de economía lingüística por parte de los hablantes.

Esta tipologización ha permitido clasificar el léxico de las emociones en categorías expresivas, descriptivas y figurativas. En la primera categoría, se han encontrado algunas interjecciones como *pucha oh* para "sorpresa", *guácala* para "asco" y *bacán* para "alegría". Las lexías *pucha oh* y *bacán* son voces propias el español de Chile y se usan en las distintas situaciones comunicativas en las que se encuentra el hablante.

En el caso de la segunda categoría, la descriptiva, se ha encontrado la presencia de sustantivos y adjetivos para detallar las emociones que experimentan las personas. De esta forma, las lexías *suciedad* ("asco"), *ilógico* ("sorpresa"), *lindo* ("amor") y *jefe de carrera* ("rabia") sirven para caracterizar las experiencias emocionales de los hablantes en situaciones comunicativas en el contexto académico.

En la tercera y última categoría, la figurativa, se han observado unidades léxicas que muestran intensidad y fuerza, las cuales potencian o maximizan la emoción. Entre las encontradas están *fome* ("rabia"/"asco"), *olor a tierra cuando llueve* ("alegría") y *estoy plop* ("sorpresa"). Estas lexías aluden a la cosmovisión de los hablantes en cuanto a la percepción de las distintas emociones. Incluso incurren en expresiones idiomáticas para verbalizarlas.

5.3. Discusión de los resultados

Los párrafos anteriores han mostrado los resultados obtenidos a partir del método de disponibilidad léxica. Se ha observado que los hablantes del contexto estudiantil apelan a las lexías simples, compuestas y complejas para transparentar sus emociones. También se ha podido observar la presencia de variantes diatópicas del español de Chile, tales como *cuico, bacán* y *estoy plop*.

De igual modo, se ha percibido la presencia de sociolectos como *puta la weá* para referirse a la rabia, *qué penca esto*, para dar cuenta de la tristeza. Incluso, una misma unidad léxica les ha permitido a los hablantes señalar dos emociones distintas. Por ejemplo, la unidad léxica *felicidad* se ha empleado tanto para las emociones "alegría" como "amor". Esta misma situación ha ocurrido con otras emociones, a saber, "rabia" y "asco", que comparten la lexía *fome*.

Un aspecto que se debe mencionar es que en el corpus se han encontrado influencias de lenguas extranjeras a través de las unidades léxicas *cute* ("amor"), *nice* ("alegría") o *disgusting* ("asco"). Esto significa que los hablantes pueden emplear lexías foráneas para también dar cuenta de sus emociones y con ello transmitirlas de acuerdo al contexto comunicativo en que se encuentren. Vale indicar que se está en presencia del ámbito académico, de allí que aparezcan lexías como *echarse un ramo*, que significa reprobar ("miedo"), *la nefasta actitud del docente X* ("rabia"), *violencia de género* ("asco"), *neotokyo* ("tristeza") o *perder clase* ("miedo").

Todo lo anterior comprueba la dinámica del léxico y su función social. Además, convierte a este componente lingüístico en el más idóneo para transparentar las emociones que experimenta un grupo de habla. Entre sus características se puede mencionar que nomina, califica, describe o expresa las emociones experimentadas por los hablantes.

Por último, en el presente estudio se ha podido comprobar que la metodología de la disponibilidad léxica es idónea para recopilar el léxico de las emociones. Lo anterior encuentra asidero en la utilización y aplicación de los test conformados por 'centros de interés', es decir, de ejes temáticos que posibilitan la producción léxica. Estos han tenido una particularidad: su confección se basa en siete emociones, lo que ha permitido que los hablantes asocien y al mismo tiempo generen unidades léxicas emocionales, las bases para el diseño de clases basado en tecnología.

6. DISEÑO DE CLASES BASADO EN LAS EMOCIONES Y LA TECNOLOGIA

La necesidad de generar propuestas didácticas o diseños instruccionales que consideren las emociones ha llevado a buscar formas rápidas de determinarlas en un aula de clases. Se ha visto que la disponibilidad léxica es una herramienta que permite conocerlas de forma efectiva y rápida. Por ejemplo, si el objetivo es enseñar Geometría, bastará con solicitar a los alumnos las emociones que le vienen a la mente cuando piensan en esta área de las matemáticas. Este hecho permitirá conocer las emociones del grupo curso y con ello crear un diseño instruccional.

Un diseño instruccional basado en las emociones, que además considere las tecnologías en el modelo, resulta ser una herramienta óptima para lograr la adaptabilidad de la estrategia a las necesidades de cada estudiante. Esto se debe a que las tecnologías son una herramienta adecuada para que el docente permita que el estudiante avance a su propio ritmo o según sus características psicosociales, entre las cuales se encuentran las emociones.

Sin embargo, se ha percibido que el uso de las TIC en el aula de clases no ha resultado ser una tarea fácil, más aún el generar una estrategia que, unida a la selección de una tecnología, utilice además las emociones. Para medir esta capacidad de integrar las tecnologías se han venido utilizando diversos modelos, entre ellos el TPACK.

Mishra y Koehler (2006) y Koehler y Mishra (2008), basados en los trabajos de Shulman (1986), han propuesto un modelo para que los profesores puedan incorporar las TIC de forma eficaz, pero no se vean en forma separada de los conocimientos disciplinares y pedagógicos. Por lo tanto, requieren desarrollar tres tipos de conocimiento: tecnológicos, pedagógicos y disciplinares, de esta forma se podrán lograr aprendizajes significativos en los estudiantes. Lo propuesto por Koehler y Mishra (2008) se conoce como el modelo TPACK, *Technological Pedagogical Content Knowledge* (Conocimiento Tecnológico, Pedagógico y Disciplinario).

Lo relevante de este modelo es que resalta la importancia que debe tener el componente de la didáctica y su relación con otras variables curriculares. Cuestiona tajantemente que la formación o la capacitación de profesores, en lo que respecta al uso de las TIC, se centre solamente en temas tecnológicos e instrumentales (Cabero, 2014).

Koehler, Mishra y Cain (2015), al referirse al modelo TPACK, indican que "En el corazón de la buena enseñanza con la tecnología hay tres componentes nucleares: contenido, pedagogía y tecnología, además de las relaciones entre ellos mismos y entre todos ellos" (p. 13).

Considerando la pertinencia que tiene este modelo para la integración de las TIC en el aula, recogemos los elementos principales del Modelo TPACK unido a los aportes centrales de las taxonomías de Bloom para la era digital (Churches, 2008), que nos indican que se debe gestionar apropiadamente la incorporación de tecnologías en la enseñanza de conocimientos particulares para poder lograr aprendizajes más complejos, e incorporando la variable emocional, nos permitimos proponer un modelo, al que hemos bautizado como e-TPACK.

Modelo de e-TPACK

Emociones de los alumnos -> Objetivo de aprendizaje -> Contenidos -> Actividades -> Taxonomía (verbos) -> TIC -> Emociones asociadas a la actividad

Lo que se busca con e-TPACK es generar una secuencia de elementos didácticos que permitan utilizar los componentes de TPACK para ayudar en el diseño de una clase. Es decir, mediante una serie de pasos:

- Primero se necesita determinar las emociones que existen en un aula de clases al comenzar a diseñar la clase. Para esto, por ahora, nada mejor que un test de disponibilidad léxica, el cual en tan solo pocos minutos permitirá conocer las emociones que existen en el lexicón mental del grupo de alumnos. Posteriormente, se utilizará al elegir las actividades y tecnologías más apropiadas para el grupo curso e incluso para un estudiante en particular.

- Selección del objetivo y contenido asociados para tratar en una determinada temática, a saber, la que se debe desarrollar en el aula de clases.
- Se determina la actividad asociada, por ejemplo, realizar un tour virtual a los principales museos de Madrid, España, asociando una obra determinada a la Historia de España; posteriormente, determinar la distancia entre cada museo y la altura de una de las obras que más le guste para, finalmente, compartir los resultados en su red social preferida.
- La taxonomía para la era digital no se enfoca en las herramientas y en las TIC, pues estas son apenas los medios. Se enfoca en el uso de todas ellas para recordar, comprender, aplicar, analizar, evaluar y crear.
- Identificación de las TIC asociadas a la actividad propuesta (Maps, Excel, Facebook o Instagram, Twitter, etc.).
- Determinar las emociones asociadas a la actividad que ha creado (interés, sorpresa, motivación por la historia, las matemáticas).

7. CONCLUSIONES

La pequeña propuesta que se ofrece en este capítulo sugiere intervenciones didácticas que se orienten a la construcción de conocimientos significativos, adaptables a las emociones y a las necesidades de los estudiantes, que tengan en cuenta el contexto de instrucción particular y en que los actores involucrados en la enseñanza/aprendizaje puedan sentirse parte de esta construcción.

El modelo e-TPACK presentado brevemente en este capítulo a través de esta propuesta didáctica se vislumbra como puerta hacia un nuevo paradigma educativo, que tiende a desarrollar los talentos individuales de los estudiantes construyendo conocimientos valiosos en un contexto educativo más saludable, sostenible y de menor ansiedad para todos los actores.

Por otro lado, la metodología de la disponibilidad léxica tiene mucho que aportar al momento de obtener información fiable acerca del léxico disponible de los hablantes, gracias a los centros de interés propuestos que ponen de manifiesto las emociones presentes en el grupo de estudio.

El léxico de las emociones obtenido muestra la dinámica comunicativa entre los hablantes de una comunidad en particular y de la manera de expresar, reflejar y exteriorizar emociones a través de las unidades léxicas.

Lo anterior quedó demostrado en el caso en estudio de los estudiantes universitarios. Este tipo de estudio permitió demostrar que las emociones están presentes de manera prominente en el estudiantado y que afectan de manera importante su vida cotidiana, su forma de percibir la experiencia y las relaciones con otros. Esto fue el aliciente necesario para la generación de un modelo que no solo considere el contenido disciplinar, sino también los contenidos pedagógicos y tecnológicos que actúen en sinergia con las emociones presentes en el grupo.

La creación de este modelo se justifica porque en el contexto estudiantil es necesaria la construcción de estrategias que permitan la creación de herramientas didáctico-pedagógicas con tecnología de avanzada que contribuyan al manejo adecuado de las emociones y así mejorar la convivencia, prevenir la escalación de los conflictos y lograr una mejor salud emocional a nivel individual y grupal.

REFERENCIAS BIBLIOGRÁFICAS

Aitchison, J. (1994). *Words in the mind: an introduction to mental lexicon.* Wiley-Blackwell.

Álvarez de Miranda, P. (2009). Neología y pérdida léxica. En E. de Miguel Aparicio (Ed.), *Panorama de la lexicología* (pp. 133–158). Ariel Letras.

Ávila, A., y Villena, J. (Eds.) (2010). *Variación social del léxico disponible en la ciudad de Málaga.* Editorial Sarriá.

Bisquerra, R. (2009). *Psicopedagogía de las emociones.* Síntesis.

Bisquerra, P., Pérez, J., y García, E. (2015). *La inteligencia emocional en la Educación.* Síntesis.

Blanco, O.; Salcedo, P., y Kotz, G. (2020). Análisis del léxico de las emociones: una aproximación desde la disponibilidad léxica y la teoría de los grafos léxicos. *Revista Lingüística y Literatura*, (78), 56–84.

Bourdin, G. (2015). *Las emociones entre Los Mayas. El léxico de las emociones en el maya yucateco.* Universidad Nacional Autónoma de México.

Cabero Almenara, J. (2014). Formación del profesorado universitario en TIC. Aplicación del método Delphi para la selección de los contenidos formativos. *Educación XX1*, *17*(1), 111–132. https://doi.org/10.5944/educxx1.17.1.10707

Casassus, J. (2006). *La educación del ser emocional.* Ediciones Castillo.

Churches, A. (2008). *Bloom's Digital Taxonomy.* Recuperado el 8 de abril de 2023, de https://www.researchgate.net/publication/228381038_Bloom's_Digital_Taxonomy.

Dueñas, M. (2002). Importancia de la inteligencia emocional: un nuevo reto para la orientación educativa. *Educación XX1*, (5), 77–96.

Echeverria, M.; Vargas, R.; Urzua, P. y Ferreira, R. (2008). DispoGrafo: una nueva herramienta computacional para el análisis de relaciones semánticas en el léxico disponible. *RLA. Revista de lingüística teórica y aplicada*, *46*(1), 81–91. https://dx.doi.org/10.4067/S0718-48832008000100005

Fernández-Berrocal, P., y Ruiz, D. (2008). La Inteligencia emocional en la Educación. *Revista Electrónica de Investigación Psicoeducativa*, *6.2*(15), 421–436.

Ferreira, R., y Echeverría, M. (2010). Redes semánticas en el léxico disponible de inglés L1 e inglés LE. *Onomázein*, (21), 133–153. https://doi.org/10.7764/onomazein.21.05

García, J. (2012). The emotional intelligence, its importantance in the learning process. *Revista Educación*, *36*(1), 97–109.

Gómez, J. (2002). La competencia léxica en el currículo de español para fines específicos (EpFC). En V. de Antonio et al. (Ed.), *Español para Fines Específicos: actas del II Congreso Internacional de Español para Fines Específicos (CIEFE)* (pp. 82–104). Ministerio de Educación, cultura y Deporte, Consejería de Educación y Ciencia en Bélgica, Países Bajos y Luxemburgo.

Green, T. (1971). *The activities of teaching*. McGraw-Hill

Gómez-Chacón, I. (1997). *Procesos de aprendizaje en matemáticas con poblaciones de fracaso escolar en contextos de exclusión social: Las influencias afectivas en el conocimiento de las matemáticas* [Tesis doctoral, Universidad Complutense de Madrid].

Grootenboer, P., y Marshman, M. (2016). The affective domain, mathemaTIC, and mathemaTIC education. En *MathemaTIC, affect and learning* (pp. 13–33). Springer.

Grünewald Soto, Ú., y Osorio, J. (2010). Sentir, decir y hacer: variedad expresiva y prototipos de emoción en el vocabulario juvenil. *Onomázein*, (22), 125–163.

Hargreaves, A. (1998). The emotional practice of teaching. *Teaching and Teacher Education*, (14), 835–854.

Hernández, N., Izura, C., y Ellis, A. (2006). Cognitive aspects of lexical availability. *European Journal of Cognitive Psycology*, *18*(5), 730–755.

Hernández Muñoz, N. (2006). *Hacia una teoría cognitiva integrada de la Disponibilidad Léxica: El léxico disponible de los estudiantes castellanos-manchegos*. Ediciones Universidad de Salamanca.

Huertas J. A., y I. Montero. (2003). Procesos de motivación. Motivación en el aula. En E. Fernández Abascal, M. Jiménez y M. Martín (Eds.). *Emoción y Motivación. La adaptación humana* (pp. 873–911). Vol. II. Ramón Areces.

Jiménez-Catalán, R. (2002). El concepto de competencia léxica en los estudios de aprendizaje y enseñanza de segundas lenguas. *Atlantis, XXIV*(2), 149–162.

Koehler, M. J., y Mishra, P. (2008). Introducing TPCK. AACTE Committee on Innovation and Technology (Ed.), *The handbook of technological pedagogical content knowledge (tpck) for educators* (pp. 3–29). Lawrence Erlbaum Associates.

Koehler, M. J., Mishra, P., y Cain, W. (2015). ¿Qué son los Saberes Tecnológicos y Pedagógicos del Contenido (TPACK)? *Virtualidad, Educación y Ciencia, 6*(10), 9–23.

Köveceses, Z., Palmer, G. B., y Dirven, R. (1999). Language and emotion: The interplay of concepctualization with physiology and culture. En G. Palmer y D. J. Occhi (Eds.), *Language of sentiment: Cultural Constructions and Emotional constraints* (pp. 237–262). Benjamins.

López González, A. M. (2014). *Disponibilidad Léxica. Teoría, método y análisis.* Universidad de Lodz.

Martínez, C. (2009). *Consideraciones sobre inteligencia emocional.* Editorial Científico-Técnica.

Maureria, F. y Sánchez, C. (2011). Emociones biológicas y sociales. *Rev GPU, 7*(2), 183–189.

McLeod, D. (1992). *Research on affect in mathemaTIC education: A reconceptualization.* En D. Grouws (Ed.), *Handbook of research on mathemaTIC teaching and learning* (pp. 575–596). Macmillan.

Mishra, P., y Koehler, M. J. (2006). Technological pedagogical content knowledge: A framework for teacher knowledge. *Teachers College Record, 108*(6), 1017–1054.

Morgado, I. (2010). *Emociones e inteligencia social.* Ariel.

Paredes, F. (2012). Desarrollos teóricos y metodológicos recientes de los estudios de disponibilidad léxica. *Revista Nebrija de Lingüística Aplicada, 11*(6), 78–100.

Pekrun, R. (2006). The Control-Value Theory of Achievement Emotions: Assumptions, Corollaries, and Implications for Educational Research and Practice. *Educational Psychology Review, 18*(4), 315–341.

Pottier, B. (1976). *Lingüística general: teoría y descripción.* Gredos.

Quintanilla, A., y Salcedo, P. (2019a). Disponibilidad léxica en procesos de formación inicial de futuros profesores de inglés. *Revista Brasileira de Linguística Aplicada, 19*(3), 529–554.

Quintanilla, A., y Salcedo, P. (2019b). Estudio del Léxico Especializado en Inglés como Lengua Extranjera en Estudiantes de Pregrado. *Formación Universitaria*, *12*(4), 73–84.

Rojas, D., Zambrano, C., y Salcedo, P. (2017). Metodología de Análisis de Disponibilidad Léxica en Alumnos de Pedagogía a través de la Comparación Jerárquica de Lexicones. *Formación universitaria*, *10*(4), 3–14.

Rokeach, M. (1968). A Theory of organization and change within value-attitude systems. *Journal of social issues*, *24*(1), 13–33.

Salcedo, P., Ferreira, A. y Barrientos, F. (2013). Bayesian Model for Lexical Availability of Chilean High School Students in Mathematics. En J. M. Ferrández Vicente, J. R. Álvarez Sánchez, F. de la Paz López y F. J. Toledo Moreo (Eds.), *Natural and Artificial Models in Computation and Biology. IWINAC 2013.* Springer. https://doi.org/10.1007/978-3-642-38637-4_25.

Salcedo, P., Pinninghoff, M., Contreras, R., y Figueroa, J. (2017). An Adaptive Hypermedia Model Based on Student's Lexicon. *Expert Systems*, *34*(4).

Salcedo, P., Pinninghoff, M., y Contreras, R. (2019). Computing the Missing Lexicon in Students Using Bayesian Networks. *Lecture Notes in Computer Science*, *2*(11487), 109–116.

Shulman, L. S. (1986). Those who understand: knowledge growth in teaching. *Educational Researcher*, *15*(2), 4–14.

Urzúa, P., Sáez, K., y Echeverria, M. (2006) Disponibilidad Léxica Matemática: Análisis Cuantitativo y Cualitativo. *Revista de Lingüística Teórica y Aplicada*, (44), 59–76.

Zambrano, C., Rojas, D., Salcedo, P., y Valdivia, J. (2019). Análisis de la Evolución de la Disponibilidad Léxica en la Interacción Pedagógica. *Formación universitaria*, *12*(1), 65–72.

www.ingramcontent.com/pod-product-compliance
Ingram Content Group UK Ltd.
Pitfield, Milton Keynes, MK11 3LW, UK
UKHW041827290926
8980IPUK00002B/121

9 783631 908006